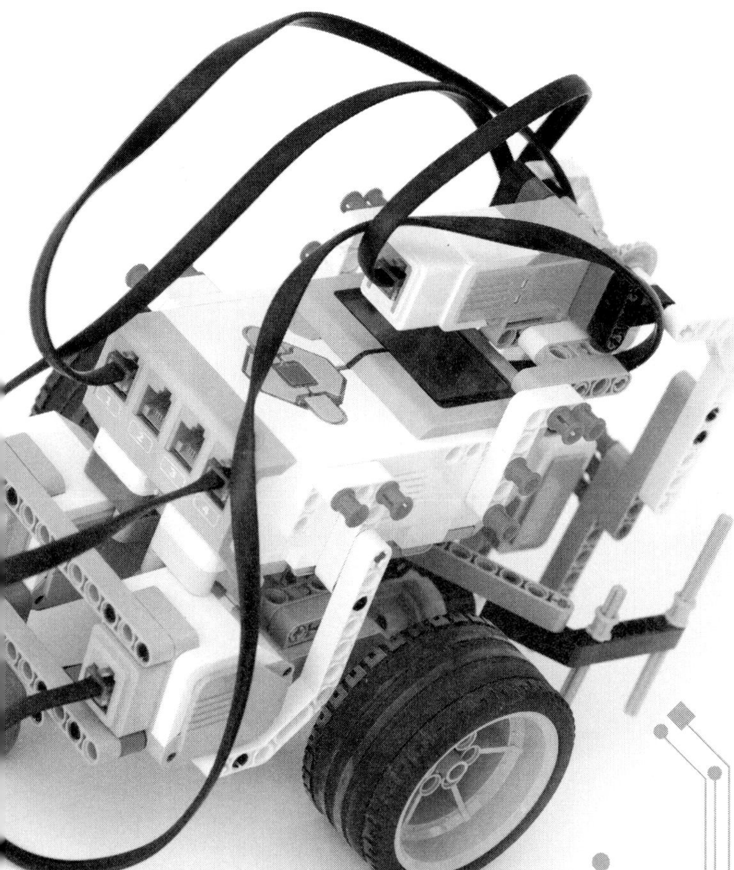

NATIONAL INSTRUMENTS LabVIEW™

기전시스템 기초설계

| 오윤식 저 |

홍릉과학출판사

머 리 말

메카트로닉스는 여러 가지 기계(Mechanics)를 제어(Electronics)하는 것이다. 메카트로닉스는 다른 말로 기전시스템이라고도 부른다. 이 기전 시스템의 기본 구성 요소는 Microprocessor, Sensor, 그리고 Actuator다. 여러 가지 센서들로 주위 환경의 변화들을 입력받고 그것을 바탕으로 어떤 일을 할지, 기계(Actuator)들에 어떤 명령을 내릴지 계산하고 사고하고 그리고 판단하는 부분이 마이크로프로세서의 역할이다. 판단이 서면 여러 가지 액튜에이터에 명령을 전달하여 기계동작을 하게 하는 것이 메카트로닉스의 기본이다. 이렇게 명령을 내려 작동을 한 후 원하는 동작이 되는지 센서로 다시 측정해서 원하는 값과 실제의 값의 차를 계산한다. 이 차이를 바탕으로 다음에 어떻게 Actuator가 동작해야 할지를 결정한다. 이것이 시스템을 제어하는 것의 기본이다.

이러한 기본적 기전시스템의 기본을 처음으로 공부하는 학생들에게 Lego MINDSTORMS Robot은 아주 좋은 도구를 제공한다. Lego EV3는 Lego MINDSTORMS Robot 중에 3세대 로봇이다. 처음 1세대는 RCX이고 그 다음 2세대는 NXT, 그리고 3세대인 EV3가 2014년 여름에 출시되었다. EV3는 강력한 ARM9 300MHz 프로세서를 가졌으며 기본적으로 터치 센서, 자이로 센서, 컬러 센서, 초음파 센서, 그리고 회전 센서를 제공한다. 2개의 인코더가 내장된 라지 모터와 1개의 미디엄 모터가 주어진다. 거기에다 LCD 흑백 저 해상도 모니터가 장착되어 있고 스피커도 내장되어 있다. 이것을 이용하여 여러 가지 경우의 기전 시스템을 시뮬레이션 해 볼 수 있다. 다시 말해 기본적인 메카트로닉스의 개념을 공부할 수 있다.

Lego MINDSTORMS EV3의 기본 운영체재는 Linux이다. 그리고 EV3를 동작시킬 수 있는 프로그램 언어는 여러 가지가 있다. Lego MINDSTORM Education Software(LME), RobotC, Matlab(Simulink), 그리고 LabVIEW가 있다. 각 프로그램이 Linux OS 상에서 EV3 하드웨어와 교통하기 위해서는 각각에 맞는 Firmware가 필요하다. 각 프로그램 언어에는 장단점이 있지만 이 책에서는 하드웨어 제어에 가장 많이 사용되고 있는 LabVIEW를 사용할 것이다.

이 책의 구성은 아래와 같다. 0장에서는 Lego MINDSTORMS EV3의 하드웨어와 LabVIEW 소프트웨어의 기본을 살펴본다. 그 다음 모터를 동작시키는 함수들을 1장에 설명하였고 2장에서는 센서를 사용하는 함수들에 대해 알아본다. LabVIEW의 기본적인 개념은 데이터의 흐름이 모든 프로그램의 동작을 결정지어 준다는 것이다. 3장에서는 데이터의 흐름과 프론트패널 사용을 보였으며 4장에서는 여러 가지 프로그램 흐름을 결정지어 주는 구조 그리고 루프들을 살펴본다. 5장에서는 Brick의 여러 가지 다른 기능들을 설명하였고 마지막으로 6장에서는 앞에서 알아본 LabVIEW의 프로그래밍 기법을 여러 가지 경우에 적용한 예제들을 열거하였다.

본 교재가 메카트로닉스라는 학문에 입문하는 학생들에게 큰 그림과 기본을 익혀줄 수 있는데 큰 도움을 줄 수 있기를 희망한다.

2015년 7월

오윤식

차 례

0 Lego MINDSTORMS EV3와 LabVIEW(하드웨어와 소프트웨어) 1

0.1 Lego MINDSTORMS EV3 1

0.1.1 EV3 p-Brick / 4
0.1.2 모터 / 8
0.1.3 컬러 센서 / 9
0.1.4 자이로 센서 / 10
0.1.5 터치 센서 / 12
0.1.6 초음파 센서 / 12
0.1.7 센서와 모터의 연결 / 14
0.1.8 컴퓨터와의 연결 / 14

0.2 LabVIEW 16

0.2.1 LabVIEW 환경 시작하기 / 17
0.2.2 펌웨어(Firmware) / 24
0.2.3 LabVIEW 프로그래밍 / 26

01 모터 제어하기 29

1.1 모터 단순 제어하기 29
1.2 모터 동작 시간 조절하기 41
1.3 2개의 모터를 이용해 교육용 로봇을 회전시키기 44
1.4 모터 동작 각도 조절하기 45
1.5 도전과제 45

1.5.1 도전과제 1 / 45
1.5.2 도전과제 2 / 46
1.5.3 도전과제 4 / 46
1.5.4 도전과제 4 / 47
1.5.5 도전과제 5 / 48
1.5.6 도전과제 6 / 48
1.5.7 도전과제 7 / 48

02 센서 제어하기 50

2.1 Wait For 함수를 이용하여 센서로 제어하기 50

2.1.1 터치 센서 / 52
2.1.2 초음파 센서 / 55
2.1.3 컬러 센서 / 57
2.1.4 자이로 센서 / 61
2.1.5 인코더(회전 각도 센서) / 63
2.1.6 p-Brick Button / 63
2.1.7 Flag / 65

2.2 Read 함수를 이용하여 센서 값으로 제어하기 67

2.2.1 Touch 센서 / 68
2.2.2 컬러 센서 / 69
2.2.3 초음파 센서 / 71
2.2.4 자이로 센서 / 72
2.2.5 인코더 / 73
2.2.6 타이머 / 74
2.2.7 배터리 남은 양 / 74
2.2.8 브릭 버튼 / 74

2.3 도전과제 75

2.3.1 도전과제 1 / 75
2.3.2 도전과제 2 / 75
2.3.3 도전과제 3 / 76
2.3.4 도전과제 4 / 76
2.3.5 도전과제 5 / 77
2.3.6 도전과제 6 / 78
2.3.7 도전과제 7 / 79
2.3.8 도전과제 8 / 79
2.3.9 도전과제 9 / 79

03 프린트 패널과 데이터 입출력 81

3.1 프런트 패널 사용하기 81
3.2 p-Brick LCD 스크린에 데이터 출력하기 88
3.3 소리내기 97
3.4 수학 계산하기 101

3.4.1 지수 함수 / 101
3.4.2 삼각함수 / 103
3.4.3 배열 / 105
3.4.4 기타 수학 계산 / 113
3.4.5 클러스터 / 117

3.5 문자열 함수 125
3.6 도전과제 132

3.6.1 도전과제 1 / 132
3.6.2 도전과제 2 / 132
3.6.3 도전과제 3 / 132
3.6.4 도전과제 4 / 132

04 프로그램 흐름과 의사결정 133

4.1 동시 동작과 연속 동작 133

4.2 다층 시퀀스 134

4.3 For 문 137

4.4 케이스 구조 140

4.5 While 루프 144

4.6 컨트롤 루프 158

4.7 시프트 레지스터(Shift Register) 162

4.8 Flag 사용하기 172

4.9 이벤트 구조 191

4.10 SubVI 만들기 201

4.11 도전과제 203

- 4.11.1 도전과제 1 / 203
- 4.11.2 도전과제 2 / 203
- 4.11.3 도전과제 3 / 204
- 4.11.4 도전과제 4 / 205
- 4.11.5 도전과제 5 / 205
- 4.11.6 도전과제 6 / 205
- 4.11.7 도전과제 7 / 206
- 4.11.8 도전과제 8 / 206
- 4.11.9 도전과제 9 / 208
- 4.11.10 도전과제 10 / 208
- 4.11.11 도전과제 11 / 209
- 4.11.12 도전과제 12 / 210
- 4.11.13 도전과제 13 / 211

05 Brick의 여러 기능 212

5.1 Data Logging 212

5.2 Bluetooth 통신 227

5.3 Direct Mode 237

5.4 Brick 프로그래밍 248

5.5 Brick Datalog 252

06 예제 모음 256

1. Line Tracing / 256
2. 터치 버튼을 누르면 정지하고 떼면 다시 가기 / 256
3. 터치 버튼을 누르면 정지하기 / 257
4. p-Brick 화면에 문자열과 센서값 출력하기 / 257
5. 문자열로 바꿔 디스플레이 하기 / 257
6. 센서로 라인을 트레이싱하는 로봇 / 258
7. 센서로 라인을 트레이싱하는 로봇-멀티 태스킹 / 259
8. 2초 전진, 90° 회전 / 260
9. 2초 전진, 2초 후진, 정지 / 261
10. 2초 전진 0.5초 우회전 정지 반복 / 261
11. 10cm만 이동하기 / 262
12. 측정된 거리에 따라 소리 출력하기 / 262
13. 검정선을 만나면 정지하기 / 262
14. 두 번째 검정선에서 정지하기 / 263
15. 빛 센서 입력 확인하기 / 263
16. 스프레드쉬트에 쓰기 / 264
17. 모터값 EV3 LCD에 나타내기 / 264
18. 원하는 위치까지 전진하기 / 265
19. 조명에 따른 빛 센서값 입력하기 / 265
20. 초음파 센서를 이용해 물체 회피하기 / 266
21. 터치 센서 입력 확인하기 / 267
22. 터치 센서가 눌리면 소리 나게 하기 / 267
23. 투 센서 라인 트레이싱 / 268
24. 투 센서 라인 트레이싱과 교차점 카운트하기 / 270
25. 빛 센서 모니터링 프로그램 / 271
26. 터치 버튼을 누르면 모터가 돌게 하고 모터의 회전수와 이동거리를 출력하기 / 273
27. 2 센서로 라인 트레이싱 하기 / 274
28. 일정 거리를 계속해서 유지하기 / 276
29. 초음파센서를 이용해 물체를 회피하고 투 빛 센서로 라인 트레이싱 하기 / 277
30. 터치센서를 이용해 물체 회피하기 / 279
31. 터치 센서를 누르면 전진 후진을 반복하기 / 281
32. 일정거리 유지하기 / 282
33. EV3 센서와 모터 모니터 하기 / 282

34. 초음파 센서 데이터 배열로 저장해 그 배열로 모터 돌리기 / 285
35. Lurch / 286
36. Swerve / 286
37. Snake / 287
38. Move to Zero / 288
39. Position Control / 288
40. Follow a Line / 289
41. Save Light to File / 290
42. Drive While Sampling Light / 290

Chapter

0 Lego MINDSTORMS EV3와 LabVIEW (하드웨어와 소프트웨어)

이 책은 Lego MINDSTORMS EV3를 기본 하드웨어로 LabVIEW를 기본 소프트웨어로 하여 기전시스템의 기본 원리를 익히고 실습하기 위해 쓰여졌다. 먼저 기본 하드웨어와 소프트웨어에 대해 알아보자.

0.1 Lego MINDSTORMS EV3

레고 마인드스톰즈 EV3는 레고 마인드스톰즈 로봇의 3세대 로봇이다. 레고 마인드스톰즈 NXT 2.0 로봇의 다음 버전이다. "EV"는 NXT로 부터의 "Evolution"을 의미한다. "3"의 의미는 3세대 로봇임을 가리킨다. 첫 번째 세대는 RCX, 그리고 두 번째 세대는 NXT이다. 2013년 1월 4일에 처음 언급이 되었고 2013년 여름에 교육용이 처음 출시되었다. 이 로봇을 이용한 많은 경기들이 있는데 First Lego League와 World Robotics Competition이 그것이다.

EV3의 기본 구성은 다음 그림과 같다.

EV3 Core set 구성

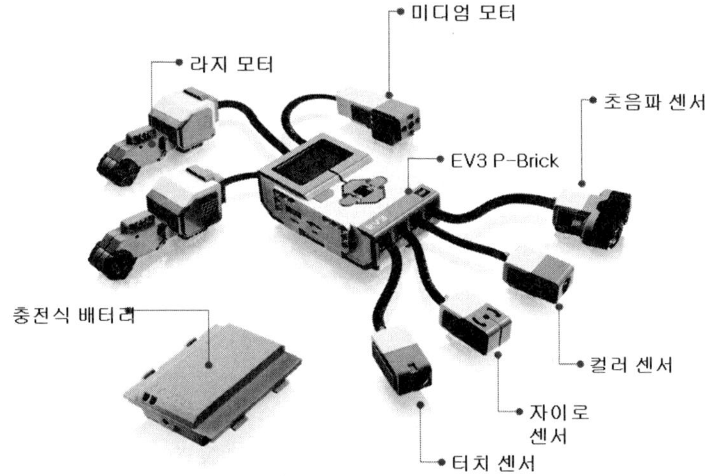

그림에서 보는 바와 같이 가운데 있는 p-Brick이 레고 마인드스톰즈 EV3의 두뇌 역할을 한다. 그리고 충전식 배터리가 있다. p-Brick에는 입력포트 1,2,3,4와 출력 포트 A,B,C,D가 있다. 각 포트에는 6개의 핀이 있고 LCD가 있다. 입력 포트에는 터치 센서, 자이로 센서, 컬러 센서, 그리고 초음파 센서가 연결될 수 있다. 출력 포트로는 라지 모터 2개와 미디엄 모터 1개가 연결된다.

기본적으로 센서를 통해 측정값이 입력되고 그 것에 따라 출력 포트의 모터가 어떻게 동작하는 지를 p-Brick의 마이크로프로세서가 계산하고 판단해 준다.

그 외에 EV3 기본 세트에는 다음 리스트에 있는 것처럼 와이어, 배터리, Ball Wheel, USB 케이블, 그리고 다음 그림에 있는 것처럼 541레고 피스가 있다.

LME EV3 Core Set
- P-Brick
- Large motor (2)
- Medium motor
- Color Sensor
- Touch Sensor (2)
- Ultrasonic Sensor
- Gyro Sensor
- Ball Wheel
- Wires
- Rechargeable Battery
- USB Cable
- Piece count 541

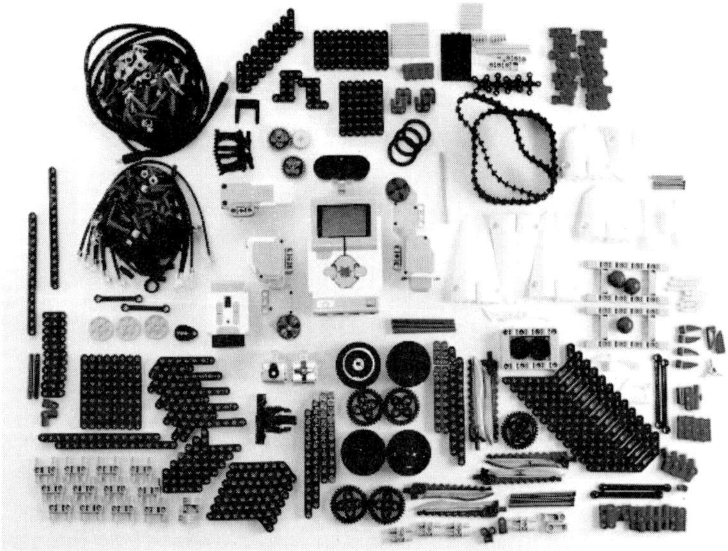

0.1.1 EV3 p-Brick

레고 마인드스톰즈 EV3의 두뇌인 p-Brick의 구성은 다음과 같다.

- ARM 9 Processor, 300 MHz
- 각 4개의 입/출력 포트
- 16 MB Flash memory/ 64 MB RAM
- Mini SDHC card reader 32 GB
- 3색, 6개의 버튼으로 브릭의 현재 상태를 표현 가능
- 그래프와 센서 데이터 관찰이 가능한 178x128 pixel 고해상도 디스플레이
- 고음질 스피커
- 소프트웨어로 업로드가 가능한 On-brick 프로그래밍&데이터로깅
- USB 및 Wi-Fi, Bluetooth dongle을 이용해 컴퓨터와 통신 가능
- Daisy chaining, Wi-Fi 통신, USB 메모리 연결 가능
- 2200 mAh 리튬이온 충전식 배터리 또는 AA 건전지 6개

마이크로프로세서로는 ARM 9 Processor이고 클럭 스피드는 300MHz이다. 이 프로세서에 내장되어 있는 운영체재는 Linux이다. 메모리로는 16MB 플래쉬 메모리 그리고 64MB RAM이 있다. 32GB의 메모리를 갖는 SD 카드를 꽂을 수 있다. 6개의 버튼이 있고 3개의 색으로 브릭의 현재 상태를 표시해 주며, 6개의 버튼으로 브릭에 있는 메뉴를 선택할 수 있다. LCD 모니터는 178x128 해상도를 갖는다. 스피커가 내장 되어 있고 On-brick 프로그래밍과 데이터로깅이 가능하다. 컴퓨터와의 통신은 USB, Wi-Fi, 그리고 Bluetooth Dongle을 이용해 할 수 있다. 여러 개의 브릭을 연결해서 사용할 수 있고 4개까지 Daisy Chaining이 가능하다. 리튬이온 배터리의 용량은 2200mAh이고 또는 AA 건전지 6개로도 동작이 가능하다.

p-Brick의 LCD 스크린과 버튼의 모양은 다음의 그림과 같다. LCD 스크린에는 여러 가지 메뉴가 있는데 맨 윗줄에는 무선 연결 상태 아이콘, 브릭 이름, 그리고 배터리의 잔량을 보여주는 표시가 있다. LCD 스크린 밑에 있는 버튼들의 용도는 다음과 같다. 그림에서 1번 버튼은 프로그램 실행중지, 뒤로 나가기, 그리고 EV3 브릭 종료하는 기능이 있다. 2번 버튼은 프로그램 실행/선택과 그리고 EV3 브릭 전원 켜기의 기능이 있다. 3번 버튼은 상하좌우 메뉴로 움직일 수 있는 기능이 있다.

EV3 P-Brick

1. 프로그램 실행 중지
뒤로 나가기
EV3 Brick 종료

2. 실행/선택
EV3 Brick 전원 켜기

3. 상/하/좌/우 메뉴로 이동

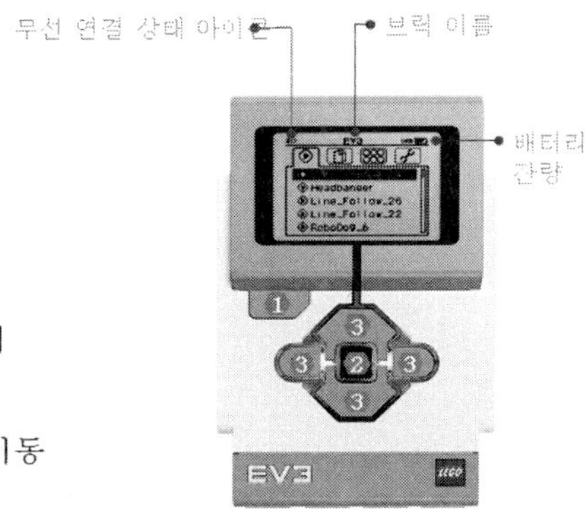

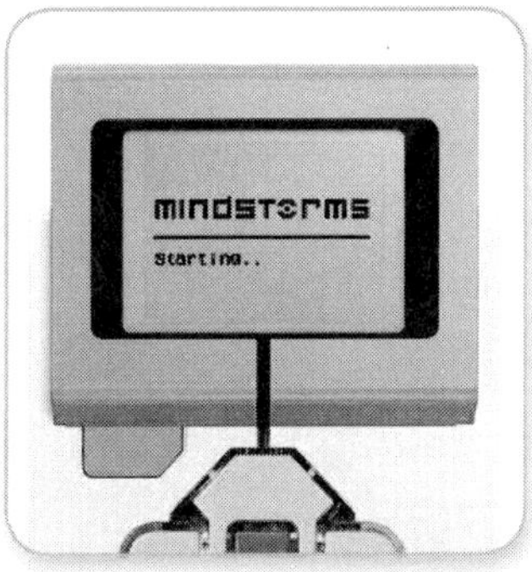

Starting screen

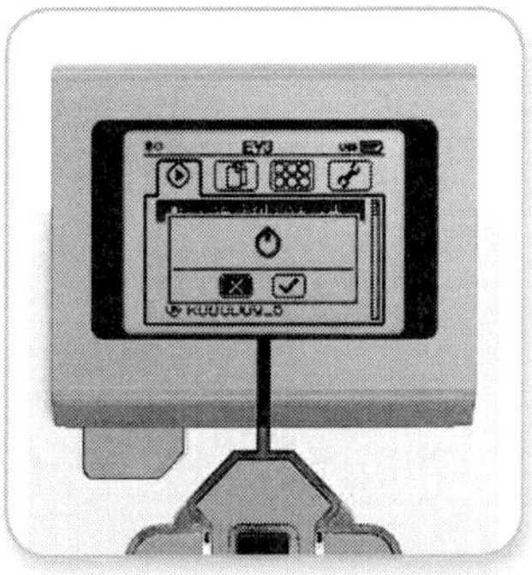

Shut Down screen

EV3 Brick의 LCD 시작 스크린과 종료 스크린의 그림은 다음과 같다.

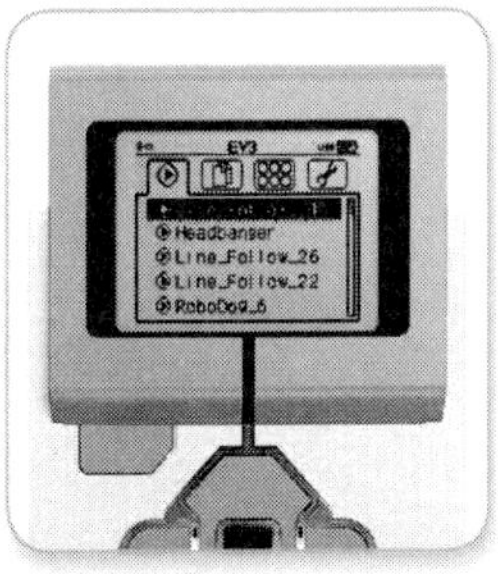

Run Recent screen

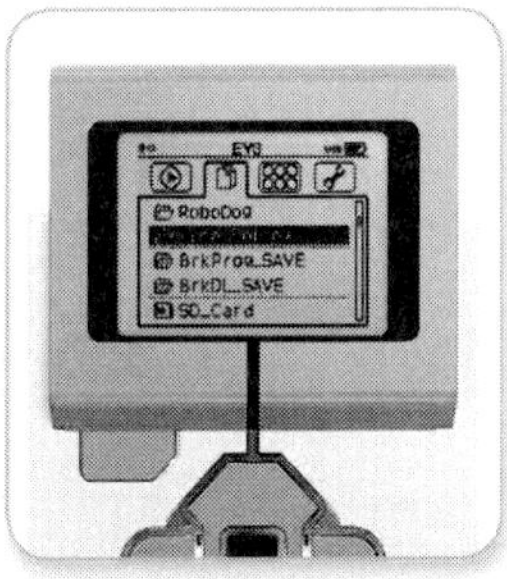

File Navigation screen

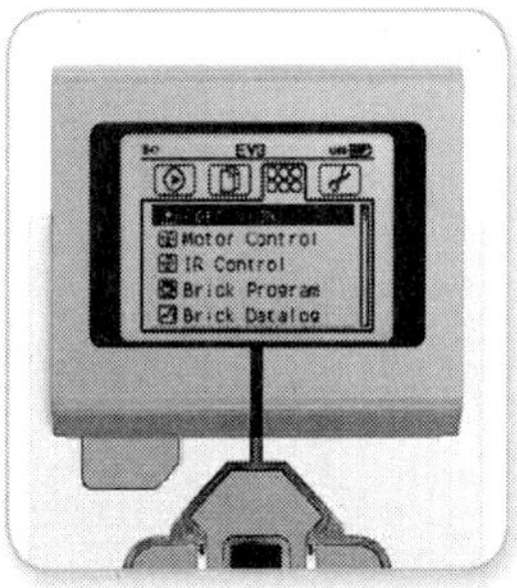

Brick App screen

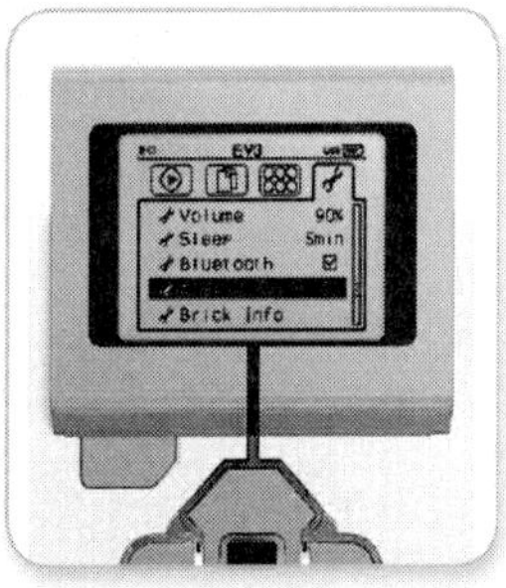

Settings screen

4개의 기본 메뉴 스크린은 다음과 같다. 위에서 보여준 버튼을 이용하여 이 메뉴들을 볼 수 있다.

첫 번째 스크린은 최근에 실행된 프로그램을 볼 수 있다. 두 번째 스크린은 EV3 Brick에 있는 실행파일 그리고 데이터 파일들의 리스트를 볼 수 있다. 세 번째 스크린은 EV3 Brick에 저장된 여러 가지 App을 선택할 수 있는 곳이다. 네 번째 스크린은 EV3 Brick의 Settings를 조절할 수 있는 스크린이다.

EV3 브릭의 옆면을 살펴보면 다음 그림과 같다.

EV3 Brick

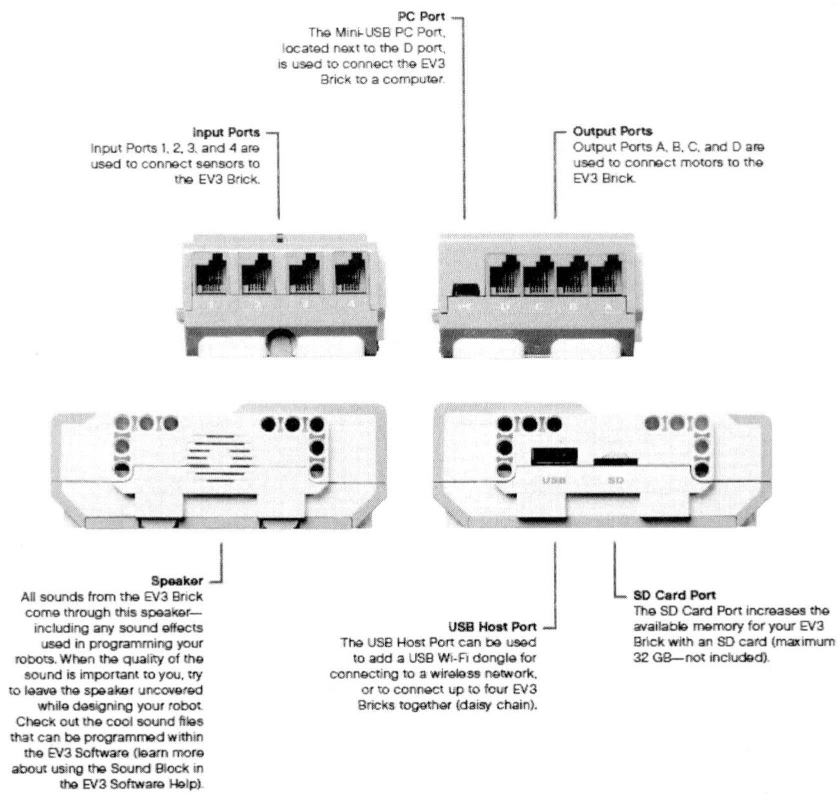

옆면에 있는 것들을 나열하면 다음과 같다.

- 입력 포트 1,2,3,4 : 센서들을 EV3 Brick에 연결하는 포트이다.
- 출력 포트 A,B,C,D : 모터들을 EV3 Brick에 연결하는 포트이다.
- PC 포트 : 미니 USB PC포트는 EV3 Brick을 컴퓨터에 연결하는 포트이다.
- 스피커 : EV3 Brick에 내장되어 있는 여러 가지 소리 파일을 재생할 수 있다.

• USB 호스트 포트 : Wi-Fi USB Dongle을 연결할 수 있고 또 4개까지 EV3 Brick을 서로 연결할 수 있다(daisy chain).
• SD Card 포트 : SD 카드를 연결하여 32GB까지 메모리를 확장할 수 있다.

다음 그림은 EV3 Brick에 사용하는 재충전 가능한 리튬이온 배터리의 그림이고 EV3 Brick에 장착하는 모습을 보여준다. 그리고 6개의 1.5볼트짜리 AA 배터리를 사용할 때의 모습을 보여주고 있다.

EV3 Rechargeable Battery

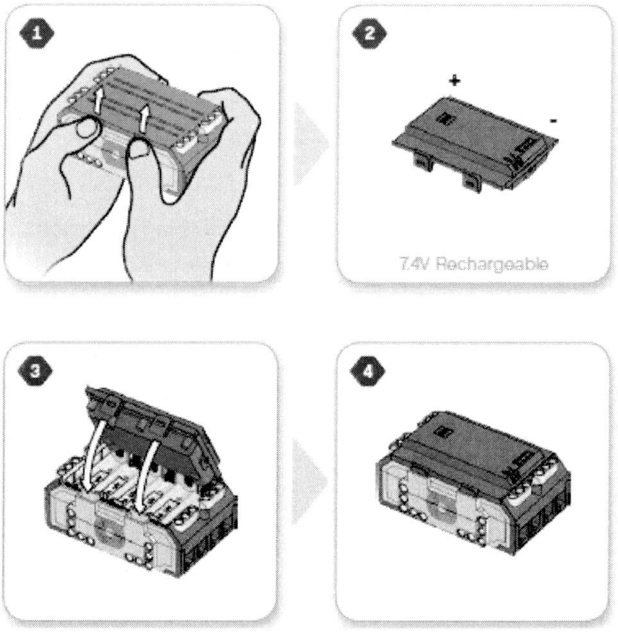

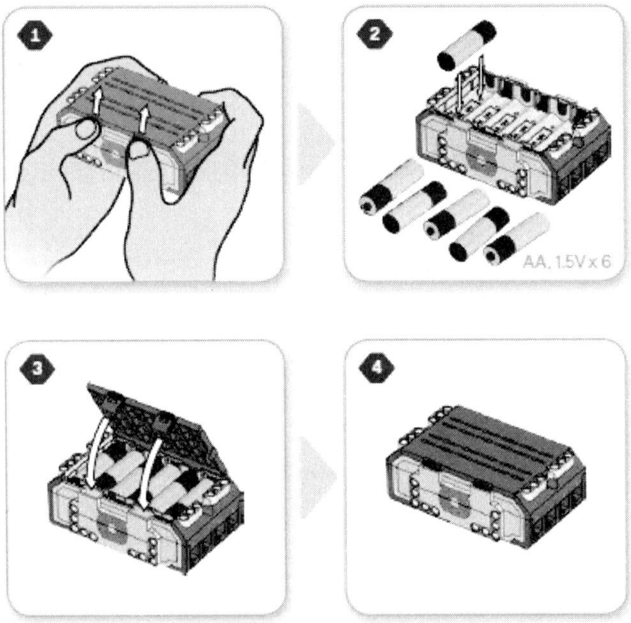

0.1.2 모터

다음의 그림에서 보는 것과 같이 EV3에는 2개의 라지 모터와 1개의 미디엄 모터가 있다. 각 모터에는 1°의 정확도를 가진 인코더(Rotation Sensor)를 가지고 있다. 라지 모터는 로봇을 만들어 움직이는 바퀴를 만드는데 적합하게 디자인 되어 있다. 미디엄 모터는 라지 모터보다 작고 가벼워 반응 속도가 빠르다. 라지 모터의 속도는 160~170rpm이고 running 토크가 20Ncm이고 stall 토크가 40Ncm이다. 미디엄 모터의 속도는 240~250rpm이고 running 토크가 8Ncm이고 stall 토크가 12Ncm이다. 라지 모터는 느리지만 강하고 반면에 미디엄 모터는 빠르지만 힘이 덜 하다.

Large Motor

Medium Motor

0.1.3 컬러 센서

다음 그림에 보이는 컬러 센서는 색깔이나 빛의 세기를 측정할 수 있는 디지털 센서이다. 컬러 모드, 반사광 모드 그리고 주변광 모드로 측정할 수 있다.

컬러 모드에서는 검정색, 파란색, 초록색, 노란색, 빨간색, 흰색, 그리고 갈색의 7가지 색을 분별할 수 있다. 이런 색을 구별할 수 있는 능력 때문에 색깔 있는 물체를 구별하고 그 색깔에 따라 다른 동작을 로봇이 취하게 할 수 있다.

반사광 모드에서는 빨간색 LED를 사용하여 물체에서 반사 되어지는 빛의 양을 측정한다. 0은 매우 어두운 것이고 100은 매우 밝은 것이다. 이것을 이용하여 검은 선을 감지하거나 검은 색을 따라 움직이게 할 수도 있다.

Colour Sensor

Reflected Light Intensity Mode

Colour Mode

Ambient Light Intensity Mode

주변광 모드에서는 주위에서 센서로 들어오는 빛의 세기를 측정하는 것이다. 이것을 이용하여 아침에 해가 떠 주위가 밝아지면 알람을 울리게 할 수도 있고 빛이 나가면 동작을 정지시키게 할 수도 있다.

컬러 센서의 샘플 횟수는 1kHz/sec이다. 컬러 모드나 반사광 모드로 사용할 때는 정확한 측정을 위해 센서가 측정하는 표면에 수직하게 또 아주 가깝게 위치하여야 한다. 물론 접촉하면 안 된다.

0.1.4 자이로 센서

다음 그림에 보이는 자이로 센서는 한 축을 중심으로 회전하는 각도나 각속도를 측정하는 디지털 센서이다. 이 센서가 측정할 수 있는 최대 각속도는 440°/초이다. 이 센서를 이용하여 로봇이 돌거나 넘어지는 것을 감지할 수 있다. 로봇이 돈 전체 각도를 추적할 수도 있다. 정확도는 90°를 돌았을 때 오차가 +/-3도 정도이다.

Single axis rotation

회전 각도를 EV3 Brick LCD 스크린에 표시하기 위해서는 다음 그림처럼 하면 된다.

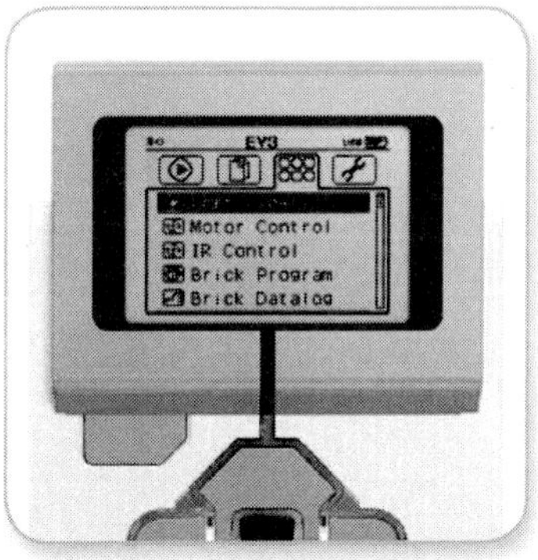

Brick App screen

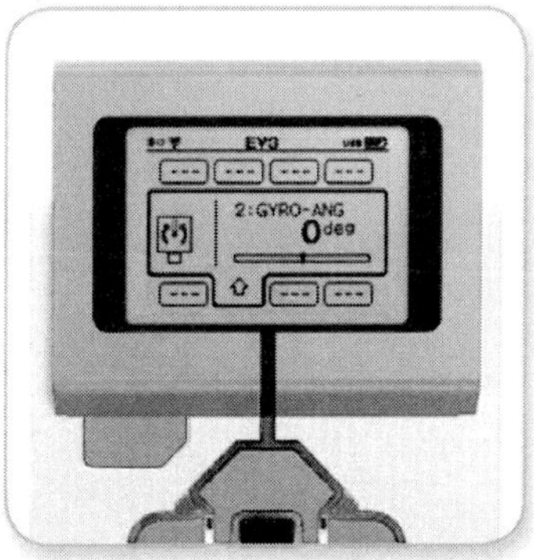

Port View with Gyro Sensor

브릭의 버튼을 이용하여 Brick App 스크린으로 가서 밑에 나오는 메뉴 중 Port View를 클릭한다. 그리고 센서가 연결되어 있는 포트로 이동하면 측정값이 LCD 스크린에 표시된다.

0.1.5 터치 센서

Touch Sensor

위의 그림에 보이는 터치 센서는 빨간 버튼이 눌렸는지 아니면 원래의 상태인지 또 눌렸다가 놓였는지를 감지하는 애널로그 센서이다. 이 3가지 모드는 pressed, released, or bumped이다.

pressed 모드로 사용하면 로봇이 어딘가에 부딪히면 반응한다. released 모드로 사용하는 예로는 터치 센서를 가진 로봇이 터치 센서가 눌린 채로 전진하다가 테이블의 끝을 만나면 터치센서가 놓여져서 정지하는 경우이다. bumped 모드는 싸우는 로봇이 상대 로봇을 밀다가 상대 로봇이 뒤로 물러나면 다른 동작을 하는 경우 등에 사용될 수 있다. 3가지 모드가 다음 그림에 표시되어 있다.

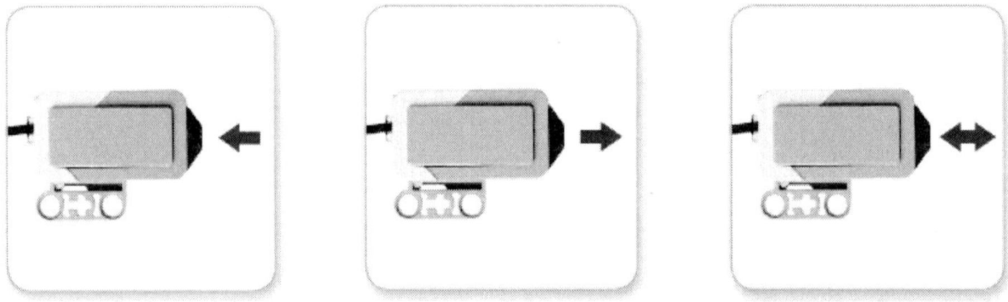

Pressed Released Bumped

0.1.6 초음파 센서

다음 그림에 보이는 초음파 센서는 전방에 있는 물체까지의 거리를 측정할 수 있는 디지털 센서이다. 고주파의 초음파를 보내고 물체에 의해 반사되어 돌아오는 초음파의 시간을 측정하여 거리를 계산해 주는 장치이다. 이 초음파는 사람이 들을 수 없는 고주파이다. 거리의 단위는 인치와 센티미터이다. 이것을 이용하여 장애물이 전방에 있을 때 정지하거나 피하게 하는 프로그램을 작성할 수 있다. 측정할 수 있는 거리는 3cm 부터 250cm이다. +/-1cm의 오차를 감안해야 한다.

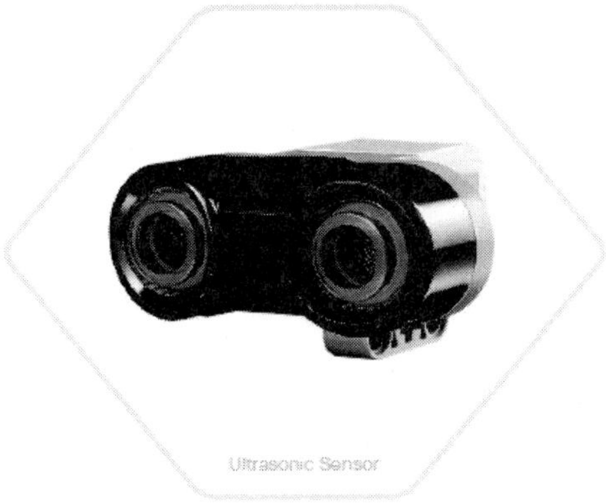

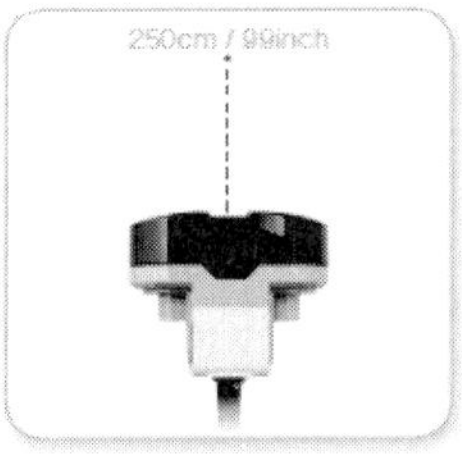

Detectable distance

초음파 센서의 파형을 살펴보면 다음 그림과 같다.

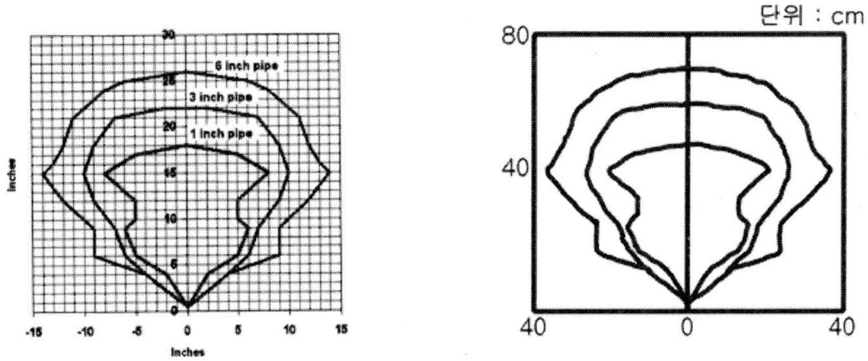

Measuring 모드와 Presence 모드 2개의 다른 모드로 작동한다. Measuring 모드는 센서 주위에 불이 켜 있고 Presence 모드에서는 그 빛이 깜빡이게 된다. Measuring 모드에서는 물체의 거리를 측정하고 Presence 모드에서는 주위에 다른 초음파 센서가 있는지를 감지한다.

mechatronics system Chapter 0 Lego MINDSTORMS EV3와 LabVIEW

0.1.7 센서와 모터의 연결

연결되는 포트를 지정하지 않고 그대로 사용하면 기본 포트를 가정한다. 기본 포트는 다음과 같다.

- 포트 1 : 터치 센서
- 포트 2 : 자이로 센서
- 포트 3 : 컬러 센서
- 포트 4 : 초음파 센서
- 포트 A : 미디엄 모터
- 포트 B & C : 2개의 라지 모터
- 포트 D : 라지 모터

0.1.8 컴퓨터와의 연결

EV3 p-Brick을 컴퓨터에 연결하는 방법은 3가지가 있다. USB 케이블을 사용하는 유선 연결 방법, 그리고 Wi-Fi나 Bluetooth를 이용한 무선 연결 방법이 있다.

USB 케이블을 사용하는 법은 다음 그림처럼 USB 쪽을 컴퓨터에 연결하고 EV3 쪽에는 PC 포트에 Mini-USB 쪽을 연결한다.

USB Cable connection

Bluetooth를 이용한 무선연결방법은 먼저 컴퓨터가 Bluetooth가 가능한 것이어야 한다. 만약 Bluetooth가 가능하지 않은 컴퓨터라면 Bluetooth USB dongle이 추가로 필요하다.

Wireless connection

Bluetooth를 가능하게 하려면 EV3 브릭에서 Bluetooth를 가능하게 하여야 한다. 먼저 Settings 페이지에서 Bluetooth를 클릭하면 다음 그림처럼 4개의 옵션이 나온다.

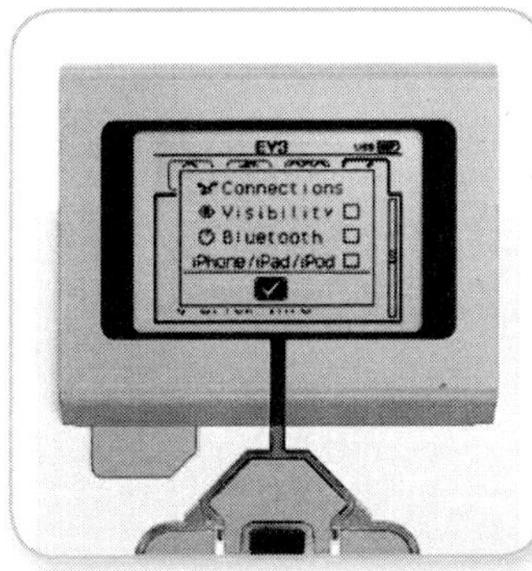

Enable Bluetooth

그 중에 Bluetooth를 클릭하고 다운 버튼을 이용하여 다음의 Check 마크에 간 다음 센터 버튼을 클릭하면 Bluetooth가 가능해 진다. 그러고 나면 EV3 브릭 맨 위 줄에 아래 그림 같은 것이 뜬다.

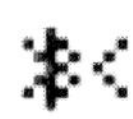

이제 컴퓨터에서 Bluetooth 연결 가능한 Bluetooth 디바이스를 찾아 연결하면 EV3 브릭 맨 위 줄에 다음과 같은 그림이 완성된다.

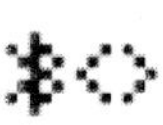

이제 컴퓨터와 EV3가 Bluetooth로 연결된 것이다.

Wi-Fi로 연결하기 위해서는 Wi-Fi USB Dongle이 필요하다. 이 동글을 EV3 p-Brick에 있는 USB Host 포트에 연결해야 한다. Bluetooth와 마찬가지로 Settings 페이지에서 Wi-Fi를 클릭한다. 그러면 EV3 브릭 맨 위 줄에 아래 그림 같은 것이 뜬다.

그러면 EV3 브릭이 W Fi가 가능해 진 것이다. Wi Fi를 연결하려면 WiFi의 이름과 Password를 알아야 한다. 이것들을 넣고 나면 연결이 완성된다. 그러면 EV3 브릭 맨 위 줄에 다음 그림 같은 것이 뜬다.

0.2 LabVIEW

LabVIEW는 전문적인 사용자 인터페이스를 사용하여 빠르고 효율적으로 어플리케이션을 생성하기 위해 사용하는 그래픽 기반 프로그래밍 환경이다. 오늘날 많은 엔지니어 및 과학자들이 LabVIEW가 제공하는 알기 쉬운 아이콘과 와이어를 사용하여 고급측정, 테스트 및 컨트롤 시스템을 개발하고 있다. 또한 LabVIEW는 여러 타겟 및 OS에서도 확장이 가능한 플랫폼을 지원한다. 실제로 LabVIEW는 수천 대의 하드웨어 디바이스와 통합이 가능한 뛰어난 통합성을 제공하며, LabVIEW에는 고급 분석 및 데이터 시각화를 위한 수 백 개의 라이브러리가 내장되어 있어, 각 사용자의 필요에 맞게 정의된 버추얼 인스트루먼트를 생성할 수 있다.

LabVIEW 프로그램은 오실로스코프 또는 멀티미터와 같은 실제 물리적인 인스트루먼트의 모습 및 작업을 모방하고 있기 때문에, LabVIEW 프로그램은 버추얼 인스트루먼트(Virtual Instrument), 좀 더 일반적으로 VI라고 부른다. VI는 다음 그림처럼 프런트 패널과 블록다이어그램으로 구성되어 있다.

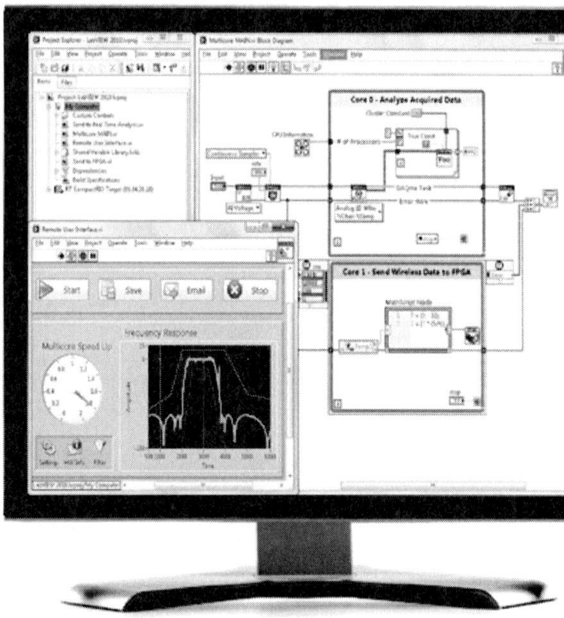

프런트패널은 사용자 인터페이스이다. 블록다이어그램은 사용자 인터페이스 후면에 있는 프로그래밍이다. 프런트패널을 만든 후, 그래픽 형태의 함수를 사용하여 코드를 추가하고 프런트 패널의 객체를 컨트롤하는 것이다. 블록다이어그램 상의 코드는 G코드 또는 블록다이어그램 코드라고도 알려진 그래픽코드이다.

C++나 Visual Basic과 같은 텍스트 기반 프로그래밍 언어와 달리, LabVIEW는 라인 대신 아이콘을 사용하여 어플리케이션을 생성한다. 텍스트 기반 프로그래밍에서는 명령문이 프로그래밍의 실행 순서를 결정한다. LabVIEW에서는 그래픽 데이터 흐름 프로그래밍을 사용한다. 그래픽 데이터 흐름 프로그래밍에서는, 블록다이어그램에서 노드를 통해 전달되는 데이터의 흐름이 프로그램의 실행 순서를 결정하게 된다. 바로 이 그래픽 프로그래밍 및 데이터 흐름 실행이 LabVIEW를 대부분의 다른 범용 프로그램 언어와 구분되는 특성이다. LabVIEW는 멀티 플랫폼을 지원하는 소프트웨어이다. Windows, MacOS, 또는 Linux 시스템에서도 어플리케이션을 개발할 수 있다.

Lego MINDSTORMS의 하드웨어의 동작, 즉 모터의 움직임과 센서 데이터의 수집 등은 LabVIEW의 프로그램으로 쉽게 표현할 수 있다. 그리고 Lego MINDSTORMS EV3에 적용할 수 있는 많은 함수들이 LabVIEW에 추가로 만들어져 있다. 이 책은 그러한 함수들을 사용하여 여러 가지 경우의 프로그래밍을 작성하는 법을 기술한다.

0.2.1 LabVIEW 환경 시작하기

LabVIEW를 실행하면 다음 그림과 같은 시작하기 윈도우가 나타난다.

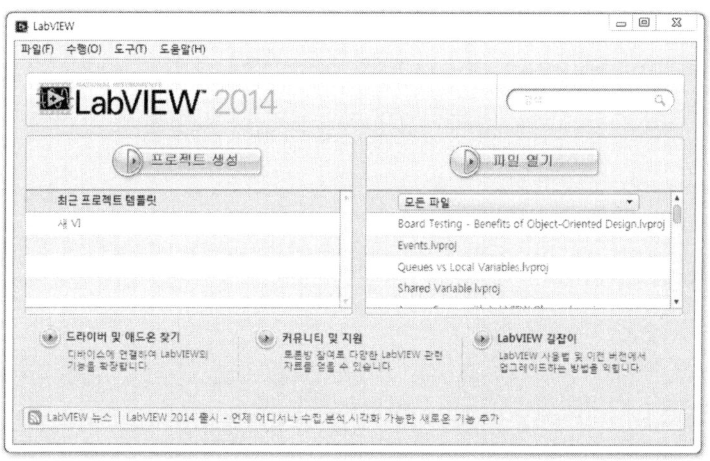

여기에서 프로젝트 생성을 클릭하면 아래와 같은 프로젝트 생성 대화 상자가 나타난다.

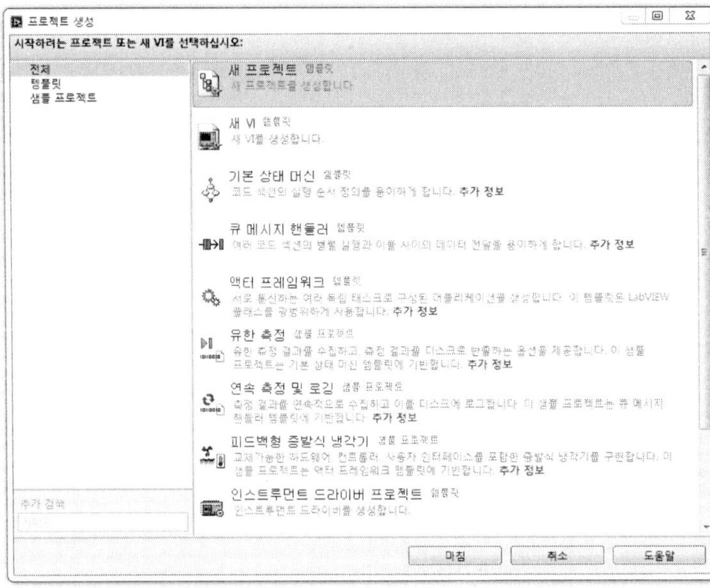

여기에서 새 프로젝트를 클릭해도 되고 또는 새 VI를 클릭하면 프런트패널과 블록다이어그램을 열 수 있다. 프로젝트는 VI의 상위 개념이고 여러 개의 VI 및 다른 라이브러리 등을 같이 포함할 수 있다. 간단한 하나의 VI로 되어 있는 프로그램을 짜기 위해서는 새 VI를 클릭하면 된다.

또는 다음 그림처럼 파일 메뉴의 마우스 왼쪽 버튼을 클릭하여 새 NXT/EV3를 클릭한다. 그러면 나오는 타겟 VI나 로봇 프로젝트를 클릭하면 된다.

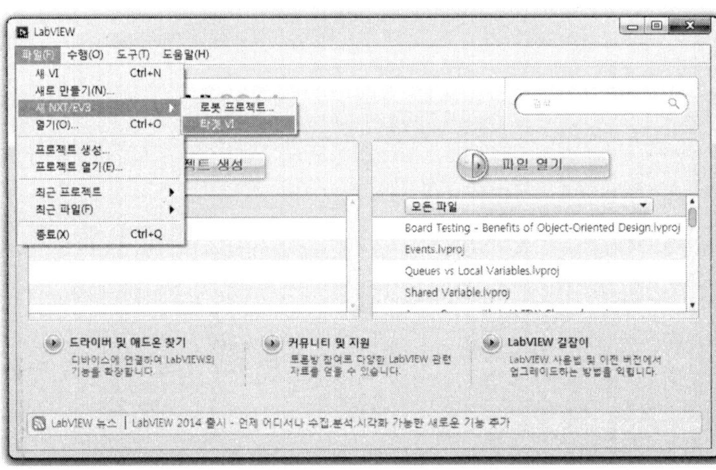

로봇 프로젝트를 클릭하면 다음 그림처럼 New Program 대화 상자가 나온다.

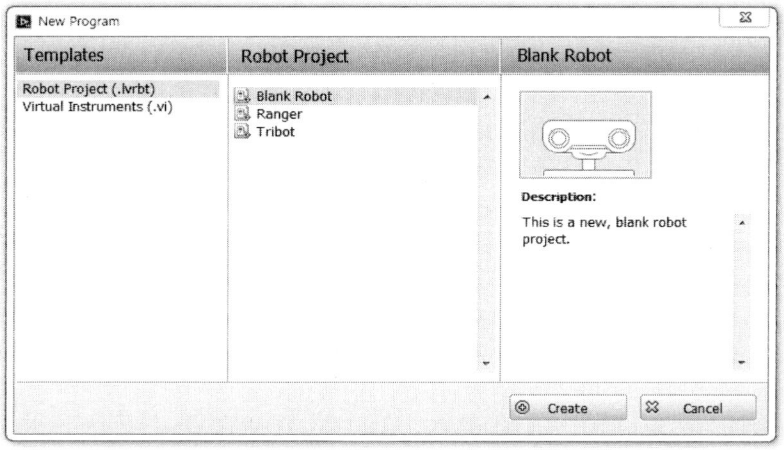

여기에서 Robot Project에서 Blank Robot를 클릭하면 다음 그림처럼 로봇 프로젝트 생성 대화 상자가 나온다.

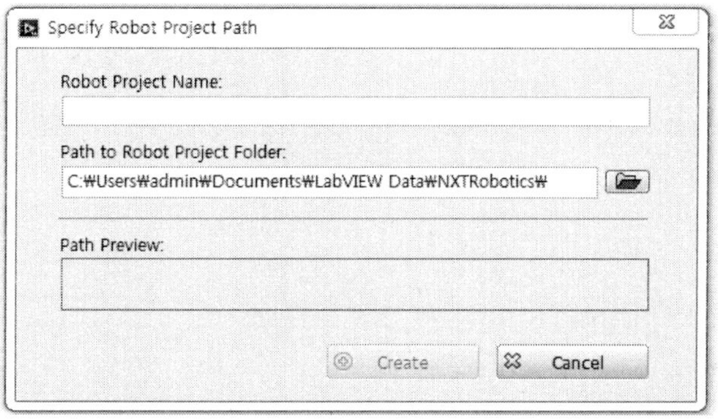

여기에 프로젝트 이름을 넣고 Create를 클릭하면 다음 그림처럼 Robot Project Center 대화 상자가 나온다.

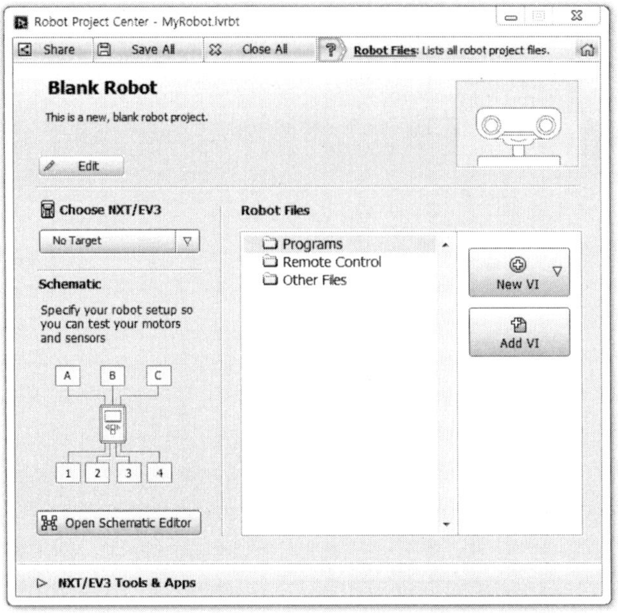

이 대화 상자에서 New VI를 클릭하면 프런트패널과 블록다이어그램이 나타난다. 이 대화 상자에서 EV3를 선택해야하고 또 다음 그림처럼 Schematic Editor를 이용하여 모터와 센서의 연결을 지정해 주어야한다. 더 자세한 것은 다음에 설명한다.

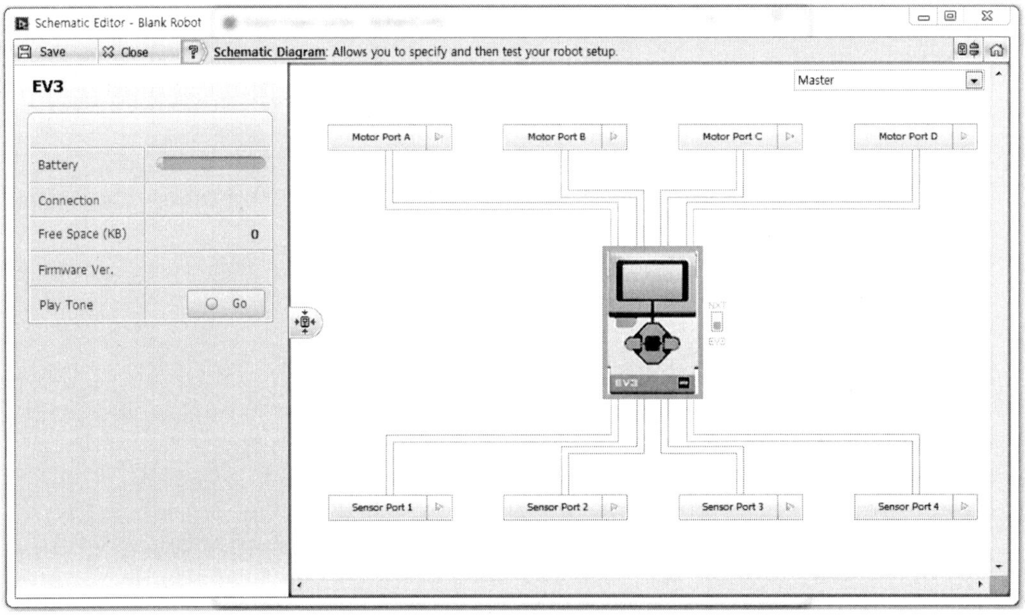

이 책에서는 간단한 프로그램을 주로 작성할 것이기 때문에 그냥 파일 메뉴를 클릭해 나오는 타겟 VI를 클릭하면 다음의 왼쪽 그림 같이 프런트패널과 블록다이어그램의 두 패널이 등장한다.

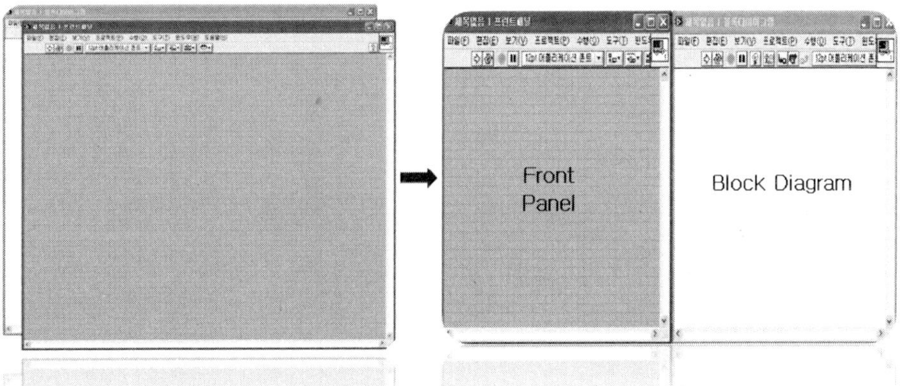

컴퓨터 자판에서 Ctrl을 누르고 동시에 T를 누르면 위의 그림에서 오른 쪽에 있는 것처럼 두 개의 패널이 나란히 나타난다.

다음의 그림은 프런트 패널이고 프런트패널 위에 마우스를 올려놓고 오른쪽 버튼을 클릭하면 나오는 컨트롤 팔레트를 이용하여 여러 가지 인디케이터와 컨트롤을 장식할 수 있다.

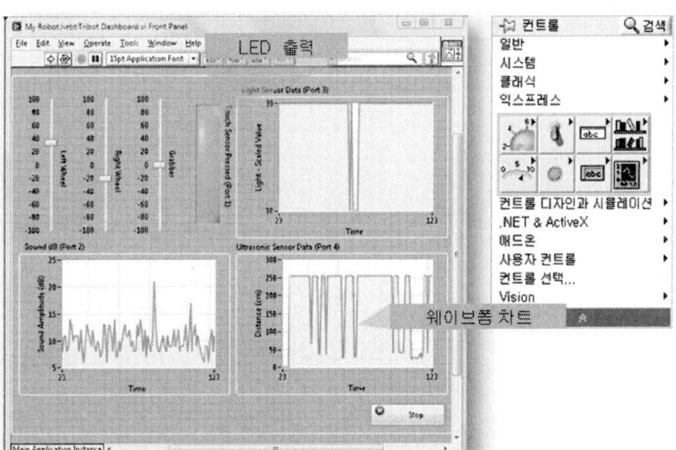

다음 그림에 보이는 것은 블록다이어그램이다. 블록다이어그램 패널 위에 마우스를 올려놓고 오른쪽 버튼을 클릭하면 나오는 함수 팔레트의 여러 가지 함수를 사용하여 프로그램을 만들 수 있다.

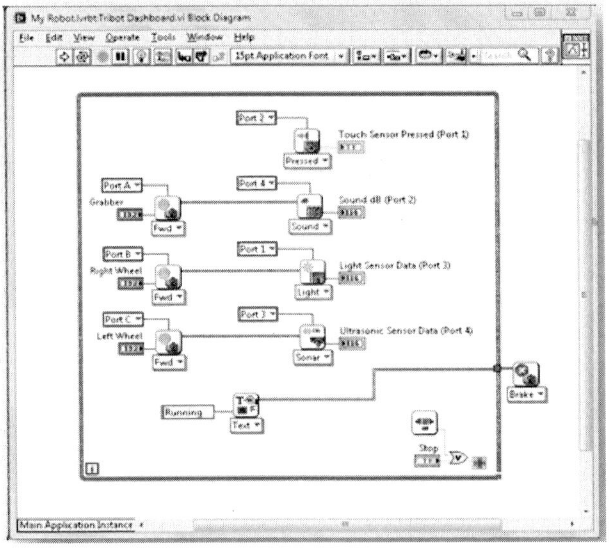

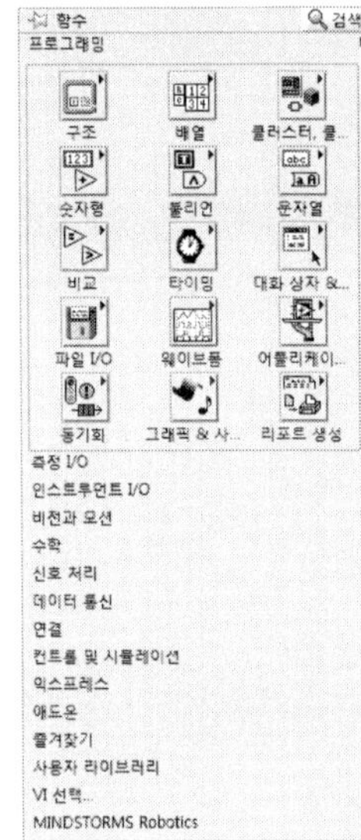

프런트패널에 컨트롤과 인디케이터를 넣으면 다음 그림의 왼쪽 부분과 같고 거기에 해당하는 아이콘이 블록다이어그램에 다음 그림의 오른쪽 같이 나타난다.

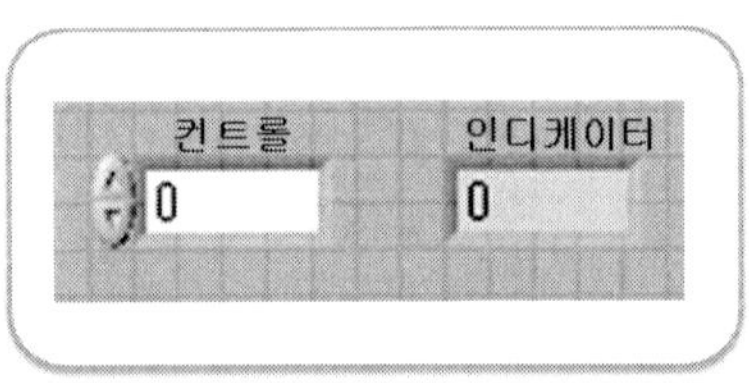

[Front panel]

[Block diagram]

프런트패널과 블록다이어그램은 다음 그림처럼 보이지 않는 터미널로 연결되어 있고 블록다이어그램에 나타나는 모든 함수는 노드라고 부른다.

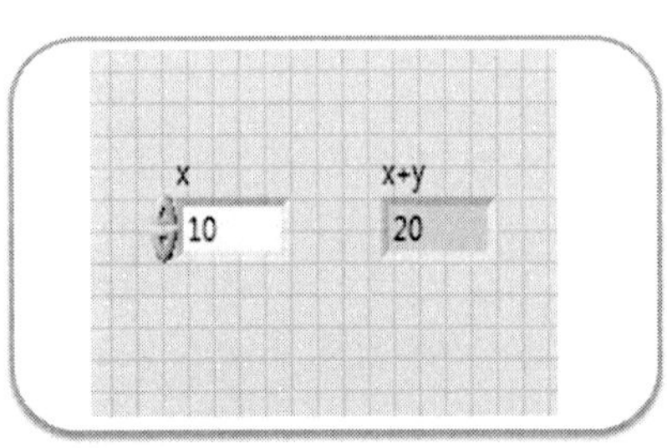

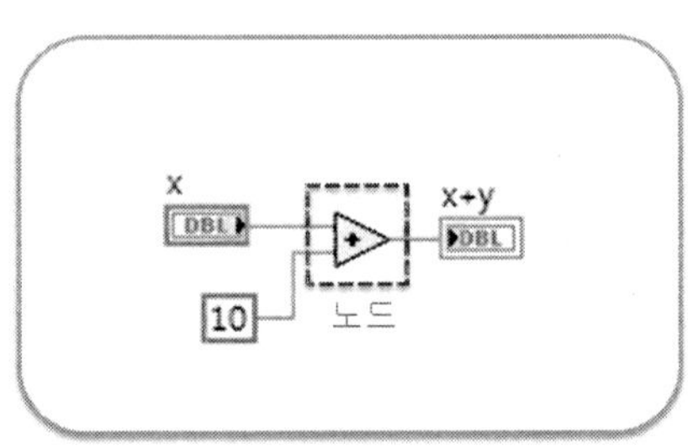

[Front panel] ⇄ [Block diagram]

터미널

블록다이어그램에 위치하는 여러 함수 노드와 인디케이터 그리고 컨트롤 아이콘들은 다음 그림에서 보이는 것처럼 와이어로 연결되어지고 그 와이어에 따라 데이터의 흐름이 결정된다.

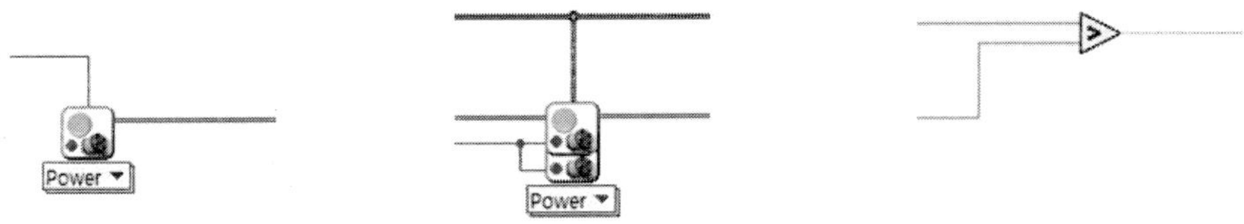

연결되는 와이어가 나타내는 데이터는 여러 종류로 분류될 수 있다. 데이터의 형태에 따라 와이어의 색깔과 굵기 그리고 패턴이 다르다.

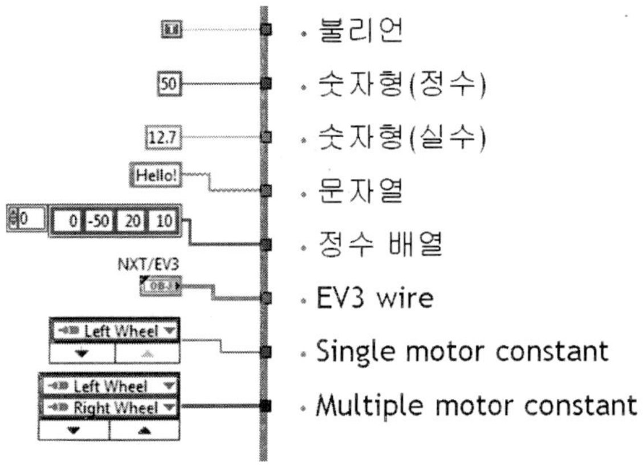

위의 그림은 여러 가지 데이터의 형태에 따라 달라지는 와이어의 색깔과 굵기 그리고 패턴을 나타내 주고 있다.

데이터의 종류는 우선 불리언, 숫자형(정수, 실수), 문자열이 있다. 그것들이 모여서 만드는 배열이 있는데 그것을 나타내는 와이어는 좀 더 굵어진다. 프로그램의 흐름을 나타내는 와이어는 핑크색이다.

블록다이어그램이나 프런트패널의 윗 부분에는 여러 방법으로 프로그램을 실행시키거나 디버깅할 수 있는 여러 가지 메뉴가 있다. 다음 그림은 그것을 보여주고 있다.

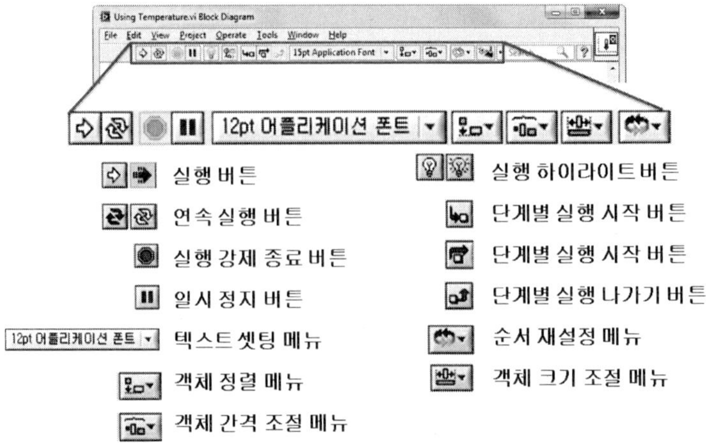

0.2.2 펌웨어(Firmware)

Lego MINDSTORMS EV3 Brick의 기본 OS는 Linux이다. LabVIEW를 EV3 브릭에 다운로드해서 돌리려면 Linux와 서로 교통할 수 있는 펌웨어가 필요하다. 마찬가지로 RobotC, Matlab, 또는 LME(Lego MINFDSTORMS Education) Software로 EV3를 구동시키려면 각각에 해당하는 펌웨어가 먼저 다운로드 되어야 한다.

다음 그림처럼 하면 펌웨어를 다운로드할 수 있는 대화상자를 열 수 있다.

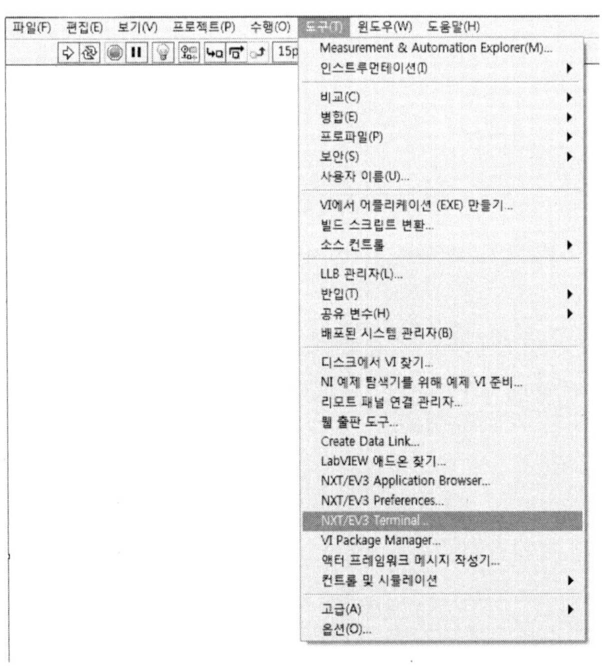

도구 메뉴를 클릭하고 나오는 메뉴에서 NXT/EV3 Terminal...을 클릭하면 다음 같은 대화상자가 나온다.

- [Update Firmware] -> [Update]

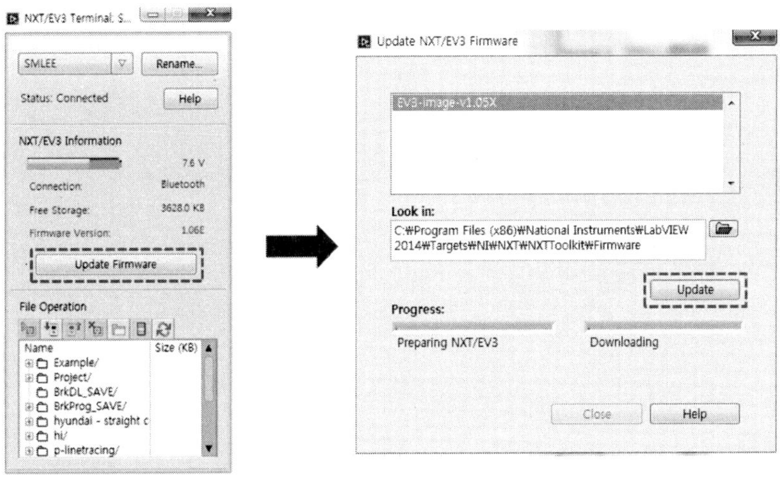

여기에서 Update Firmware를 클릭하면 나타나는 위 그림의 오른쪽 부분에서 최신 펌웨어를 확인하고 Update를 클릭하면 최신 펌웨어가 다운로드 된다. 물론 동작시키고자 하는 EV3 브릭이 컴퓨터에 USB 케이블로 연결되어 있거나 또는 Bluetooth, Wi-Fi로 무선 연결되어 있어야 한다.

그러기 위해서는 다음 대화 상자에서 Find NXT/EV3...를 클릭하면

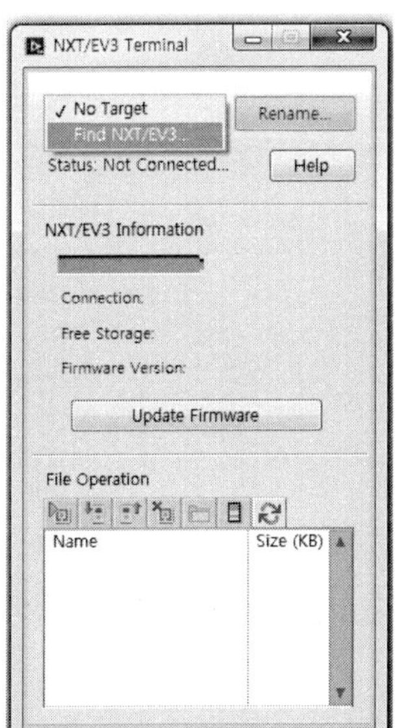

다음 그림처럼 NXT/EV3의 리스트가 나오고 원하는 것을 클릭하여 연결한다.

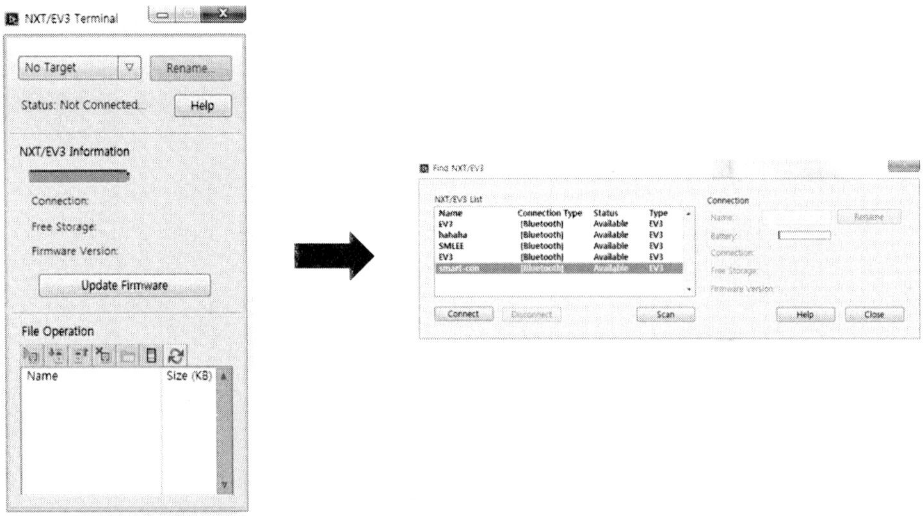

0.2.3 LabVIEW 프로그래밍

펌웨어가 다운로드 되었으면 이제 LabVIEW 프로그램을 작성해서 EV3 브릭에 다운로드해서 로봇을 동작시킬 수 있다.

먼저 블록다이어그램에서 다음 그림에 나오는 함수 팔레트를 이용해 함수를 늘어놓고 와이어로 연결하여 프로그램을 작성한다.

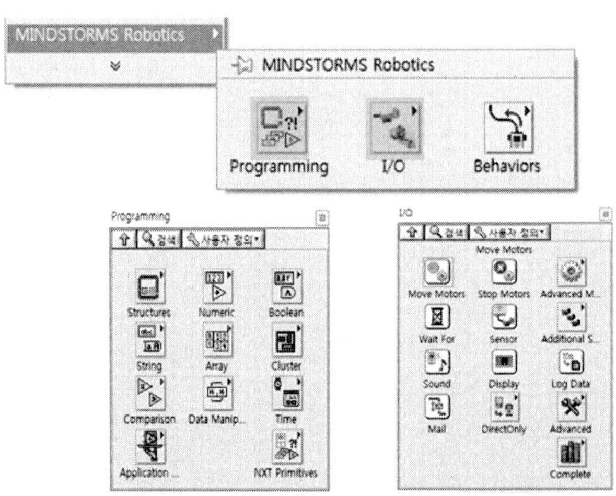

[Programming 팔레트] [I/O 팔레트]

다음 그림처럼 프런트패널에 컨트롤 팔레트를 이용하여 컨트롤과 인디케이터를 나열하여 프로그램을 컨트롤하고 결과를 관측한다.

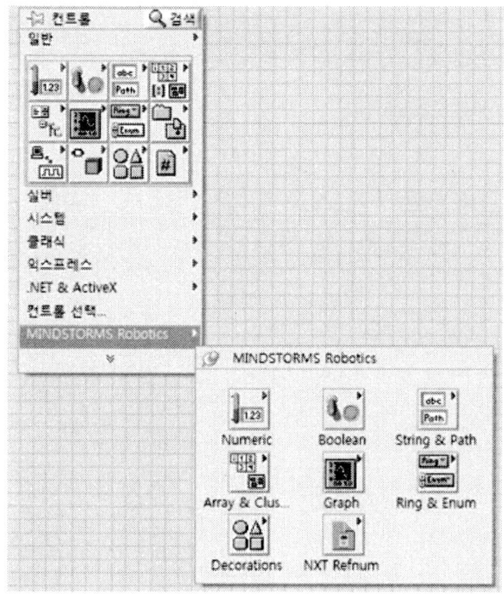

이렇게 프런트패널에 컨트롤과 인디케이터를 넣고 거기에 해당하는 아이콘을 블록다이어그램에서 여러 가지 함수와 구조를 더해 프로그램을 작성한다. 이렇게 여러 가지의 프로그램을 작성하는 것을 다음 장에서부터 공부한다.

그림처럼 로봇을 구동하는 방법에는 컴퓨터 타겟과 EV3 타겟 2가지가 있다.

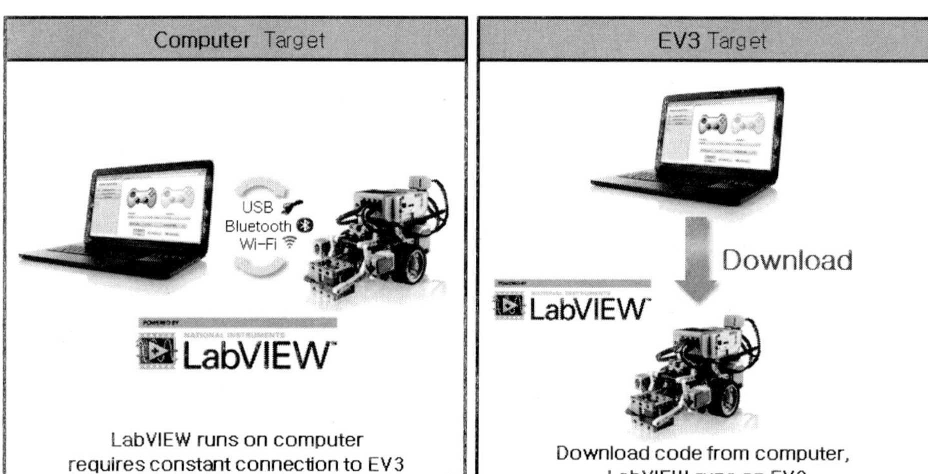

이 타겟은 다음 그림처럼 선택할 수 있다.

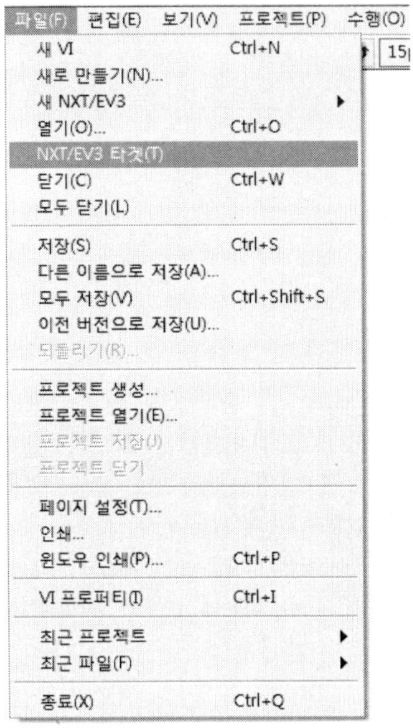

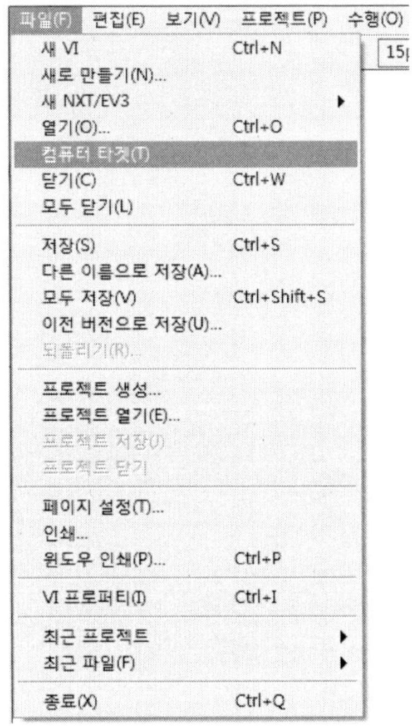

이 두 경우의 차이점은 NXT/EV3 타겟은 프로그램 전체를 EV3 브릭에 다운로드해서 컴퓨터와의 연결을 끊고 독립적으로 로봇을 동작시키는 것이고 컴퓨터 타겟은 컴퓨터가 로봇을 구동시키는 것이다. 그래서 프런트패널의 값을 바꾸면 실시간으로 로봇 작동에 영향을 줄 수 있다.

다음 그림처럼 NXT/EV3 타겟인 경우에는 EV3 Brick에 다운로드하는 메뉴가 생긴다.

다음 그림처럼 컴퓨터 타겟인 경우에는 다운로드 메뉴가 사라지고 반복 실행과 단계별 실행이 생긴다.

다음 장부터 지금까지 설명한 것을 기반으로 어떻게 LabVIEW 프로그래밍을 하고 또 그 프로그램을 이용하여 어떻게 교육용 로봇을 동작시키는지 알아보자.

Chapter

01 모터 제어하기

1.1 모터 단순 제어하기

레고 마인드스톰즈 EV3에는 포트 A, 포트 B, 포트 C, 그리고 포트 D의 출력 포트 4개가 있다. 그리고 레고 마인드스톰즈 2개의 라지 모터와 1개의 미디엄 모터가 있다. 레고 마인드스톰즈의 p-Brick으로 하는 구동은 모두 이 모터에 의해 이루어진다. 먼저 라지 모터 하나를 LabVIEW로 구동해 보자. LabVIEW의 블록다이어그램에 다음과 같이 Move Motors라는 함수를 배치한다.

이 함수는 다음의 단계를 거쳐 블록다이어그램에 배치할 수 있다.

1) 블록다이어그램에서 보기 메뉴를 클릭한다.

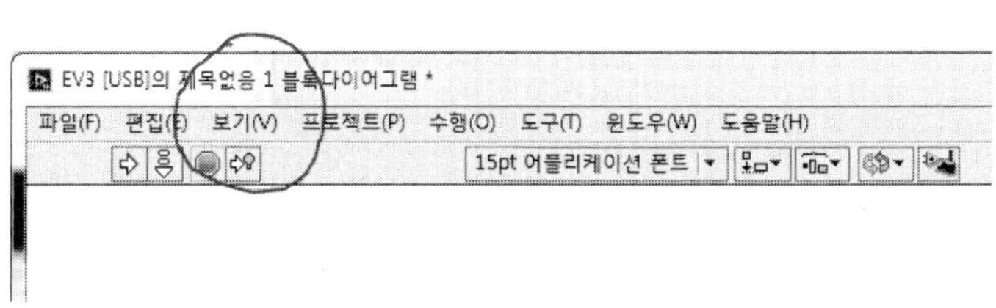

2) 보기의 아래에 나오는 메뉴 중 함수 팔레트를 클릭하면 함수 창이 나타난다.

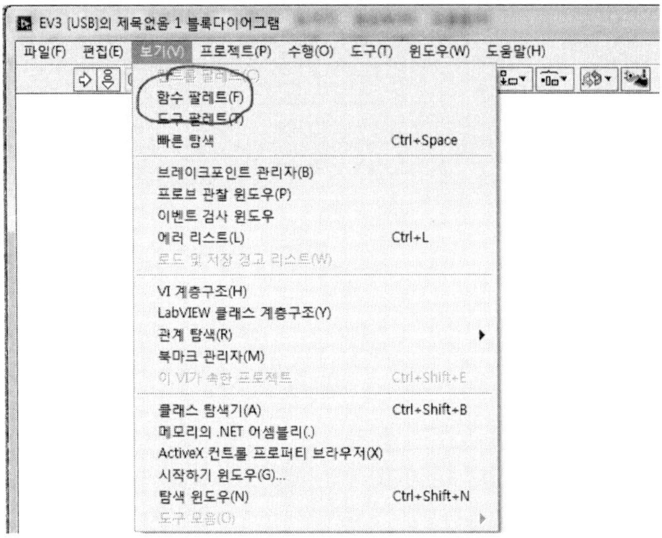

또는 블록다이어그램 위에서 마우스를 올려놓고 오른쪽 버튼을 클릭하면 같은 함수 창이 뜬다.

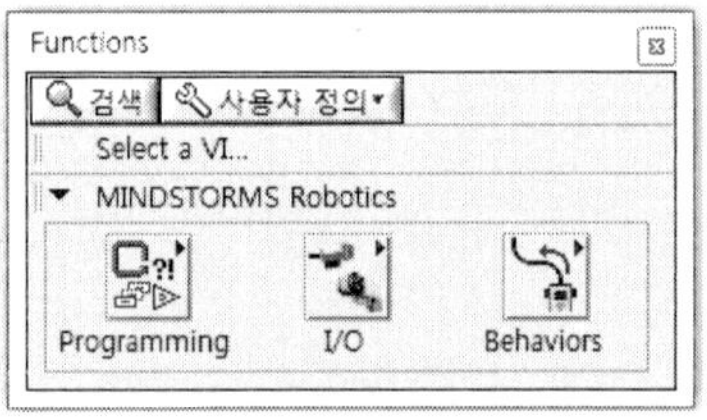

위의 경우는 로봇에 관한 VI를 열었을 때의 경우이고 일반 VI를 열었을 때에는 다음 그림처럼 일반 함수 팔레트가 뜨고 거기에서 MINDSTORMS Robotics를 클릭하면 위의 함수 팔레트가 뜬다.

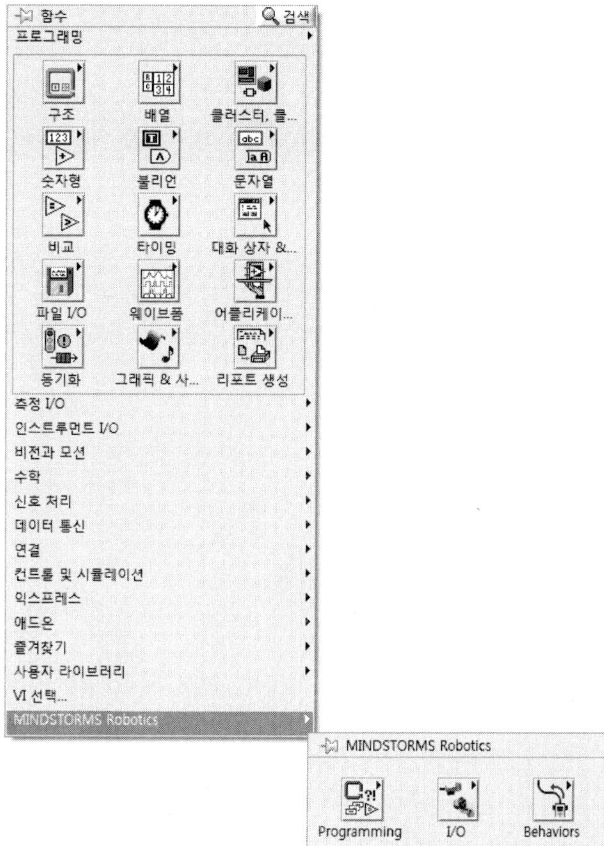

이 함수 팔레트가 나타났다고 다 사용하면 다시 사라진다. 이것을 항상 나타나게 하기 위해서는 위에 있는 핀을 클릭하여 원하는 함수 그룹이 다시 오른쪽 마우스 클릭을 안 해도 나타나 있게 된다.

3) 이 MINDSTORMS Robotics 함수에서 I/O 함수 그룹을 클릭하면 다음 함수 들이 나타난다.

4) 그 중에 Move Motors 함수를 클릭해서 블록다이어그램에 끌어다 갖다 놓으면 된다.

이것을 구동 시키는 방법은 컴퓨터 타겟과 EV3 타겟 2가지가 있다. 다음과 같이 컴퓨터 타겟으로 하면 컴퓨터에서 모터를 구동하는 것이고 모든 LabVIEW의 기능을 사용할 수 있다. 반응 속도는 EV3 타겟으로 하는 것보다 느릴 수 있다.

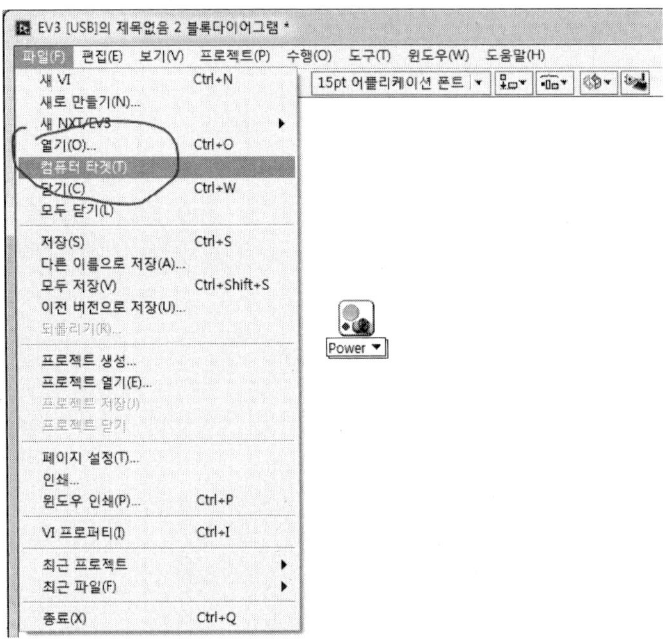

구동을 시키려면 다음 그림의 화살표를 클릭하면 된다.

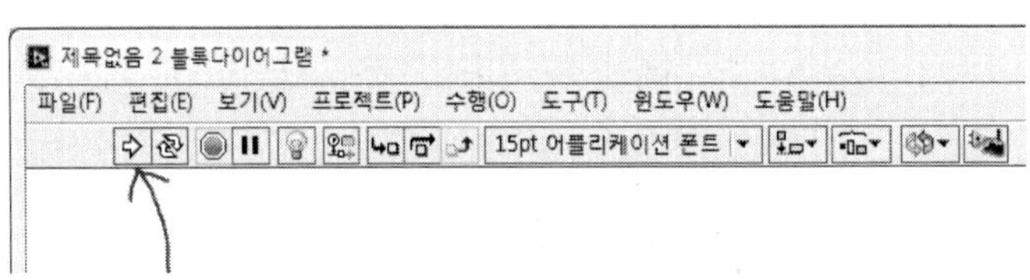

다음 그림처럼 NXT/EV3 타겟을 클릭하면 EV3 타겟 모드로 구동할 수 있다.

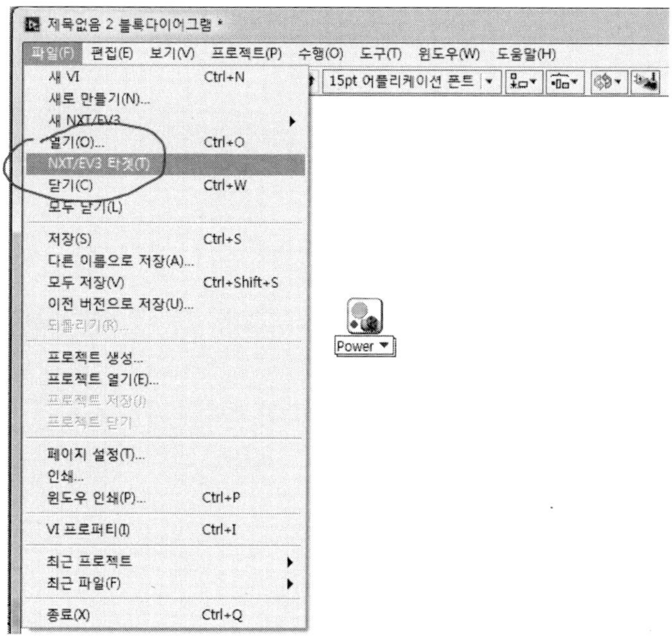

이 경우에는 다음 그림에서 가리키는 메뉴를 누르면 p-Brick으로 프로그램이 다운로드 되고

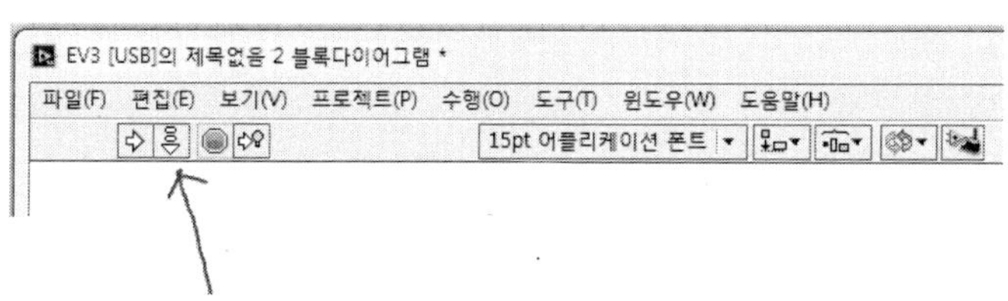

p-Brick에서 그 프로그램을 찾아 실행시킬 수 있다. 다운로드 되지 않은 LabVIEW 기능은 사용할 수 없으나 반응 속도는 컴퓨터 타겟보다 빠를 수 있다.

위의 그림처럼 Move Motors 함수 노드 위에 커서를 가져다 놓으면 연결점들이 나타난다. 이것들은 입력과 출력을 받거나 내보낼 수 있는 점들이다.

함수 아래에 붙어 있는 상자를 클릭하면 2개의 옵션이 나오는데 하나는 Power를 입력받게 하고 또 다른 옵션은 Speed를 입력받게 한다.

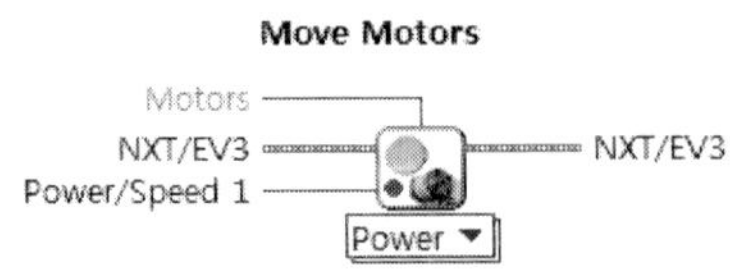

위의 그림처럼 왼쪽 아래 선은 Power 또는 Speed를 입력 받는 곳이다. 100부터 - 100까지 입력할 수 있고 기본은 75이다. 이 숫자는 상대적인 값이다. 양수 값은 앞으로 전진하게 하고 음수 값은 후진하게 한다. 값을 집어넣기 위해서는 다음 그림처럼 커서를 왼쪽 아래 입력 단자에 대면 커서가 와이어 연결 모양의 커서로 바뀐다.

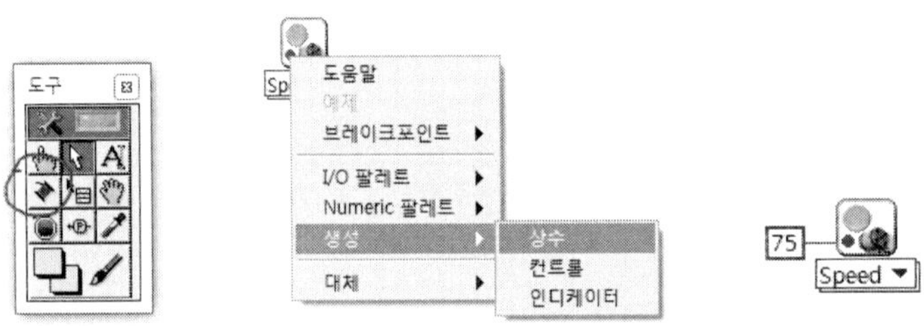

그러면 오른쪽 마우스를 클릭하여 메뉴가 뜨게 한다. 거기에서 상수를 클릭하면 값을 집어넣을 수 있는 작은 상자가 생기는데, 그 상자를 더블 클릭하면 값을 바꿀 수 있다. Constant Power는 배터리의 상태에 따라 다를 수 있지만 Constant Speed는 배터리 상태에 상관없이 내장되어 있는 인코더에 의해 속도를 일정하게 유지할 수 있다.

Move Motors 함수 위의 가운데는 모터의 포트를 입력받는 곳이다. Power나 Speed를 입력받는 상수를 만들 때처럼 하면 다음 그림처럼 입력할 수 있는 상자가 생긴다. (Power와 Speed의 경우와는 조금 다르게 Create Constant라는 메뉴가 뜬다.) 새로 생긴 위의 상자의 역삼각형 표시를 클릭하면 선택할 수 있는 포트가 나온다.

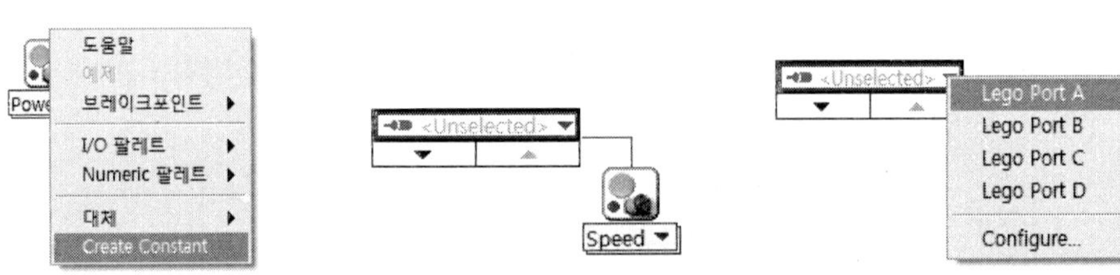

여기서 p-Brick에 모터가 연결되어 있는 포트를 선택하면 된다. 아무 것도 선택되어 있지 않은 기본은 p-Brick에 연결되어 있는 모든 출력 포트를 가리키게 된다. 2개 이상의 포트와 모터를 사용하려면 아래 상자에 있는 역 삼각형을 클릭하면 그림처럼 여러 개의 포트를 사용할 수 있게 된다. 오른쪽의 삼각형을 클릭하면 사용하는 포트를 제거할 수도 있다.

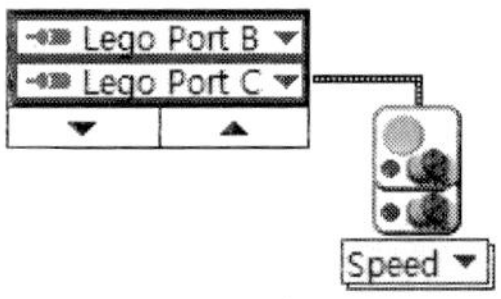

또 다른 방법으로는 아래 그림처럼 메뉴 중에 Configure를 선택하면 Schematic Editor가 나타나게 된다.

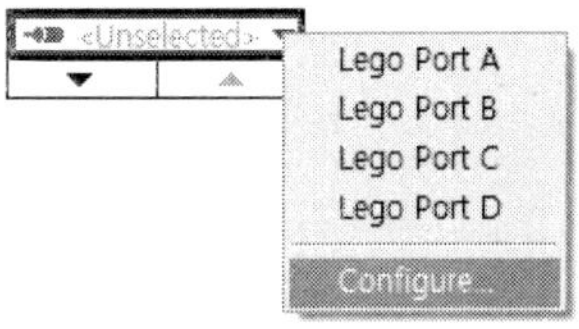

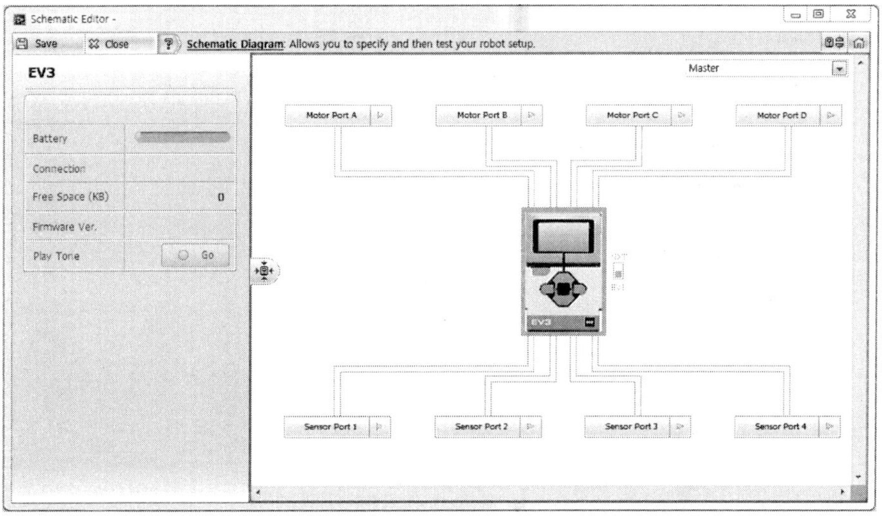

이 Schematic Editor에는 4개의 입력 포트와 4개의 출력 포트의 그림이 있고 원하는 곳에 원하는 모터를 연결시킬 수 있다.

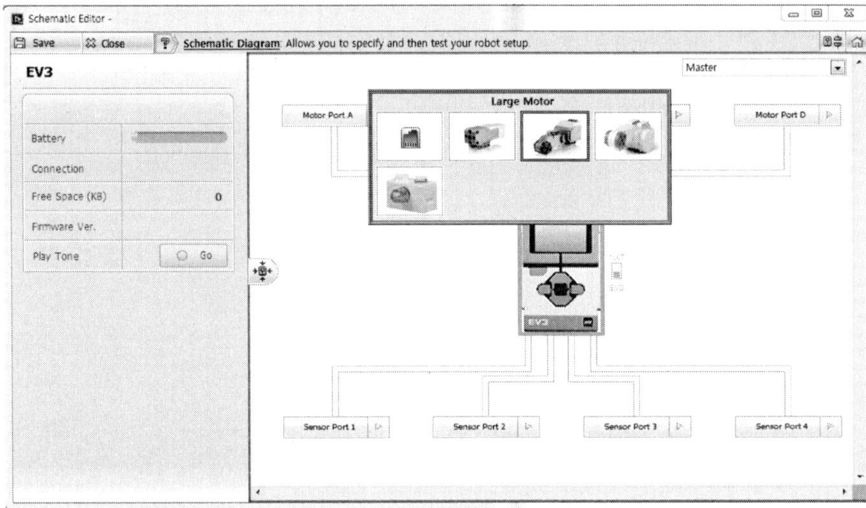

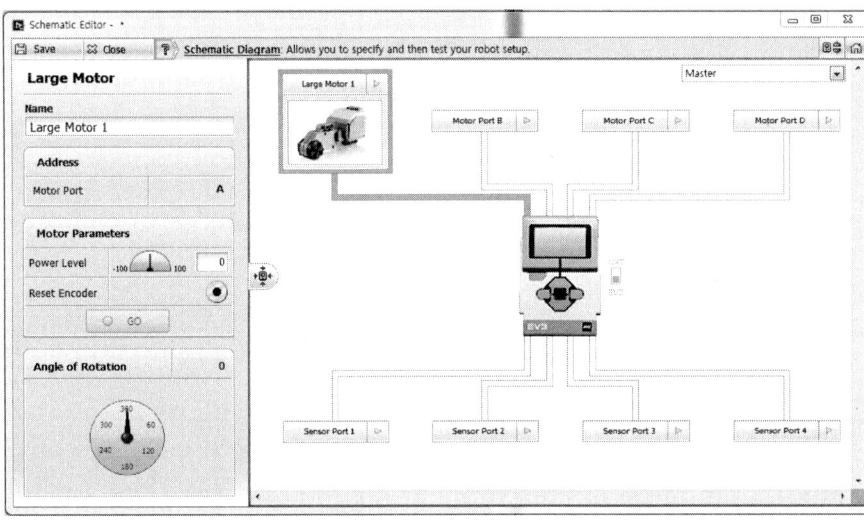

입력과 출력 단자에 NXT/EV3라고 쓰여 있는 곳은 프로그램의 흐름을 결정 지워주는 곳이다. 출력단자에서 다음 노드에 입력단자로 연결해 프로그램의 순서를 정해준다. 일반적으로 이 연결된 순서에 따라 프로그램이 실행되게 된다.

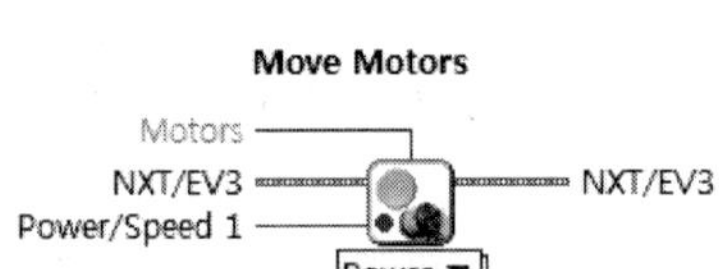

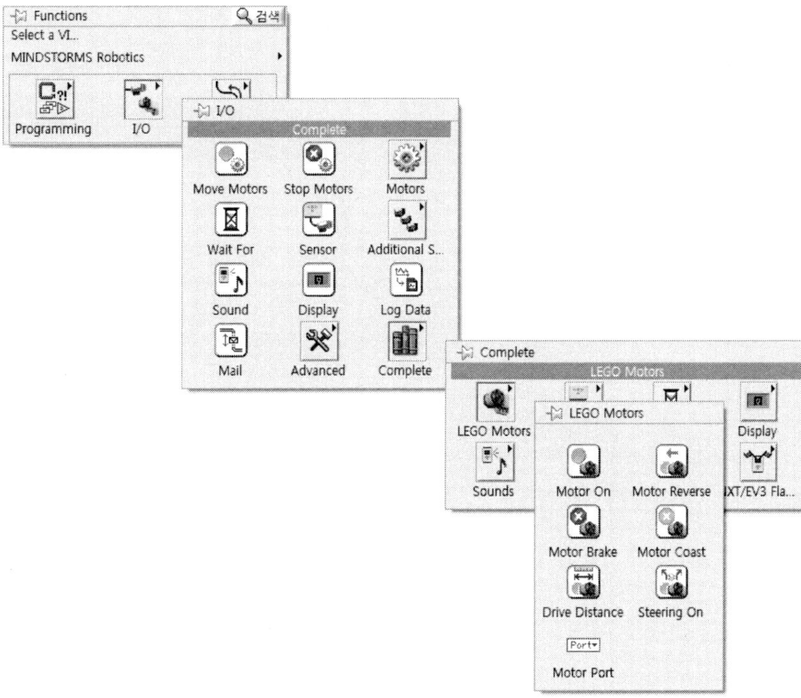

LabVIEW의 함수 팔레트에는 모터를 동작 시킬 수 있는 비슷하지만 또 다른 함수가 있다. 위의 그림처럼 I/O 함수 그룹에서 Complete 그룹을 클릭하고 이어서 LEGO Motors 그룹을 열면 Motors On이라는 함수가 나온다.

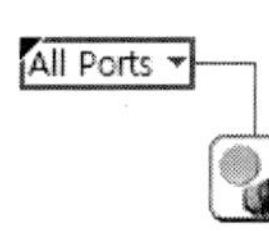

위의 Move Motors 함수와의 차이점은 포트를 선정하는 입력 단자의 형식이 다른 것과 Constant Power와 Speed가 없는 것이다. 기본은 All Ports 이다. 이 메뉴 중에 모터가 연결된 포트를 선택할 수 있다.

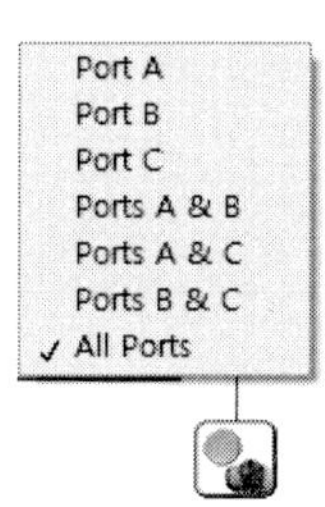

이렇게 Move Motors나 Motors On 함수 하나를 블록다이어그램에 놓고 구동시키면 잠깐 동안만 모터가 돌게 된다. 모터를 원하는 시간만큼 또는 원하는 센서의 조건에 따라 정지 또는 구동하기 위해서는 다른 함수 들을 연결시켜야 한다. 그 전에 먼저 모터를 구동하는 다른 함수들을 살펴보자.

I/O 그룹 안에 있는 Stop Motors 함수는 모터를 정지시키는 함수이다.

이 함수 아래에 있는 상자에 있는 역 삼각형을 클릭하면 2개의 Brake 모드, Coas 모드가 나타난다. Brake는 즉시 정지하는 것이고 Coast는 서서히 점진적으로 정지시키는 것이다.

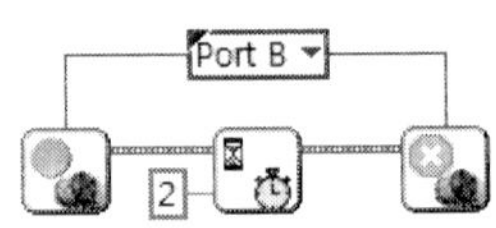

위의 프로그램은 2초 동안 B포트에 연결된 모터를 동작시키고 서서히 점진적으로 정지시키는 프로그램이다.

Motors On 함수와 Stop Motors 함수를 연결시켜 동작시키면 모터가 1번 돌고 정지하게 한다. Stop Motors가 없을 때와는 다르게 돌기 시작하자마자 정지 한다.

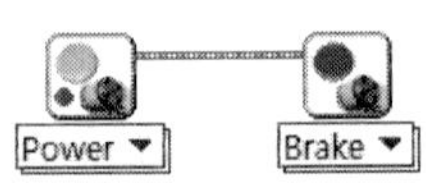

다음 그림과 같은 과정을 거쳐 LEGO Motors 함수 그룹에 가면 여러 개의 함수가 있다.

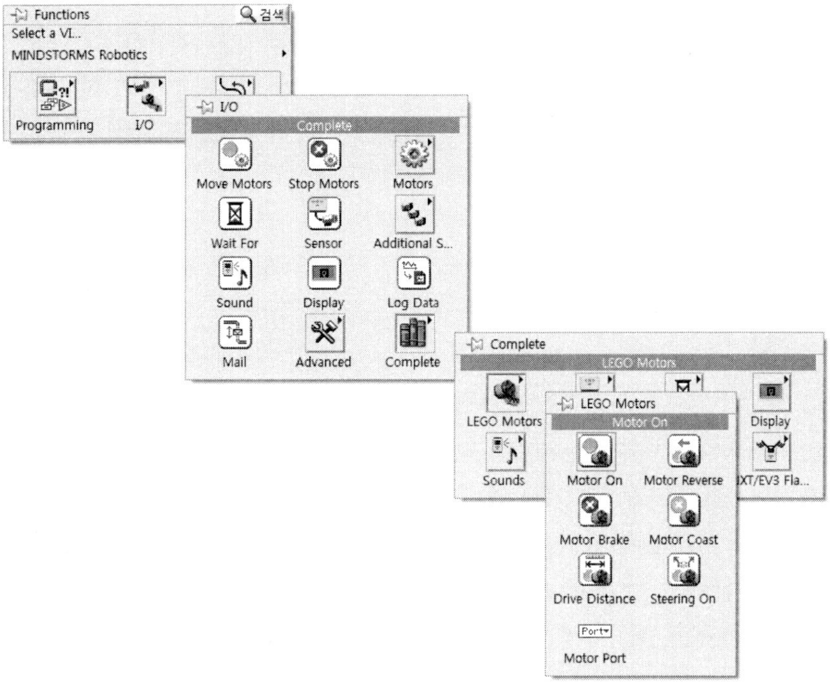

예를 들면 Motor Brake와 Motor Coast가 있고 Motor On과 Motor Reverse가 따로 되어 있다. 그 기능은 Move Motors와 Stop Motors의 그것과 동일하다. Drive Distance 함수는 모터가 움직이는 각도를 지정할 수 있는 함수이다. Angle of Rotation으로 그 각도를 지정할 수 있다. 기본은 360° 이다. 모터가 돈 각도를 알 수 있는 것은 모터에 내장된 인코더 때문이다.

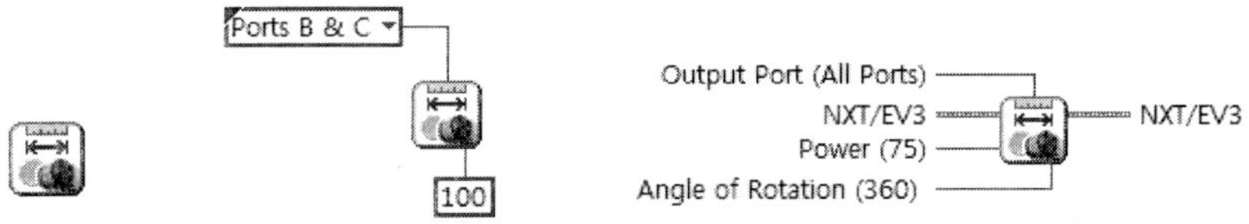

그 안에 있는 함수 중에 Steering On 함수는 2개의 모터를 지정해서 두 모터의 도는 속도 차이를 입력해서 회전을 시키는 함수이다. 기본 포트 설정은 포트 A와 포트 B다.

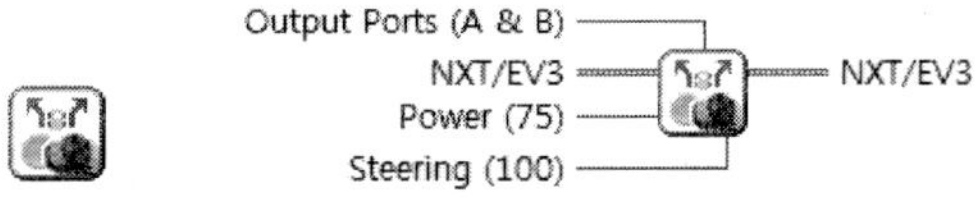

이 함수를 사용한 프로그램의 예는 다음과 같다.

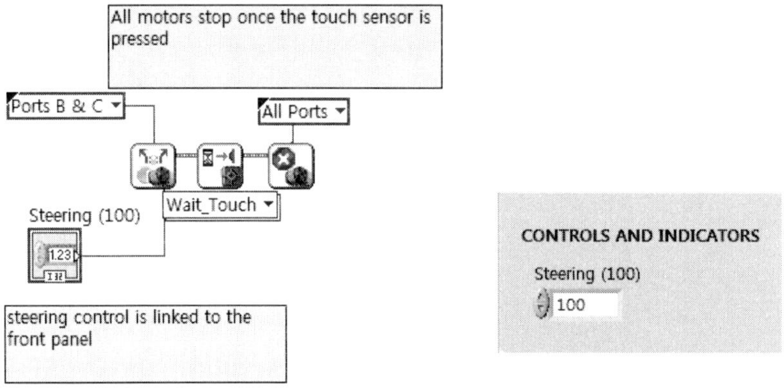

이 프로그램은 프런트패널에서 Steering 값을 -100에서부터 100까지를 집어넣을 수 있다. 그 값에 따라 회전의 방향과 정도가 달라진다. 그리고 터치 센서를 클릭하면 모터가 정지한다. 프런트 패널에서 컨트롤을 사용하여 값을 프로그램에 입력하는 것은 다음 장에서 더 자세히 살펴보기로 한다. Wait For 함수도 아래에서 더 자세히 살펴 볼 것이다.

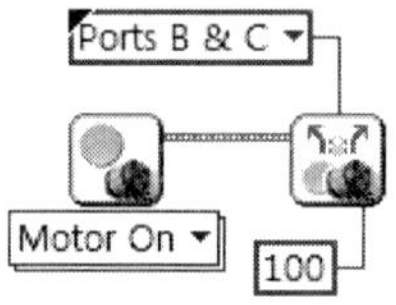

위의 프로그램은 모터가 한쪽 방향으로 회전하는 프로그램이다. 이 Steering On 함수에 입력으로 들어가는 값은 두 모터의 파워의 차이 값이다.

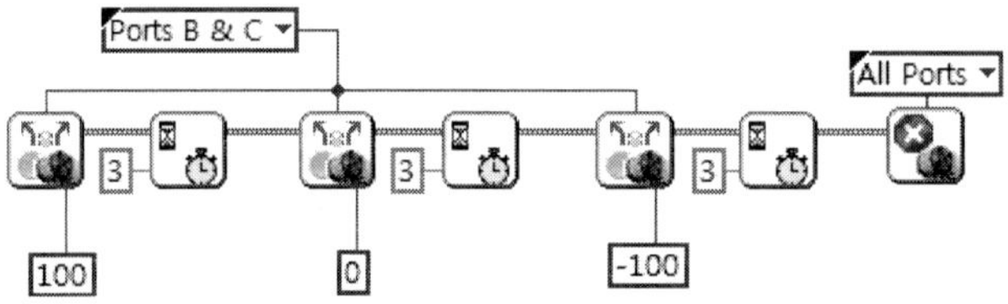

위의 프로그램은 한 쪽 방향으로 3초 동안 회전하고 또 3초 동안 직진하고 그리고 반대 방향으로 3초 동안 회전하고 정지하는 프로그램이다. 3초를 기다리는 함수는 다음 절에서 자세히 보기로 한다.

지금까지는 모터를 움직일 수 있는 단일 함수들에 대해서 알아보았다. 다음 장에서는 모터를 동작시키는 시간과 조건들을 부여하는 것을 살펴보겠다.

1.2 모터 동작 시간 조절하기

함수 팔레트 중에 I/O 그룹 안에 있는 Wait For 함수를 사용하여 모터가 움직이는 시간을 조절할 수 있다. 이 함수의 밑에 있는 상자 안(다형성 VI 선택자)에 있는 역 삼각형을 클릭하면 선택할 수 있는 여러 가지의 센서 들이 있다. 그 중에 Wait for Time을 선택하고 그 중에 초를 단위로 하는 것과 밀리 초를 단위로 하는 옵션이 있다.

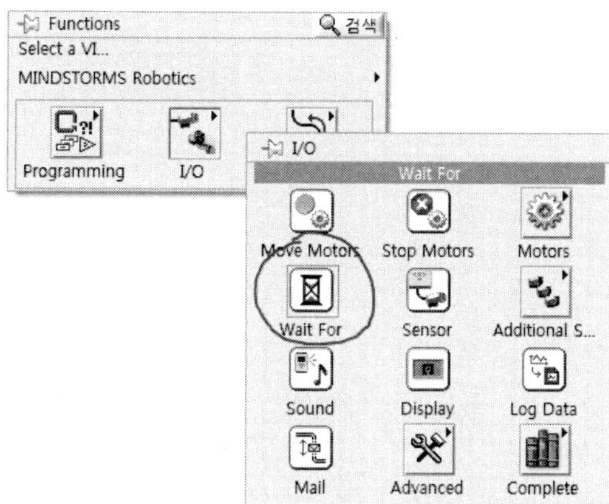

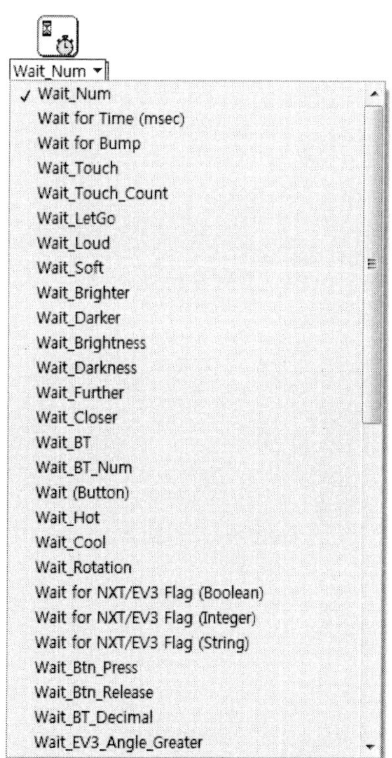

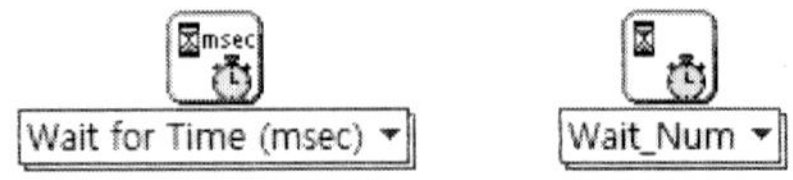

함수 밑에 있는 사각형은 다음 그림에서 보이는 것처럼 다형성 VI 선택자라고 불리며 보이게 할 수도 있고 안보이게 할 수도 있다.

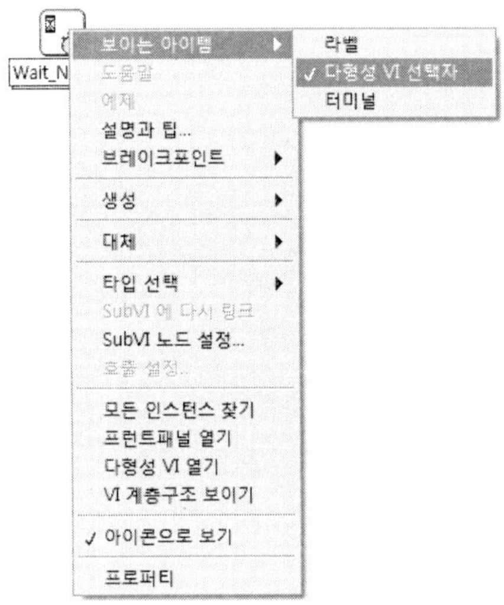

모터의 구동 시간을 조절할 수 있는 또 다른 함수는 I/O 그룹 안➔ Complete 그룹 안➔ Timing/Waits 그룹 안에 있는 함수들을 사용하면 모터가 움직이는 시간을 조절할 수 있다.

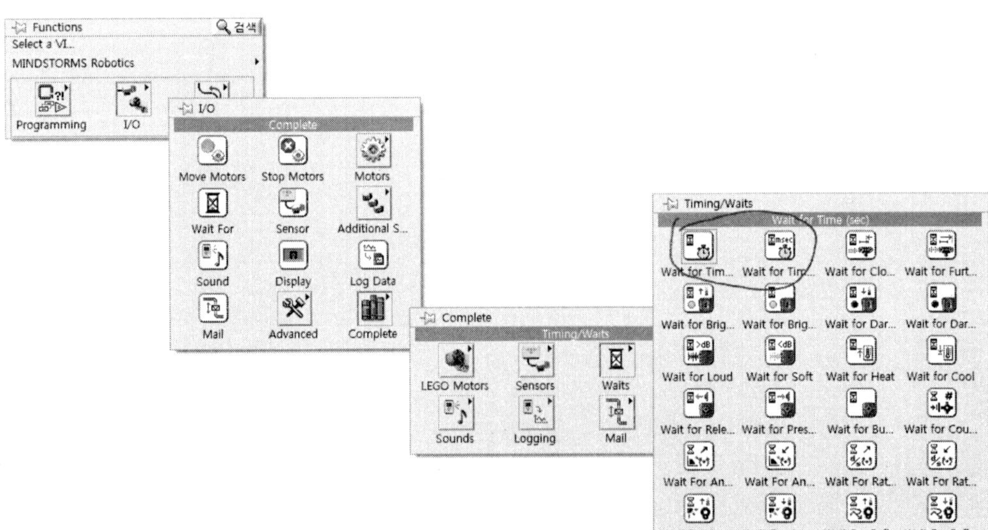

모터를 돌리는 함수를 2가지 경로로 찾을 수 있었다. 첫 번째 경우는 하나의 함수 밑에 박스를 클릭하면 여러 옵션이 나타나고 두 번째의 경우는 모든 함수들을 한 그룹에 묶어 놓은 것이 다른 점이다.

이 함수들을 이용하여 모터가 구동하는 시간을 조절하는 방법은 다음과 같다.

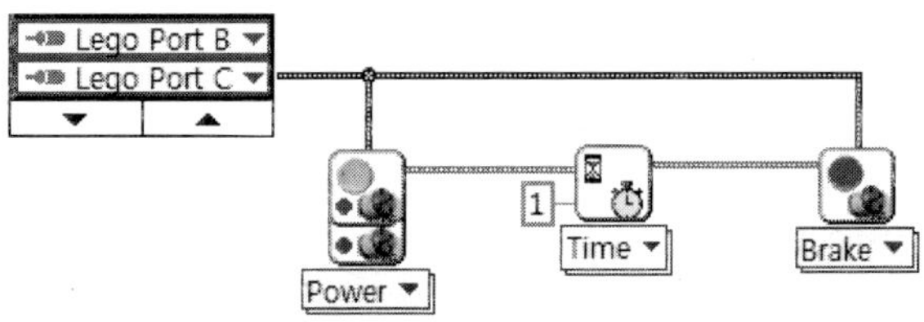

위의 3개의 블록다이어그램은 공히 p-Brick에 연결되어 있는 모터를 1초간 돌리고 정지시키는 프로그램이다.

만약 3초 또는 5초 동안 모터를 구동시키려면 Wait For 함수의 입력 상수를 바꿔주면 된다.

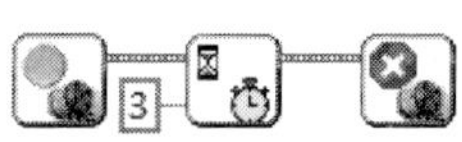

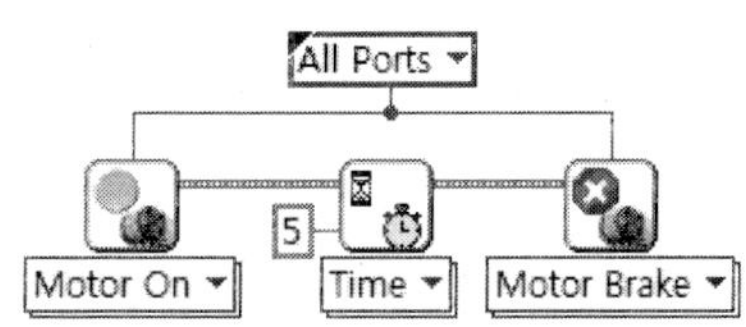

위의 그림 중 뒤에 있는 그림에 Motor On 그리고 Motor Brake라고 함수 밑에 붙어 있는 레이블이 있는데 이것은 이전 버전의 함수에서 사용하던 것들이다. 함수 자체는 바뀌지 않았다. 현재 버전의 레이블은 레이블이 없거나 Motor On 대신에 power or speed 그리고 Motor Brake 대신에 레이블이 없거나 Brake 또는 Coast로 되어 있다.

모터의 속도를 올리려면 모터의 Power를 클릭해 값을 바꿔주면 된다.

뒤로 가게하고 싶으면 모터의 Power를 음수로 바꿔 주면 된다.

또는 아래 그림처럼 Motor Reverse 함수를 사용하면 된다.

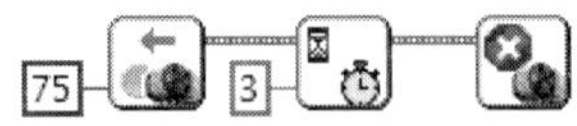

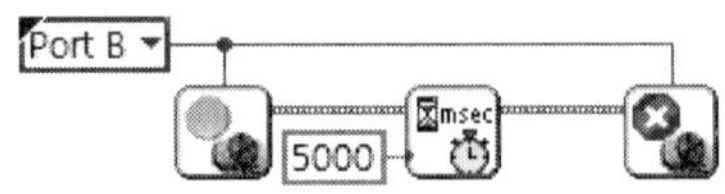

위의 프로그램은 5초 동안 B 모터를 돌리다 정지하는 프로그램이다.

1.3 2개의 모터를 이용해 교육용 로봇을 회전시키기

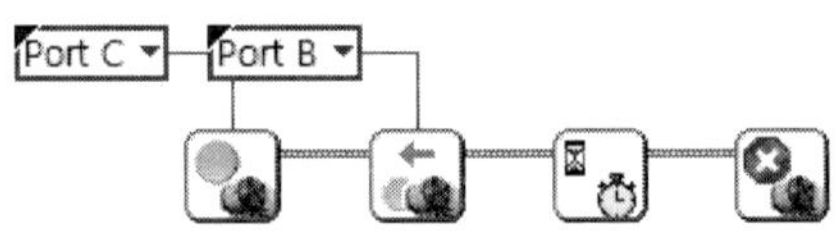

위의 그림처럼 프로그램을 작성하면 1초 동안 2개의 모터를 장착한 교육용 로봇 LEGO 모델이 한 점에서 회전하게 된다. 또는 다음과 같이 프로그램을 작성해도 같은 동작을 한다.

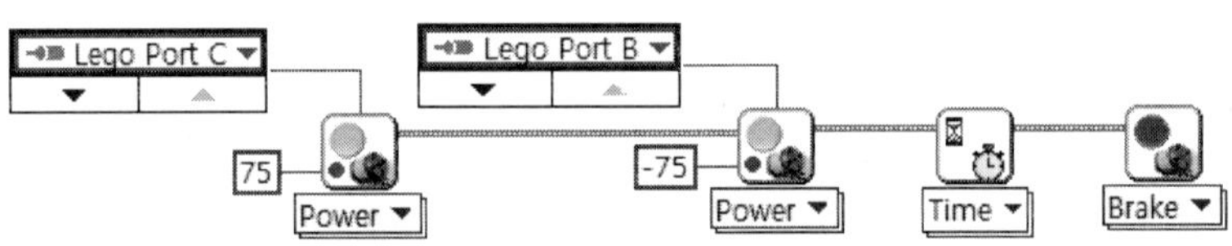

LEGO 모델을 회전시키는 방법은 모터의 Power를 조절함으로 다음과 같이 여러 가지가 있을 수 있다.

첫 번째 것은 Point Turn, 두 번째 것은 Swing Turn, 그리고 마지막 것은 Curve Turn이다.

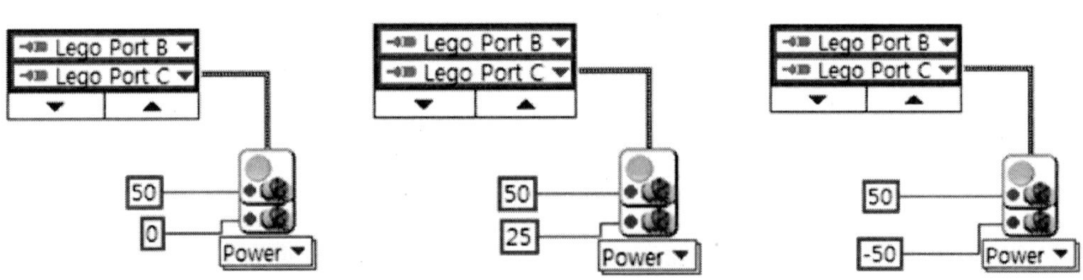

1.4 모터 동작 각도 조절하기

모터에 내장 되어 있는 인코더로 모터가 구동된 각도를 측정할 수 있다. 그리고 각도를 입력 받아 구동하는 거리를 조절할 수 있다. 다음 그림처럼 Wait for Rotation 함수를 사용해서 모터를 2바퀴 돌릴 수 있다.

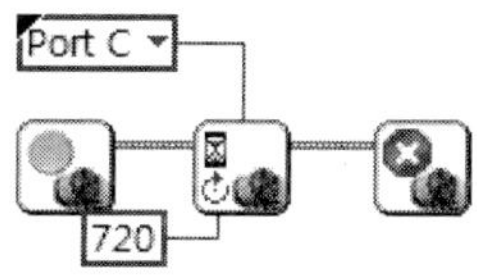

Wait for Rotaion 함수는 기본 입력 포트 즉 모터가 연결 되어 있는 포트가 A로 되어 있다. 아래에 각도를 입력 받는 입력 단자에 각도를 입력하면 원하는 만큼 모터를 돌릴 수 있다. 기본은 180°이다. 720°는 360°의 두 배이므로 두 바퀴를 돌릴 수 있는 것이다.

이번에는 2개의 모터를 갖는 LEGO 모델이(각 모터가 포트 B와 C에 연결되어 있다고 하자, 앞으로는 이 LEGO 모델을 이용해 프로그램을 작성할 것이다.) 앞으로 3바퀴 전진 그리고 로봇이 180° 회전해서 다시 3바퀴 전진하는 프로그램을 작성해 보면 다음과 같이 작성 될 수 있다.

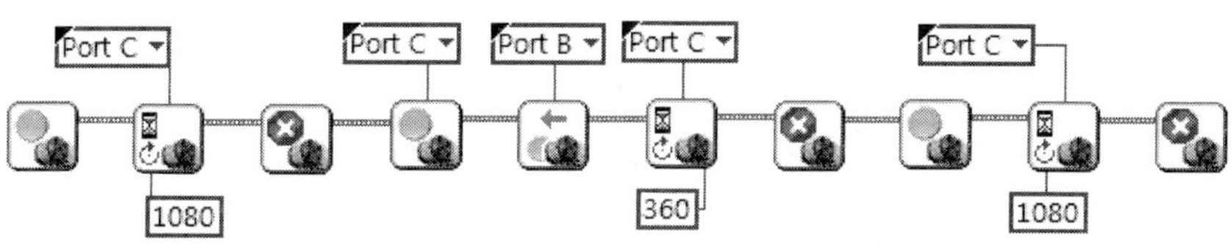

1.5 도전과제

1.5.1 도전과제 1

다음 그림처럼 교육용 로봇이 50cm를 전진하고 정지하게 프로그램을 작성하라.

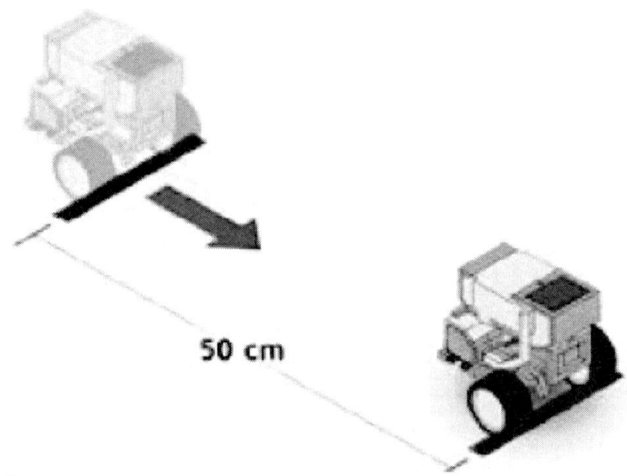

1.5.2 도전과제 2

다음 그림처럼 50cm를 전진하고 물건을 끌고 다시 돌아오는 프로그램을 작성하라.

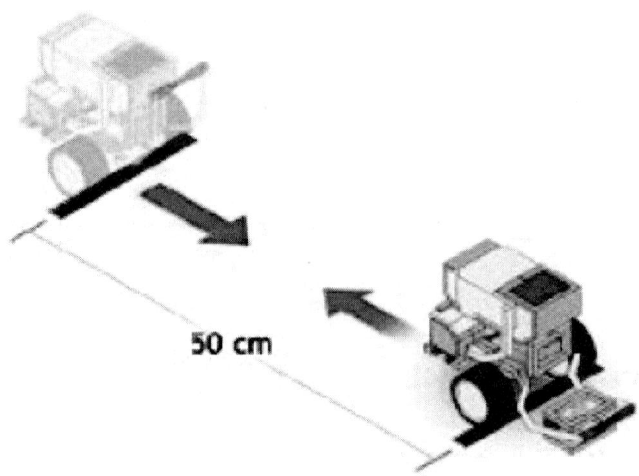

1.5.3 도전과제 3

다음 그림과 같은 바닥 위에서 교육용 로봇을 1번에서 출발해 2번까지 여러 번의 전진과 회전을 이용해서 2번에 도달하는 프로그램을 작성하라. 도착지점의 사선을 제외하고는 검은 선을 넘어서는 안 된다.

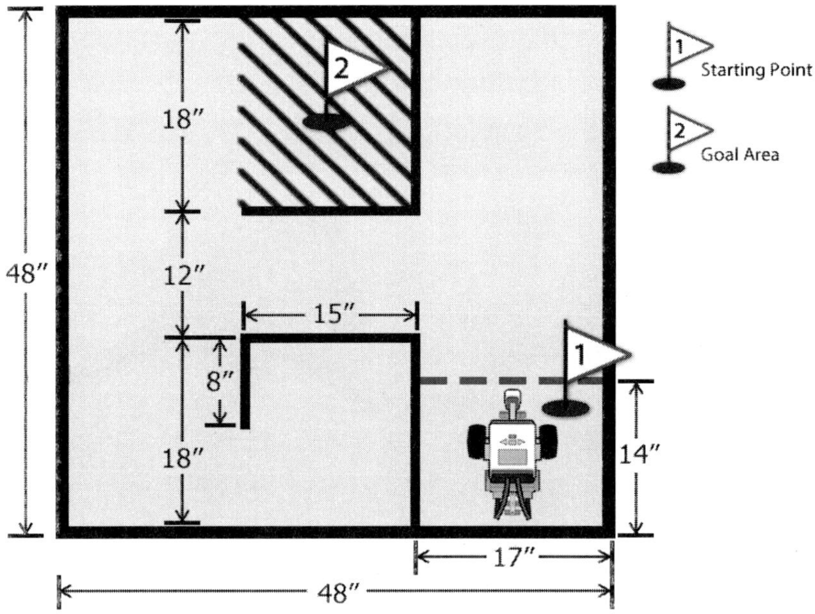

1.5.4 도전과제 4

아래 그림처럼 출발해서 검은 선이 있을 때마다 로봇의 팔을 내렸다 올리는 동작을 반복하고 다시 제 자리로 돌아오는 프로그램을 작성하라.

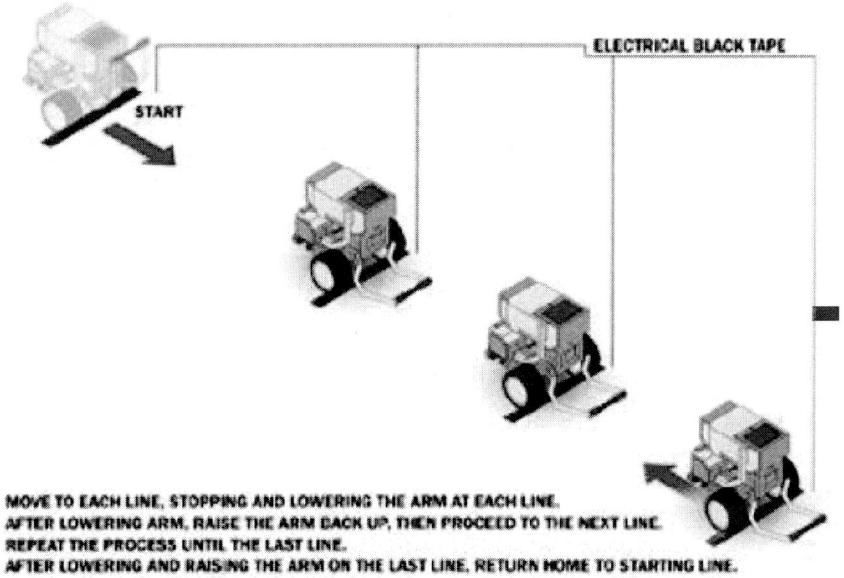

1.5.5 도전과제 5

다음 그림처럼 교육용 로봇이 정확히 90° 돌게 프로그램을 작성하라.

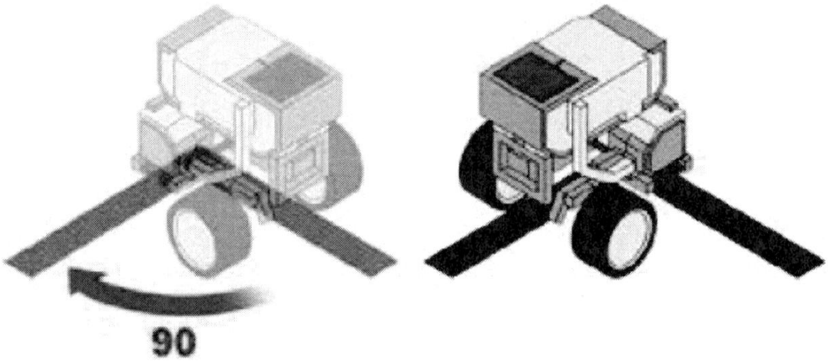

1.5.6 도전과제 6

다음 그림처럼 교육용 로봇이 전진하다가 장애물을 돌아서 원래의 장소로 돌아오는 프로그램을 작성하라.

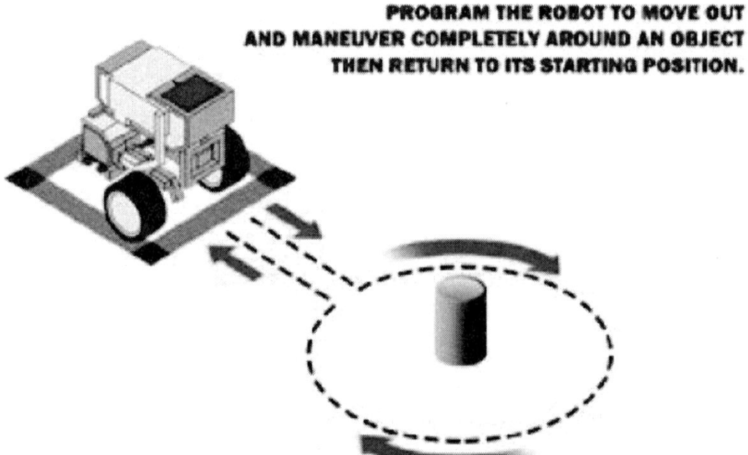

1.5.7 도전과제 7

다음 그림처럼 장애물을 설치하고 장애물을 돌아오는 프로그램을 작성하라.

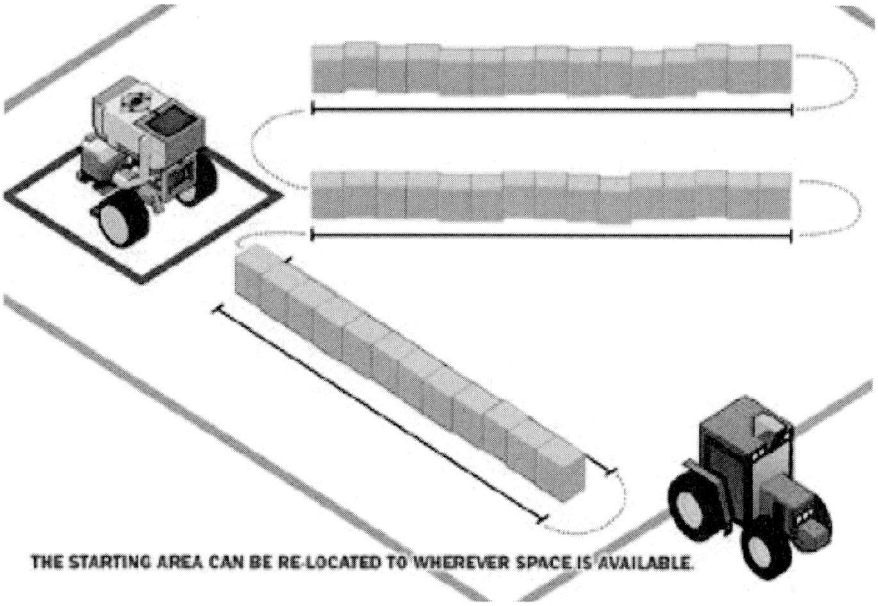
THE STARTING AREA CAN BE RE-LOCATED TO WHEREVER SPACE IS AVAILABLE.

Chapter

02 센서 제어하기

2.1 Wait For 함수를 이용하여 센서로 제어하기

LEGO Mindstorms EV3에는 기본적으로 터치 센서, 초음파 센서, 컬러 센서 그리고 자이로 센서 4개가 있다. 여러 가지 다른 센서들도 사용할 수 있지만 여기서는 기본적인 4가지 센서만 취급한다. 다음 그림처럼 Wait For 함수의 옵션으로 여러 가지 센서의 입력을 기다리는 함수들이 있다.

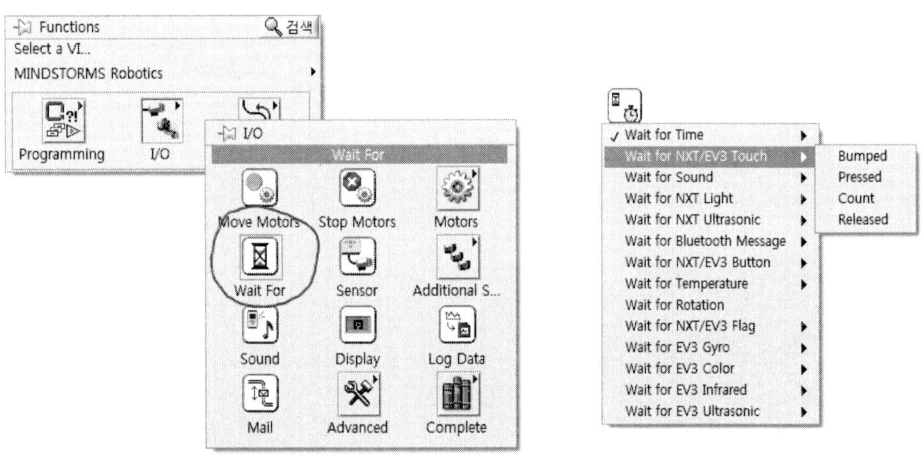

Wait For 함수의 다형성 VI 선택자가 이 책을 쓰기 시작할 당시(2015년 1월)에는 위의 그림 오른쪽에 있는 것처럼 나타났었는데 쓰는 동안 다음 그림처럼 다형성 VI 선택자가 변경되었다. 그러나 함수 자체는 바뀌지 않았다.

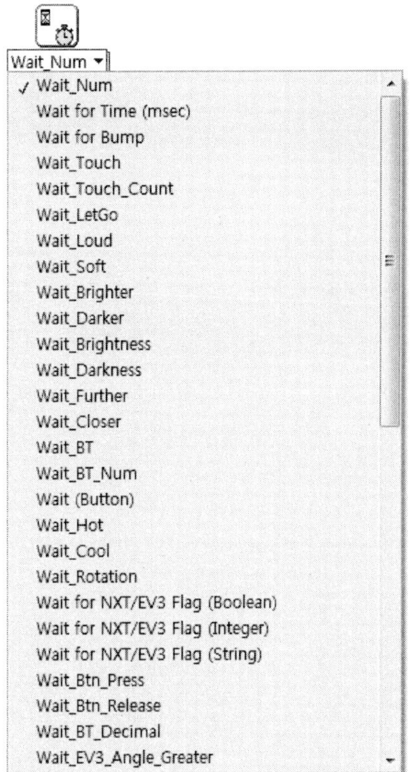

또 다른 곳에서도 같은 유사한 함수들을 찾을 수 있다. 다음의 그림처럼 Complete 함수 그룹 안에 있는 Timing/Waits 함수 그룹 안에 여러 가지 센서의 입력을 기다리는 함수 들이 있다.

이 Wait For 함수의 기본적인 동작은 이 Wait For 함수 앞의 함수 동작이 이 Wait For 함수에서 지정하는 조건이 만족될 때 또는 동작이 이루어 질 때까지 계속 진행되게 하는 것이다. 함수가 Wait For 함수 없이 혼자 끝나게 되면 한 스텝만 이루어지고 만다.

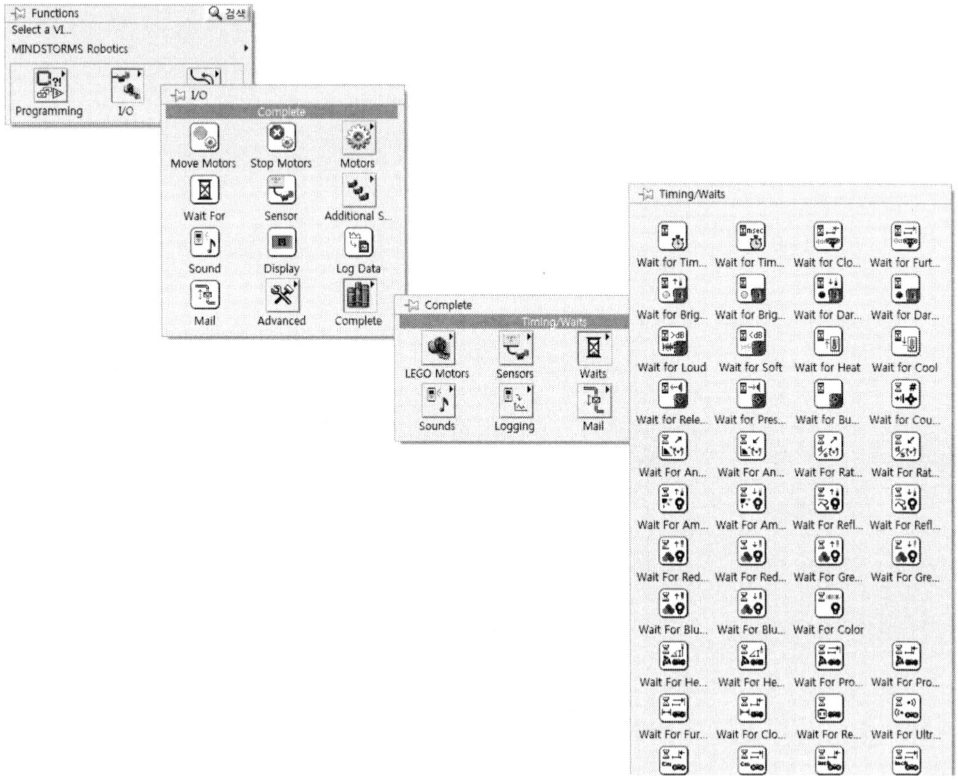

먼저 터치 센서에 대해 알아보자.

2.1.1 터치 센서

터치 센서의 원리는 간단하다. 다음 그림처럼 눌려지지 않았을 때는 회로가 완성 되지 않아 전류가 흐르지 않는다. 그 경우는 FALSE 이다.

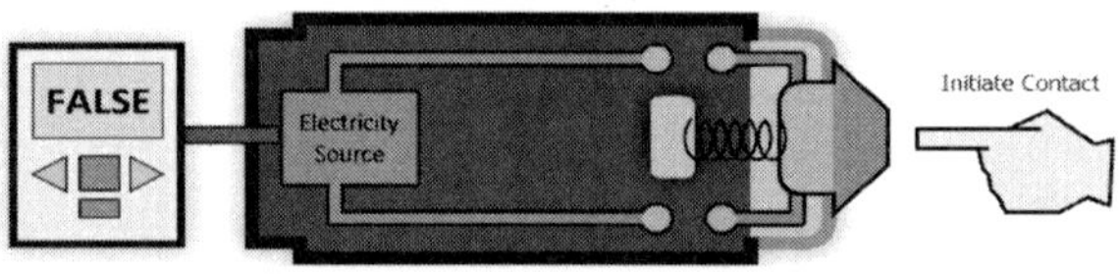

또 다음 그림처럼 눌려져 있을 때는 회로가 완성이 되어 전류가 흐르게 되고 TRUE가 된다.

터치 센서가 눌릴 때까지 모터가 돌게 하려면 다음과 같이 프로그램을 짜면 된다.

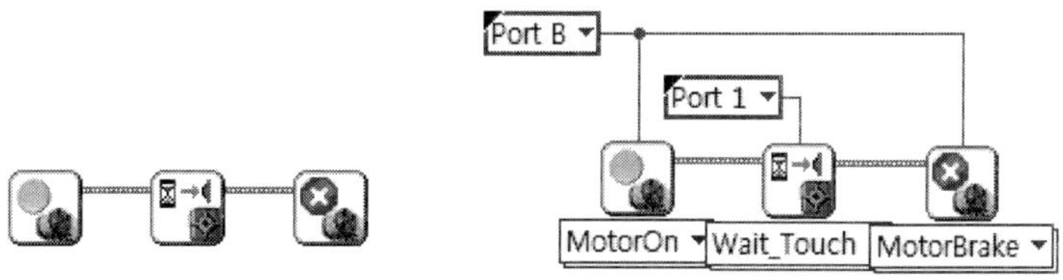

터치 센서의 모드는 4가지가 있다. 이 모드의 메뉴들은 아래 그림처럼 볼 수 있다.

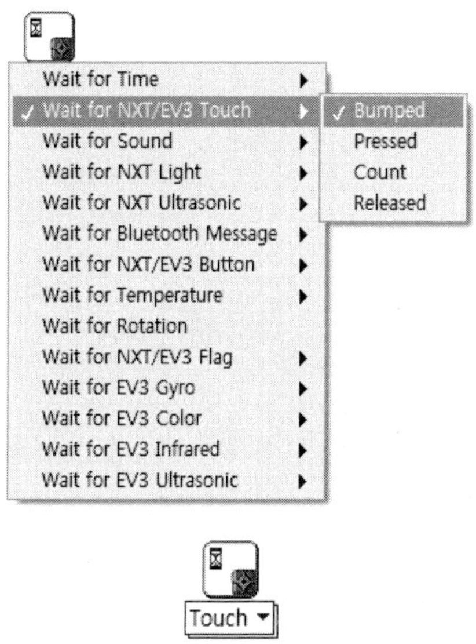

• Bumped : 터치 센서가 1번 눌렸다 다시 원상태로 돌아 온 것을 인식하는 모드이다.

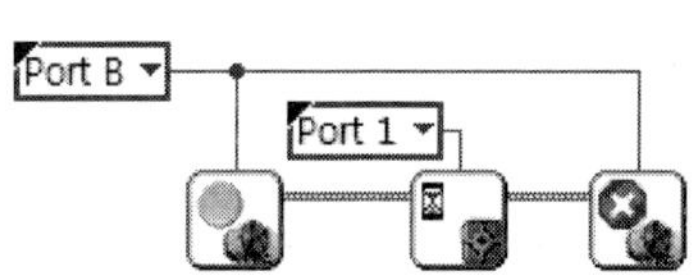

이 프로그램은 위의 함수를 사용한 프로그램이다. 즉 1번 터치 센서가 눌렸다 놓이면 B 모터가 정지하는 프로그램이다.

• **Pressed** : 1번 눌린 것을 인식하는 모드이다.

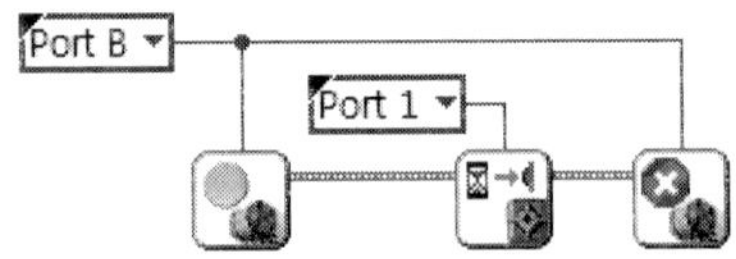

이 프로그램은 위의 함수를 사용한 프로그램이다. 즉 1번 터치 센서를 누르면 B 모터가 정지하는 프로그램이다.

• **Released** : 눌려 있다가 원상태로 돌아 온 것을 인식하는 모드이다.

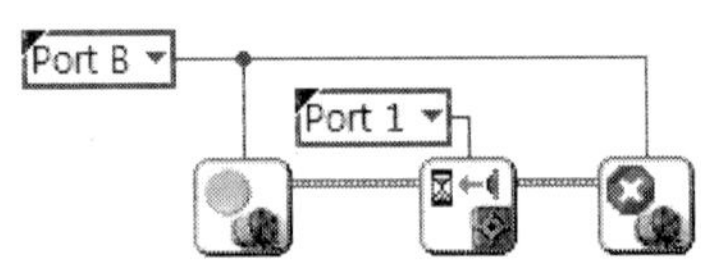

이 프로그램은 위의 함수를 사용한 프로그램이다. 즉 1번 터치 센서가 원 상태로 다시 올라오면 B 모터가 정지하는 프로그램이다.

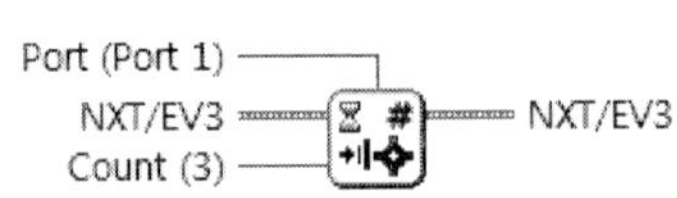

• **Count** : Count 입력으로 터치 센서가 몇 번 눌릴지를 입력한 다음 그 수만큼 터치 센서가 눌릴 때 까지 기다리는 모드이다.

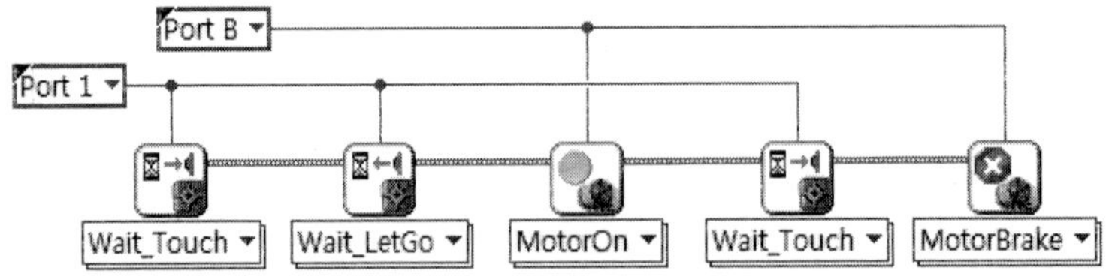

이 프로그램은 1번 포트에 연결되어 있는 터치 센서를 눌렀다 놓으면 B 모터가 동작하고 다시 누르면 정지하는 프로그램이다.

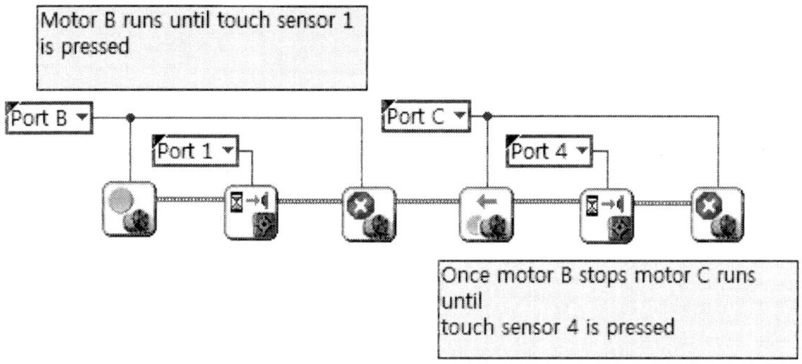

위의 프로그램은 모터 B가 터치 센서 1이 눌릴 때까지 돌고 B 모터가 정지하고 4번 터치 센서가 눌릴 때까지 C모터가 도는 프로그램이다.

다음에는 초음파 센서를 알아보자.

2.1.2 초음파 센서

초음파 센서의 원리는 센서의 한 곳에서 초음파를 발생하고 다른 한 곳에서 물체에서 반사된 초음파를 받아들여 초음파가 진행한 시간을 측정해 거리를 계산해서 출력하는 센서이다.

초음파센서의 모드에는 다섯 가지가 있다. 이 모드들의 메뉴는 다음 그림과 같이 볼 수 있다.

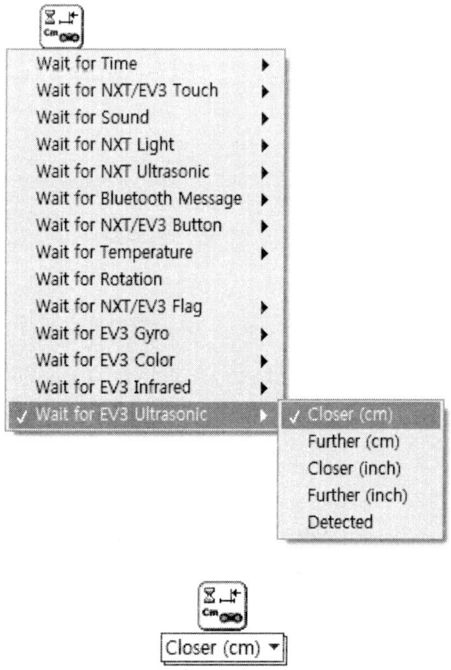

이것은 초음파센서가 cm로 주어진 값 안쪽에 물체를 감지하면 앞의 함수를 정지시키는 모드이다.

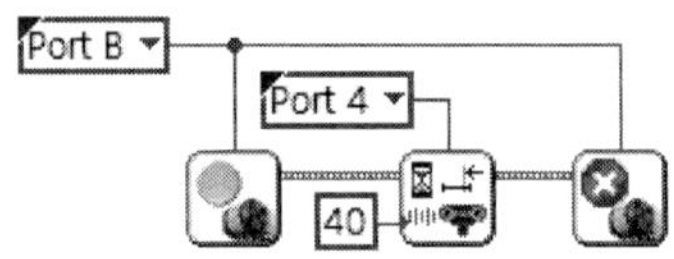

이 프로그램은 위의 함수를 사용한 프로그램이다. 즉 4번 포트에 연결된 초음파 센서가 40 cm 미만의 거리를 감지하면 B 모터가 정지시키는 프로그램이다.

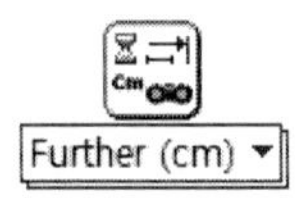

이것은 위의 모드와는 반대로 초음파센서가 cm로 주어진 경계 값 바깥쪽의 물체를 감지하면 앞의 함수를 정지시키는 모드이다.

이것은 위의 모드와 같으나 경계값이 인치로 주어진 것만이 다르다.

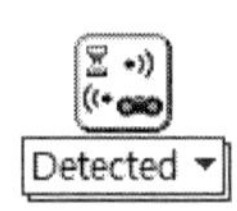

이 모드는 한 쪽의 초음파센서가 다른 로봇의 초음파센서를 감지하면 앞의 함수를 정지 시키는 모드이다.

어느 거리 이하면 모터가 정지하는 프로그램을 작성하면 다음과 같다. 초음파 센서의 거리 기본 입력이 40cm이고 기본 포트는 포트 4이기 때문에 다음 프로그램은 포트 4에 연결되어 있는 모터가, 초음파센서가 어느 물체를 40cm 이내에 있는 것으로 인지하면 정지한다.

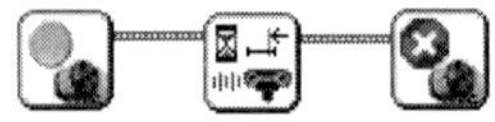

100cm 이내에 있으면 정지하게 하는 프로그램은 다음과 같다.

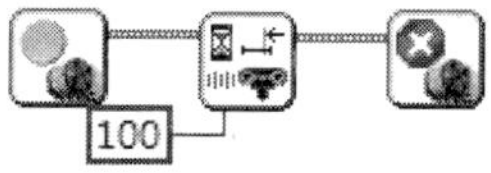

또 40cm 보다 멀어지면 정지하게 하는 프로그램은 다음과 같다.

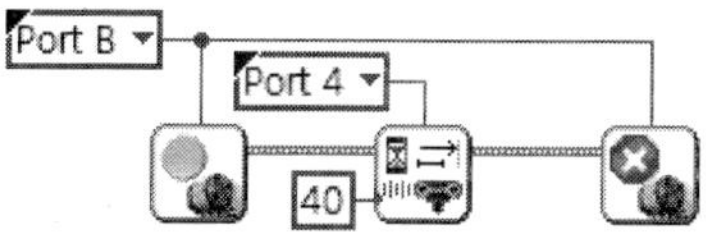

다음에는 컬러 센서를 알아보자.

2.1.3 컬러 센서

컬러 센서의 원리는 다음 그림에 표시되어 있다.

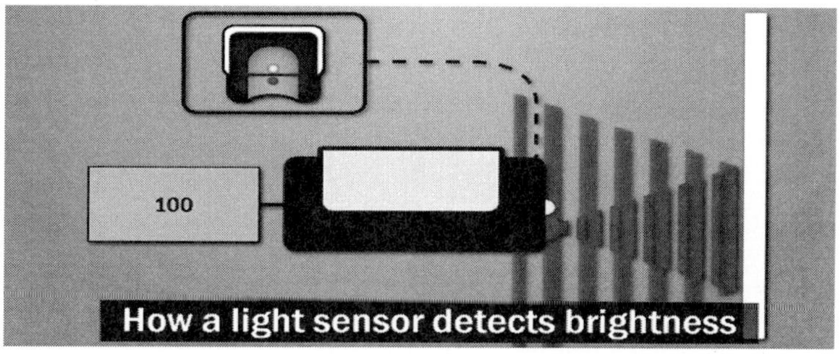

컬러 센서의 모드는 다음과 같이 11개가 있다. 다음 그림처럼 Wait for EV3 Color를 클릭하면 그 메뉴가 표시된다.

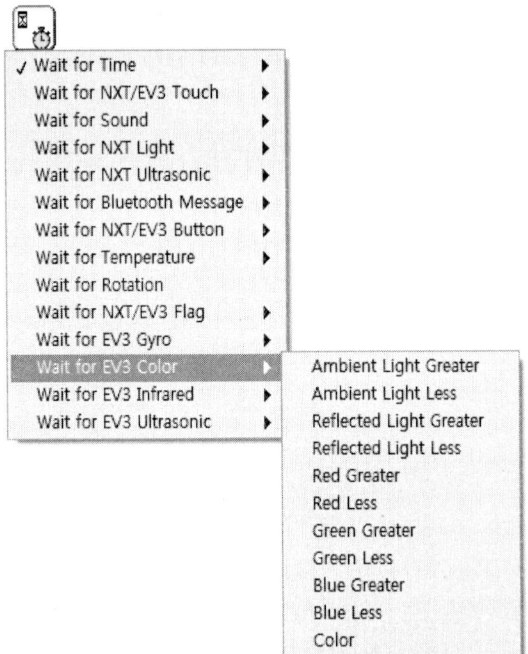

이것은 주변광이 명시된 입력 값보다 클 때 앞의 함수를 멈추는 모드이다. 빛의 세기를 입력 값으로 받을 수 있고 그 범위는 0에서부터 100까지이다. 그리고 기본 값은 30이다.

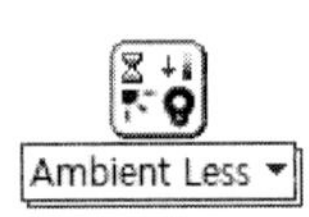

이것은 주변광이 명시된 입력 값보다 작을 때 앞의 함수를 멈추는 모드이다.

이것은 센서에 있는 LED에서 출력된 빛이 물체에 의해 반사되어지는 빛의 양을 측정해서 동작하는 함수이다. 반사광이 명시된 입력 값보다 크면 앞의 함수를 정지시키는 모드이다. 기본입력 값은 위에서와 마찬가지로 30이다.

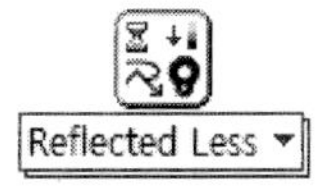

이것은 반사광이 입력 값보다 적으면 앞의 함수를 정지시키는 모드이다.

이것들은 각각 빨강, 초록, 그리고 파랑의 세기가 주어진 입력 값보다 크면 앞의 함수를 정지시키는 모드이다.

이것들은 각각 빨강, 초록, 그리고 파랑의 세기가 주어진 입력 값보다 작으면 앞의 함수를 정지시키는 모드이다.

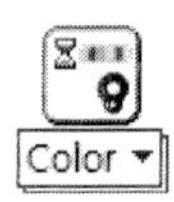

마지막으로 이것은 여러 색깔『검정, 파랑, 초록, 노랑, 빨강, 흰색, 갈색』이 감지되면 앞의 함수를 정지시키는 모드이다.

LEGO EV3모델 이전 모델인 NXT모델에서 사용하였지만 EV3에서 그대로 사용할 수 있는 빛 센서의 모드는 다음과 같다. 이것은 다음 그림처럼 Wait for NXT Light를 클릭하면 그 메뉴가 나온다.

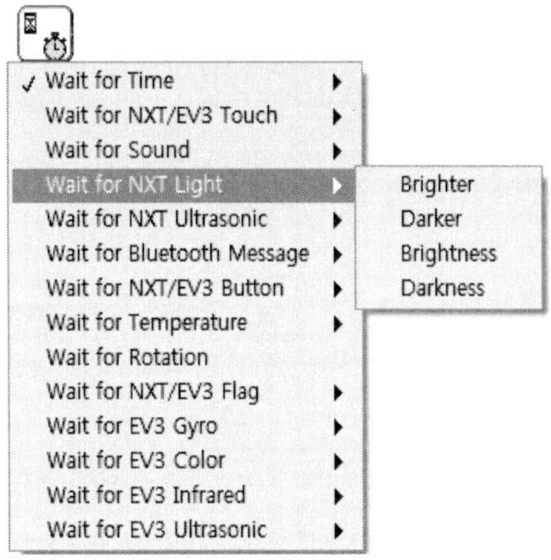

이것은 빛의 밝기가 입력으로 지정한 값만큼 밝아지면 앞의 함수를 정지시키는 모드이다. 기본 상대적 변화 값은 5이다.

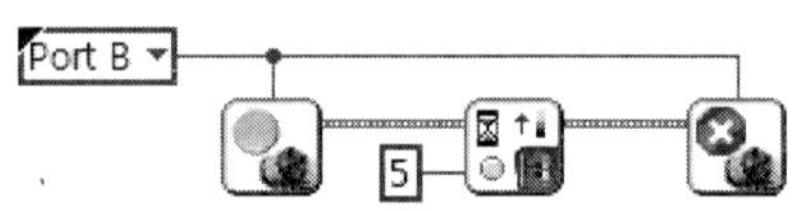

이 프로그램은 위의 함수를 사용한 프로그램이다. 즉 빛의 밝기가 5 이상이면 B 모터를 정지시키는 프로그램이다.

이것은 빛의 밝기가 입력으로 지정한 값만큼 어두워지면 앞의 함수를 정지시키는 모드이다.

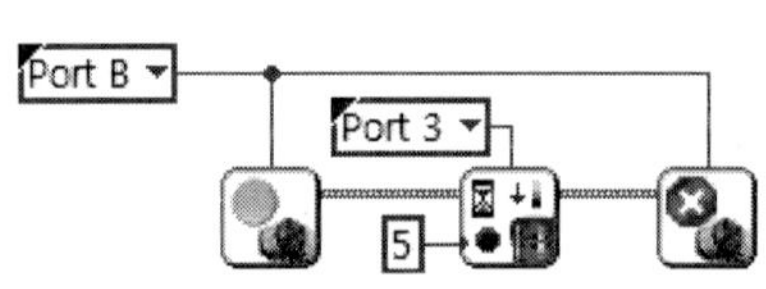

이 프로그램은 위의 함수를 사용한 프로그램이다. 즉 빛의 밝기가 5 이상 어두워지면 B 모터를 정지시키는 프로그램이다.

이것은 밝기가 입력으로 주어진 값 이상이 되면 앞의 함수를 정지시키는 모드이다. 기본 입력값은 40이다.

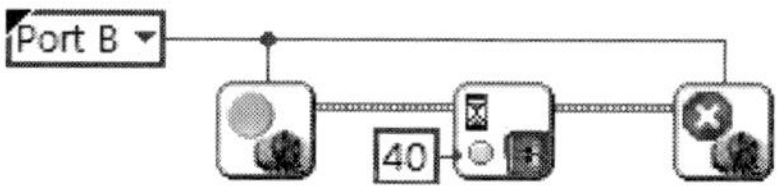

이 프로그램은 위의 함수를 사용한 프로그램이다. 즉 빛의 밝기가 40 되면 B 모터를 정지시키는 프로그램이다.

이것은 밝기가 입력으로 주어진 값 이하가 되면 앞의 함수를 정지시키는 모드이다. 기본 입력값은 40이다.

밝기가 40 이하가 되면 모터를 멈추게 하는 프로그램을 작성하면 다음과 같다.

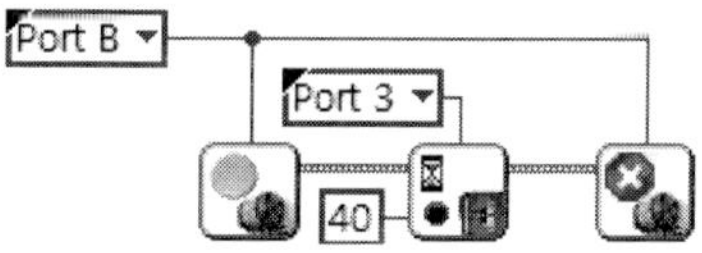

마지막으로 자이로 센서에 대해서 알아보자.

2.1.4 자이로 센서

자이로 센서는 회전 정도를 측정하는 센서이고 다음과 같은 4가지 모드가 있다. 이 모드는 다음과 같이 Wait for EV3 Gyro를 클릭하면 그 메뉴를 볼 수 있다.

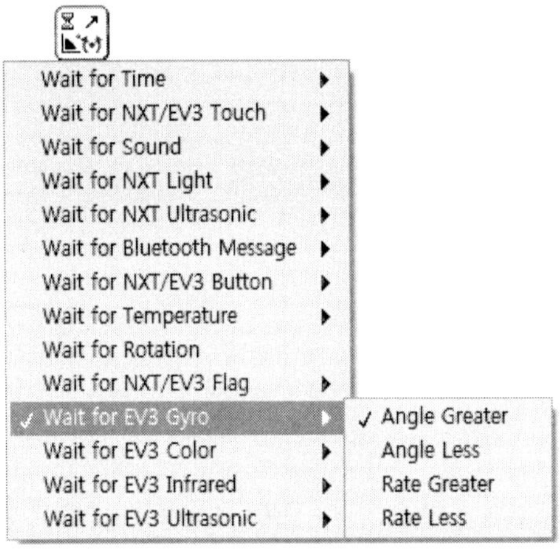

이것은 입력으로 주어진 각도 값보다 더 크게 돌면 앞의 함수를 정지시키는 모드이다. 기본값은 180°이다. 각도가 음수로 주어지면 양수로 주어진 경우와는 반대로 회전함을 의미한다.

이것은 입력으로 주어진 각도 값보다 더 적게 돌면 앞의 함수를 정지시키는 모드이다.

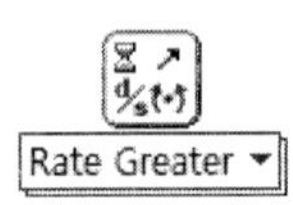

이것은 입력으로 주어진 각속도 값보다 더 빠르게 돌면 앞의 함수를 정지시키는 모드이다. 기본 값은 180° / 초이다.

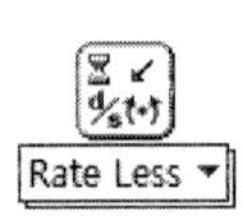

이것은 입력으로 주어진 각속도 값보다 더 느리게 돌면 앞의 함수를 정지시키는 모드이다. 회전 각도가 180° 이상이면 모터가 정지하는 프로그램을 작성하면 다음과 같다.

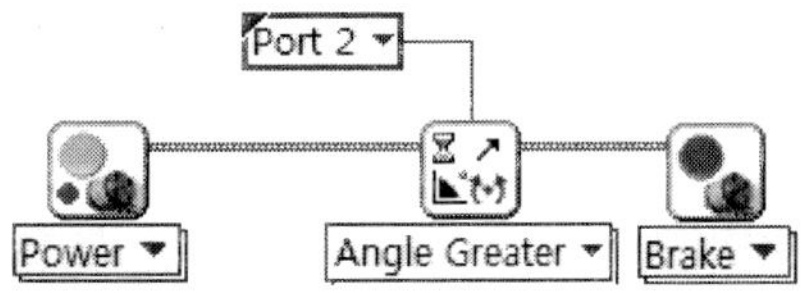

다음은 모터에 내장되어 있는 인코더에 대해 알아보자.

2.1.5 인코더(회전 각도 센서)

LEGO 모터에는 인코더가 내장되어 있고 모터가 돌아간 각도를 측정할 수 있다.

입력 값으로 각도를 넣어주면 그 각도만큼 모터가 돌아간 후 모터를 정지시킬 수 있다. 기본 입력 값은 180°이다.

모터가 180° 돌고 정지하게 하려면 프로그램을 다음과 같이 작성하면 된다.

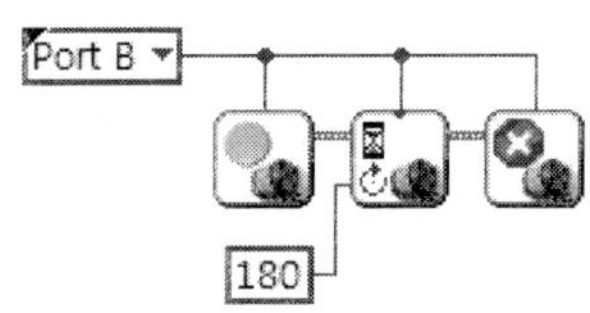

다음에는 p-Brick에 있는 가운데 버튼에 대해 알아보자.

2.1.6 p-Brick Button

p-Brick 상에 있는 버튼들을 터치 센서처럼 사용할 수 있다. 다음 함수가 그것이다.

기본 버튼은 엔터 버튼이고 다음 그림처럼 위쪽에 있는 입력 단자에 상수를 생성하면 사용할 수 있는 버튼의 종류가 나타난다.

이 함수에는 3가지 모드가 있고 다음 그림처럼 메뉴를 볼 수 있다.

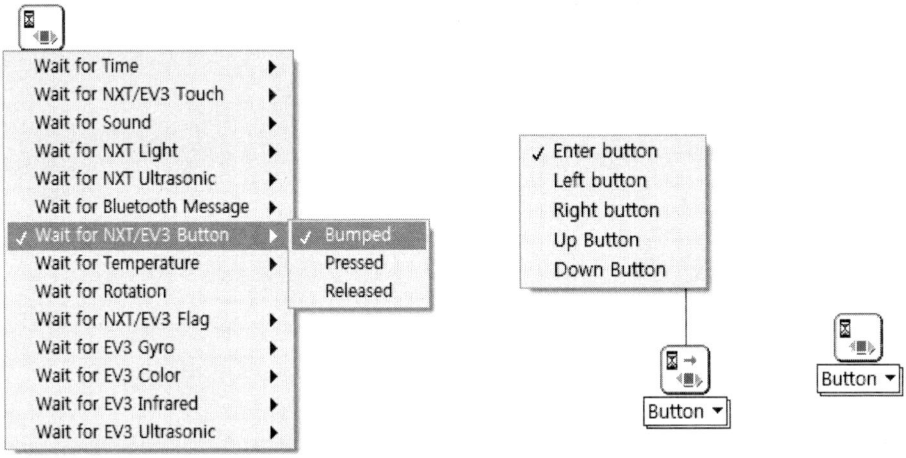

이것은 p-Brick의 선택한 버튼을 1번 눌렀다 놓으면 앞의 함수의 동작을 그치게 하는 모드이다.

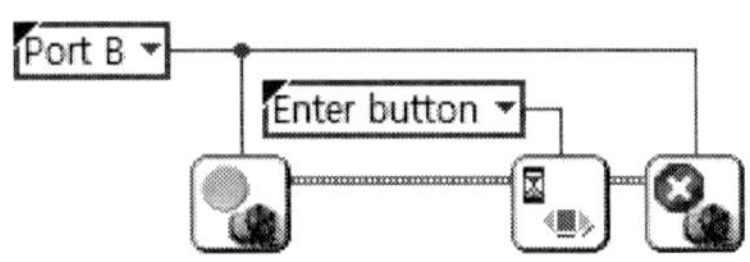

이 프로그램은 위의 함수를 사용한 프로그램이다. 즉 p-Brick의 Enter 버튼을 1번 눌렀다 놓으면 B 모터가 정지하는 프로그램이다.

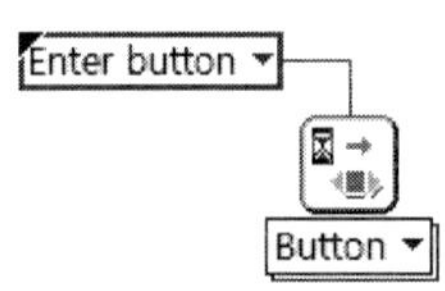

이것은 엔터 버튼을 누르면 앞에 연결된 함수의 동작이 정지하는 모드이다.

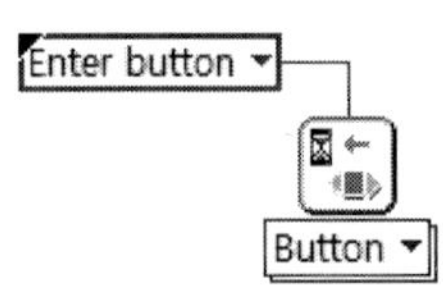

이것은 엔터 버튼을 원 상태로 복귀시키면 연결된 함수의 동작이 정지하는 모드이다.

예를 들어 오른쪽 버튼을 누르면 모터가 정지하는 프로그램은 다음과 같다.

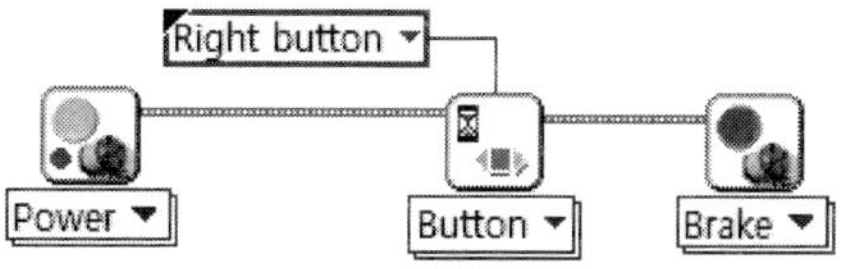

2.1.7 Flag

Flag은 여러 개의 루프가 동시에 진행될 때 루프 간에 서로 이야기할 수 있게 해 주는 장치이다. 이 함수는 다음 그림처럼 찾을 수 있다. 블록다이어그램의 함수 팔레트에서 I/O를 클릭하고 이어서 나오는 메뉴에서 Wait For 함수를 클릭해 블록다이어그램에 끌어다 놓고 다형성 VI 선택자에서 Wait for NXT/EV3 Flag을 선택하면 된다.

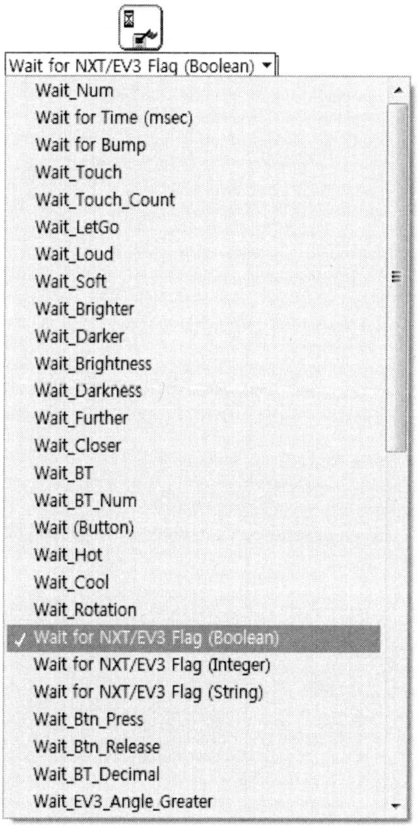

이 함수에는 불리언, 정수형, 문자열 3가지의 모드가 있다. 트리거 된 Flag이 발견되면 앞에 있는 함수를 정지시키는 역할을 하는 것이다. 이 Flag에 대해서는 4장에서 더 자세히 설명할 것이다.

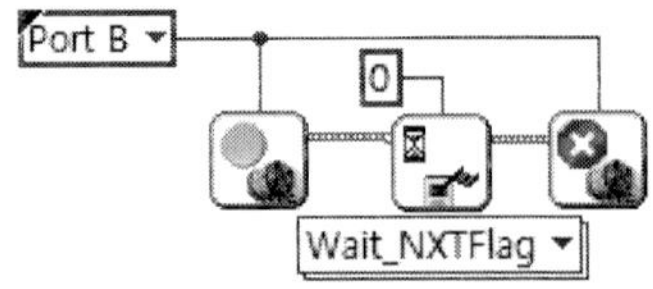

이 프로그램은 불리언 모드 함수를 사용한 것이다. 즉 B 모터가 0번 Flag이 True가 되면 정지하는 프로그램이다.

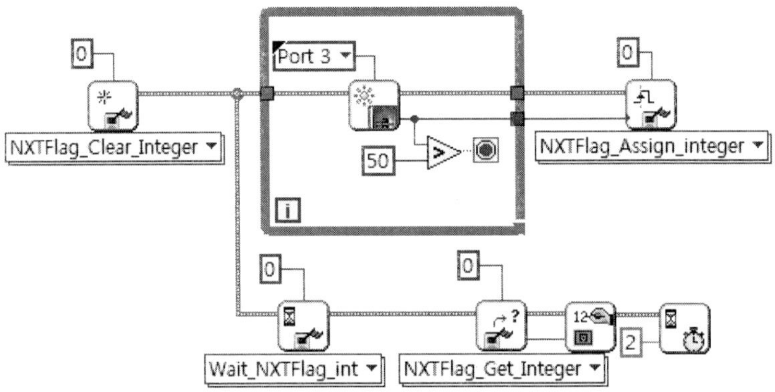

이 프로그램은 정수형 모드를 사용한 것이다. 0번 Flag를 초기화하고 While 루프에서 반사광 모드의 컬러 센서가 빛의 세기를 계속 측정하다가 50 이상이 되면 While 루프를 정지시키고 0번 Flag의 정수 값을 컬러 센서의 측정값으로 설정한다. 그러면 0번 컬러 센서가 트리거 되었으므로 아래에 있는 함수들이 동작된다. 그래서 0번 Flag에 있는 정수 값을 받아 p-Brick의 스크린에 2초 동안 디스플레이하고 프로그램이 정지하게 된다.

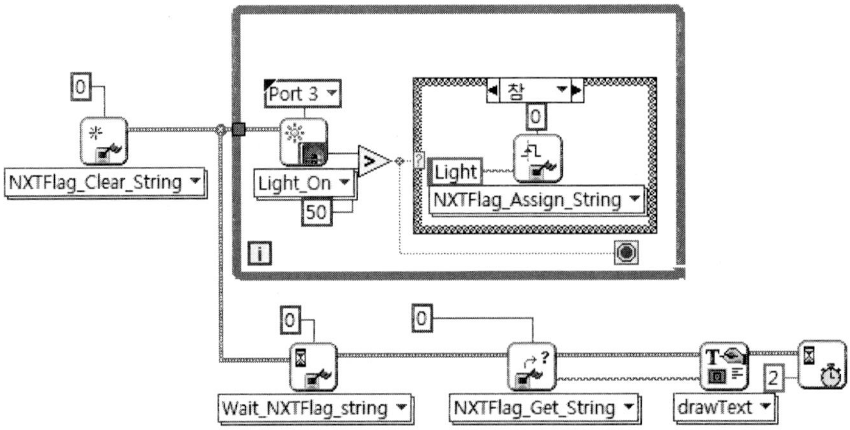

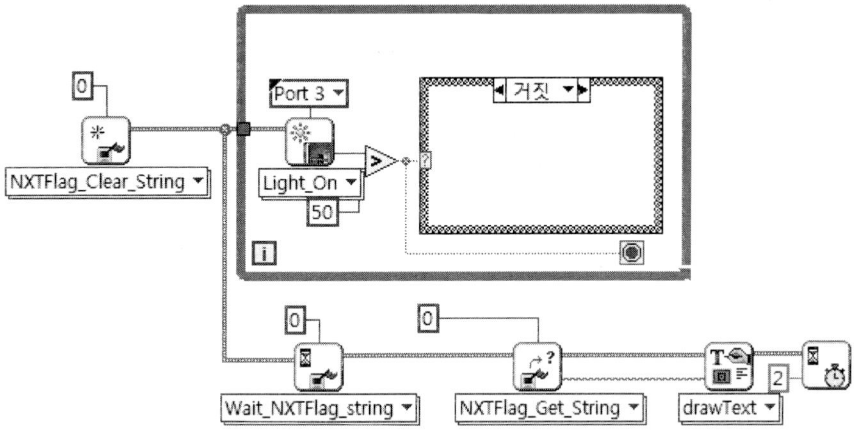

위 프로그램은 문자열 모드를 사용하는 프로그램이다. 이 프로그램은 컨트롤 루프를 포함하고 있는데 컨트롤 루프에 대해서는 4장에서 더 자세히 설명할 것이다. 먼저 0번 Flag를 초기화하고 3번 포트에 연결되어 있는 반사광 모드의 컬러 센서의 측정값이 50 이상이 되면 0번 Flag의 문자열을 "Light"라고 설정하고 While 루프를 정지시킨다. 컬러 센서의 값이 50 이하면 아무 일이 일어나지 않고 계속 While 루프가 돌게 된다. 측정값이 50 이상이어서 While 루프가 정지되면 프로그램의 아래 부분이 동작된다. 0번 Flag가 트리거 되었기 때문이다. 그러면 0번 Flag에 있는 문자열 "Light"를 p-Brick의 스크린에 2초 동안 디스플레이하고 프로그램을 정지시킨다.

2.2 Read 함수를 이용하여 센서 값으로 제어하기

Read 함수를 이용하여 개개의 센서의 값을 출력할 수 있다. 그 값으로 여러 가지 경우의 제어를 할 수 있다. Read 함수의 종류는 다음과 같이 볼 수 있다.

다음 그림에서 볼 수 있듯이 2가지 종류의 함수가 있다. 하나는 Read 함수이고 또 다른 하나는 Reset 함수이다. Reset 함수는 센서의 값을 0으로 초기화하는 함수이다. 각 센서의 Read 함수를 살펴보자.

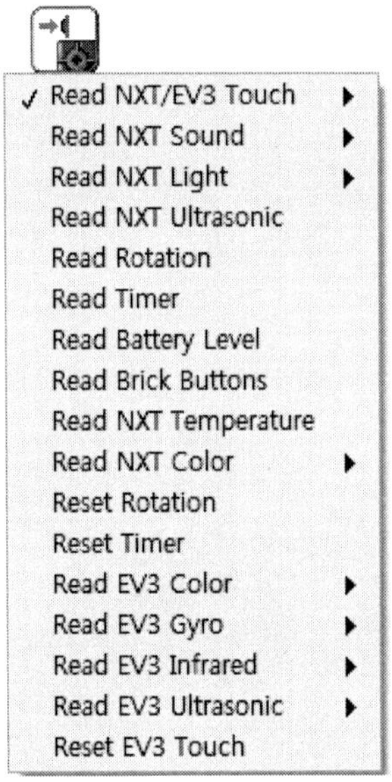

2.2.1 Touch 센서

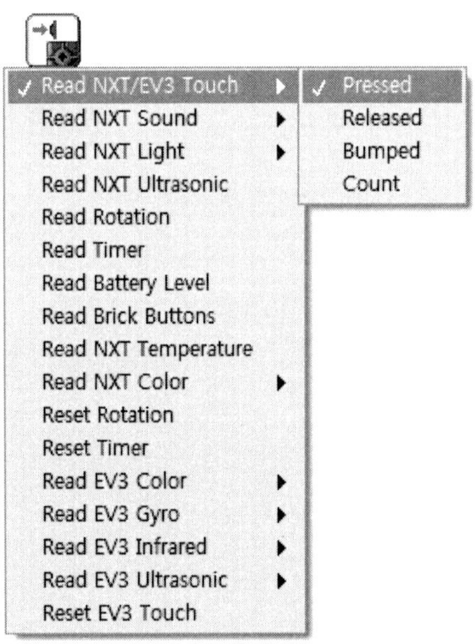

위의 그림처럼 4가지 모드가 있고 Pressed, Released, 그리고 Bumped 모드의 출력은 Yes or No, 또는 True or False, 또는 0 or 1 이다. 출력 단자는 다음 그림에 나타나 있다.

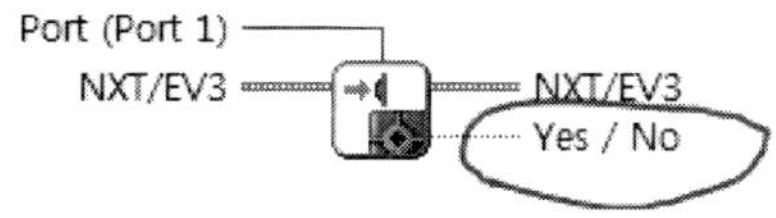

Count 모드인 경우에는 다음 그림처럼 숫자로 표시된다.

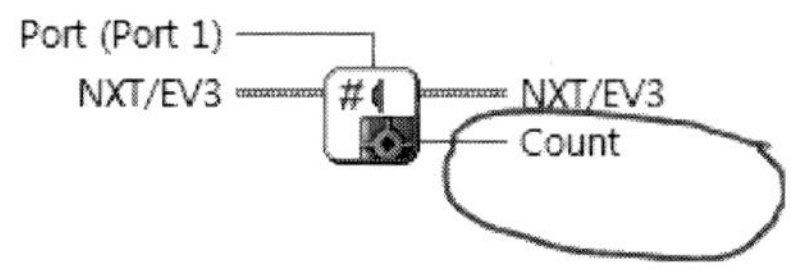

이러한 출력은 다른 함수의 입력으로 작용하여 여러 경우의 제어를 할 수 있다.

Count 모드의 출력을 초기화하여야 할 필요가 있을 때는 다음과 같은 Reset 함수를 사용하면 된다.

2.2.2 컬러 센서

컬러 센서의 Read 함수 모드는 다음과 같이 볼 수 있다.

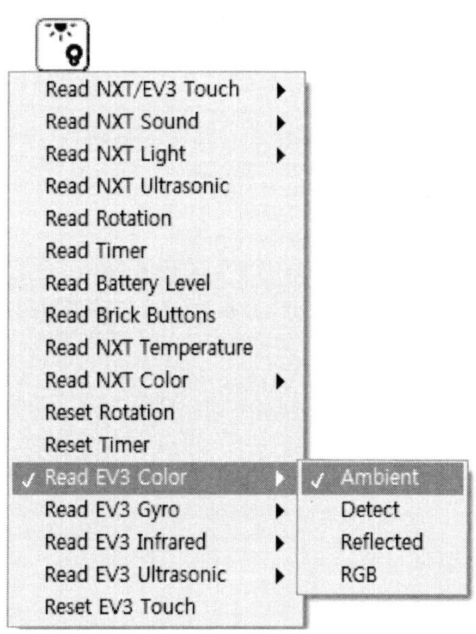

위의 주변광 모드의 출력값은 0부터 100까지이다.

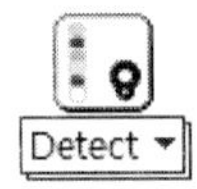

Detect 모드의 출력값은 0부터 7이고 그 값의 의미는 다음 표와 같다.

0 = No Color
1 = Black
2 = Blue
3 = Green
4 = Yellow
5 = Red
6 = White
7 = Brown

이 반사광 모드의 출력값은 0부터 100까지이다.

이 RGB 모드의 출력값은 R,G,B 따로따로 0에서부터 255까지의 값을 가진다. 클러스터의 형태로 출력된다.

이전 모델인 NXT에서 사용하던 EV3 모델의 컬러 센서와 유사한 라이트 센서의 모드는 다음에서처럼 볼 수 있다.

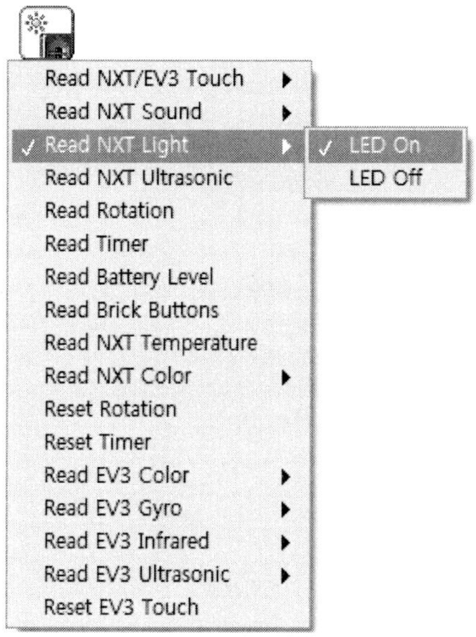

이 LED On 모드는 EV3 컬러 센서의 반사광 모드와 동일하다.

이 LED Off 모드는 EV3 컬러 센서의 주변광 모드와 동일하다.

2.2.3 초음파 센서

초음파 센서의 Read 함수는 다음의 그림과 같이 볼 수 있다.

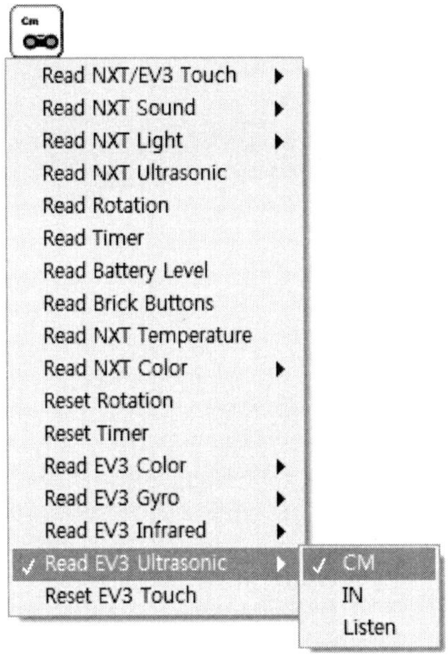

위의 모드는 초음파 센서로 측정한 값을 cm로 출력하는 것이다.

이 모드는 출력을 인치로 하는 것이다.

이 Listen 모드는 주위에 다른 초음파 센서가 있는 지를 감지하여 True or False를 출력하는 것이다.

2.2.4 자이로 센서

자이로 센서의 모드는 다음 그림과 같이 확인할 수 있다.

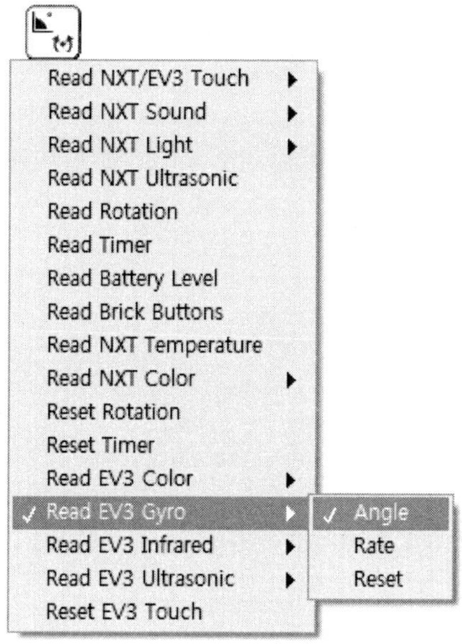

이 모드는 회전한 각도를 출력하는 모드이다.

이 모드는 회전의 각속도를 출력하는 모드이다.

이 모드는 각도를 초기화하는 모드이다.

2.2.5 인코더

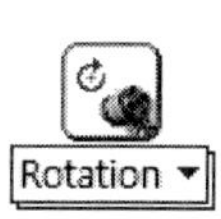

이 Read 함수는 모터가 회전한 각도를 출력해 주는 함수이다.

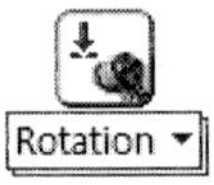

이 함수는 각도를 초기화하는 함수이다.

2.2.6 타이머

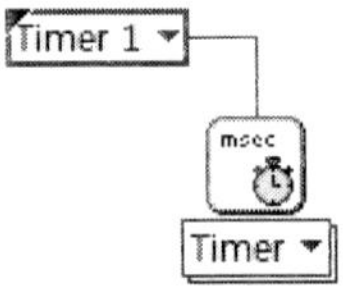

이 함수는 시간을 msec 단위로 출력하는 함수이다. 타이머1이 기본이지만 타이머2, 타이머3도 사용할 수 있다.

이 함수는 타이머를 Reset하는 함수이다.

2.2.7 배터리 남은 양

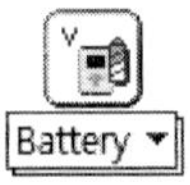

이 함수는 배터리의 레벨을 출력해 주는 함수이다.

2.2.8 브릭 버튼

다음 그림처럼 원하는 버튼을 선택할 수 있다.

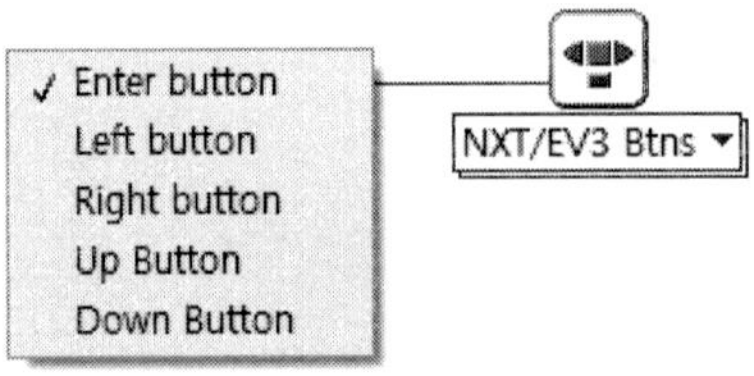

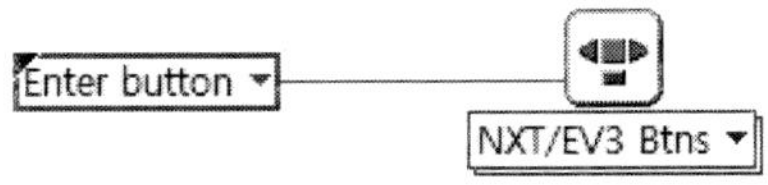

그리고 이 함수의 출력 값은 True 또는 False이다.

2.3 도전과제

2.3.1 도전과제 1

다음 그림과 같은 그림 위에서 로봇을 움직이는 것이 과제다. 센서들과 Wait For 함수를 사용해라. 먼저 1번에서 출발하고 파란 부분을 따라가고 2번에는 들어가면 안 된다. 거기서 회전하고 3번에 있는 장애물을 터치하고 다시 회전하여 검은 색 선을 넘지 않고 4번 X표 위에 정지하는 것이 과제다.

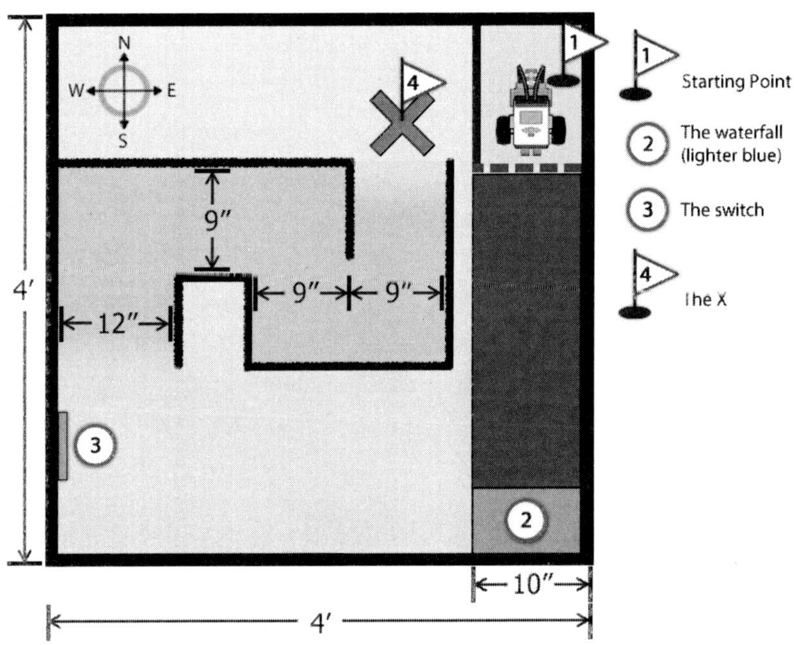

2.3.2 도전과제 2

다음 그림과 같이 사각형 장애물을 만들어 놓고 네 벽을 다 1번씩 터치하는 프로그램을 작성하라.

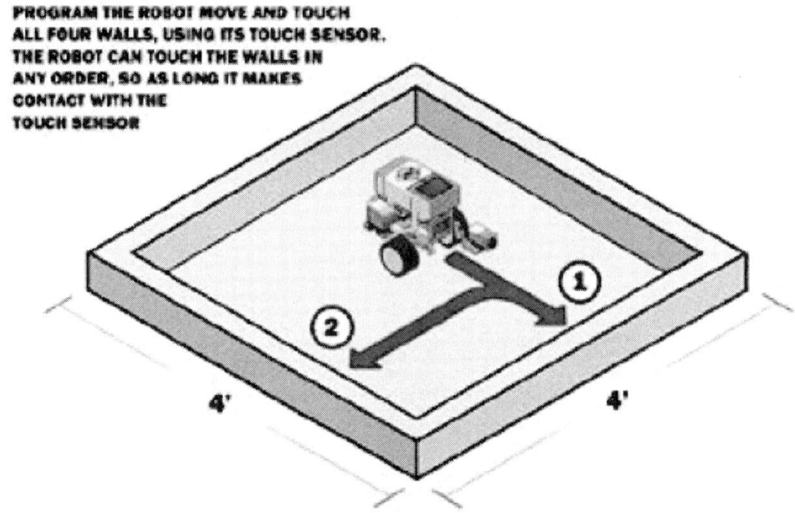

2.3.3 도전과제 3

다음 그림처럼 장애물에 30cm까지 가까워지면 뒤로 후진하는 프로그램을 작성하라.

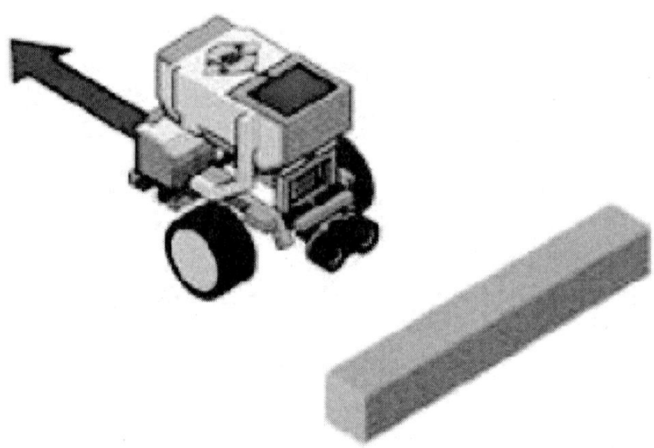

2.3.4 도전과제 4

다음 그림처럼 미로를 만들어 놓고 목적지까지 도착하는 프로그램을 작성하라.

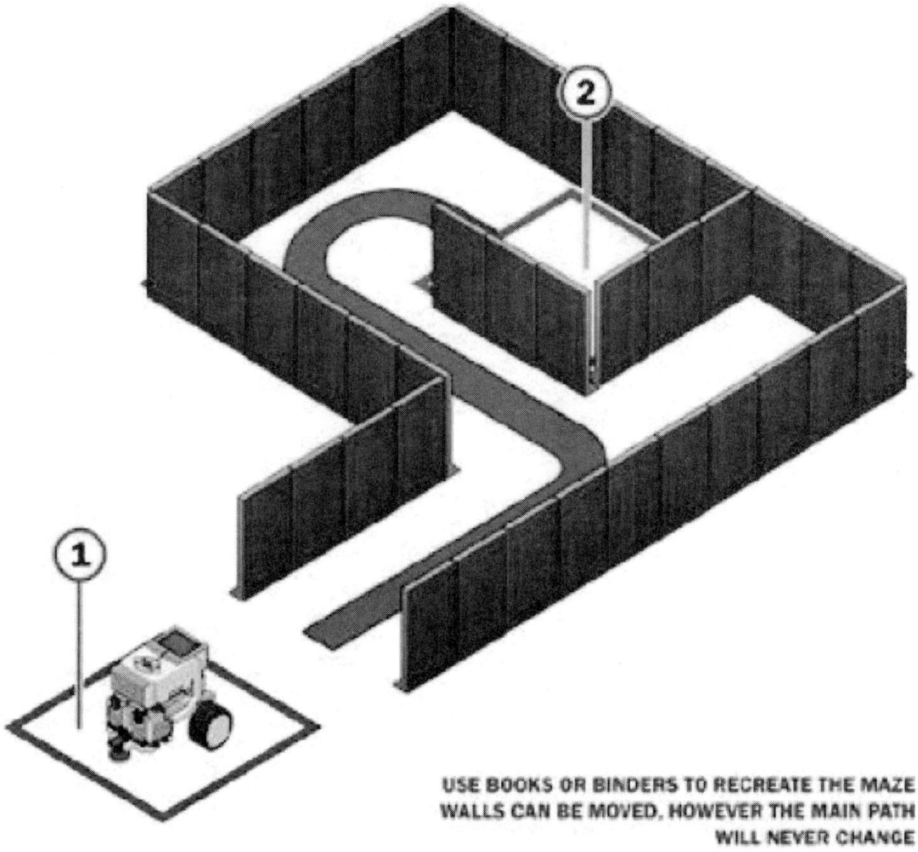

2.3.5 도전과제 5

다음 그림처럼 빨간 색이 앞에 있을 때 정지하고 그것을 치우면 움직이는 프로그램을 작성하라.

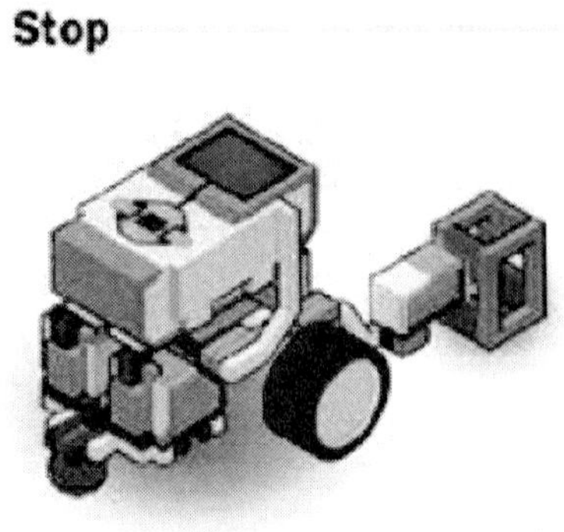

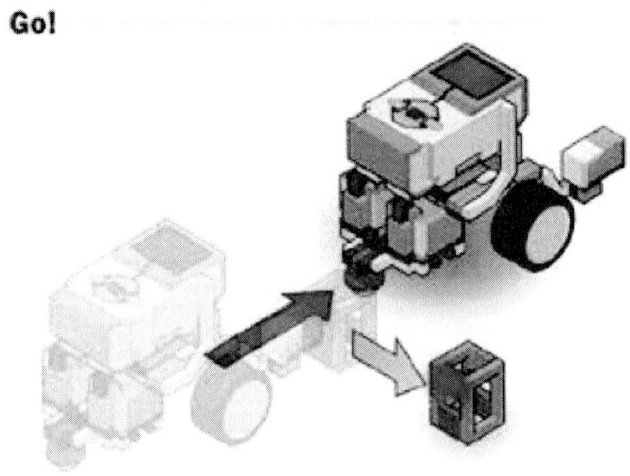

2.3.6 도전과제 6

다음 그림처럼 색깔이 있는 선이 바닥에 있으면 정지하는 프로그램을 작성하라.

2.3.7 도전과제 7

컬러 센서를 될 수 있으면 높이 달고 빨간 색에 서고 초록색에 가는 로봇이 되게 프로그램을 작성하라.

2.3.8 도전과제 8

다음 그림처럼 책상 끝에 최대한 가까이 가서 정지하는 프로그램을 작성하라.

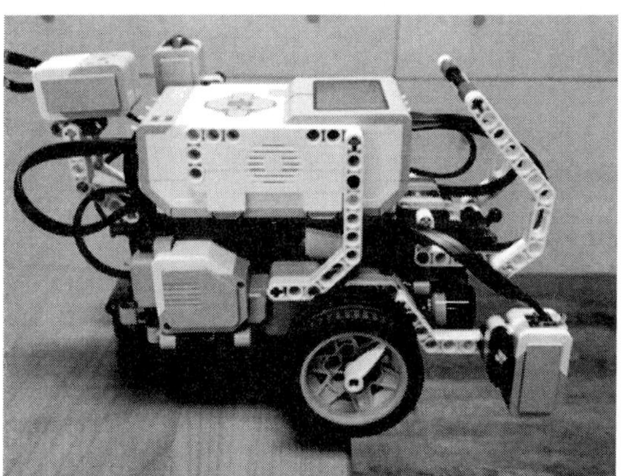

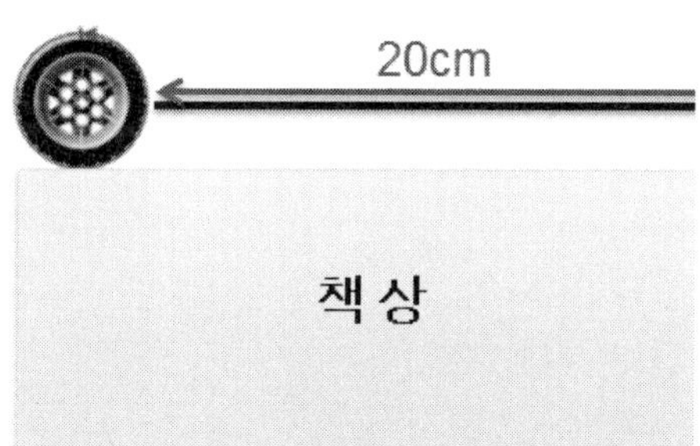

2.3.9 도전과제 9

다음의 루트를 빠르게 전진하여 멈추는 프로그램을 작성하라.

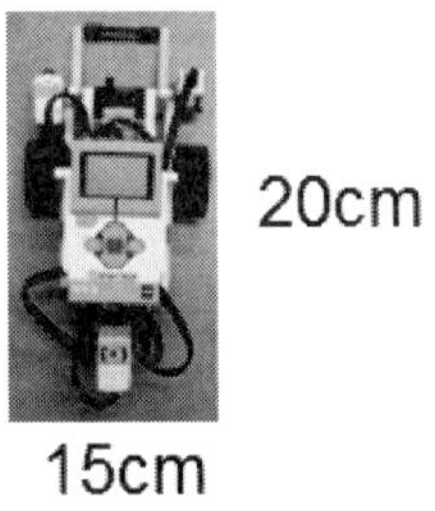
20cm
15cm

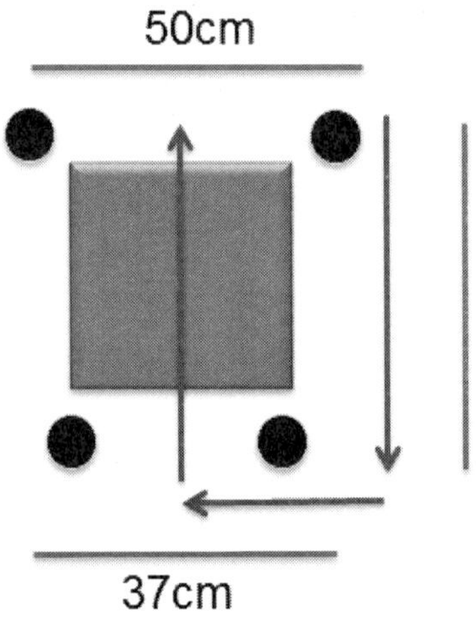
50cm
37cm

Chapter

03 프런트 패널과 데이터 입출력

LabVIEW에서는 명령의 순서가 아니라 데이터의 흐름으로 블록다이어그램의 실행 순서가 결정된다. 데이터의 흐름을 나타내는 와이어나 컨트롤 그리고 인디케이터의 색깔은 데이터의 타입에 따라 다르게 정해진다. 숫자형 중에 부동소수는 주황색이고 정수는 파란색이다. 불리언은 녹색이고 문자열은 분홍색이다. 와이어의 굵기는 스칼라인지 1D 배열인지 또는 2D 배열이지에 따라 달라지고 그 모양은 숫자형인지 불리언인지 또는 문자열이지에 따라 다르다. 와이어나 컨트롤 그리고 인디케이터의 데이터의 타입은 이 색깔과 형태에 따라 구별한다.

3.1 프런트 패널 사용하기

LabVIEW 프로그램에는 2개의 창이 항상 같이 뜨게 된다. 다음 그림처럼 프런트페널과 블록다이어그램이다.

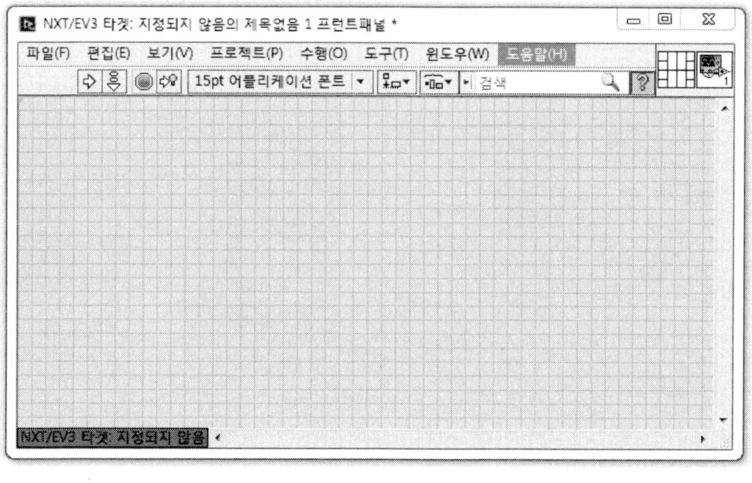

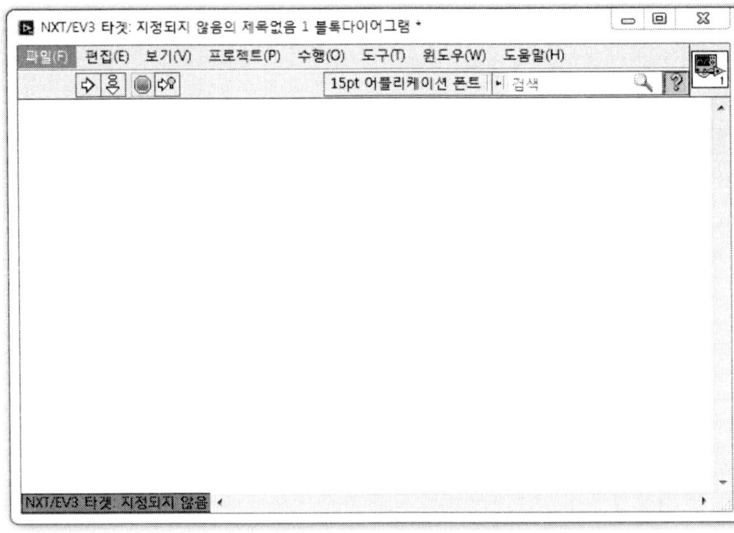

블록다이어그램은 함수들이 연결되어 있는 구조이고 그 함수에는 입력과 출력이 필요하다. 입력을 블록다이어그램에서 직접 상수로 집어넣을 수도 있지만 컨트롤을 사용하면 그 컨트롤이 여러 가지 형태로 프런트패널에 나타나게 되고 실시간으로 그 값을 변경할 수 있다. 또한 블록다이어그램의 함수의 출력을 인디케이터로 사용하면 그 인디케이터가 프런트패널에 나타나고 출력 값을 실시간으로 관찰할 수 있다.

예를 들어 3초간 모터가 돌아가고 정지하는 프로그램을 작성해 보자. 다음과 같이 작성할 수 있을 것이다.

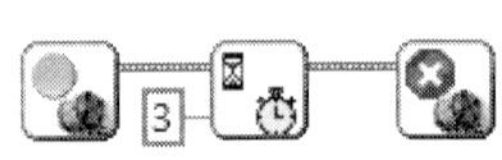

돌리려고 하는 시간을 컨트롤을 사용해 변경하려면 다음과 같이 하면 된다.

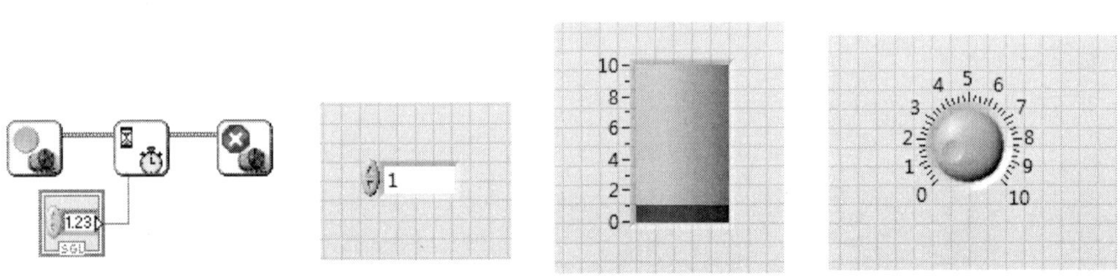

위의 그림에서 앞의 것은 블록다이어그램에 나타나는 컨트롤이고 옆에 있는 것들은 프런트패널에 나타나는 여러 가지의 컨트롤들이다. 먼저 블록다이어그램에서 컨트롤이 생기게 하는 방법은

다음 그림처럼 하면 된다.

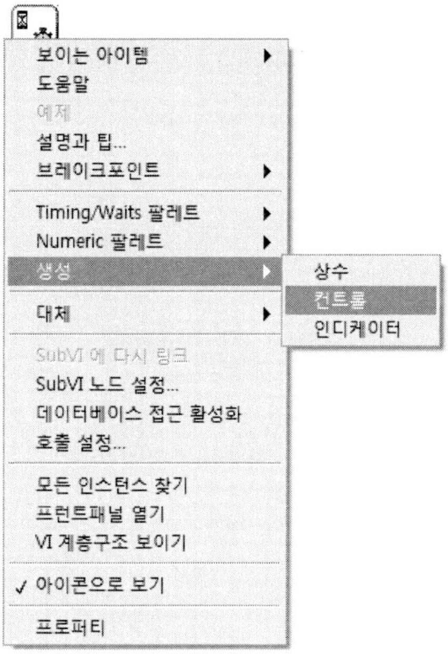

함수의 왼쪽 원하는 입력 단자에 마우스의 오른쪽 버튼을 클릭하고 메뉴가 나오면 생성을 클릭한다. 그러면 상수, 컨트롤, 그리고 인디케이터의 메뉴가 나온다. 그 중에서 컨트롤 메뉴를 클릭하면 다음 그림처럼 컨트롤이 블록다이어그램에 생겨난다.

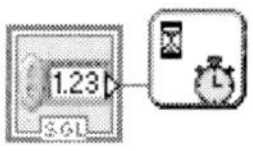

컨트롤을 작게 보려면 컨트롤에 마우스의 오른쪽 마우스를 올려놓고 클릭하면 아래처럼 메뉴가 나오는데 그 중에 아이콘으로 보기를 클릭하여 해제하면 작은 아이콘이 된다.

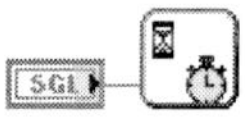

mechatronics system Chapter 03 프런트 패널과 데이터 입출력

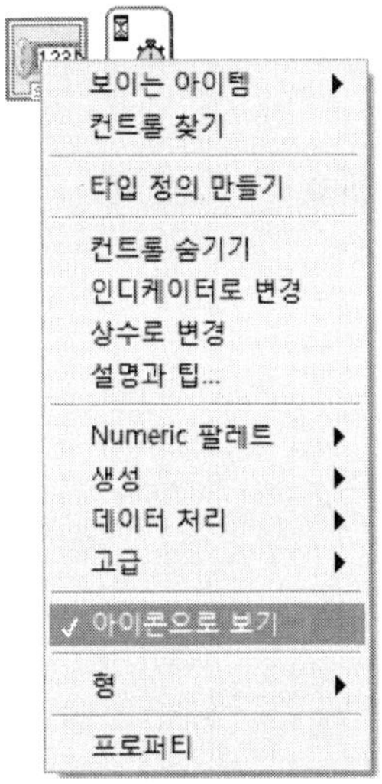

다시 아이콘으로 보기를 클릭하면 원래의 아이콘이 회복된다.

한편 프런트패널에는 다음 그림과 같은 기본 컨트롤이 생성된다.

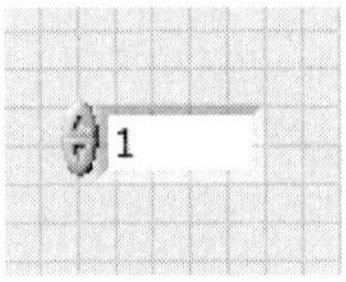

이 컨트롤을 다른 형태로 바꾸려면 컨트롤 위에 마우스를 올려놓고 오른쪽 버튼을 클릭하면 아래 그림처럼 메뉴가 나타난다.

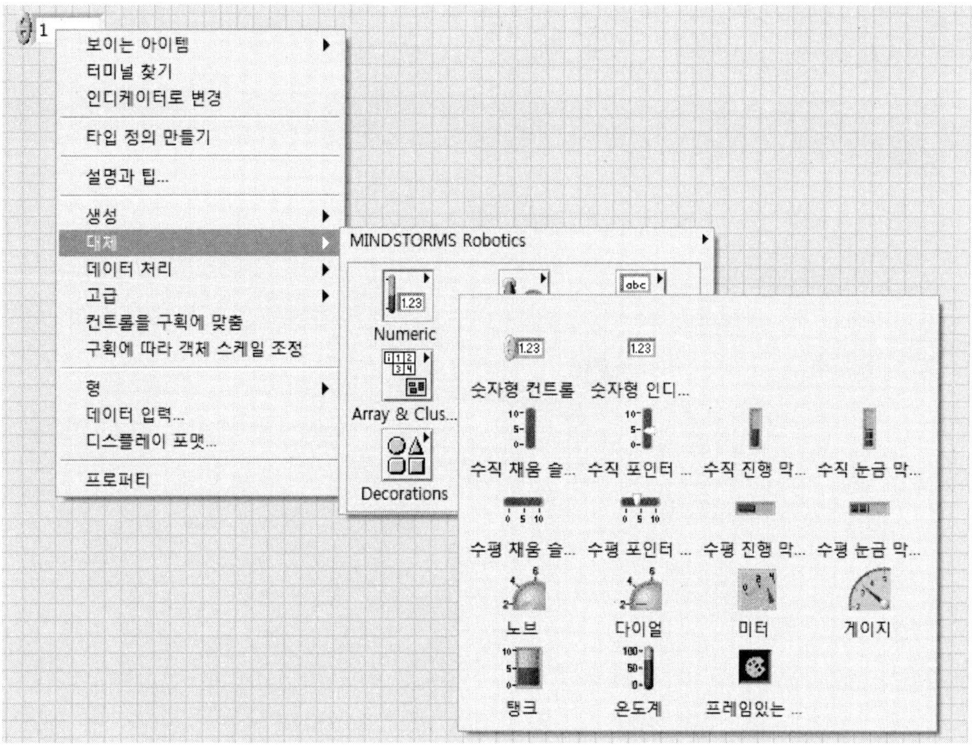

메뉴 중에 대체를 클릭하고 원하는 형태의 컨트롤을 골라 사용할 수 있다. 선택된 컨트롤을 사용하여 블록다이어그램에 있는 함수에 입력을 할 수 있다. 물론 이렇게 할 수 있으려면 컴퓨터 타겟을 사용하여야 한다. 값을 실시간으로 프런트패널에서 바꾸어 로봇을 제어할 수 있다. 이 타겟으로 하면 LabVIEW의 여러 기능을 그대로 사용할 수 있는 장점이 있다. NXT/EV3 타겟으로 하면 이 기능을 사용할 수 없다.

마찬가지로 함수들의 출력 단자에 같은 방법으로 인디케이터를 생성하면 여러 가지 출력 값을 실시간으로 확인할 수 있다.

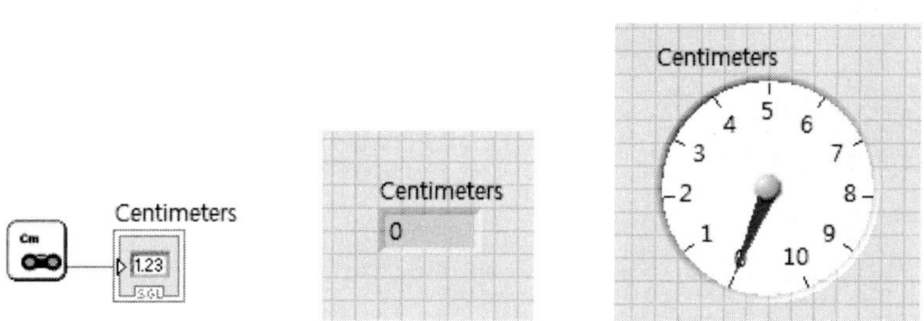

위의 그림은 초음파 센서의 측정값을 출력하는 프로그램이다. 그리고 컨트롤의 경우와 마찬가지로 여러 가지 형태의 출력 인디케이터들을 사용할 수 있다.

다음의 프로그램을 조사해 보자.

이 프로그램은 초음파센서로 앞의 물체까지의 거리를 cm로 측정한 값을 모터의 파워로 입력해서 10초 동안 동작시키는 프로그램이다.

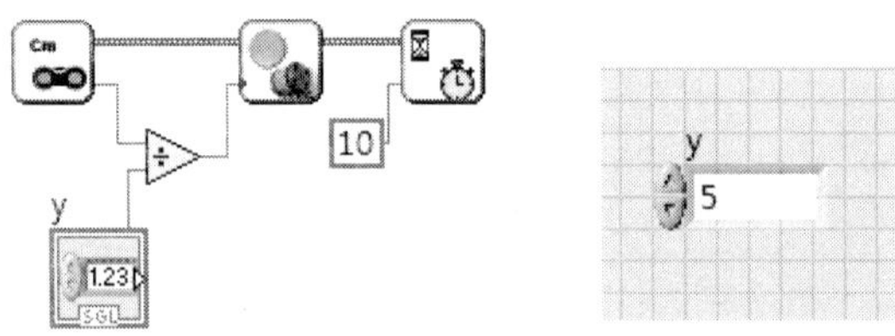

이 프로그램은 초음파센서로 앞의 물체까지의 거리를 cm로 측정한 값을 컨트롤로 입력되는 값으로 나누어 그 결과 값을 모터의 파워로 입력해서 그 모터를 10초 동안 동작시키는 프로그램이다.

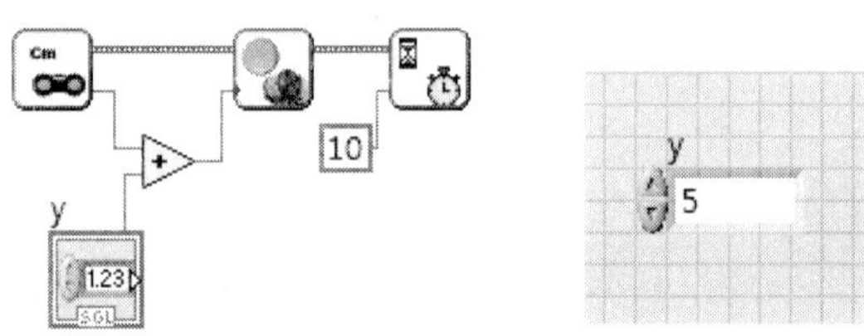

이 프로그램은 초음파센서로 앞의 물체까지의 거리를 cm로 측정한 값에다 컨트롤로 입력되는 값을 더해서 그 결과 값을 모터의 파우어로 입력해서 그 모터를 10초 동안 동작시키는 프로그램이다.

위의 프로그램들에서 사용한 나누기, 더하기 함수는 다음과 같이 찾을 수 있다.

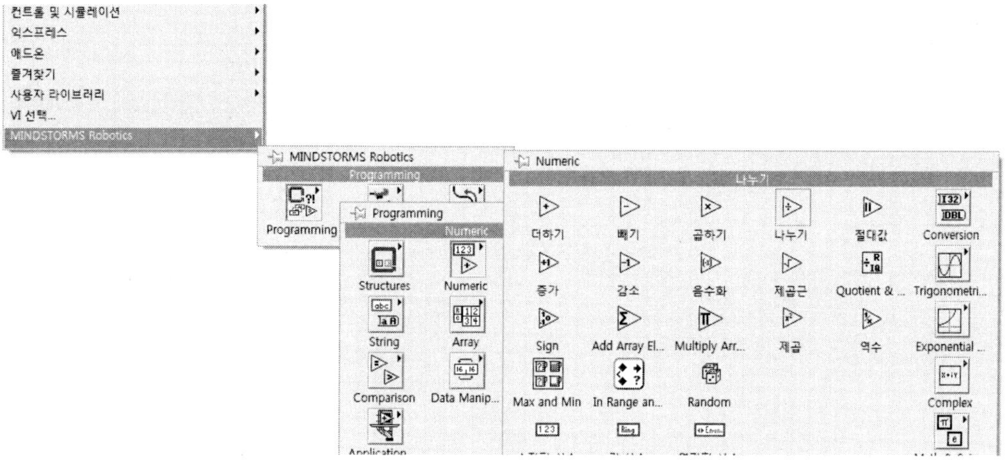

MINDSTORMS Robotics ➜ Programming을 클릭 ➜ Numeric을 클릭하면 된다. 이 Numeric 안에는 여러 가지 수학 계산을 할 수 있는 함수들이 있다. 모두 그 함수에 맞는 입력 단자가 존재하고 그 함수가 가리키는 연산을 한 후 출력으로 보내는 형태의 함수들이다.

가장 간단한 연산으로 두 수를 더하는 프로그램을 작성하여 보자. 왼쪽은 블록다이어그램이고 오른쪽은 프런트패널이다.

위의 프로그램은 포트 B와 C에 있는 모터를 이용해 회전하는 프로그램인데 프런트패널에서 회전 정도(-100에서 100까지)와 시간, 모터의 파워, 그리고 포트들을 입력받아 동작시키는 프로그램이다.

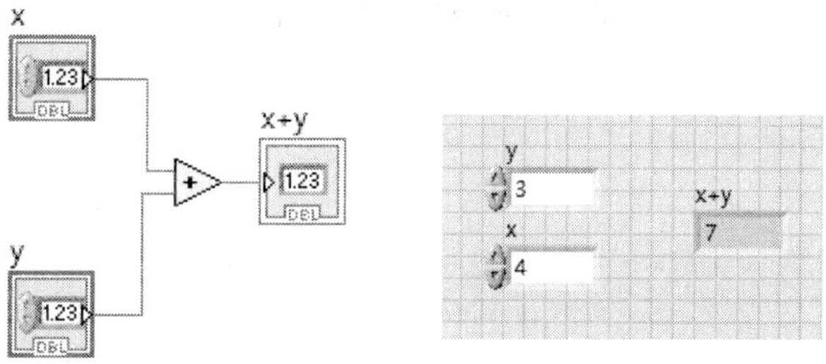

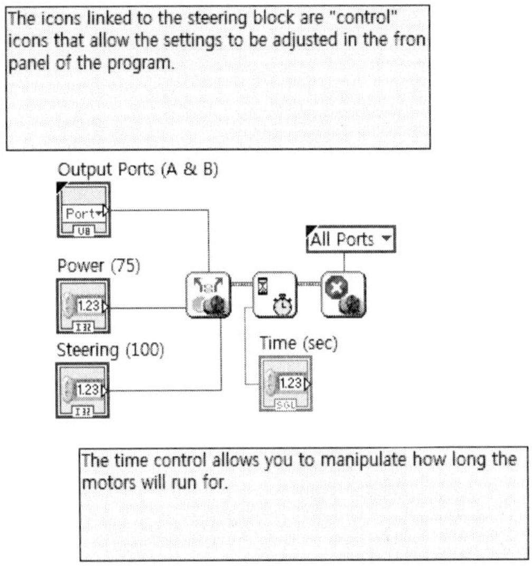

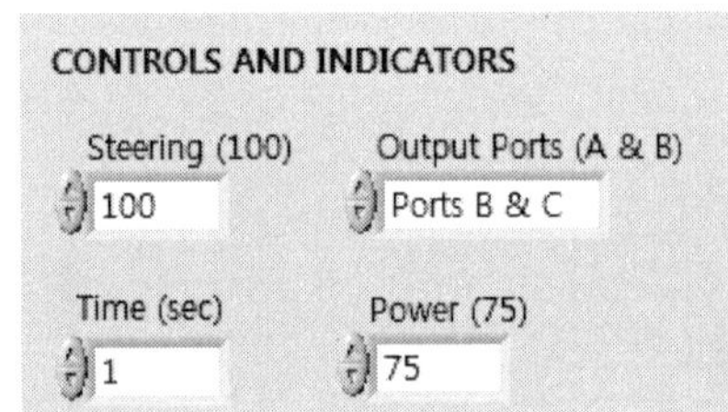

3.2 p-Brick LCD 스크린에 데이터 출력하기

함수의 출력은 프런트패널에 나타낼 수도 있지만 위의 그림에 있는 EV3 p-Brick의 LCD 모니터에도 직접 출력할 수 있다. 먼저 초음파 센서의 값을 프런트패널에 출력하고 그 값을 모터의 파워에 입력해 모터를 10초 동안 돌리고 정지시키는 프로그램을 다음과 같이 작성해 보자.

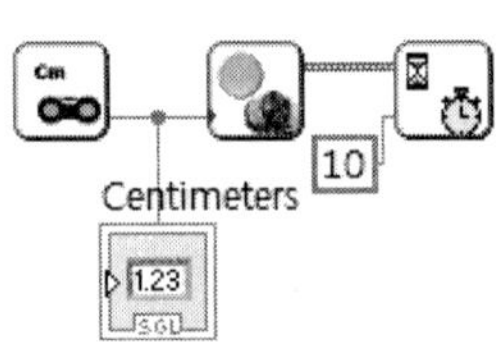

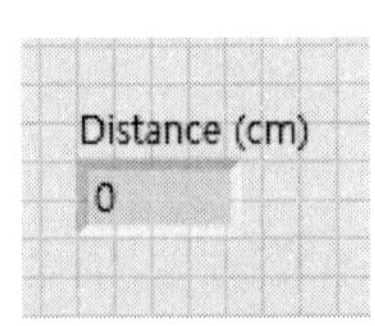

이 프로그램을 아래와 같이 바꾸면 p-Brick의 LCD 모니터에 초음파 센서의 값을 10초 동안 표시하는 프로그램이 된다.

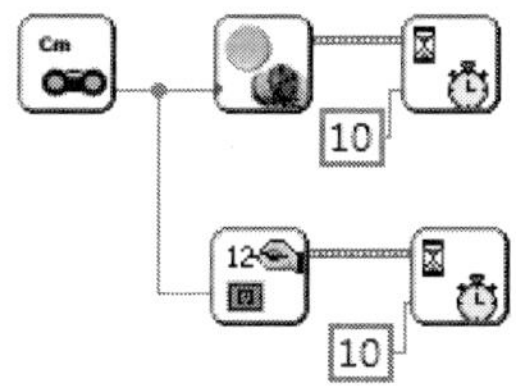

다음의 LCD 모니터 출력 함수는 여러 가지 모드로 사용할 수 있다.

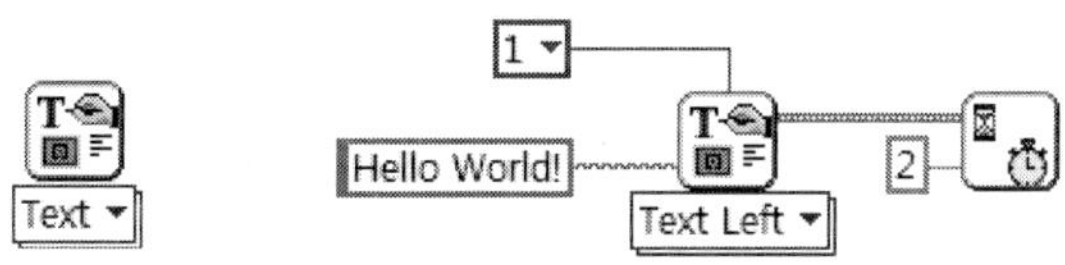

이 모드는 다음 그림처럼 찾을 수 있으며 모니터에 텍스트를 왼쪽 정렬로 쓸 수 있는 모드이다.

위의 그림처럼 이 함수의 위로는 라인 번호를 집어넣을 수 있는 입력 단자가 있다. 번호는 1번부터 12번까지 넣을 수 있고 LCD 모니터의 줄을 의미한다. 또한 한 줄에는 22자까지 입력할 수 있다. Text입력 단자에 스크린에 나타날 문자열을 입력할 수 있다.

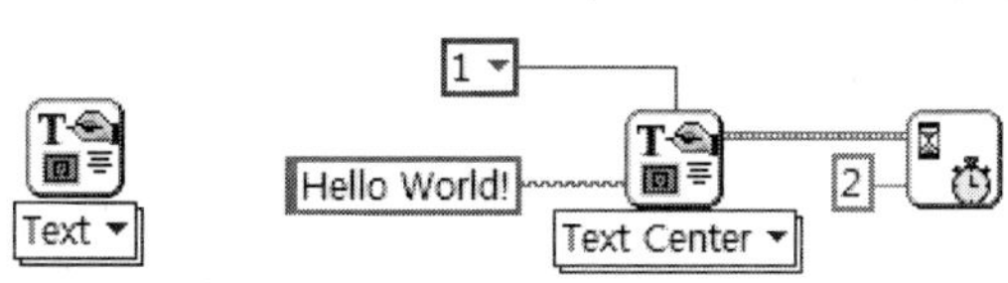

이 모드는 텍스트를 가운데로 정렬할 수 있는 것이다.

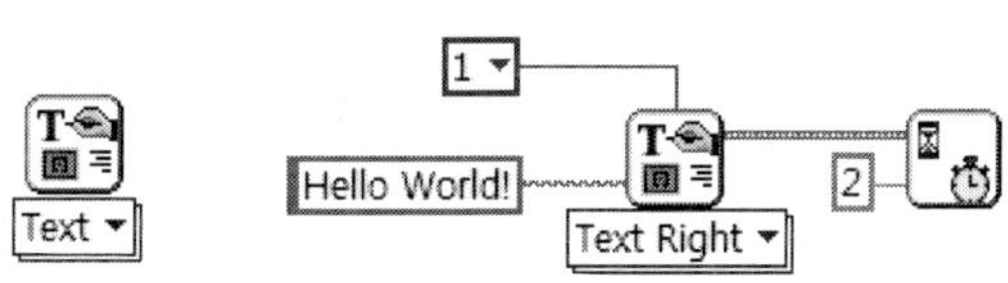

이 모드는 텍스트를 오른쪽으로 정렬할 수 있는 것이다.

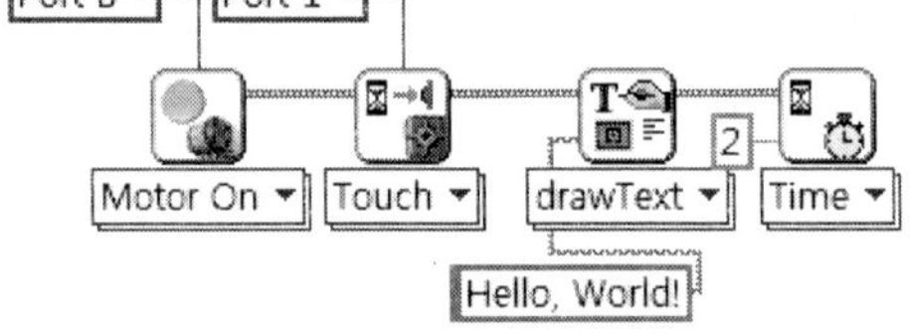

이 프로그램은 1번 터치 센서가 눌릴 때까지 B 모터가 돌고 p-Brick의 스크린에 2초 동안 "Hello, World!"를 디스플레이하는 프로그램이다.

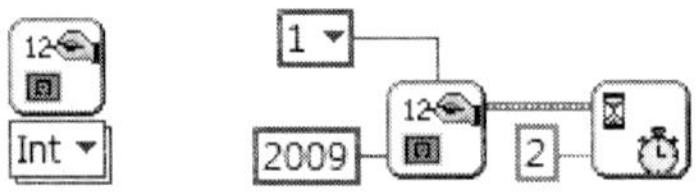

이 모드는 정수를 디스플레이 할 수 있는 모드이다.

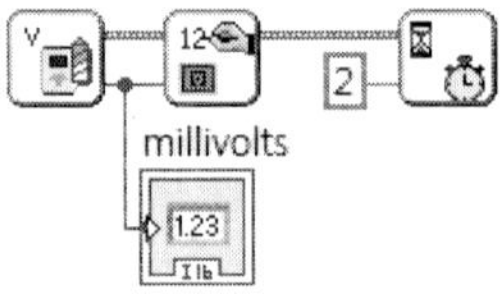

이 프로그램은 배터리의 전압을 측정해서 프런트패널 인디케이터에 표시하고 동시에 p-Brick의 스크린에 2초 동안 표시하는 프로그램이다. 이 프로그램에서 사용한 배터리의 전압을 읽는 함수는 다음 그림처럼 찾을 수 있다. 먼저 블록다이어그램에서 마우스를 올려놓고 오른쪽 버튼을 클릭해서 나오는 함수 팔레트에서 I/O를 클릭하고 이어서 나오는 메뉴 중에서 Read Sensor를 클릭한 후 블록다이어그램에 끌어다 놓는다. 그러면 Sensor 함수가 나타난다.

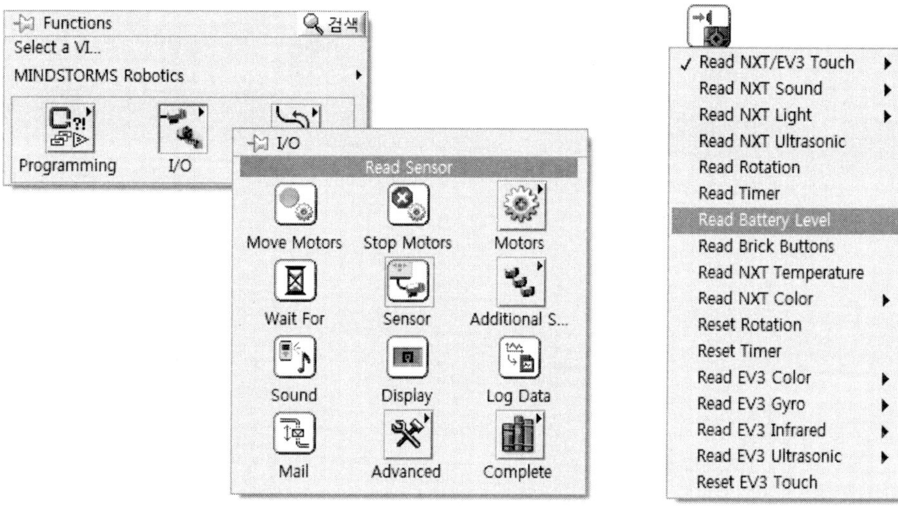

이 함수에 따라 나타나는 것들을 보기 위해서는 다음과 같이 하면 된다.

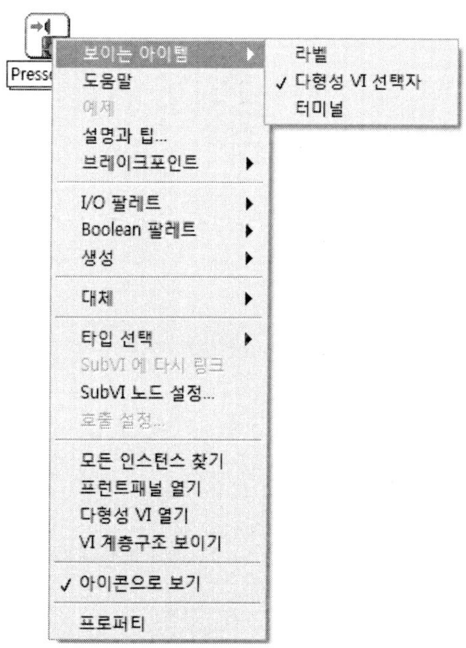

Read Sensor 함수에 마우스를 올려놓고 오른쪽 버튼을 클릭하면 메뉴가 나타난다. 거기에서 보이는 아이템을 클릭하면 다음 그림처럼 라벨을 볼 수 있고 다형성 VI 선택자와 터미널(단자)을 볼 수 있다.

다형성 VI 선택자에서 Read Battery Level을 클릭하면 배터리의 전압을 읽을 수 있는 함수를 선택할 수 있다. 이 함수의 출력은 밀리볼트로 주어진다.

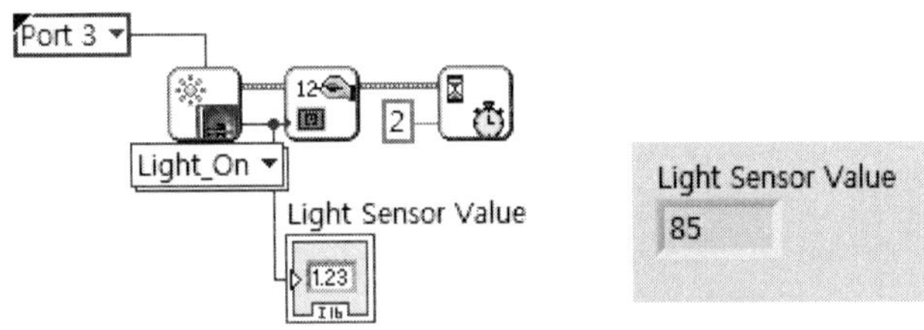

이 프로그램은 3번 포트에 연결되어 있는 반사광 모드의 컬러 센서의 측정값을 프런트패널에 인디케이터로 표시하고 동시에 p-Brick의 스크린에 2초 동안 디스플레이하는 프로그램이다.

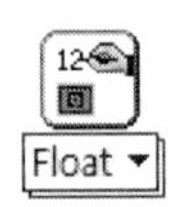

이 모드는 단정도 실수를 디스플레이 할 수 있는 모드이다. 다음 프로그램처럼 사용할 수 있다. 다음 프로그램은 p-Brick 스크린에 단정도 실수 3.14를 4번 줄에 2초 동안 디스플레이 하는 프로그램이다.

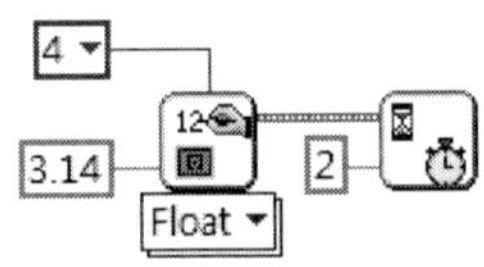

다음은 그림을 LCD 모니터에 디스플레이 할 수 있는 모드들이다. 그것들은 다음 그림처럼 찾을 수 있다.

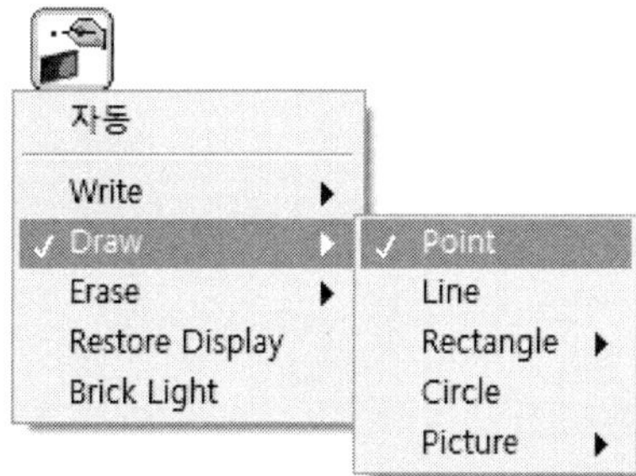

이 모드는 입력으로 주어진 Coordinates에 점을 그리는 모드이다. 입력은 다음과 같은 형태로 입력되어 진다. 다음 그림은 (30,50)에 점을 그리는 함수이다.

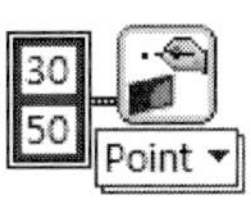

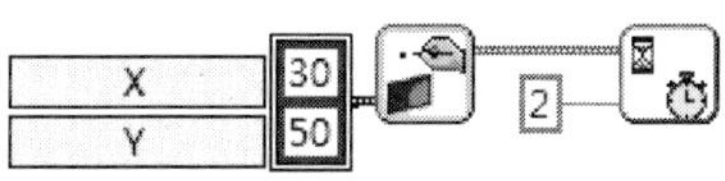

이 모드는 입력으로 주어진 Line Parameters에 따라 직선을 그리는 모드이다. Line Parameters는 직선의 시작점과 끝점의 좌표(x1,y1,x2,y2)를 나타내 주고 기본은 (0,0,100,60) 이다. EV3 Brick의 스크린 해상도는 178x128 이다. 다음 그림에 스크린의 좌표가 표시되어 있다.

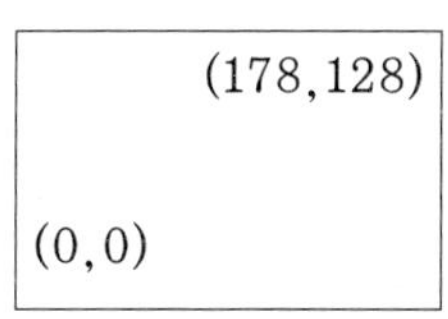

다음 그림처럼 스크린에 직선을 5초 동안 그리려면 다음과 같이 프로그램을 작성하면 된다.

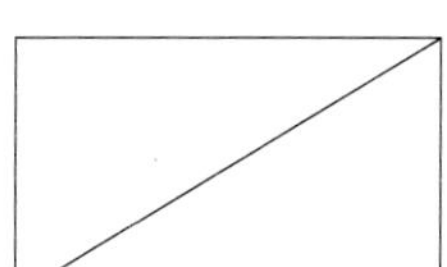

이 프로그램 중에 제일 앞에 있는 함수는 스크린에 있는 다른 그림을 지우는 작업을 하는 함수이다.

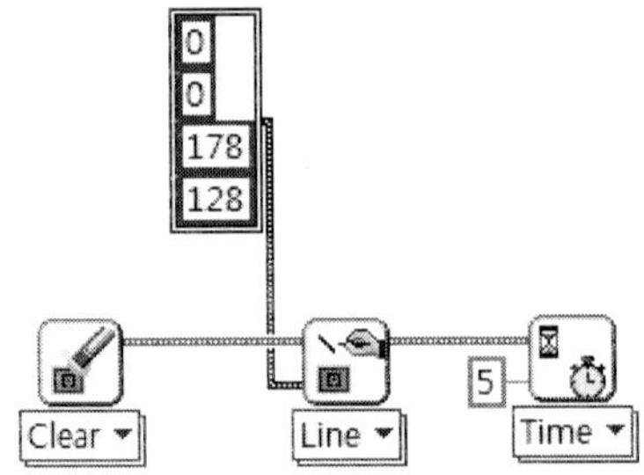

다음의 프로그램처럼 스크린 상의 그림을 지우고 새롭게 그림을 그릴 수 있다.

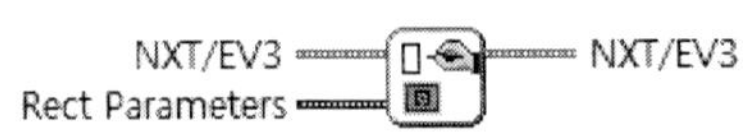

이 모드는 입력으로 주어진 Rect Parameters에 따라 속이 빈 사각형을 그리는 모드이다. Rect Parameters(x, y, width, length)는 사각형 왼쪽 아래 코너의 좌표, 폭과 그리고 넓이를 포함한다. 이 모드는 다음의 그림에서처럼 찾을 수 있다.

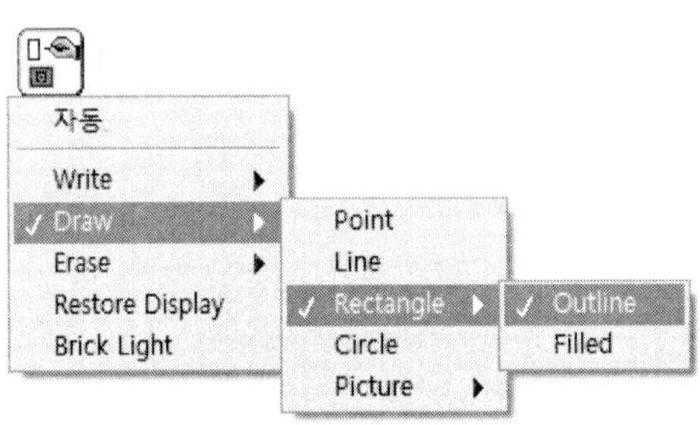

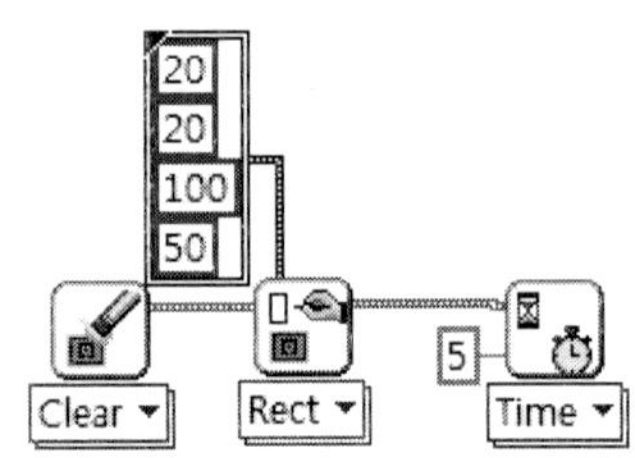

위 프로그램은 좌표(20,20)의 위치에 가로가 100, 세로가 50인 사각형을 스크린에 5초간 디스플레이 하는 프로그램이다.

내부가 찬 사각형도 마찬가지로 다음 프로그램을 이용해 그릴 수 있다.

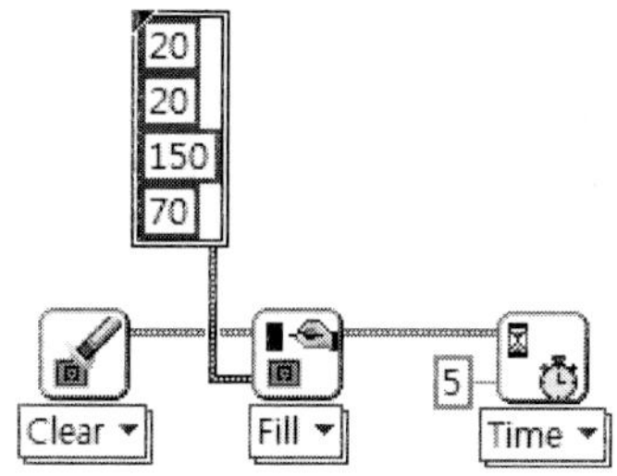

아래 프로그램은 원점이 (75,50)에 있고 반경이 50인 원을 그리는 프로그램이다.

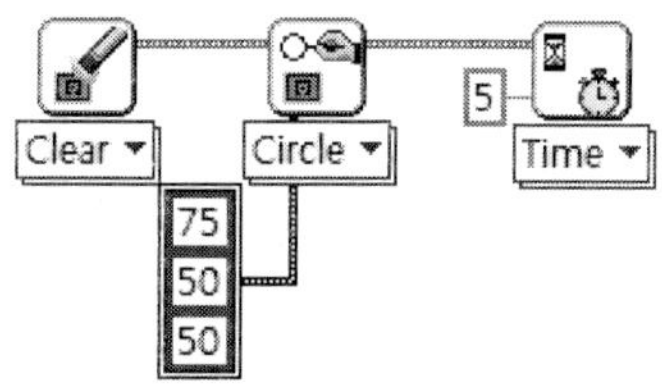

원을 그리는 함수에 입력으로 들어가는 Circle Parameters는 (x,y,radius)이다. 기본값은 (50,30,10)이다.

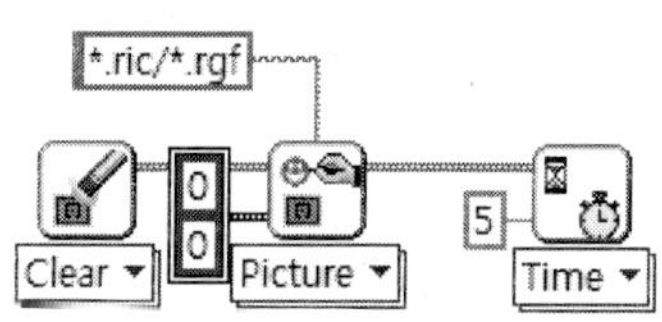

위의 프로그램은 확장자가 .ric 또는 .rgf 로 되어 있는 p-Brick에 저장되어 있는 그림 파일을 p-Brick 스크린에 원점(0,0)에 5초 동안 디스플레이 할 수 있는 프로그램이다.

이 모드는 Rect Parameters(x,y, width, length)로 표시되는 사각형 안에 있는 모든 것을 지워 버리는 모드이다.

이 모드는 스크린을 원래의 기본 상태로 복원하는 모드이다.

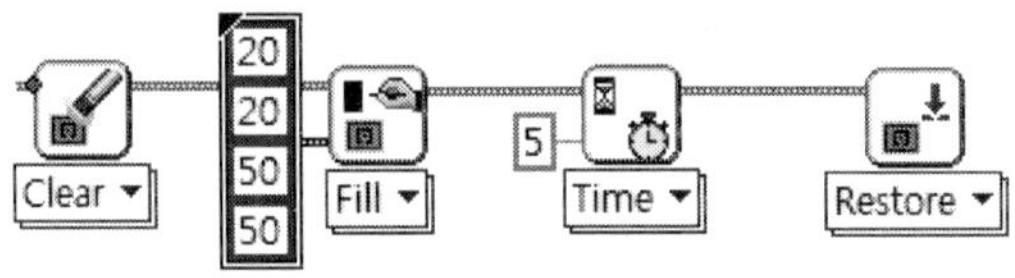

이 프로그램은 내부가 찬 사각형을 5초 동안 디스플레이하고 원 상태로 스크린을 복원하는 프로그램이다.

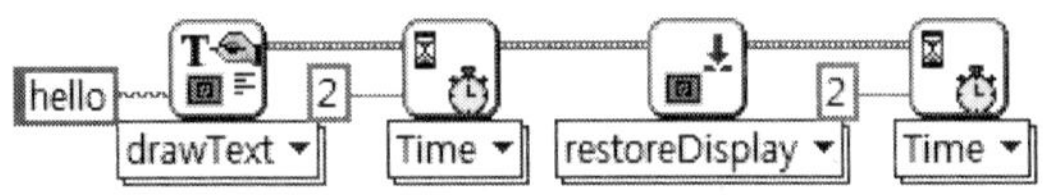

이 프로그램은 "hello"를 2초 동안 디스플레이하고 원 상태로 스크린을 복원하는 프로그램이다.

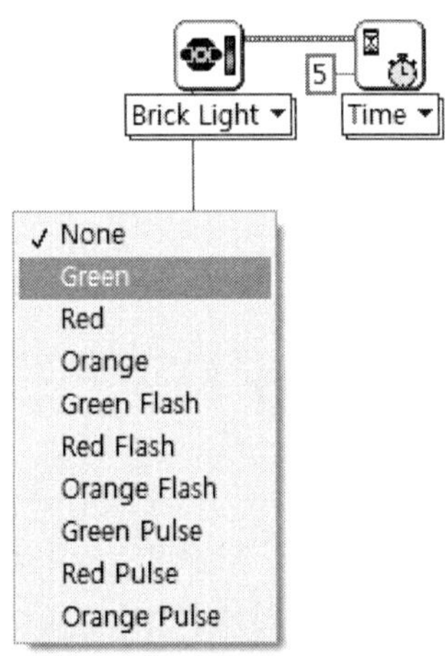

이 함수는 p_Brick의 버튼이 있는 곳의 빛과 그 패턴을 지정할 수 있는 함수이고 위의 그림처럼 그 입력을 선택할 수 있다. Flash는 일정한 간격으로 점멸을 반복하는 것이고 Pulse는 켜지는 시간과 꺼지는 시간의 간격이 다른 패턴을 가리킨다.

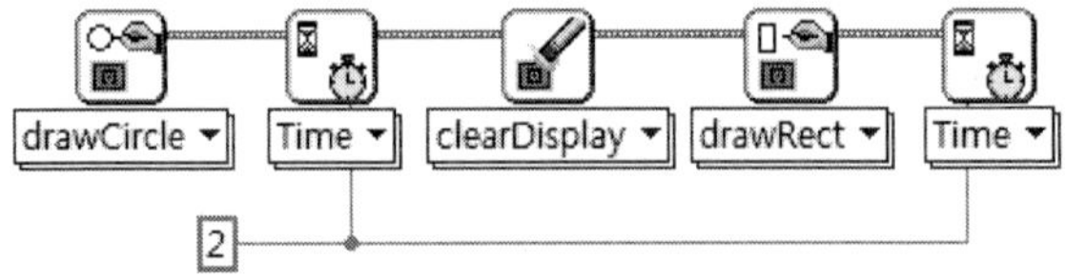

위의 프로그램은 원을 2초 동안 p-Brick 스크린에 디스플레이 하고 다시 화면을 지우고 나서 사각형을 2초 동안 디스플레이하는 프로그램이다.

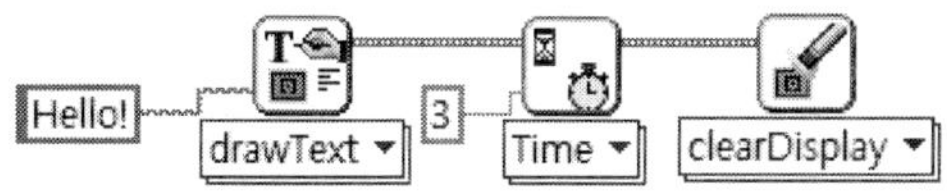

위의 프로그램은 "Hello!"를 3초 동안 p-Brick 스크린에 디스플레이 하고 나서 화면을 지우는 프로그램이다.

3.3 소리내기

EV3 Brick에는 내장된 스피커가 있다. 이 스피커를 통해 여러 가지의 다양한 소리들을 표현할 수 있다. 이것을 하기 위해 Sound 함수를 사용한다. Sound 함수에는 여러 가지 모드가 있다. 그 모드에 대해 알아보자. 다음 그림처럼 모드들의 메뉴를 볼 수 있다.

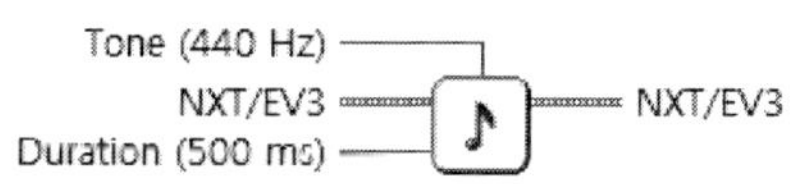

이 Tone 모드는 입력으로 주파수와 시간을 Hz와 ms로 받는다. 이 모드는 주어진 입력으로 그 시간 동안 그 주파수로 소리를 내는 모드이다. 주파수는 50Hz 부터 7000Hz 까지 가능하다. 주파수의 기본 값은 440Hz이다. 시간의 기본 값은 500ms 이다.

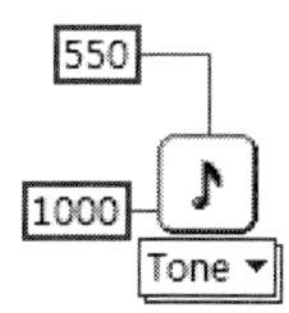

이 프로그램은 550Hz의 소리를 1초 동안 발생하는 프로그램이다.

이 함수들은 각각 EV3 Brick에 저장되어 있는 RedSong.pno, GreenSong.pno, BlueSong.pno 파일을 재생하는 프로그램이다.

이 모드는 입력 Song에 입력되는 piano player file(.pno)을 재생하는 모드이다.

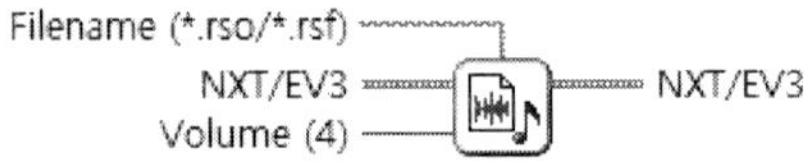

이 모드는 Sound File(.rsf)을 재생하는 모드이다. Volume은 1부터 4이고 기본은 4이다.

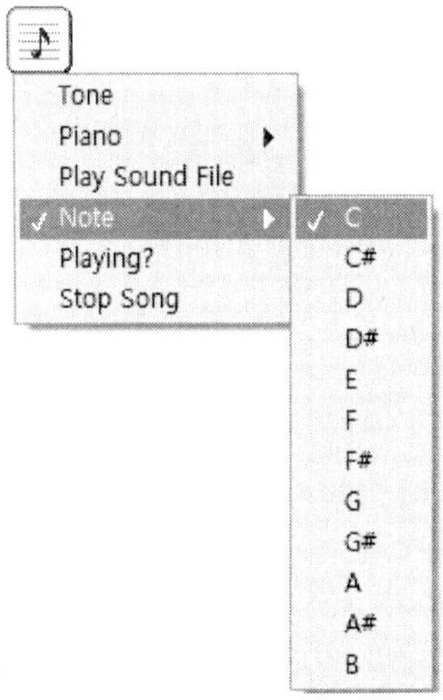

이 모드는 Note로 음을 내는 모드이다. 위의 그림처럼 Note를 선택할 수 있다.

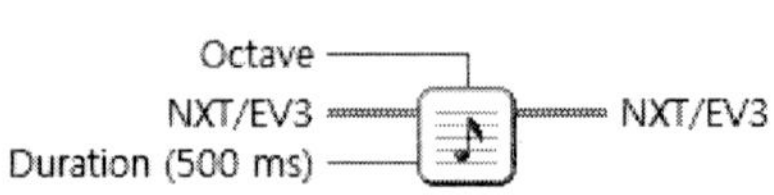

입력으로는 Octave와 Duration이 있다. Octave는 3,4,5,6,7이고 기본은 4이다. Duration은 ms로 입력하고 기본은 500ms이다.

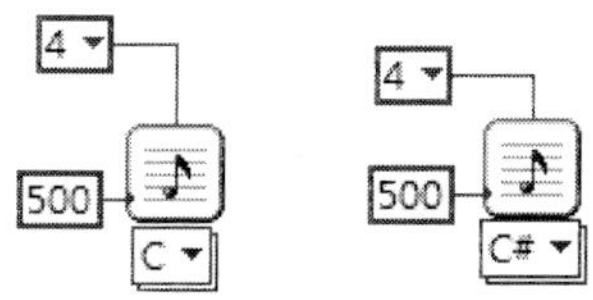

이 모드를 이용하여 다음과 같이 프로그램을 작성할 수 있다.

이 모드는 p-Brick이 sound file을 재생하고 있는지를 물어보는 모드이고 출력은 Yes 아니면 No 이다.

다음 프로그램처럼 사용할 수 있다.

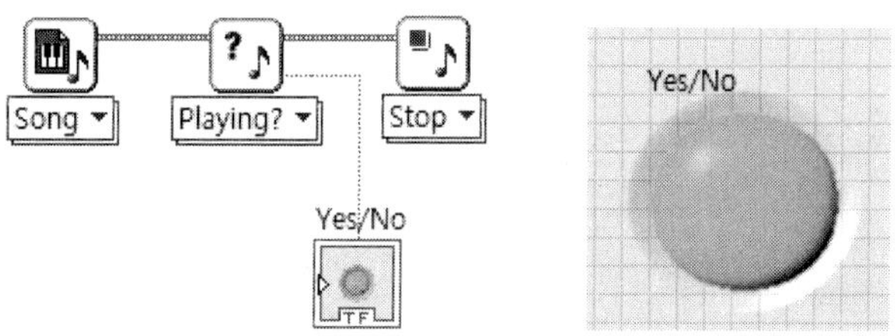

이 프로그램은 Yes/No 불리안 버튼이 켜 있는 상태에서 RedSong 파일을 재생하고 노래가 다 끝나면 Yes/No 불리안 버튼이 꺼지면서 정지시키는 프로그램이다.

이 모드는 모든 음 재생을 정지시키는 모드이다.

위의 모드들을 사용하여 다음과 같은 프로그램들을 작성할 수 있다.

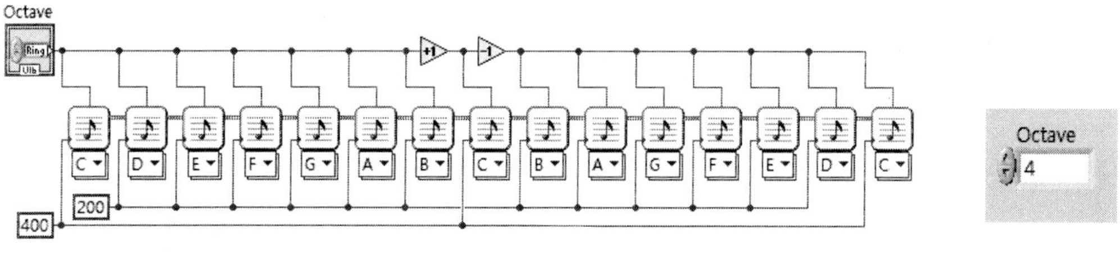

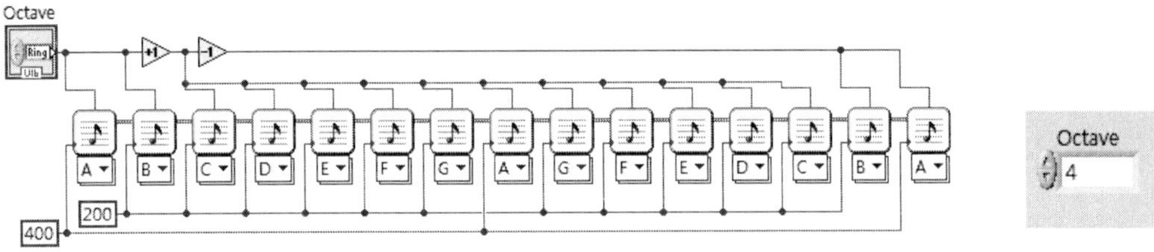

앞의 프로그램은 Major Scale과 Minor Scale을 각각 연주하는 프로그램이다.

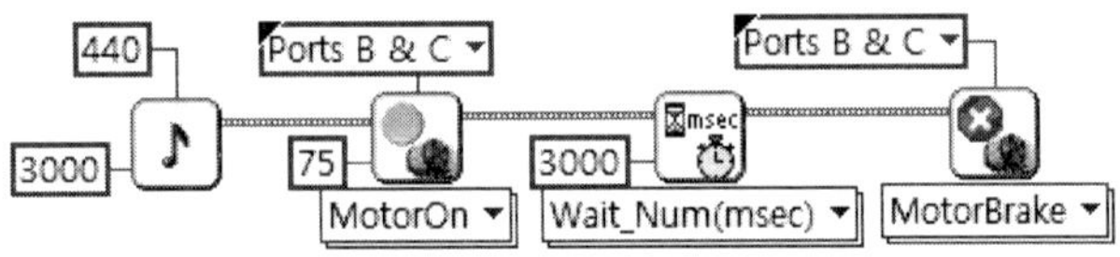

이 프로그램은 주파수 440Hz인 소리를 3초 동안 발생하고 B와 C 모터를 3초 돌리고 정지시키는 프로그램이다.

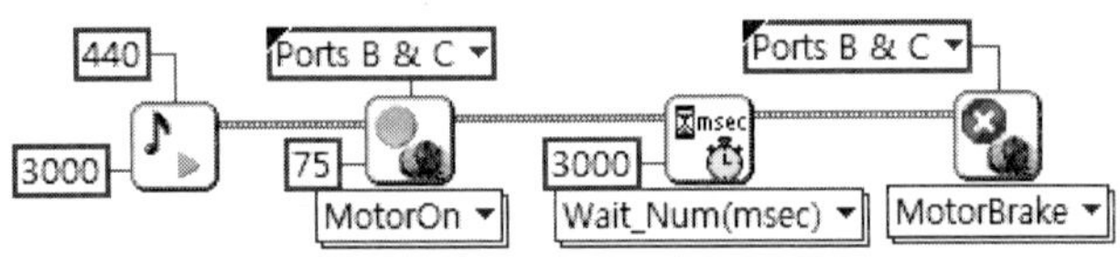

이 프로그램은 마찬가지로 주파수 440Hz인 소리를 3초 동안 발생하고 B와 C 모터를 3초 돌리고 정지시키는 프로그램이다. 단지 다른 점은 소리 내는 함수가 Tone_noWait 함수인 것이다. 이 함수는 그냥 Tone 함수와 다르게 소리 내는 동안 그 다음 함수가 기다리지 않고 진행된다는 것이다. 이 함수는 다음 그림처럼 찾을 수 있다.

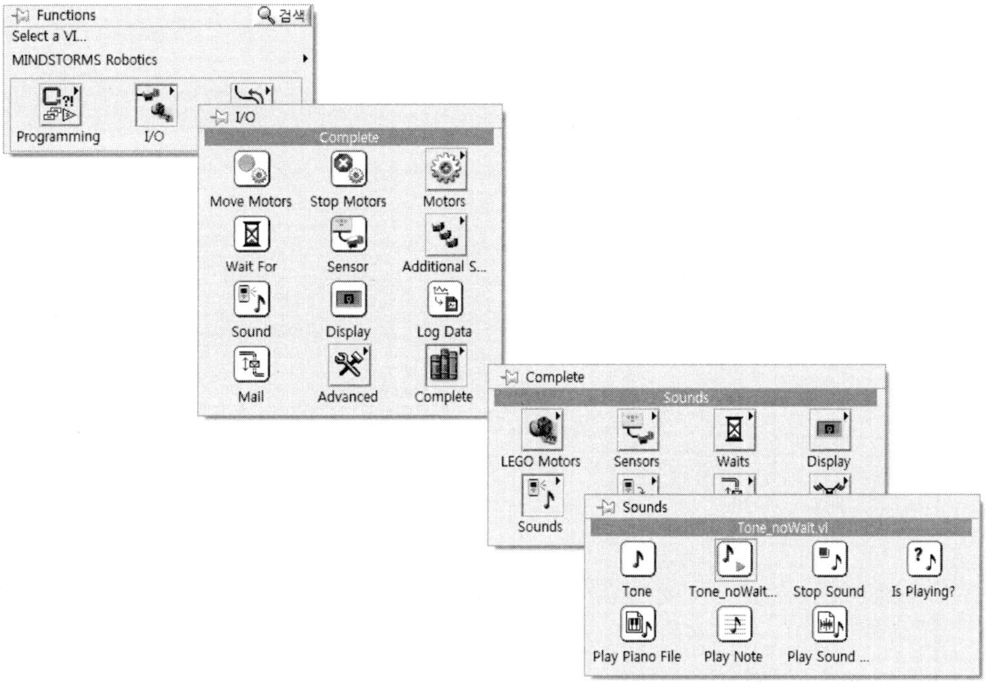

3.4 수학 계산하기

LabVIEW에는 여러 가지 수학적인 함수들을 계산할 수 있는 함수들이 있다. 이 함수들을 로봇 제어에 이용할 수 있다.

3.4.1 지수 함수

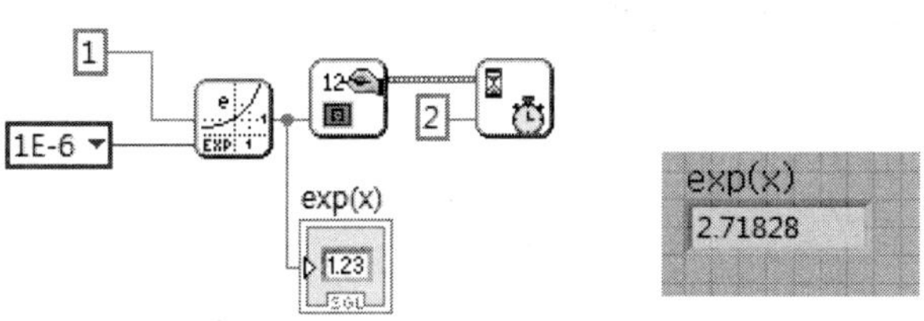

이 프로그램은 x를 입력 받고 exp(x)를 계산해서 프런트패널의 인디케이터에 표시하고 p-Brick의 스크린에 2초 동안 표시하는 프로그램이다.

이 함수들은 다음 그림처럼 찾을 수 있다.

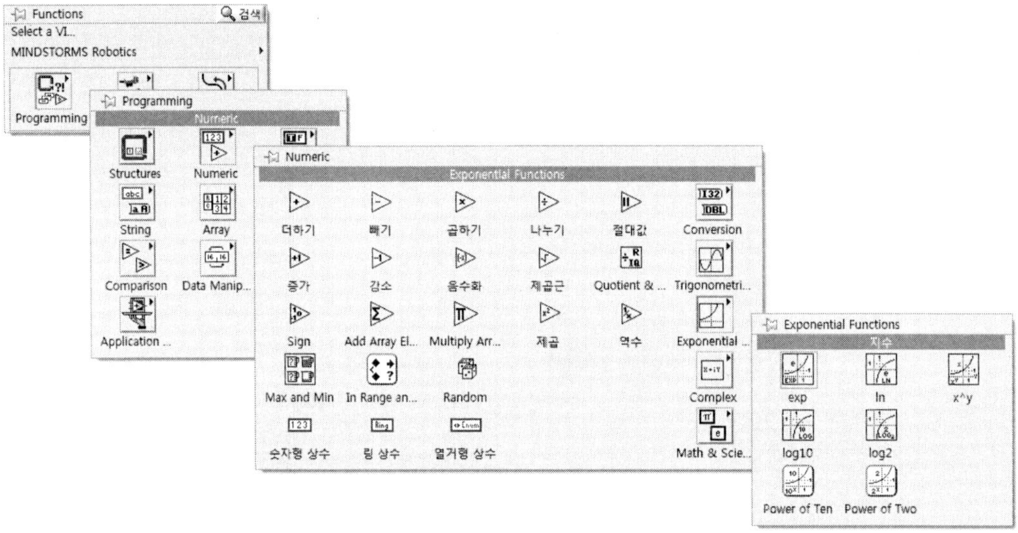

함수 팔레트에서 Programming을 클릭 ➜ Numeric을 클릭 ➜ Exponential Functions을 클릭하면 여러 가지 지수함수들이 나타난다.

이 함수는 ln(x)를 계산하는 자연로그 함수이다.

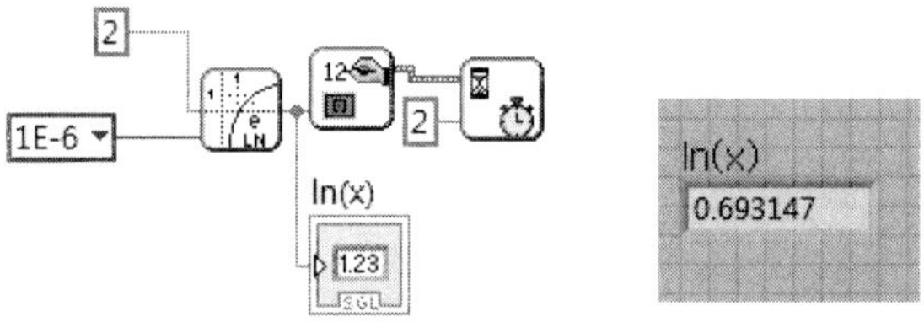

이 함수는 Log10(x)를 계산하는 밑이 10인 상용로그 함수이다.

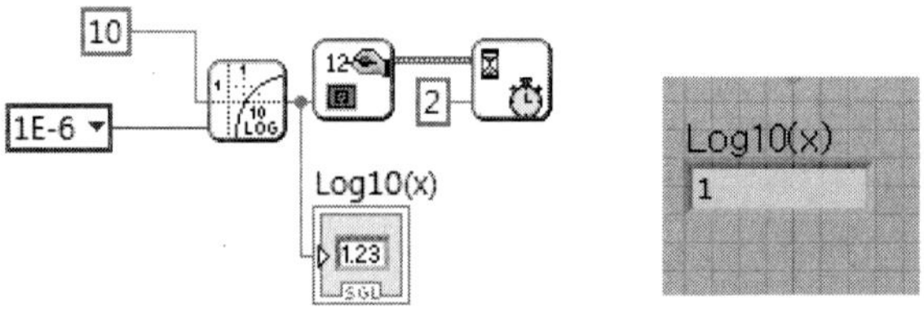

이 함수는 Log2(x)를 계산하는 밑이 2인 로그 함수이다.

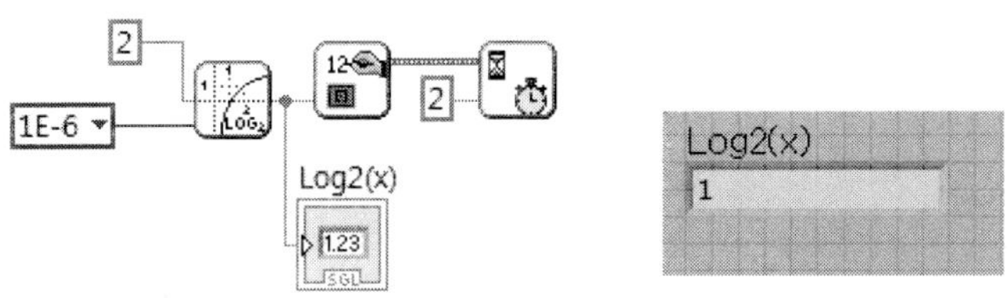

이 함수는 x^y 를 계산하는 x의 y거듭제곱인 함수이다.

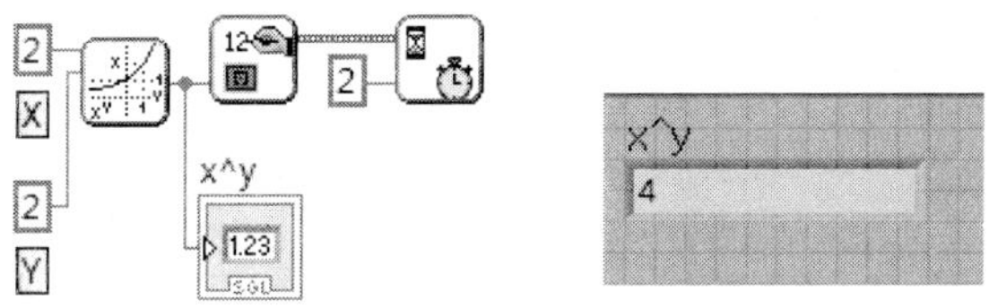

이 함수는 10^x를 계산하는 함수이다.

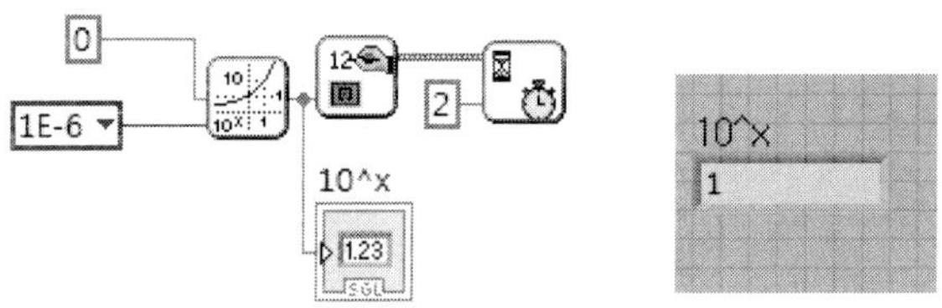

이 함수는 2^x를 계산하는 함수이다.

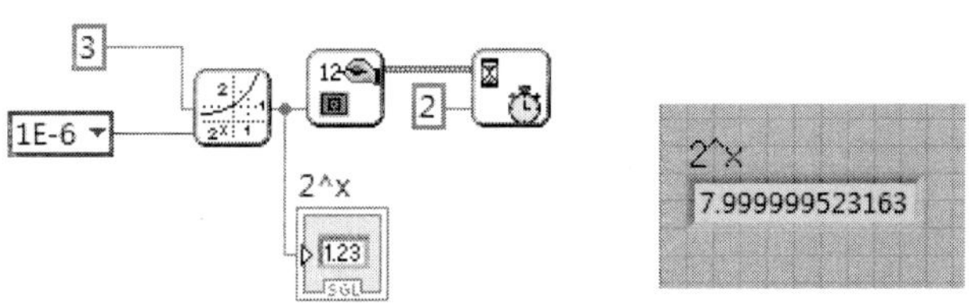

3.4.2 삼각함수

삼각함수의 각도는 라디안으로 주어진다.

이 함수는 입력으로 x,y가 주어지고 atan(y/x)를 계산하는 함수이다.

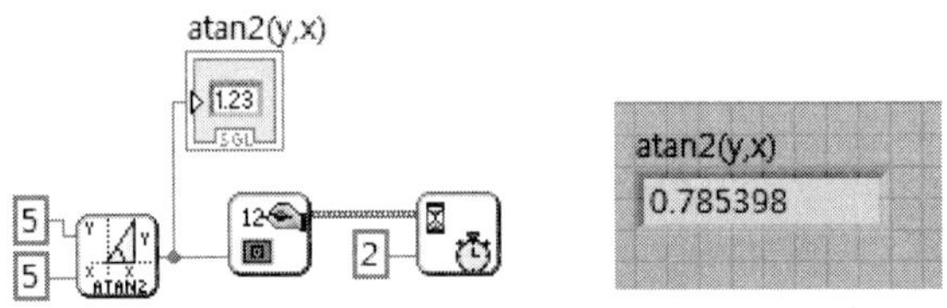

이 함수는 atan(x)를 계산하는 함수이다.

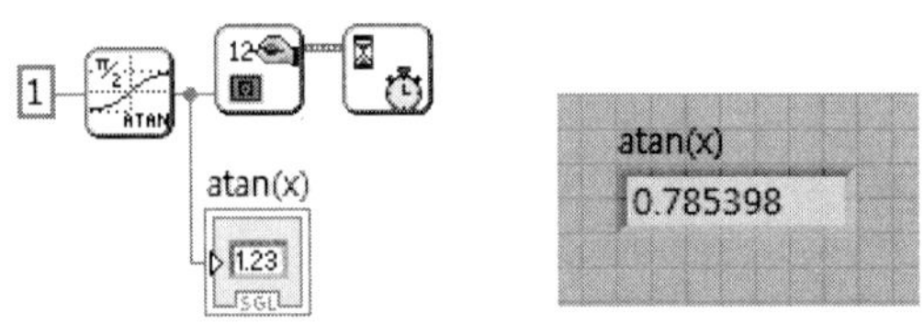

이 함수는 asin(x)를 계산하는 함수이다.

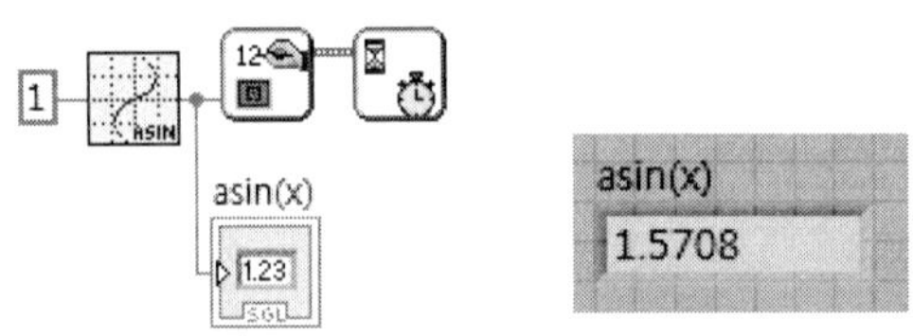

이 함수는 acos(x)를 계산하는 함수이다.

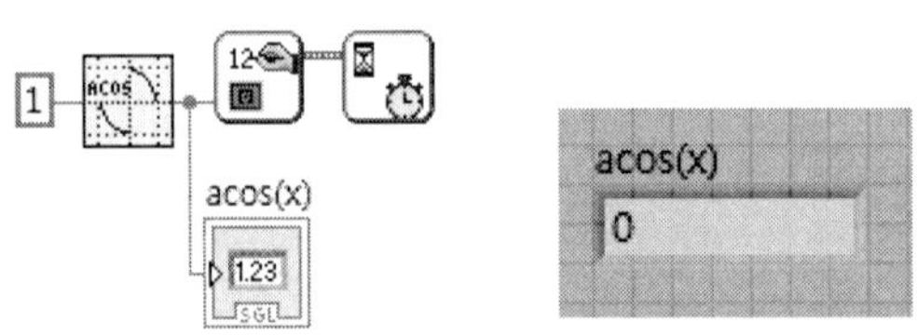

이 함수는 cos(x)를 계산하는 함수이다.

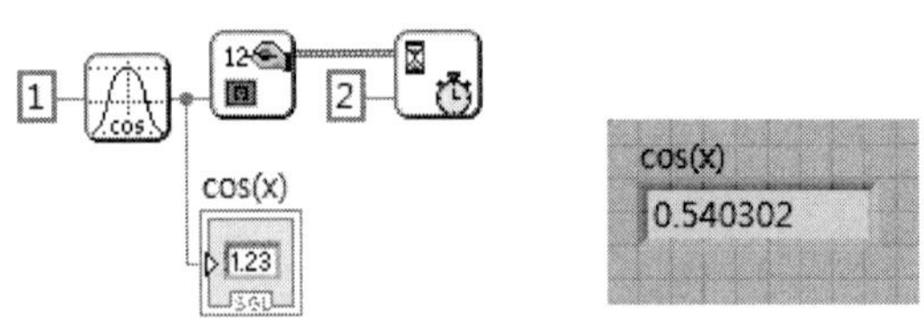

이 함수는 sin(x)를 계산하는 함수이다.

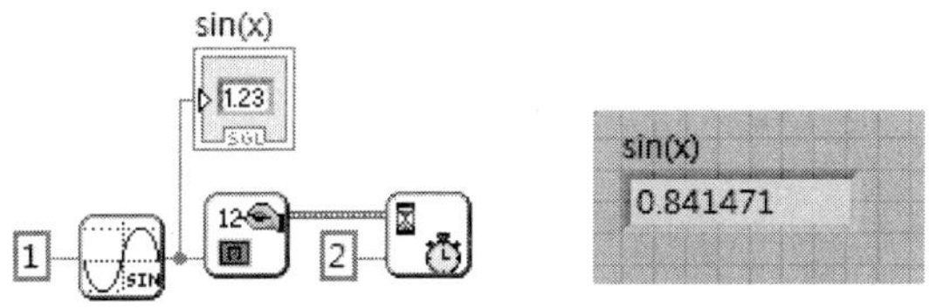

이 함수는 tan(x)를 계산하는 함수이다.

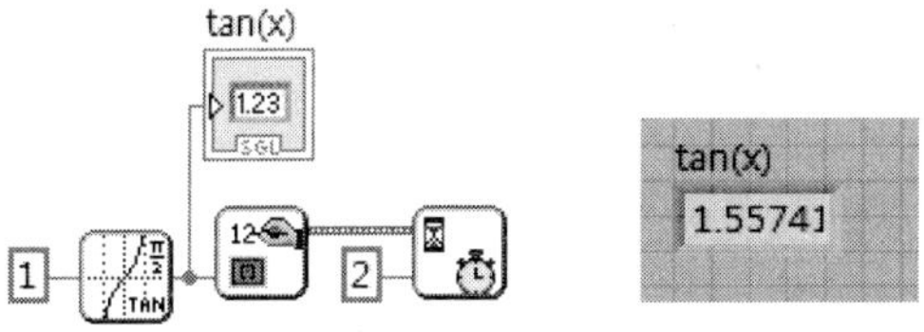

3.4.3 배열

배열 컨트롤을 프런트패널에서 만들 수 있다. 배열은 같은 종류의 데이터를 하나로 묶어서 취급하는 것이다. 다음 그림처럼 먼저 프런트패널에서 마우스의 오른쪽 버튼을 클릭하면 컨트롤 팔레트가 나오고 거기에서 Array & Cluster를 클릭하면 배열 컨트롤이 나온다.

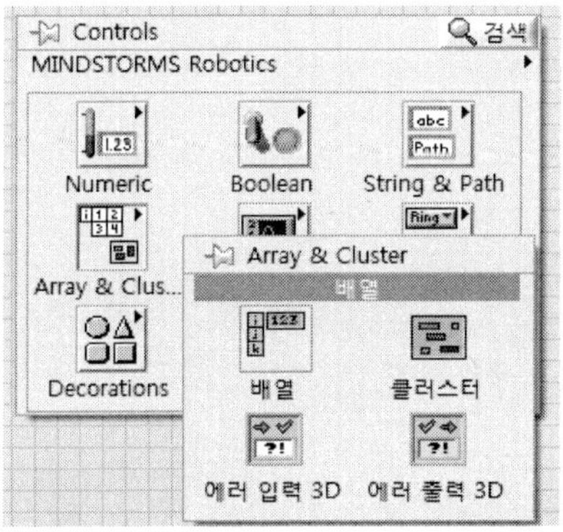

그 배열 컨트롤을 클릭하고 프런트패널에 끌어다 놓고 원하는 타입의 컨트롤을 다시 끌어다 그 안에 놓으면 배열 컨트롤이 다음 그림처럼 완성된다.

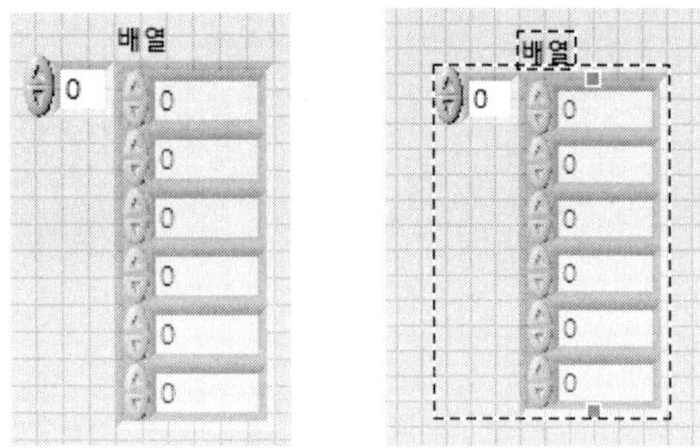

원하는 원소의 개수만큼 배열을 클릭해서 생기는 조그만 사각형 상자를 끌어당겨 확장 또는 축소할 수 있다. 인디케이터를 집어넣으면 인디케이터 배열로도 사용할 수 있다. 배열 컨트롤이 블록다이어그램에는 다음과 같이 나타난다.

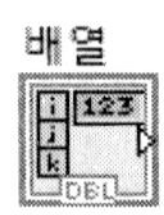

배열 상수를 만들려면 블록다이어그램에서 아래 그림처럼 함수 팔레트에서 Programming을 클릭 ➜ Array를 클릭 ➜ 배열 상수를 클릭한다.

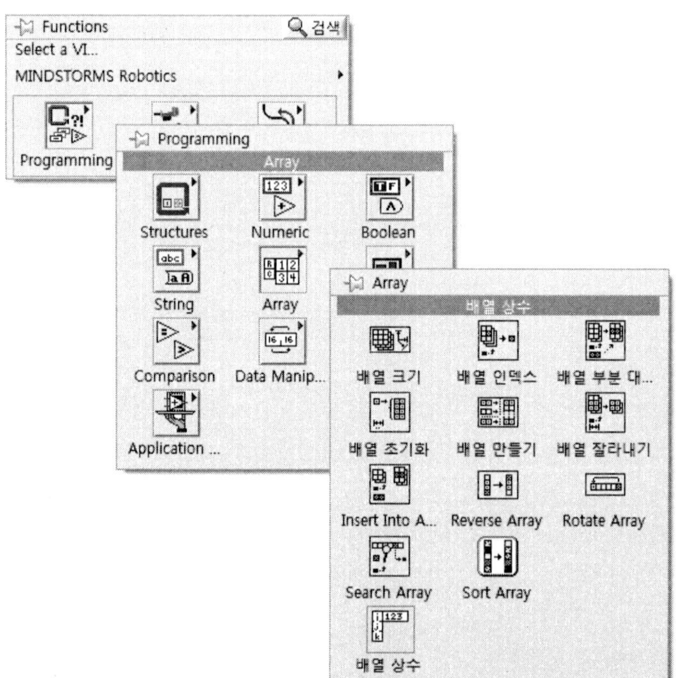

그러면 다음 그림처럼 배열 상수를 담을 수 있는 상자가 나타난다.

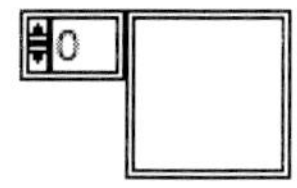

여기에다 원하는 형태의 상수를 집어넣으면 다음과 같이 배열 상수가 완성된다.

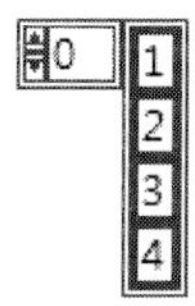

왼쪽에 나타나는 인덱스는 원소들을 위치를 나타내는 인덱스이고 0부터 시작한다.
이 배열을 다루는 여러 가지 함수가 있다. 그것에 대해 알아보자.

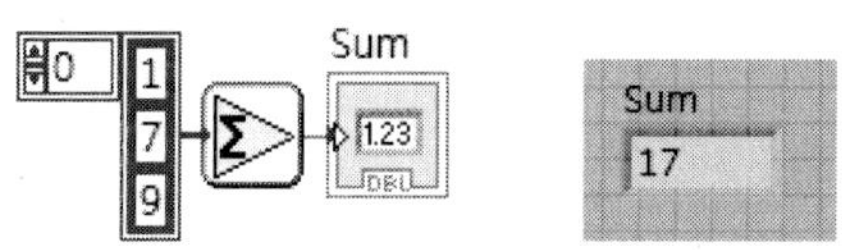

이 프로그램은 배열의 원소 모두를 더해서 프런트패널에 표시하는 것이다. 원소를 더하는 함수는 다음 그림처럼 찾을 수 있다.

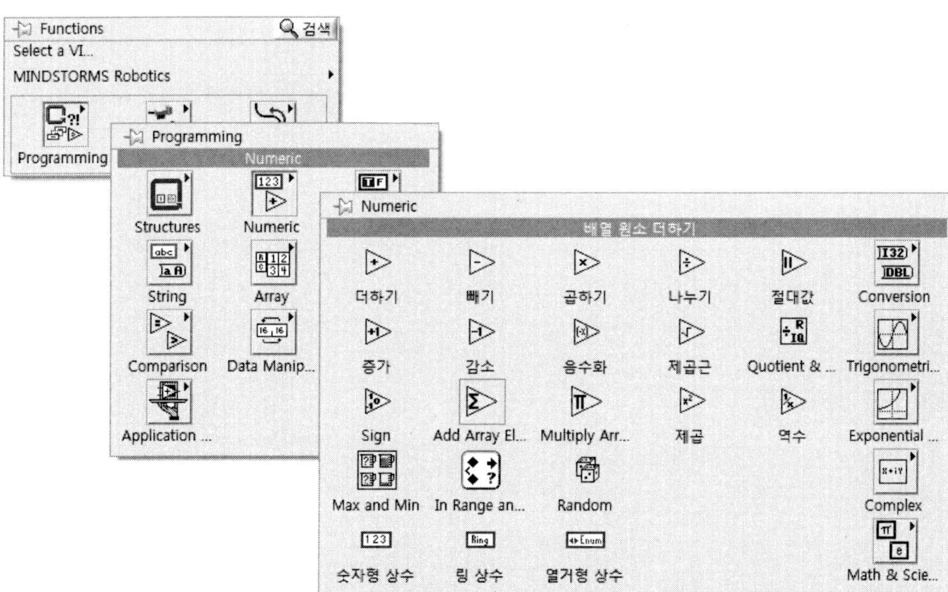

함수 팔레트에서 Programming을 클릭 ➜ Numeric을 클릭 ➜ 배열 원소 더하기 함수를 클릭하여 블록다이어그램에 끌어다 놓으면 된다.

이 프로그램은 모든 원소를 곱하는 프로그램이다.

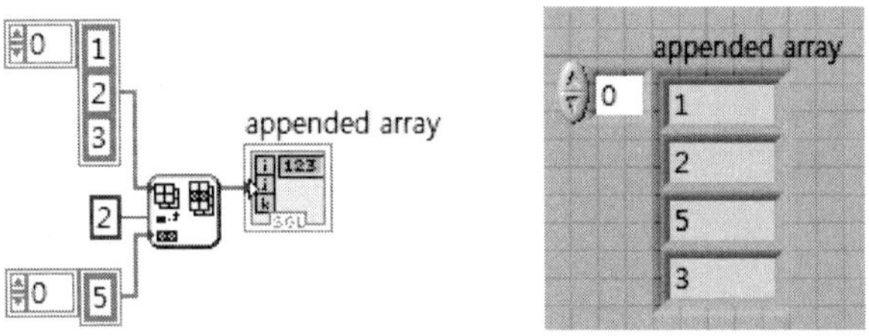

이 프로그램은 배열 상수의 두 번째 원소에 5를 집어넣는 프로그램이다.

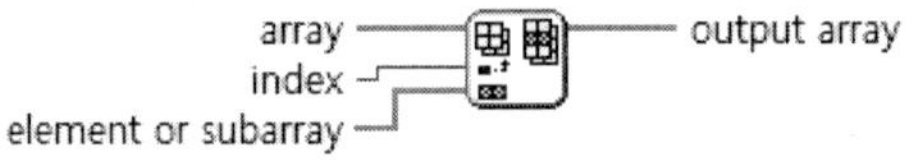

위의 함수에서 array는 원래의 배열이고 index는 원소나 다른 배열을 삽입할 위치를 나타낸다. output array는 원래의 배열에 원하는 위치에 다른 원소나 배열을 삽입하고 생긴 결과물 배열이다. 이 함수는 다음 그림처럼 찾을 수 있다.

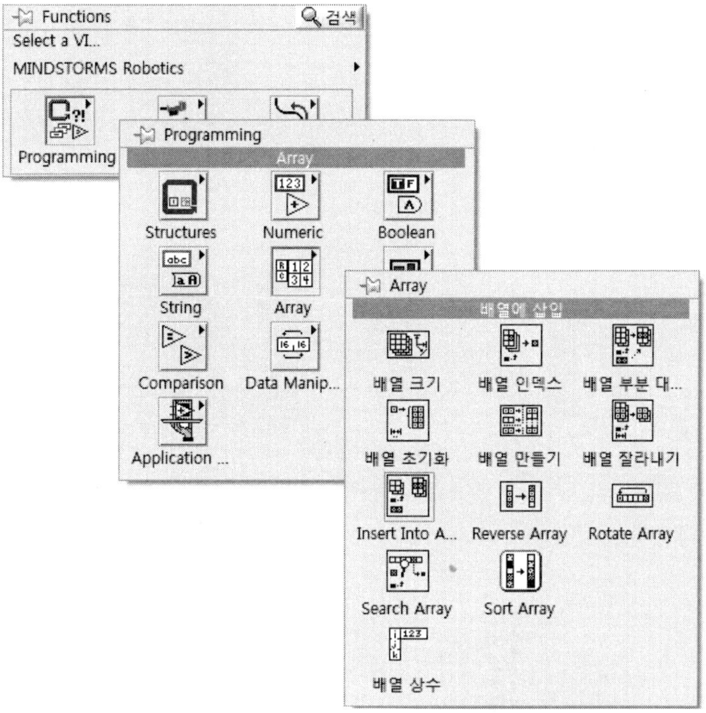

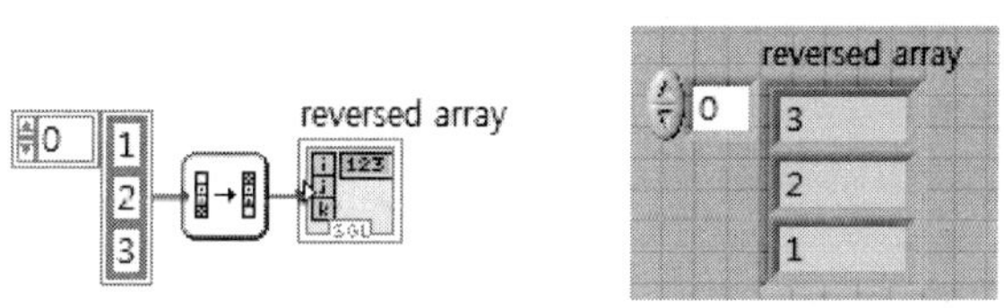

이 프로그램은 배열 상수의 원소의 순서를 뒤바꾸는 프로그램이다. Reverse Array 함수는 위에서 설명한 바와 유사하게 찾을 수 있다.

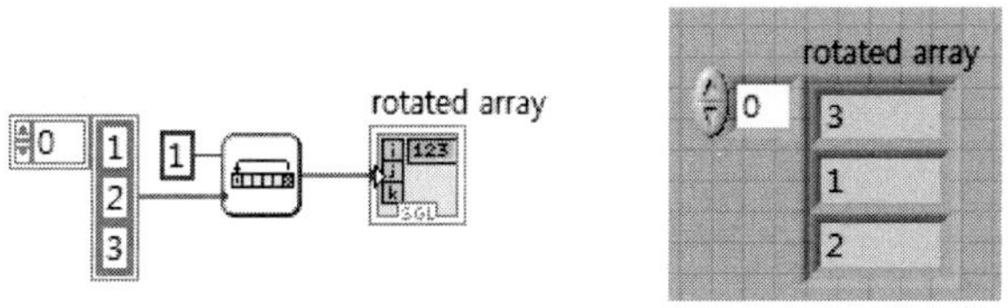

이 프로그램은 주어진 배열 상수를 회전시키는 프로그램이다. 첫 번째 원소가 두 번째가 되고 두 번째가 세 번째 마지막 원소가 다시 첫 번째가 되는 프로그램이다. Rotate Array 함수는 위에서 설명한 대로 찾을 수 있다. 이 함수 왼쪽 위의 입력은 회전시키는 스텝을 지정하는 상수이다. 1이면 한 스텝만 회전하고 2이면 두 스텝씩 회전한다.

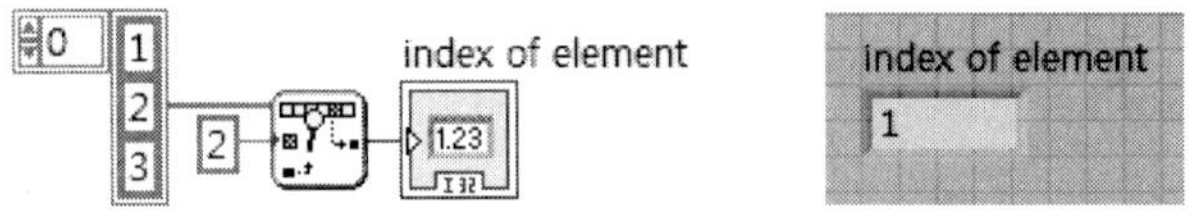

이 프로그램은 입력으로 주어지는 원소가 몇 번째 원소인지를 찾아주는 프로그램이다. Search Array 함수도 위에서 설명한대로 찾을 수 있다.

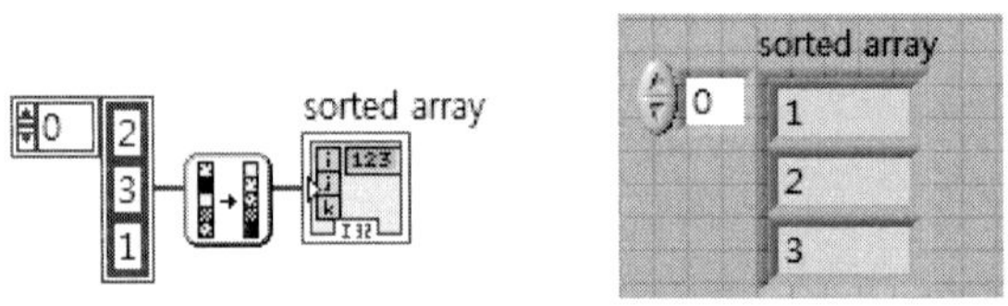

이 프로그램은 입력으로 주어진 배열을 오름차순으로 정렬하는 프로그램이다. Sort Array 함수도 위에서 설명한대로 찾을 수 있다.

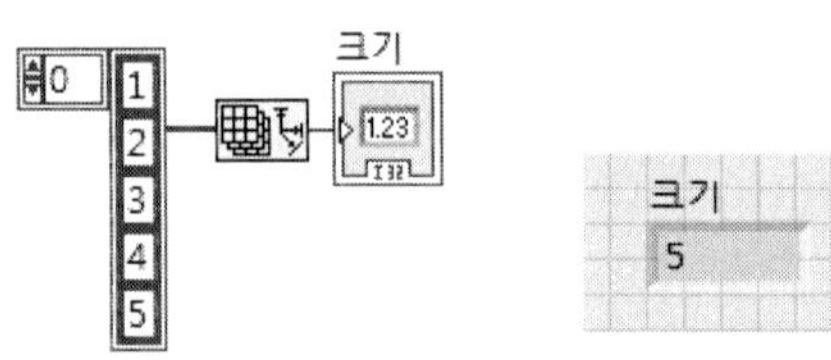

배열 크기 함수는 주어진 배열의 크기를 구해 주는 함수이다.

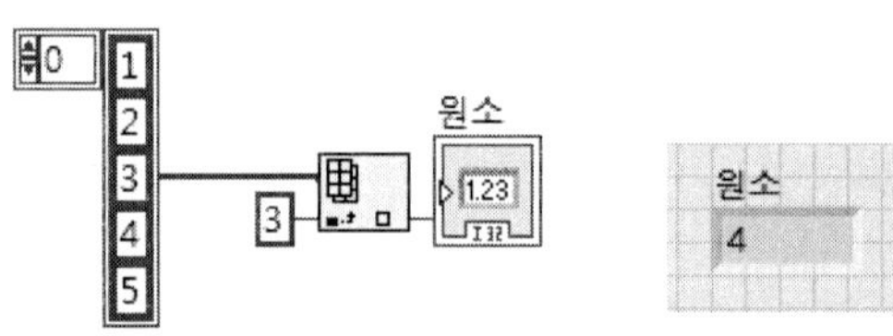

배열 인덱스 함수는 주어진 인덱스에 있는 배열의 원소를 돌려주는 함수이다.

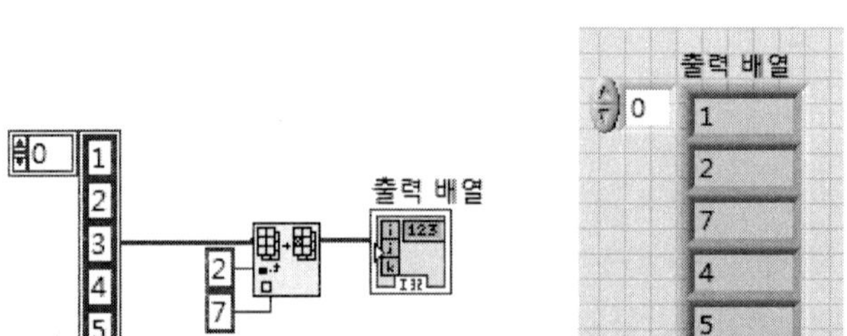

배열 부분 대체 함수는 입력으로 주어진 인덱스에 있는 원소를 다른 원소나 배열로 대체하는 함수이다.

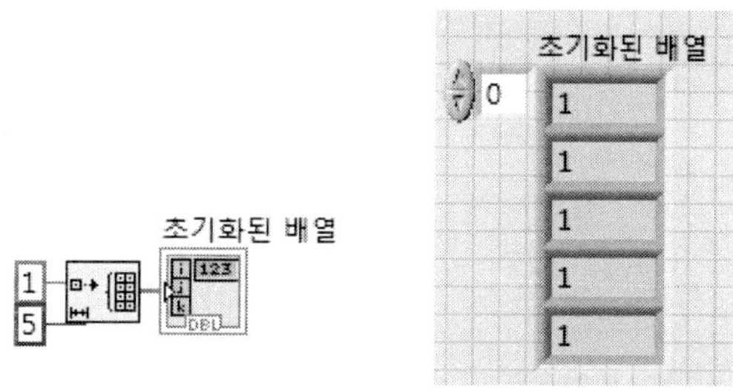

배열 초기화 함수는 입력으로 주어진 크기의 배열을 주어진 값으로 초기화하는 함수이다.

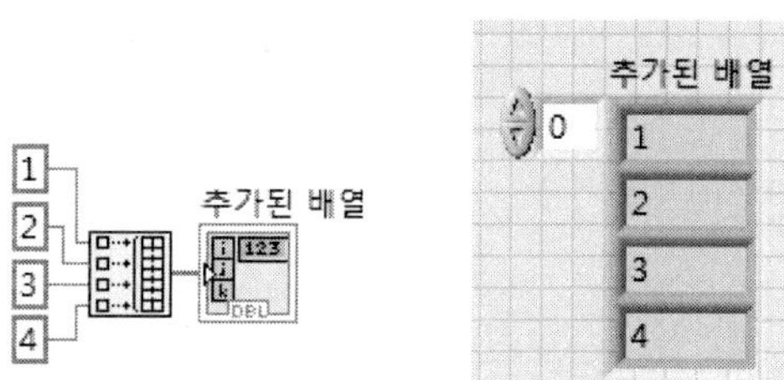

배열 만들기 함수는 입력으로 주어진 원소나 배열들을 모아 새 배열을 만드는 함수이다.

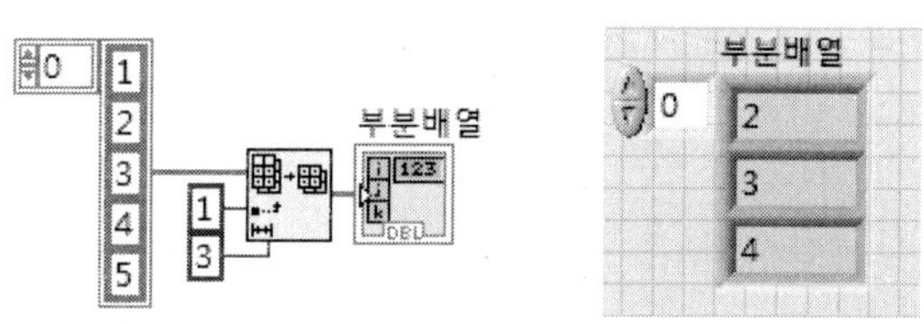

배열 잘라내기 함수는 입력으로 주어진 인덱스부터 시작해 주어진 크기만큼 부분배열을 만들어 내는 함수이다.

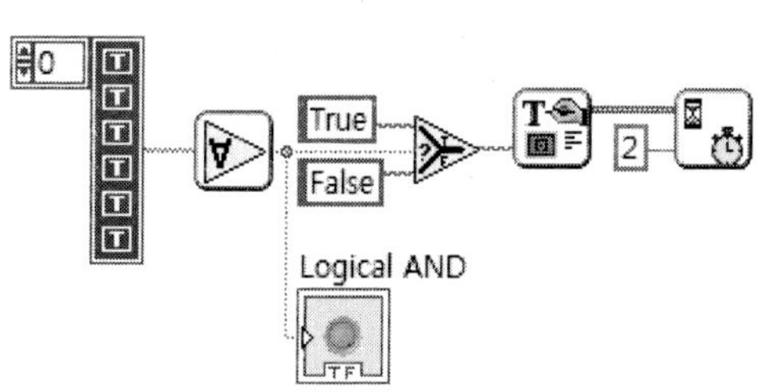

위의 프로그램은 불리언 배열을 입력받고 모든 배열이 True이면 출력이 True이고 하나라도 False이면 출력이 False인 배열 원소 AND 함수를 사용하여 결과에 따라 프런트패널의 LED가 켜지거나 꺼지며 p-Brick의 스크린에 2초 동안 True 또는 False가 디스플레이 되는 프로그램이다. 이 배열 원소 AND 함수는 다음 그림처럼 찾을 수 있다.

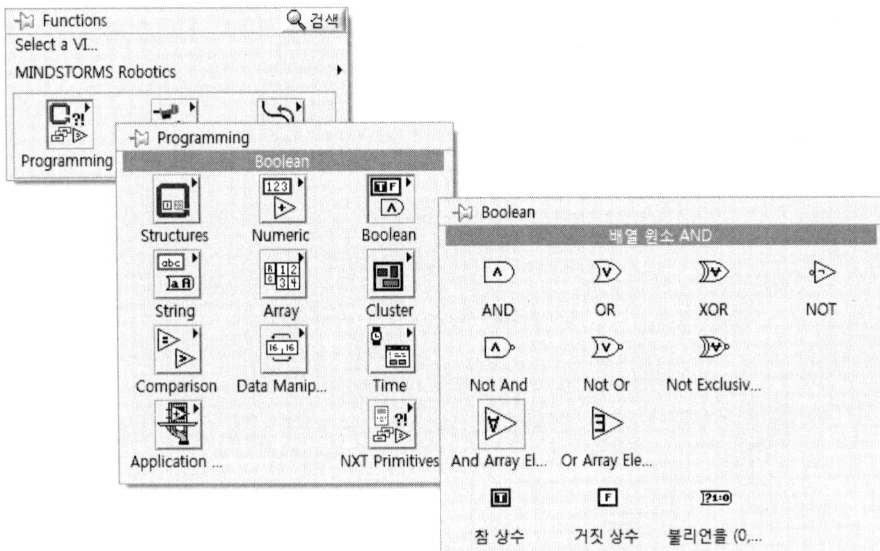

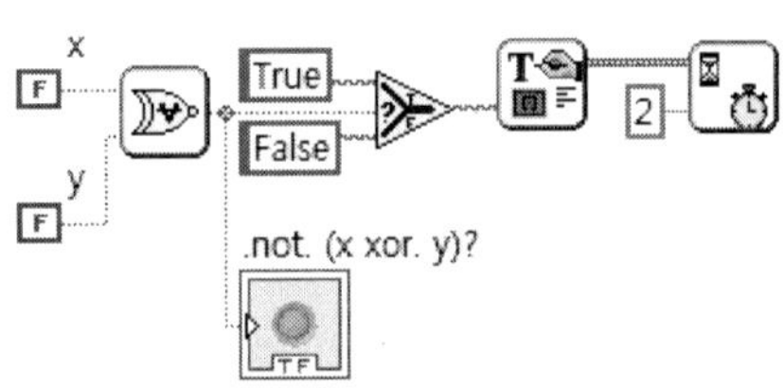

이 프로그램은 불리언 배열을 입력받고 하나라도 True이면 출력이 True인 배열 원소 OR 함수를 사용하여 결과에 따라 프런트패널의 LED가 켜지거나 꺼지며 p-Brick의 스크린에 2초 동안 True 또는 False가 디스플레이 되는 프로그램이다. 이 배열 원소 OR 함수는 위의 그림처럼 찾을 수 있다.

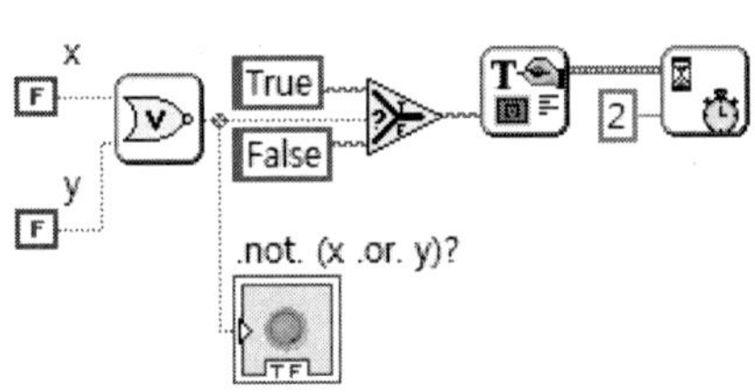

위의 프로그램은 NXOR 함수를 사용한 프로그램이다. 이 함수도 위의 그림에서처럼 찾을 수 있다.

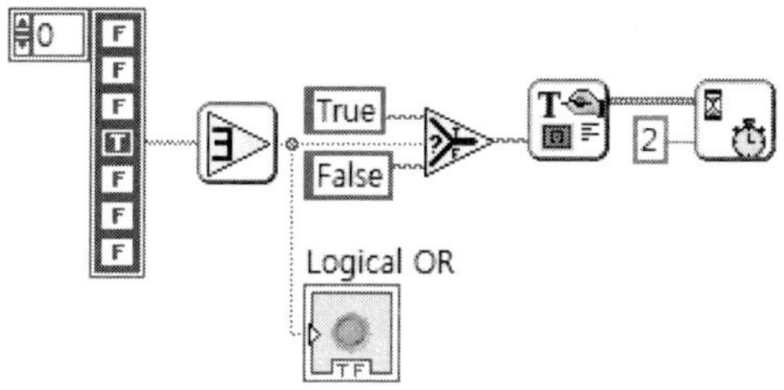

위의 프로그램은 NOR 함수를 사용한 프로그램이다. 이 함수도 위의 그림에서처럼 찾을 수 있다.

3.4.4 기타 수학 계산

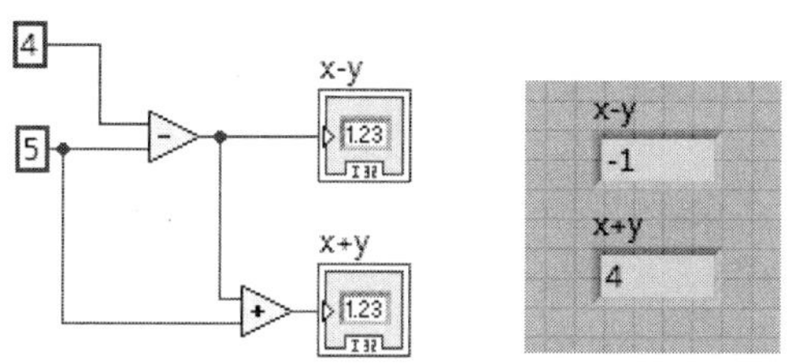

위의 프로그램은 주어진 두 입력 x,y를 먼저 빼고 그 뺀 값에다가 다시 y를 더하는 프로그램이다. 데이터 흐름에 따라 프로그램의 순서가 정해짐을 보여준다.

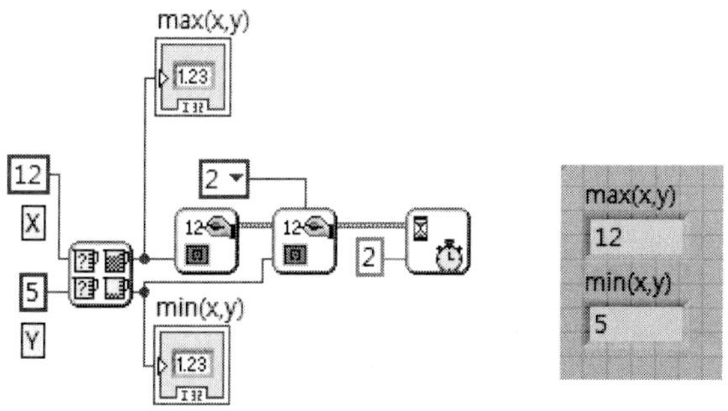

이 프로그램은 최대 & 최소 함수를 이용하여 주어진 입력 값 중 어느 것이 크고 작은 지를 가려 최대값과 최소값을 출력하는 프로그램이다. 다음 그림처럼 Max and Min 함수를 찾을 수 있다.

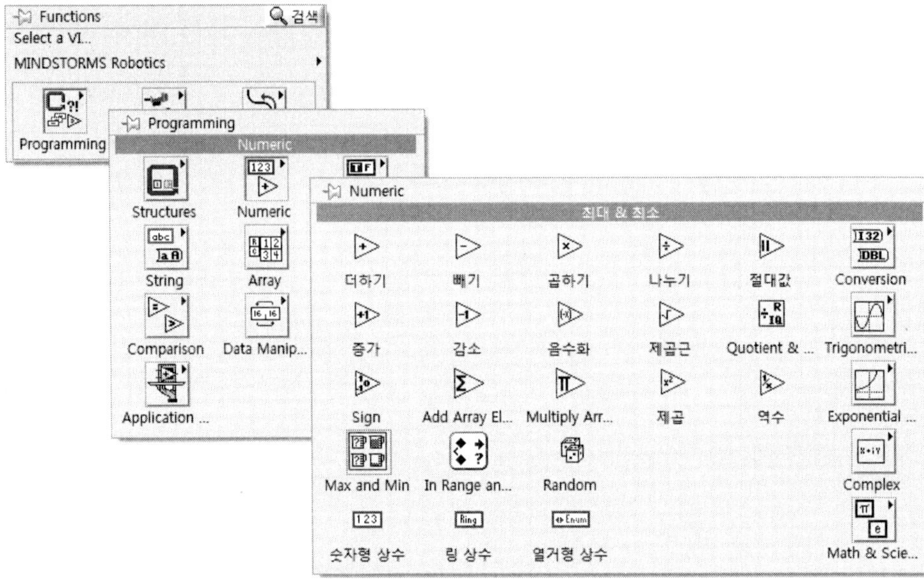

함수 팔레트에서 Programming을 클릭 ➜ Numeric을 클릭 ➜ 최대 & 최소 함수를 찾아 클릭해 블록다이어그램 안에 끌어다 놓으면 된다.

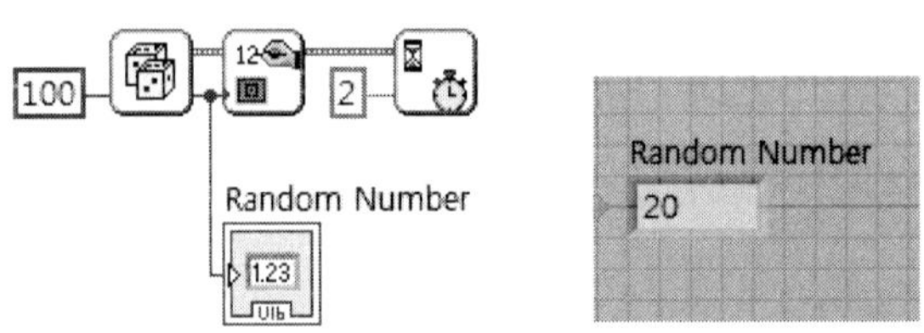

위의 프로그램은 Random Number 함수를 이용하여 0에서부터 입력으로 주어진 최대값까지의 정수를 랜덤하게 출력하는 프로그램이다.

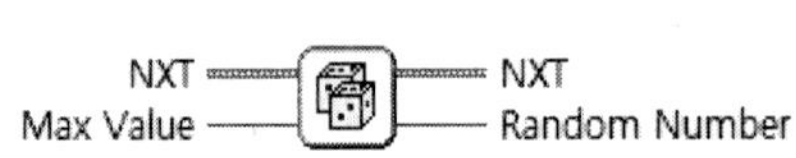

이 Random Number 함수는 다음 그림과 같이 찾을 수 있다.

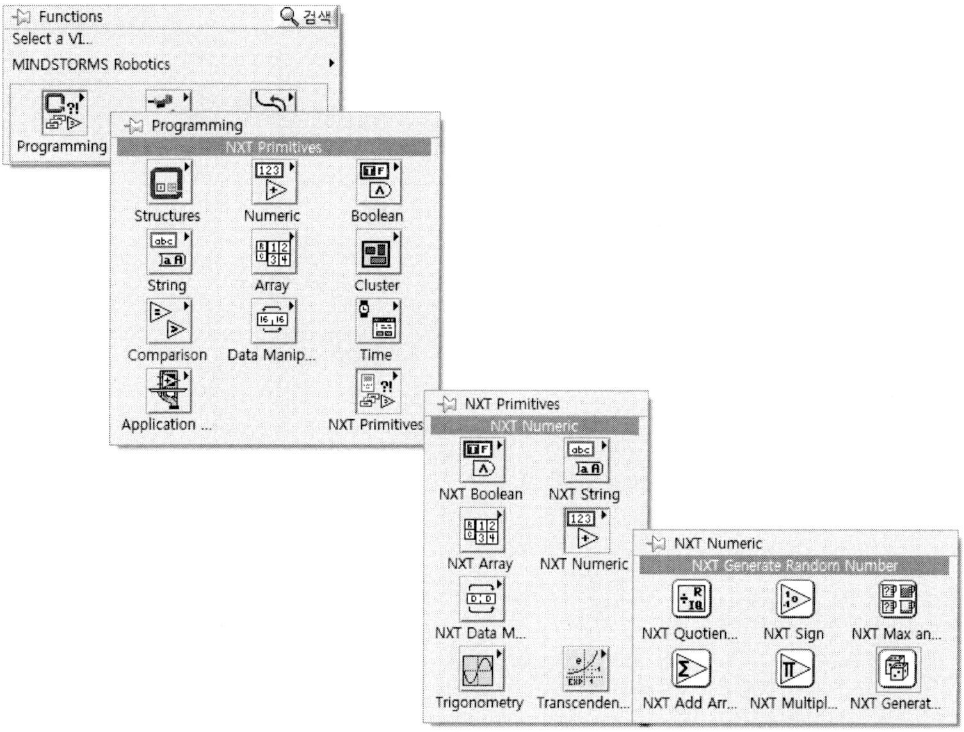

함수 팔레트에서 Programming을 클릭 ➜ NXT Primitives를 클릭 ➜ NXT Numeric을 클릭 ➜ NXT Generate Random Number 함수를 클릭하고 블록다이어그램에 끌어다 놓으면 된다.

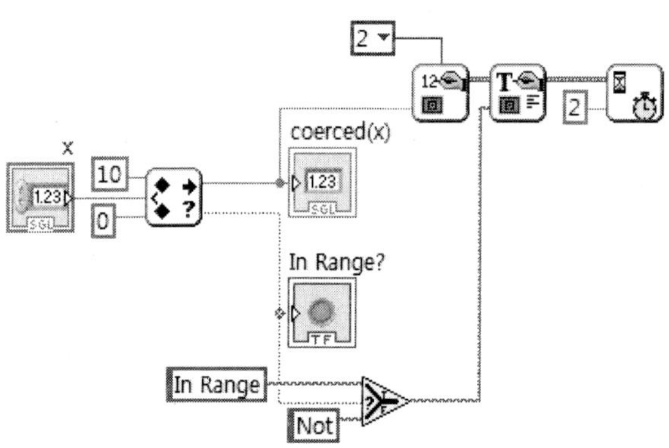

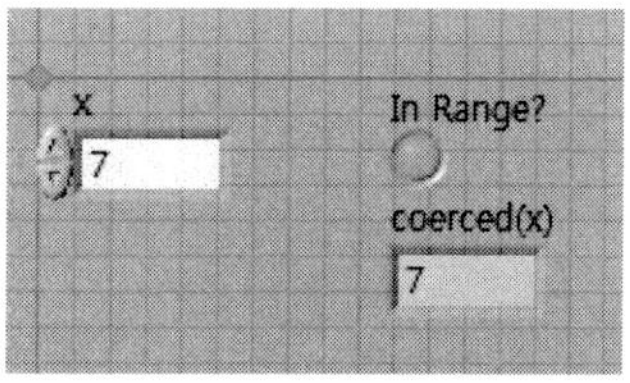

이 프로그램은 In Range and Coerce 함수를 이용해 입력 받은 값이 위쪽 리미트 값과 아래쪽 리미트 값 안에 있으면 프런트패널의 값이 표시되고 또 LED가 켜지고 p-Brick의 스크린 두 번째 줄에 "In Range"라고 2초 동안 디스플레이 된다. 입력된 값이 범위를 벗어나면 프런트패널의

LED는 켜지지 않고 가까운 쪽의 리미트 값으로 바뀌어 프런트 패널에 값이 표시되고 p-Brick의 스크린 두 번째 줄에 "Not"이라고 2초 동안 디스플레이 된다. 이 함수는 위의 그림에서처럼 찾을 수 있다.

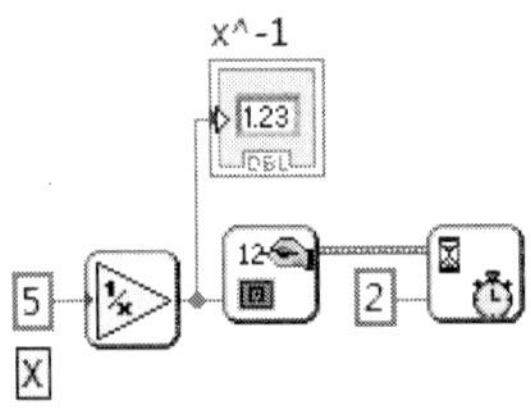

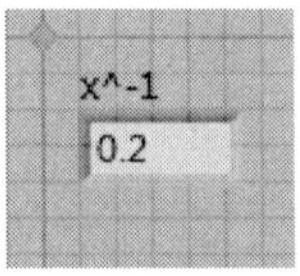

이 프로그램은 역수 함수를 이용하여 주어진 입력 값의 역수를 계산해서 표시하는 프로그램이다. 이 역수 함수는 위의 그림에서처럼 찾을 수 있다.

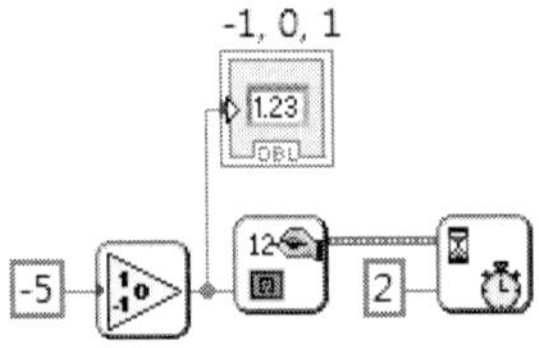

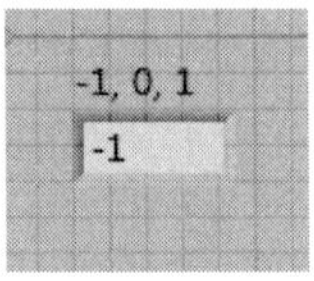

이 프로그램은 NXT 사인 함수를 이용하여 0이면 0, 음수면 −1, 그리고 양수면 1을 돌려주는 프로그램이다. 이 NXT 사인 함수는 위의 그림에서처럼 찾을 수 있다.

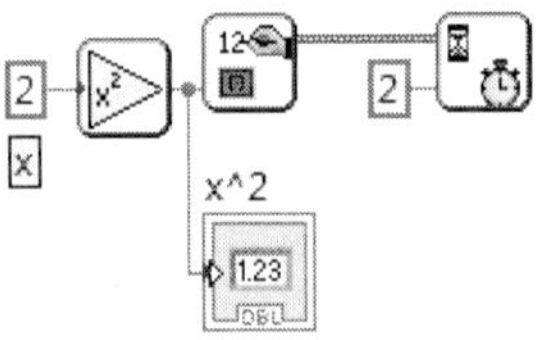

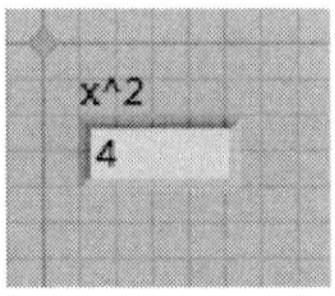

이 프로그램은 제곱 함수를 이용하여 주어진 입력 값의 제곱을 계산해서 표시하는 프로그램이다. 이 제곱 함수는 위의 그림에서처럼 찾을 수 있다.

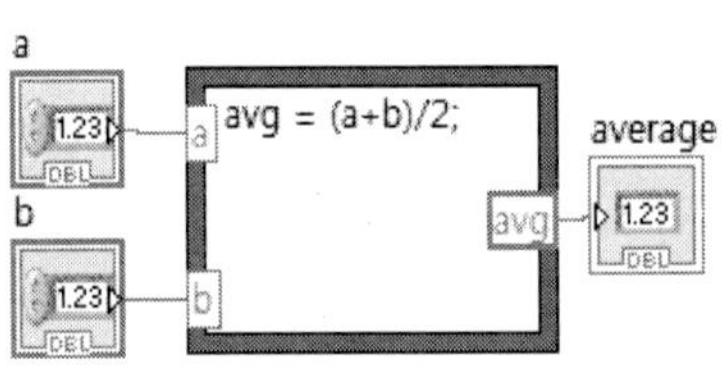

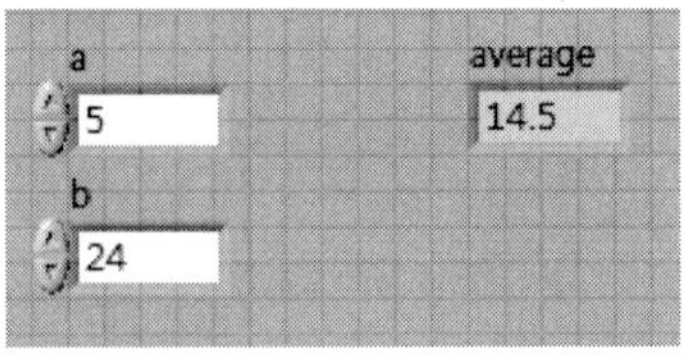

위의 프로그램은 수학노드를 사용하는 프로그램이다. 블록다이어그램에서 수학 수식 및 C와

유사한 식을 계산한다. 다음 내장된 **함수**를 수식에서 사용할 수 있다 : abs, acos, acosh, asin, asinh, atan, atan2, atanh, ceil, cos, cosh, cot, csc, exp, expm1, floor, getexp, getman, int, intrz, ln, lnp1, log, log2, max, min, mod, pow, rand, rem, sec, sign, sin, sinc, sinh, sizeOfDim, sqrt, tan, tanh.

이 수학노드는 다음 그림처럼 찾을 수 있다.

원래의 LabVIEW 함수 팔레트에서 구조를 클릭하고 이어서 나오는 메뉴에서 수식 노드 함수를 클릭하고 블록다이어그램에 끌어다 놓고 커서를 드래그하여 원하는 사이즈로 확장한다. 그 수학 노드안에 C 프로그래밍 언어처럼 프로그램을 작성해 넣을 수 있다.

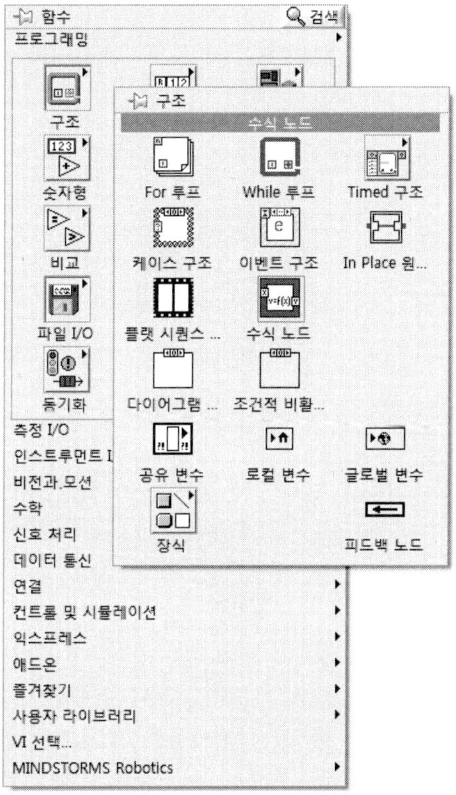

3.4.5 클러스터

클러스터는 여러 가지 데이터 타입의 원소를 하나의 그룹으로 묶은 것이다. 불리언, 숫자형, 문자열 값을 통합할 수 있다. 클러스터는 켁스트 기반 프로그래밍 언어에서의 레코드(record), 또는 구조체(struct)와 유사하다. 여러 데이터 원소를 클러스터로 묶으면, 블록다이어그램에서 와

이어의 복잡한 연결을 피할 수 있어 유용하다.

클러스터를 컨트롤 및 인디케이터로 사용하려면 다음과 같이 할 수 있다. 먼저 블록다이어그램에 클러스터 쉘을 다음 그림처럼 가져다 놓는다.

그리고 숫자, 불리언, 문자열, 배열 등의 컨트롤 또는 인디케이터의 데이터를 클러스터 쉘 안에 끌어오면 다음과 같이 만들 수 있다.

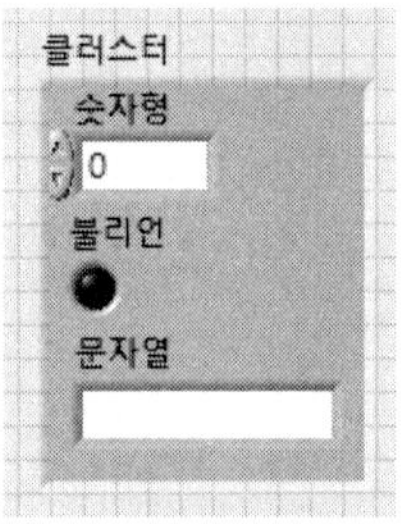

그러면 블록다이어그램에는 다음 그림과 같은 아이콘이 생성된다.

컨트롤로 만들어진 것을 인디케이터로 바꾸려면 클러스터 위에 마우스를 올려놓고 오른쪽 버튼을 클릭하면 나오는 메뉴에서 인디케이터로 바꾸기를 클릭하면 다음 그림처럼 인디케이터로 바꿀 수 있다.

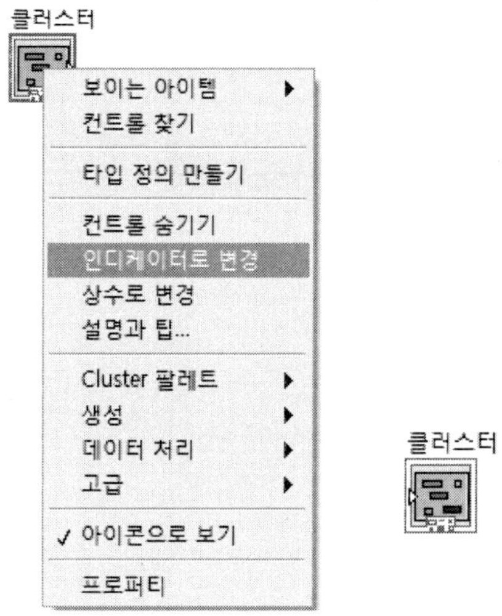

연결점인 흰 삼각형의 위치와 방향이 바뀌어 있음을 볼 수 있다. 클러스터를 다룰 수 있는 함수들은 다음과 같은 것들이 있다.

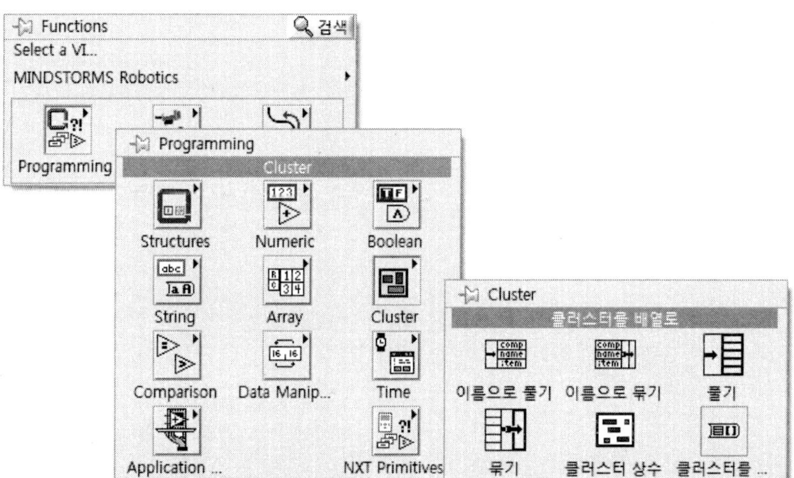

블록다이어그램에서 마우스를 올려놓고 오른쪽 버튼을 클릭하면 나오는 MINDSTORMS Robotics 메뉴에서 Programming을 클릭하고 이어서 나오는 메뉴 중 Cluster를 클릭한 다음 이어서 나오는 메뉴에 클러스터에 사용할 수 있는 함수들이 있다.

먼저 클러스터 상수 함수는 클러스터 상수를 블록다이어그램에 만들 수 있는 함수이다. 이 함수를 클릭해서 블록다이어그램에 끌어다 놓으면 다음 그림처럼 되고

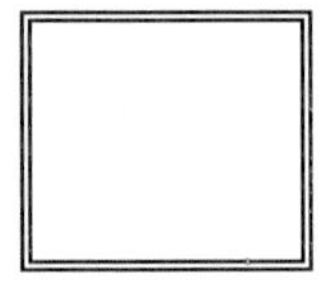

그 안에다 숫자형 상수, 불리언 상수, 문자열 상수 등을 가져다 놓으면 다음과 같이 된다.

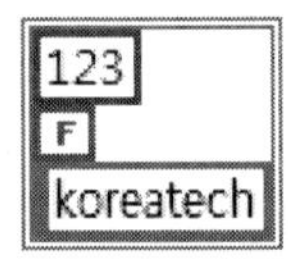

다음 그림에 있는 이름으로 풀기 함수는 입력으로 주어진 클러스터의 각 원소를 그 원소의 이름으로 분리해 낼 수 있는 함수이다.

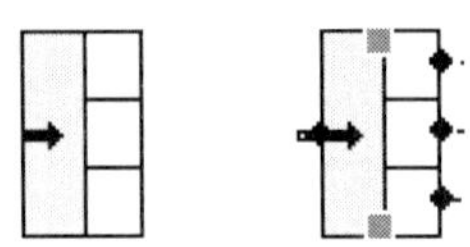

마우스를 올려놓으면 생기는 작은 사각형을 마우스로 잡아당기면 보이는 원소들의 개수를 조절할 수 있다.

다음 그림에 보이는 이름으로 묶기 함수는 입력으로 주어진 이름이 붙여진 원소들을 하나의 클러스터로 묶을 수 있는 함수이다.

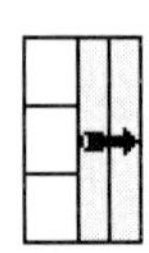

같은 동작을 하는 다음 그림의 클러스터 묶기와 풀기 함수는 원소에 이름이 붙여 있을 필요가 없다.

다음 그림에 보이는 클러스터를 배열로 함수는 같은 형태의 데이터로 묶여 있는 클러스터를 배열로 바꾸어 주는 함수이다.

이 함수들을 이용한 프로그램의 예를 들어 보자.

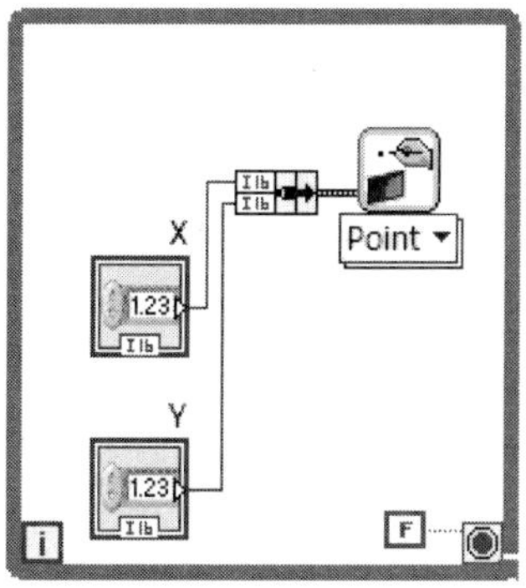

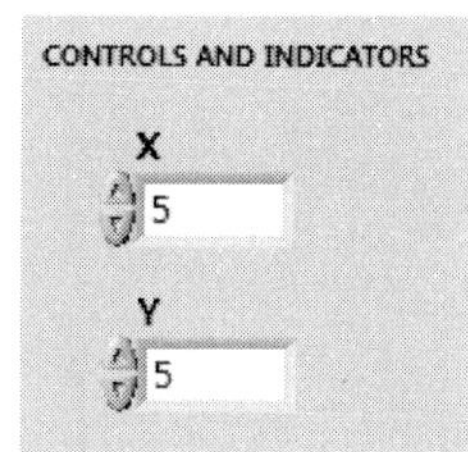

이 프로그램은 한 점의 좌표 (x,y)를 프런트패널에서 입력받고 그것을 클러스터로 묶어 p-Brick 스크린에 표시하는 프로그램이다. 실시간으로 좌표를 바꾸어 입력하면 점이 위치를 바꾸게 된다.

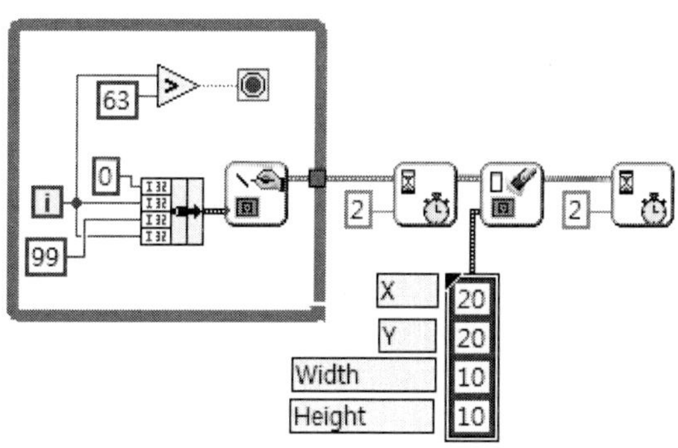

이 프로그램은 먼저 While 루프에서 i가 0 부터 63까지 바뀌면서 (0,i) 부터 (99,i)까지의 직선을 그린다. 다 그린 다음 2초 동안 p-Brick의 스크린에 디스플레이하고 (20,20)부터 시작해서 넓이와 높이가 10인 사각형을 지운다. 그렇게 2초 동안 디스플레이하고 프로그램을 정지시킨다. 이 프로그램은 4개의 정수를 하나의 클러스터로 묶어 직선의 시작점과 끝점의 좌표로 사용했다.

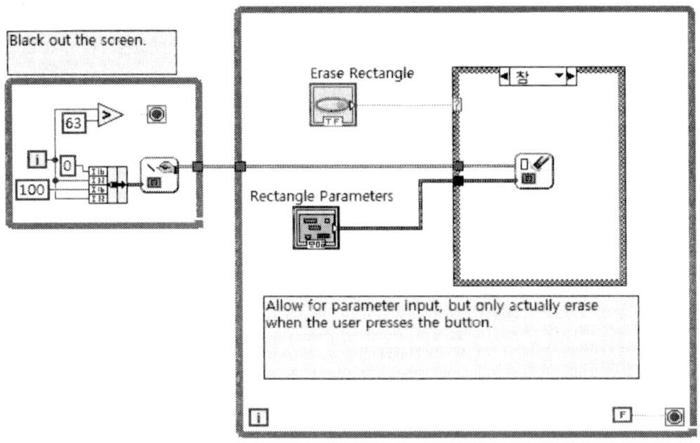

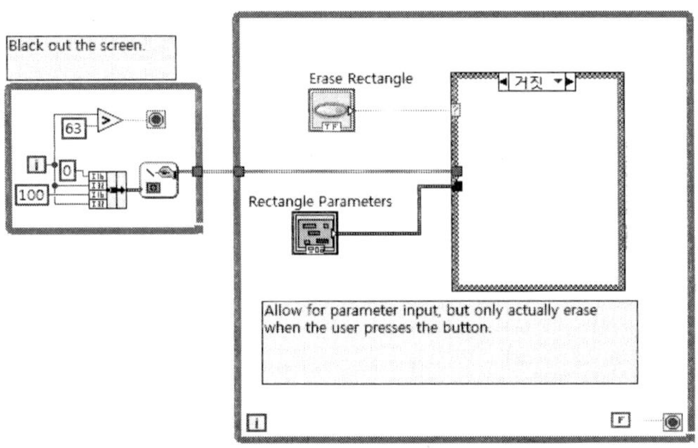

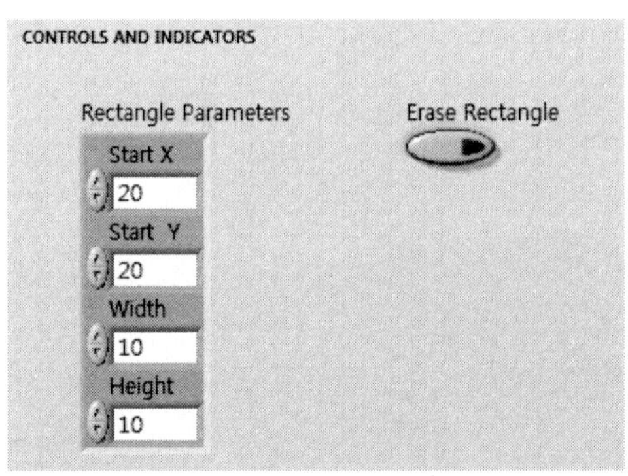

위의 프로그램은 바로 전의 프로그램과 동일한 작업을 하지만 1가지가 더 추가된 프로그램이다. 사각형을 지울지를 물어보고 즉 Erase Rectangle 버튼이 눌리면 Rectangle Parameters를 클러스터 상수로 주어 그 사각형에 해당하는 사각형을 지워내고 버튼이 눌리지 않았으면 지우지 않는 프로그램이다.

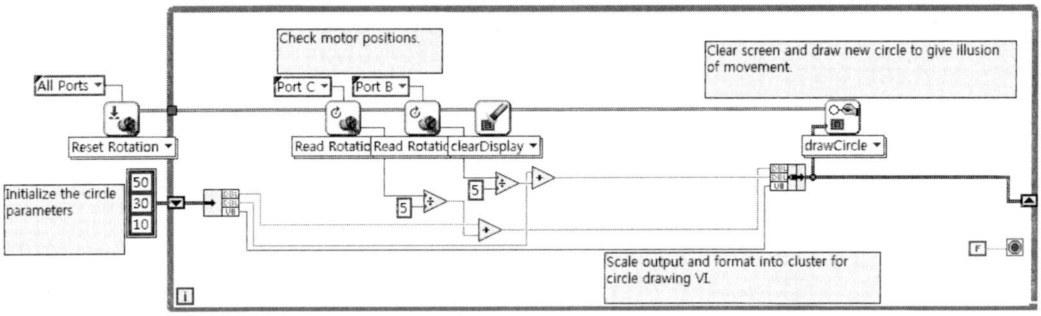

위의 프로그램은 먼저 모터를 리셋하고 원의 중심과 반경을 클러스터 상수로 초기화한다. While 루프 안에서 클러스터 상수를 풀고 각 모터의 인코더로 측정한 돌아간 각도를 5로 나누어 기존의 값에 더해 원의 중심을 변화시킨다. 새로운 중심 값과 반경을 새 클러스터로 묶어 원을 p-Brick의 스크린에 디스플레이하는 함수에 입력으로 집어넣는다. 변화된 중심에 따라 이전에 원을 지우고 새로운 위치에 원을 디스플레이 하는 프로그램이다. 바뀐 중심 값은 시프트 레지스터에 저장되어 While 루프가 새롭게 시작할 때 루프에 입력된다. 프로그램을 외부에서 정지시키기 전까지 계속 돌게 된다.

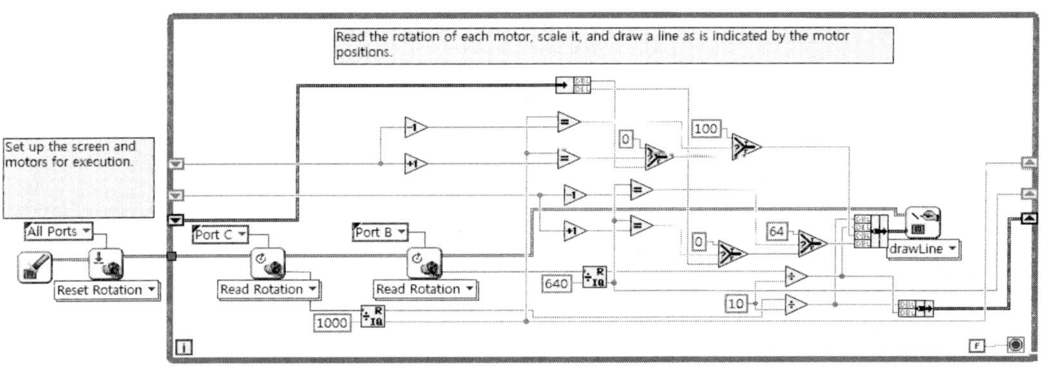

이 프로그램은 먼저 p-Brick의 스크린과 모터들을 초기화한다. 그리고 While 루프에서 각 모터의 인코더를 이용하여 모터가 돌아간 각도를 측정한다. 그 측정한 값을 각각 1000, 640으로 나누어 몫과 나머지를 계산한다. 그 나머지 값들을 10으로 나눈 값이 새 점의 좌표가 되고 바로 전 번 루프에서의 계산한 점의 좌표에서부터 이번 루프에서 측정 계산된 좌표까지 직선을 그린다. 만약 포트 C에 있는 모터가 너무 빨리 돌아 한 루프 동안 1000° 이상 돌았으면 그 루프에서의 점의 x 좌표를 0으로 하고 또 B 포트에 있는 모터가 너무 빨리 돌아 한 루프 동안 640° 이상 돌았으면 그 루프의 점의 y 좌표를 0으로 한다. 그리고 만약 포트 C에 있는 모터가 너무 뒤로 빨리 돌아 한 루프 동안 뒤로 1000° 이상 돌았으면 그 루프에서의 점의 x 좌표를 100으로 하고 또 B 포트에 있는 모터가 너무 뒤로 빨리 돌아 한 루프 동안 뒤로 640° 이상 돌았으면 그 루프의 점의 y 좌표를 64로 한다. 위에서 사용한 다음 그림에 보이는 몫과 나머지 함수는 그림처럼 찾으면 된다.

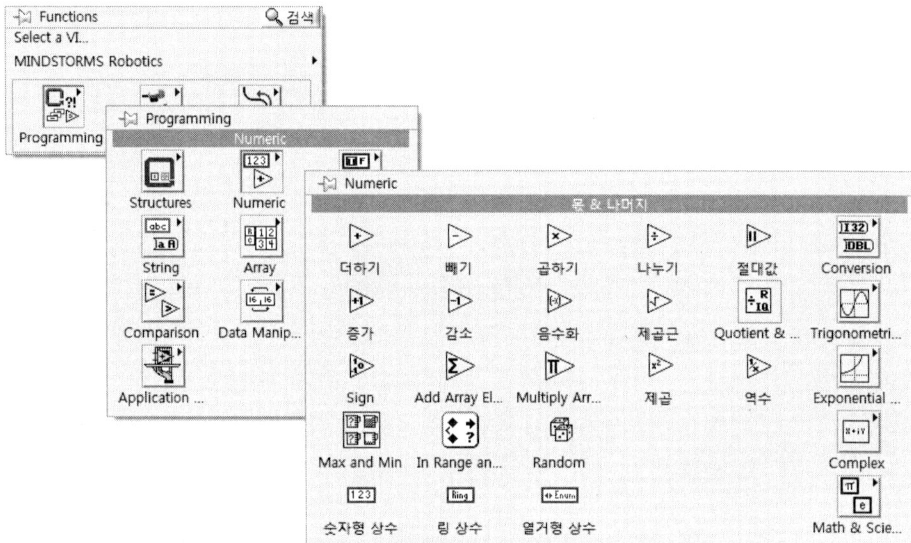

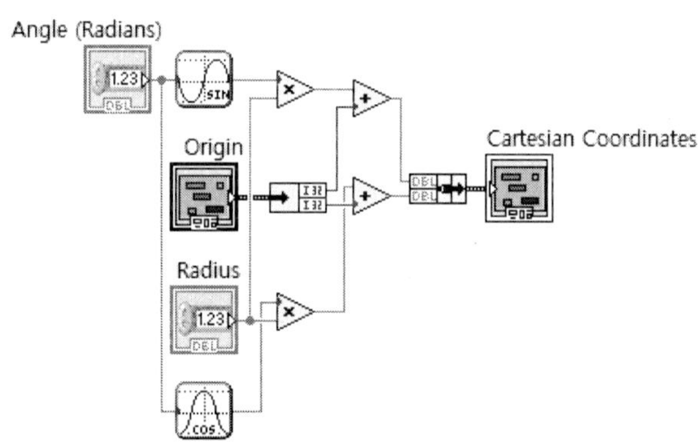

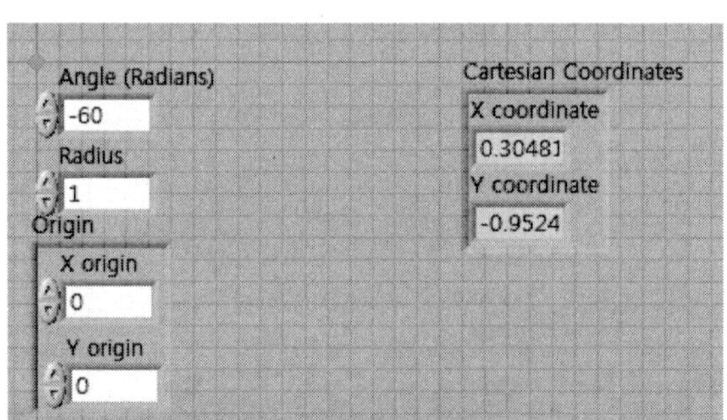

위의 프로그램은 극좌표계에서 각도와 반경을 주어지고 원점의 좌표를 클러스터로 주어지면 직각좌표계의 좌표를 계산해 주는 프로그램이다.

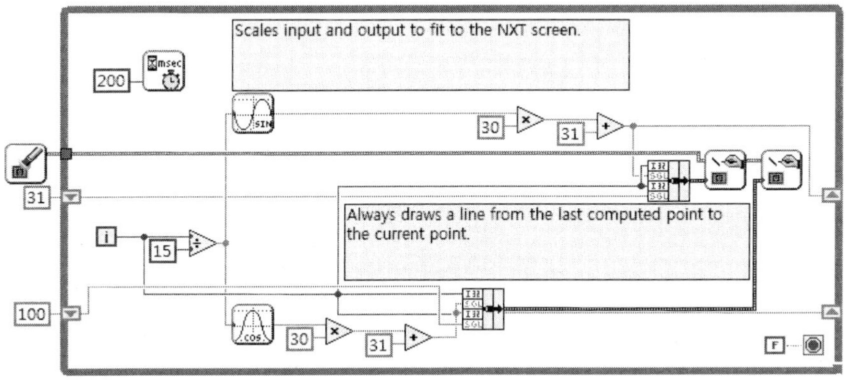

위의 프로그램은 화면을 먼저 초기화하고 싸인 코싸인 함수를 동시에 p-Brick 스크린에 표시하는 프로그램이다. 한 While 루프가 돌아가는 시간이 매우 짧으므로 그려지는 것이 눈에 보이질 않기 때문에 While 루프 안에 대기 함수(200ms)를 집어넣어 천천히 그려지게 했다.

3.5 문자열 함수

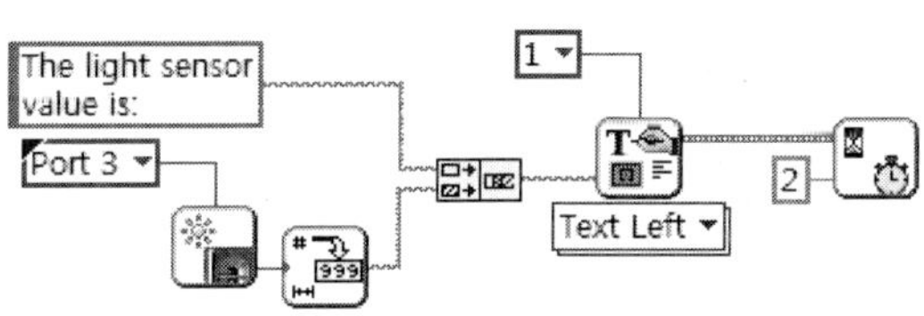

이 프로그램은 3번 포트에 연결되어 있는 반사광 모드의 컬러 센서의 값을 문자열로 바꾸어 다른 문자열과 합쳐서 p-Brick의 스크린에 2초 동안 디스플레이 하는 프로그램이다. 이 프로그램에서 사용된 숫자를 문자열로 바꾸는 함수는

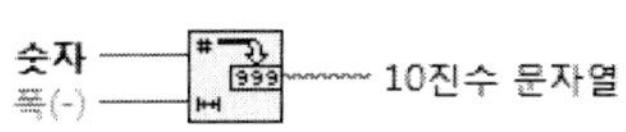

다음의 그림처럼 찾을 수 있다.

함수 팔레트에서 Programming ➜ String을 클릭 ➜ String/Number Conversion을 클릭하면 숫자를 10진수 문자열로 라는 함수를 찾을 수 있다.

그리고 문자열을 연결하는 함수도 다음 그림처럼 찾을 수 있다.

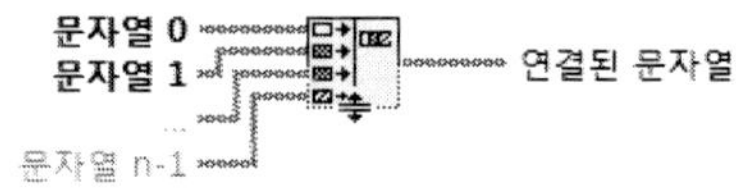
문자열 0
문자열 1
문자열 n-1
연결된 문자열

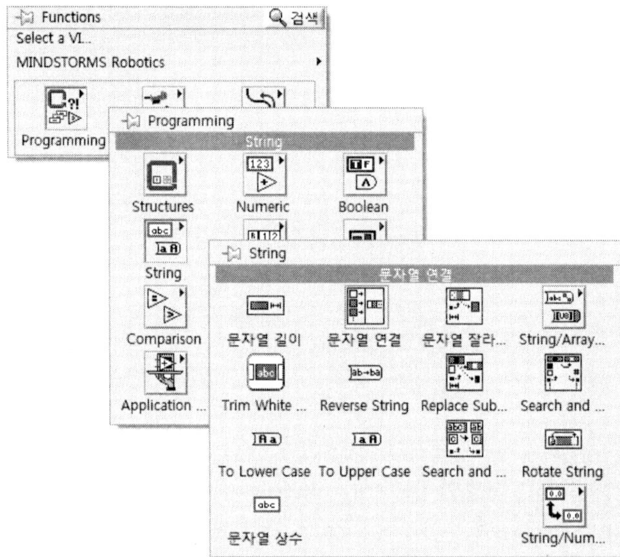
Functions
검색
Select a VI...
MINDSTORMS Robotics
Programming
Programming
String
Structures
Numeric
Boolean
String
Comparison
Application ...
String
문자열 연결
문자열 길이
문자열 연결
문자열 잘라...
String/Array...
Trim White ...
Reverse String
Replace Sub...
Search and ...
To Lower Case
To Upper Case
Search and ...
Rotate String
문자열 상수
String/Num...

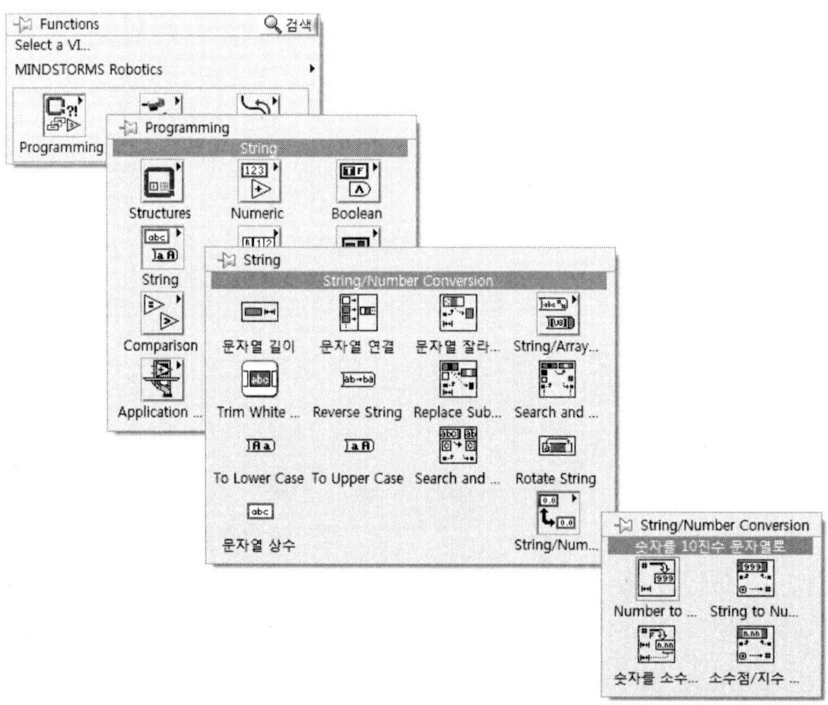
Functions
검색
Select a VI...
MINDSTORMS Robotics
Programming
Programming
String
Structures
Numeric
Boolean
String
Comparison
Application ...
String
String/Number Conversion
문자열 길이
문자열 연결
문자열 잘라...
String/Array...
Trim White ...
Reverse String
Replace Sub...
Search and ...
To Lower Case
To Upper Case
Search and ...
Rotate String
문자열 상수
String/Num...
String/Number Conversion
숫자를 10진수 문자열로
Number to ...
String to Nu...
숫자를 소수...
소수점/지수 ...

이 문자열 연결 함수는 여러 개의 문자열들을 하나로 합쳐주는 함수이다.

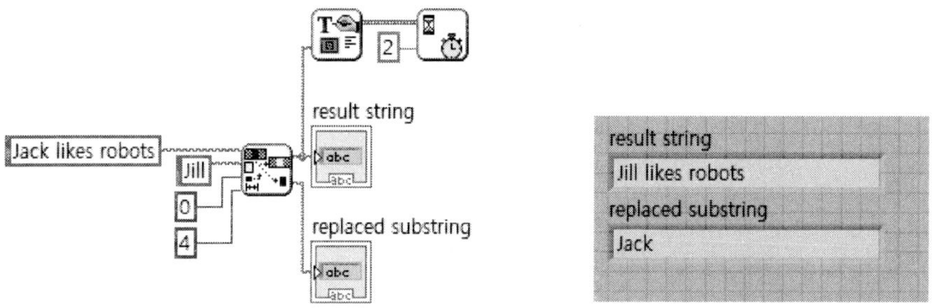

이 프로그램은 입력으로 주어진 문자열의 원하는 부분을 대체하는 프로그램이다. 부분 문자열 대체 함수는 다음 그림처럼 찾을 수 있다. 함수 팔레트에서 Programming을 클릭하고 ➜ String을 클릭 ➜ 부분 문자열 대체 함수를 클릭하여 블록다이어그램 패널에 끌어다 놓으면 된다.

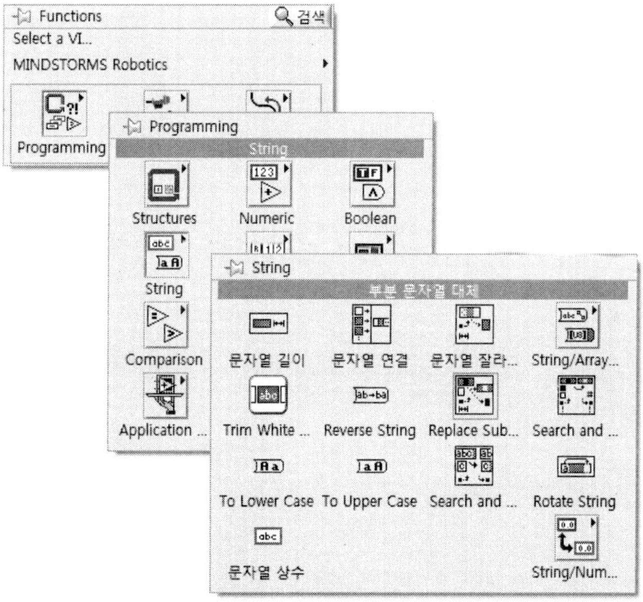

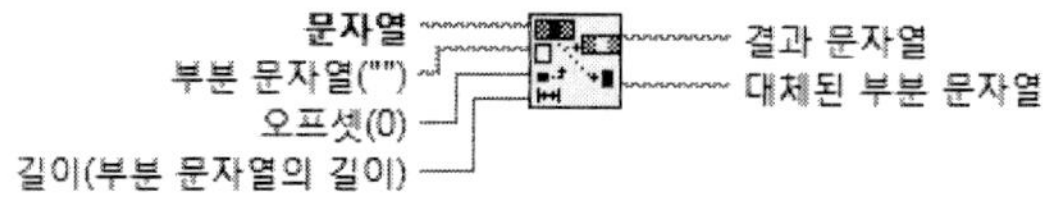

위에 있는 부분 문자열 대체 함수는 문자열과 대체할 문자열을 입력받고 또 그 대체될 부분을 시작점(오프셋)과 길이로 입력 받는다. 출력은 대체된 결과 문자열을 출력하고 대체된 부분

도 출력한다.

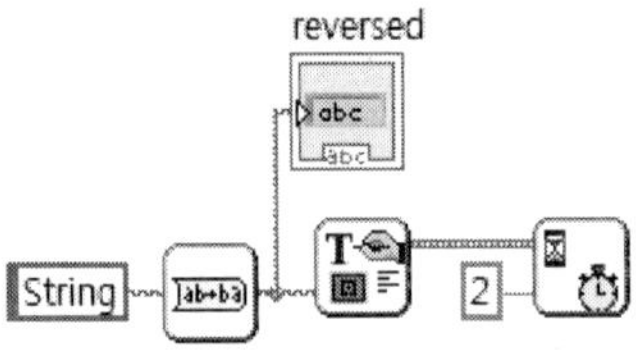

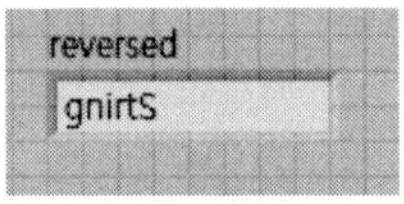

이 프로그램은 문자열 뒤집기 함수를 사용하여 입력으로 주어진 문자열을 순서를 역으로 해서 프런트패널과 p-Brick의 스크린에 2초 동안 출력하는 프로그램이다. 문자열 뒤집기 함수는 위의 그림에서처럼 찾을 수 있다.

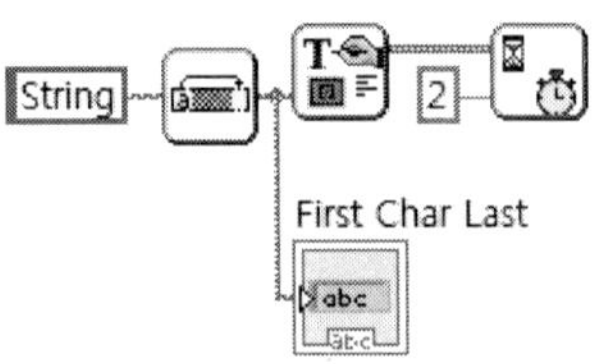

이 프로그램은 문자열 회전 함수를 이용하여 문자열을 회전시키는 프런트패널과 p-Brick의 스크린에 2초 동안 출력하는 프로그램이다. 문자열 회전 함수는 위의 그림에서처럼 찾을 수 있다.

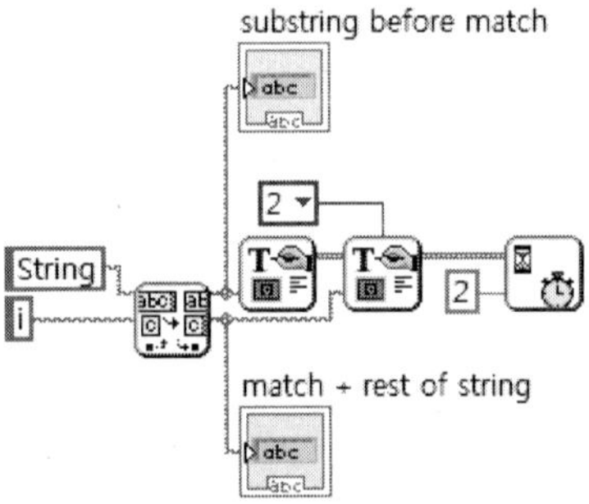

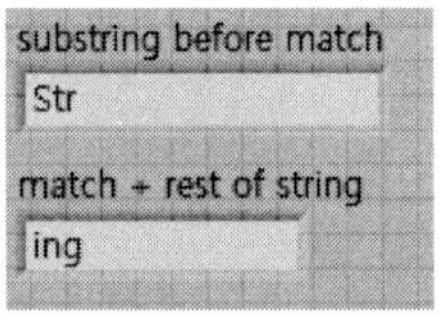

이 프로그램은 문자열 검색/분리 함수를 이용하여 문자열을 주어진 검색 문자열이나 문자를 중심으로 분리하여 프런트패널과 p-Brick의 스크린에 2초 동안 출력하는 프로그램이다. 문자열 회전 함수는 위의 그림에서처럼 찾을 수 있다.

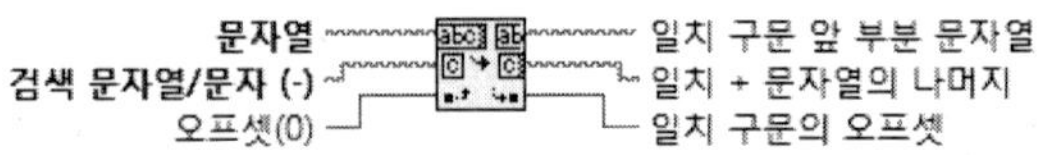

위의 그림처럼 문자열 검색/분리 함수는 입력과 출력을 하게 되어 있다.

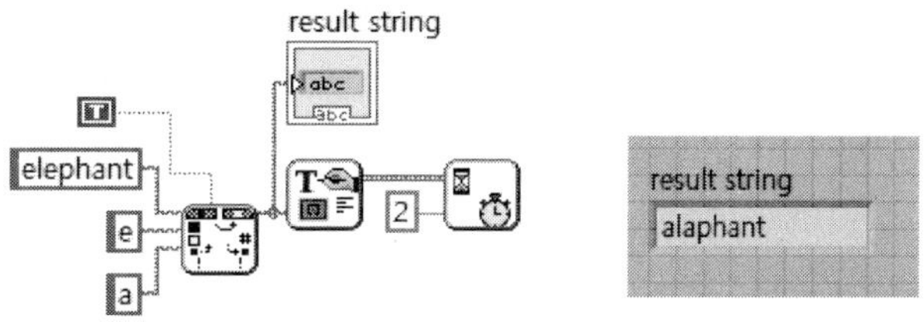

이 프로그램은 문자열 검색과 대체 함수를 사용하여 주어진 문자열에서 선택한 문자나 문자열을 검색하여 또 다르게 선택한 문자나 문자열로 대체한다. 그리고 대체된 문자열을 프런트패널과 p-Brick의 스크린에 2초 동안 출력하는 프로그램이다. 문자열 회전 함수는 위의 그림에서처럼 찾을 수 있다.

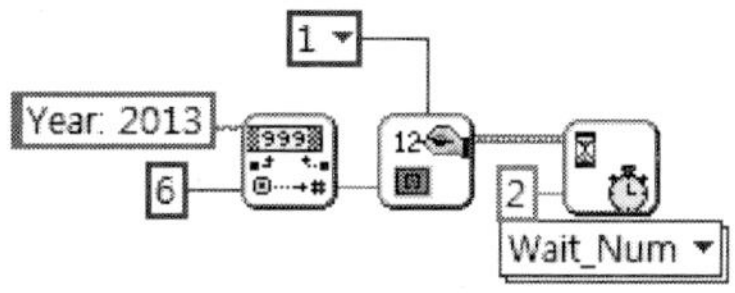

이 프로그램은 10진수 문자열을 숫자로 함수를 사용하여 주어진 문자열에서 오프셋으로 주어진 곳으로부터 나머지 문자열을 숫자로 바꾼 후 p-Brick의 스크린에 2초 동안 출력하는 프로그램이다. 10진수 문자열을 숫자로 함수는 다음 그림처럼 찾을 수 있다.

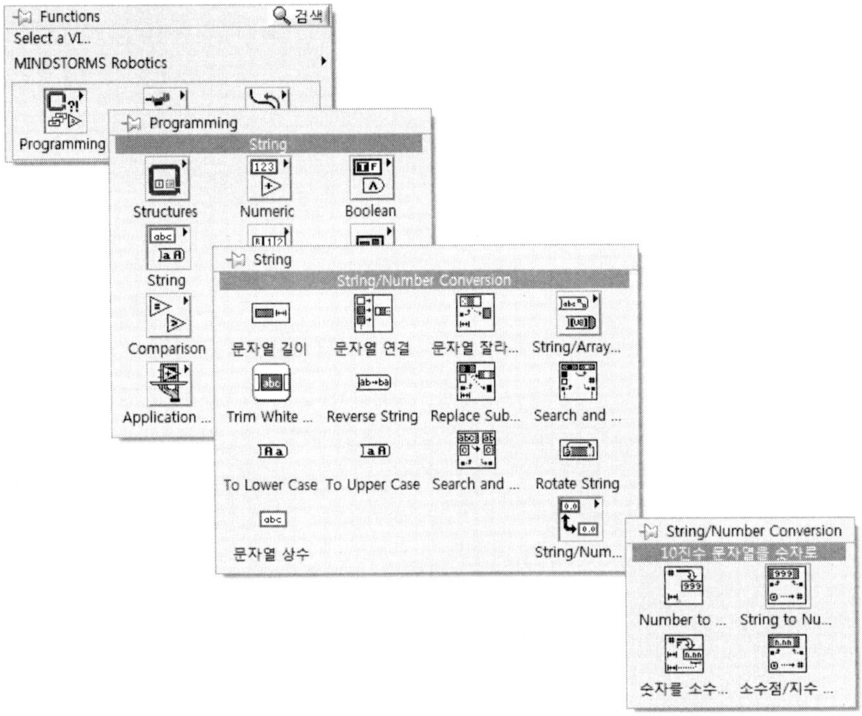

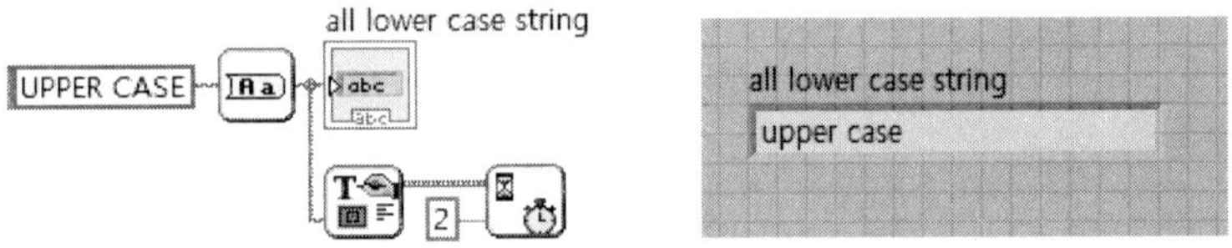

이 프로그램은 소문자로 함수를 사용하여 대문자로 주어진 문자열을 소문자로 바꾸는 프로그램이다. 소문자로 함수는 위의 그림에서처럼 찾을 수 있다.

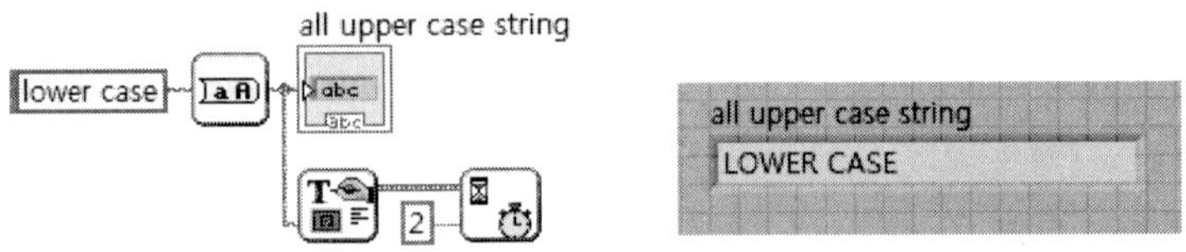

이 프로그램은 대문자로 함수를 사용하여 소문자로 주어진 문자열을 대문자로 바꾸는 프로그램이다. 대문자로 함수는 위의 그림에서처럼 찾을 수 있다.

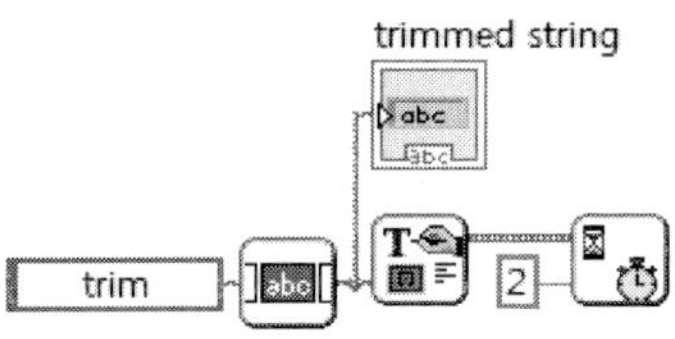

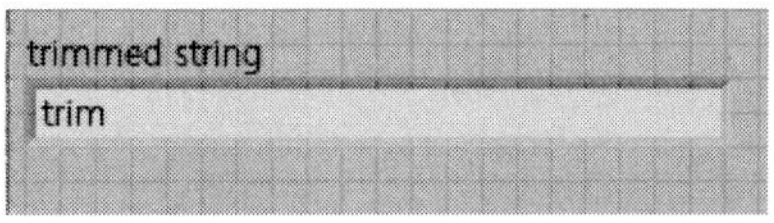

이 프로그램은 Trim White Space 함수를 이용하여 입력으로 주어진 문자열에서 모든 white spaces(spaces, tabs, carriage return, and linefeeds)를 앞부분. 또는 뒷부분 아니면 양쪽 다 제거해서 만들어진 문자열을 프런트패널과 p-Brick의 스크린에 2초 동안 출력하는 프로그램이다. 문자열 회전 함수는 위의 그림에서처럼 찾을 수 있다.

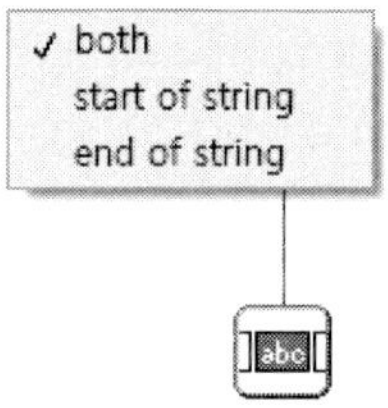

위의 그림은 앞서 설명한대로 Trim White Space 함수의 3가지 옵션을 보여 준다.

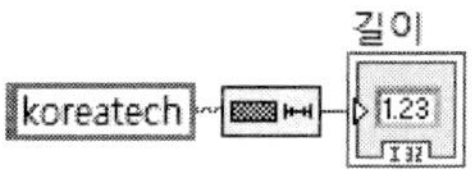

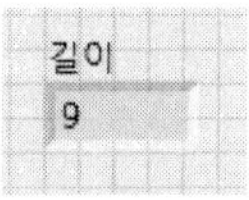

위의 함수는 문자열 길이 함수이다. 입력으로 주어진 문자열의 길이를 돌려준다. 문자열 길이 함수는 위의 그림에서처럼 찾을 수 있다.

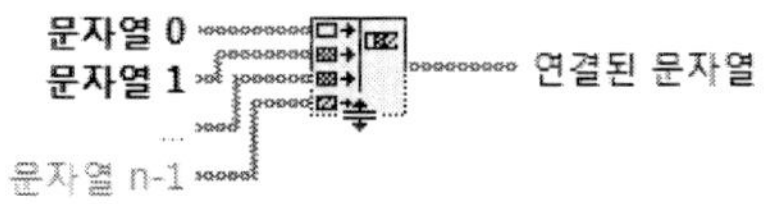

앞의 함수는 문자열 연결 함수이다. 입력으로 주어진 여러 개의 문자열을 연결하여 새로운 문자열을 출력하는 함수이다. 문자열 연결 함수는 앞의 그림에서처럼 찾을 수 있다.

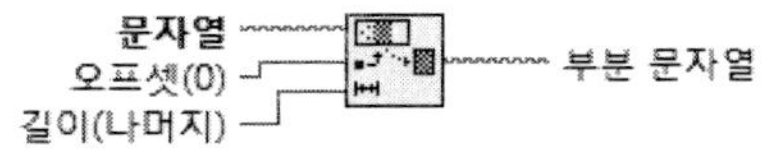

위의 함수는 문자열 잘라내기 함수이다. 입력으로 주어진 문자열을 입력으로 주어진 오프셋

과 길이로 원하는 부분을 잘라내어 새로운 문자열을 만드는 함수이다. 문자열 잘라내기 함수는 위의 그림에서처럼 찾을 수 있다.

3.6 도전과제

3.6.1 도전과제 1

컬러 센서를 이용하여 그 값에 따라 라지 모터가 10초 동안 돌게 하고 동시에 그 컬러 센서의 측정값을 10초 동안 p-Brick 스크린에 디스플레이하는 프로그램을 작성하고 동작시켜보라.

3.6.2 도전과제 2

교육용 로봇에 초음파 센서를 장착하고 일정한 거리에 있는 벽까지의 거리를 측정하라. 그리고 몇 바퀴를 모터가 돌면 벽까지 터치하지 않고 갈 수 있는지 계산하여 벽까지 전진하는 프로그램을 작성하고 실행하라. (힌트 : 교육용 로봇은 360° 바퀴가 돌면 17.28cm를 전진한다.)

3.6.3 도전과제 3

초음파 센서를 장착한 교육용 로봇을 이용하여 물체의 거리를 미터(m), 센티미터(cm), 인치(inch), 그리고 피트(feet)로 측정하는 프로그램을 작성하고 동작하는지 3번 이상의 테스트를 하라.

3.6.4 도전과제 4

벽을 설치하고 초음파를 장착한 로봇이 벽까지의 거리 절반까지 진행하는 프로그램을 작성하고 실행하라.

Chapter

04 프로그램 흐름과 의사결정

4.1 동시 동작과 연속 동작

1장과 2장에서는 기본적인 모터의 동작과 센서의 원리에 대해 설명했고 이번 4장에서는 각각의 기본적인 동작들이 어떻게 모여 조화롭게 동작이 되는지 알아보자.

LabVIEW에서의 연결된 함수들은 기본적으로 순차적으로 동작되게 된다. 미디엄 모터를 이용해 집게모양을 한 로봇을 만들었다고 가정하자. 이 집게를 열고 닫는 프로그램을 작성하면 다음과 같게 된다.

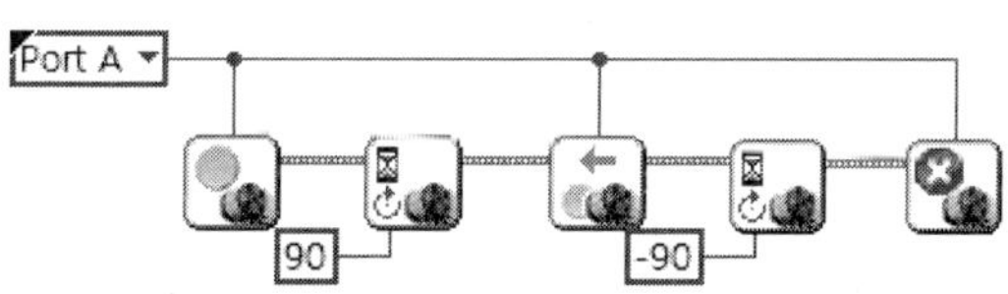

이 프로그램에서 보여 지는 것처럼 포트 A에 연결된 모터가 90° 앞으로 돌았다 90° 뒤로 돌았다 함으로 집게가 열렸다 닫히는 복합 동작을 할 수 있게 된다. 각 함수들이 굵은 선으로 연결되어 있어 순차적으로 진행된다.

다음에는 집게를 열고 목표물까지 전진하고 집게를 닫아 물체를 잡은 다음 다시 뒤로 돌아오는 프로그램을 작성해 보자. 다음 그림처럼 작성될 것이다.

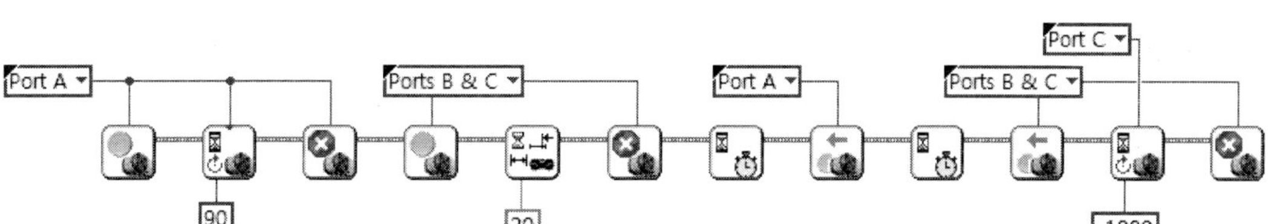

포트 A에 달려있는 집게를 먼저 열고 포트 B와 C에 연결되어 있는 모터를 이용해 물체가 20cm 안에 올 때 까지 전진한 다음 집게를 닫고 다시 뒤로 되돌아오는 프로그램이다. 모든 굵은 선으로 연결되어 진 함수들이 순차적으로 진행되는 것을 볼 수 있다.

집게가 열리는 동작과 앞으로 모터가 전진하는 동작은 순차적으로 일어나는 것 보다는 동시에 일어나는 것이 더 효과적인 프로그램이다. 그래서 다음과 같이 프로그램을 작성하면 훨씬 더 효율적인 동작이 된다.

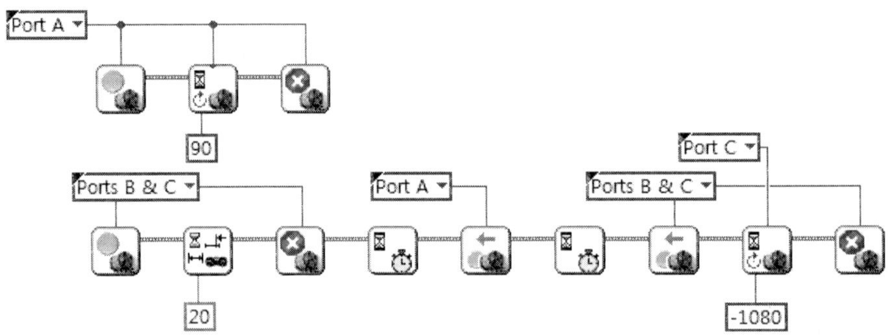

집게를 여는 동작과 앞으로 전진하는 동작의 연결선을 끊고 두 파트를 분리하면 2개의 동작이 동시에 진행된다. 동시에 진행되는 것처럼 보이지만 사실은 각 파트가 한 스텝씩 번갈아 진행되는데 그것이 매우 빠른 속도로 진행되기 때문에 보는 사람은 동시에 진행 되는 것처럼 보이는 것이다. 이것이 동시동작(Parallelism)이다. 이것을 이용해 멀티태스킹을 할 수 있는 것이다.

마찬가지로 2개의 모터를 동시에 구동시키고 싶을 때는 다음과 같이 프로그램을 작성하면 된다.

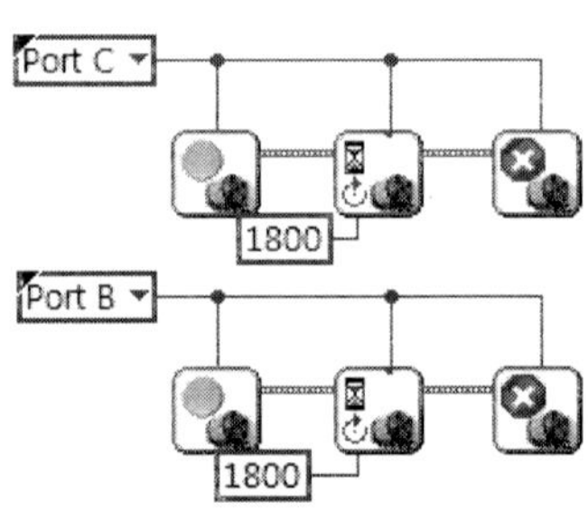

4.2 다층 시퀀스

2개의 모터가 동시에 동작해 앞으로 전진하다가 다시 제자리로 돌아오게 하는 프로그램을 작성하면 다음과 같다.

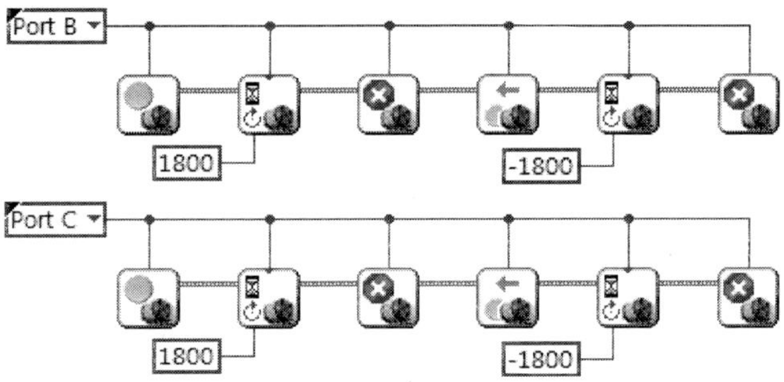

이 프로그램은 원하는 대로 동작하지만 1가지 문제점이 있다. 2개의 모터 속도와 인코더의 정확도가 다르기 때문에 앞으로 갔다가 정지하는 시간이 서로 다르고 역으로 돌아오는 시간이 다르기 때문에 잠시 동안 회전하게 된다. 그래서 원하는 제 위치로 돌아오지 않게 된다. 이런 점을 감안해 앞으로 가는 동작이 다 끝난 다음 돌아오는 동작을 동시에 시작하기 위해서는 다음과 같이 다층 시퀀스를 사용하면 된다.

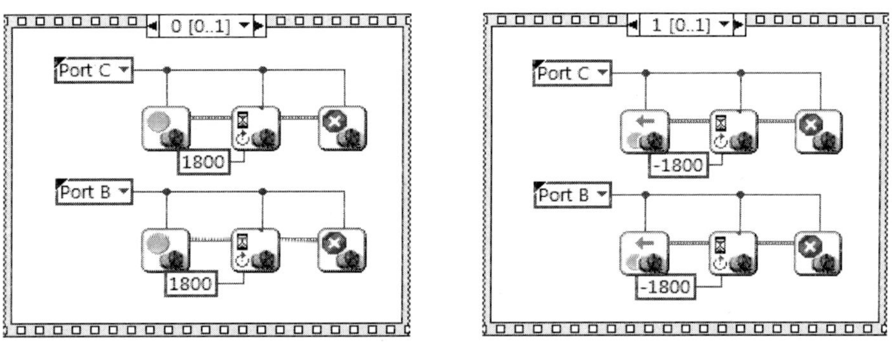

다층 시퀀스는 다음과 같이 찾을 수 있다. 함수 팔레트에서 MINDSTORMS Robotics를 클릭 → Programming을 클릭 → Structures를 클릭하면 아래와 같이 다층 시퀀스 구조가 나타나게 된다.

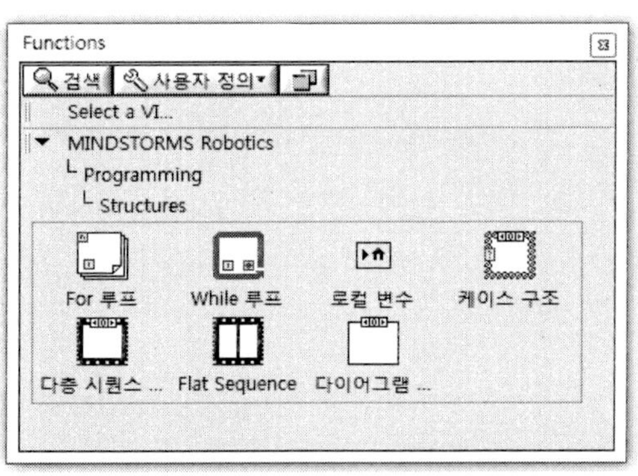

이 다층 시퀀스 구조를 블록다이어그램에 가져다 놓고 왼쪽 마우스를 클릭한 다음 클릭한 채 아래로 당기면 다음과 같이 생기게 된다.

여러 층으로 하려면 구조의 경계에서 마우스의 오른쪽 버튼을 클릭하여 프레임을 추가하거나 삭제할 수 있다.

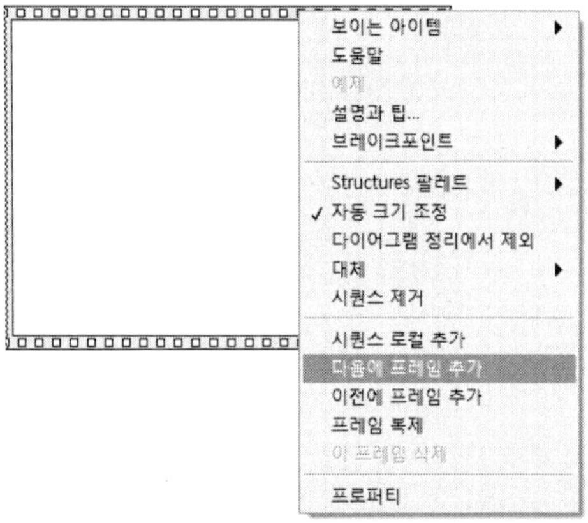

화면에 표시되는 것은 하나의 프레임만 표시된다. 다른 프레임을 보려면 다음 그림처럼 위에 있는 선택자 라벨을 클릭하면 된다.

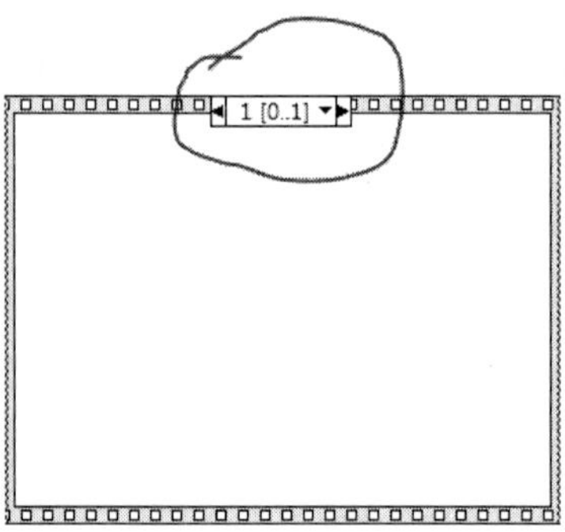

이 다층 시퀀스 구조는 프레임들이 순번대로 동작하게 된다.

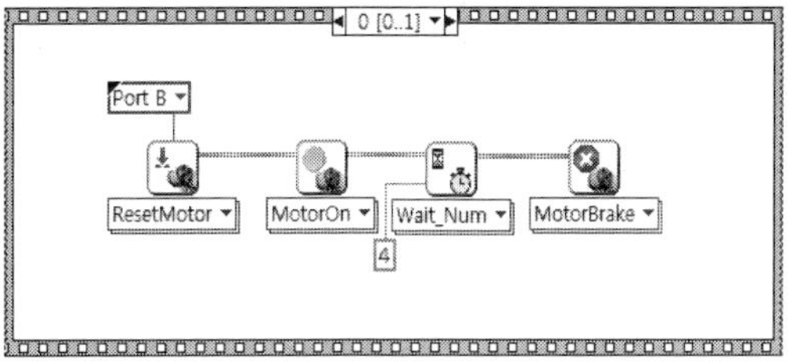

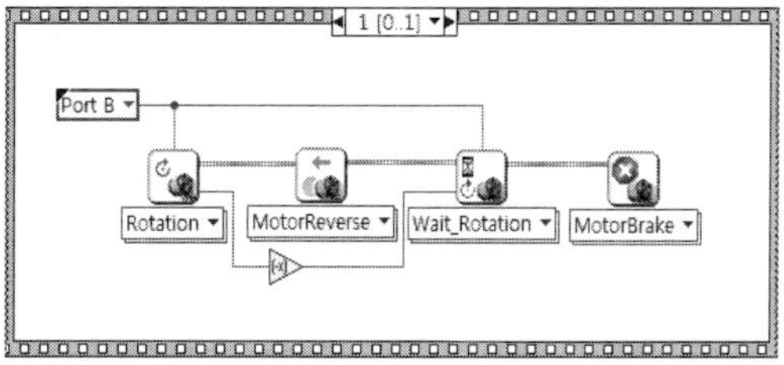

이 프로그램은 B 모터를 리셋하고 그 모터를 4초 동안 돌린 후 정지한다. 그리고 다음 프레임으로 넘어가고 B 모터가 회전한 만큼 반대로 회전한 다음 정지하는 프로그램이다.

4.3 For 문

지금부터는 다음 그림에 있는 교육용 로봇을 이용하여 프로그램을 설명하겠다.

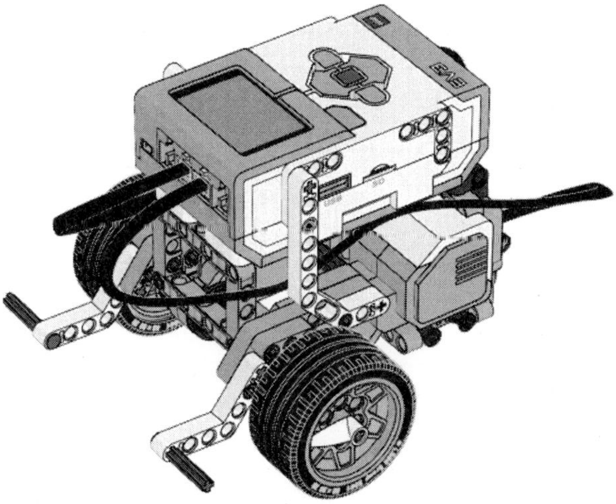

이 교육용 로봇은 B 포트에 왼쪽 바퀴 모터가 연결되어 있고 C 포트에 오른쪽 바퀴 모터가 연결되어 있다.

For 루프는 같은 동작을 여러 번 반복시킬 때 사용하는 구조이다. 먼저 다음과 같은 프로그램을 생각해 보자.

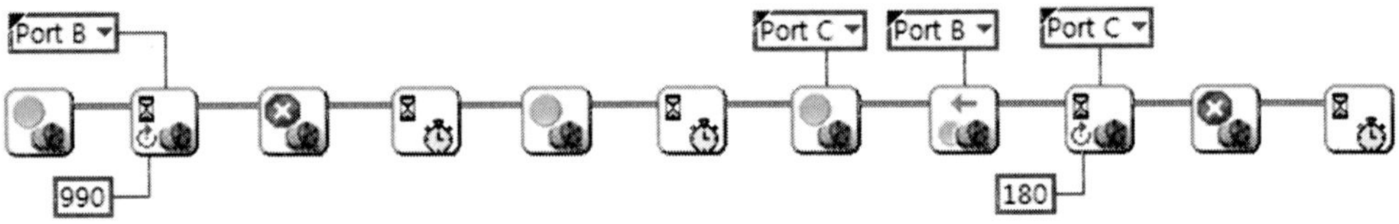

이 프로그램은 모터가 990° 앞으로 전진하고 1초 쉬었다가 또 다시 1초 전진하고 90° 좌회전하고 1초 정지하는 프로그램이다. 만약 이와 같은 동작을 반복하면 사각형 장애물을 도는 일을 할 수 있을 것이다. 그러기 위해서 For 루프를 다음 그림과 같이 사용한다.

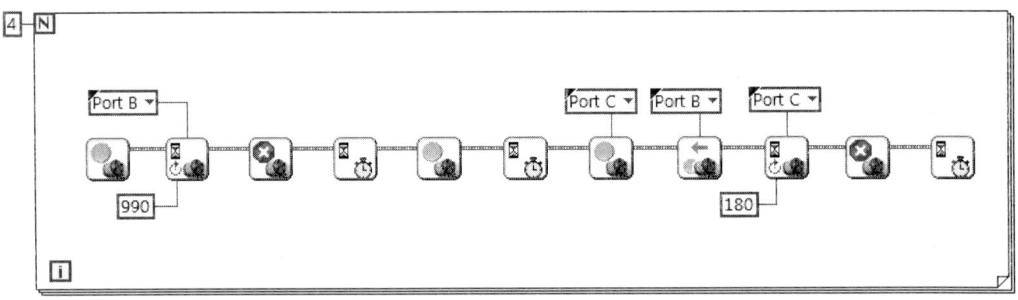

이 루프는 다음의 그림처럼 찾아서 가져올 수 있다. 함수 팔레트에서 Programming을 클릭 ➔ For 루프를 클릭한다.

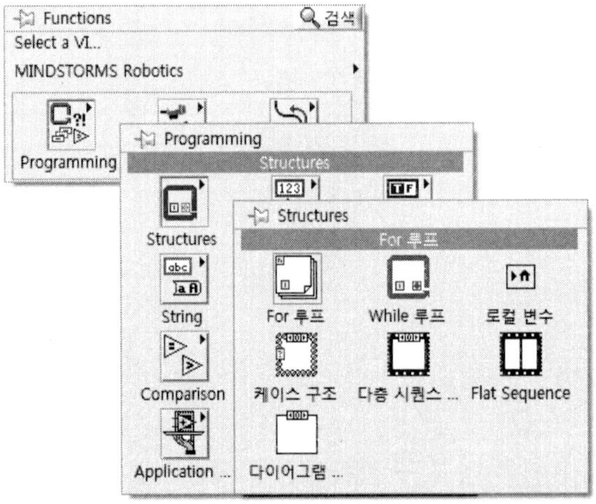

그것을 끌어다 블록다이어그램에다 놓고 원하는 곳에 클릭한 후에 마우스를 띄지 않고 잡아 당기면 원하는 크기의 For 루프가 다음 그림처럼 생기게 된다.

안쪽에 원하는 프로그램을 작성하거나 다른 곳에 있는 프로그램을 복사해서 안쪽에 위치하면 된다. 왼쪽 위에 있는 N이라고 표시 되어져 있는 곳에는 반복 횟수를 다음 그림처럼 입력할 수 있는 단자이다.

N으로 표시되어 있는 곳을 마우스를 올려놓고 오른쪽 버튼을 클릭하면 위의 메뉴가 나온다. 그러면 다른 함수들의 입력 난사와 마찬가지로 상수 또는 컨트롤을 생성할 수 있다.

왼쪽 아래에 있는 i 값은 0 부터 시작하며 1번 루프가 돌 때마다 하나씩 올라간다.

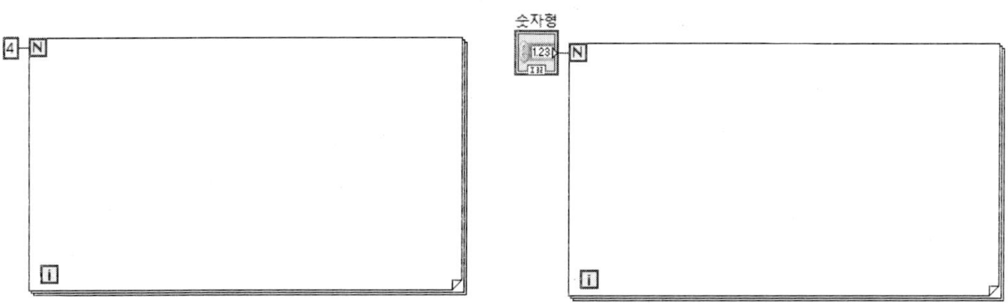

다음 그림처럼 프로그램을 작성하면 현재 몇 번째 루프가 돌고 있는지를 표시할 수 있다.

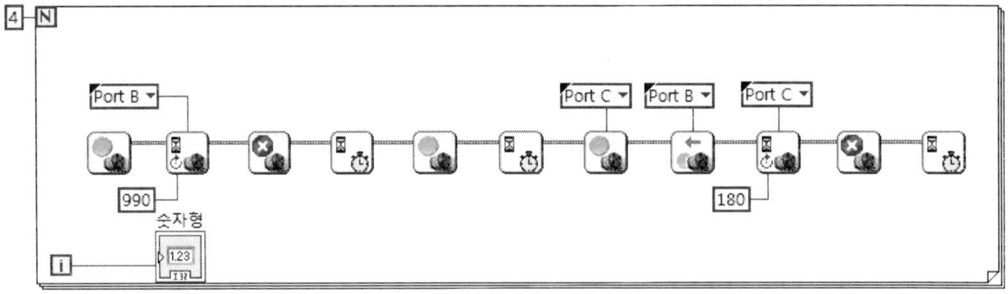

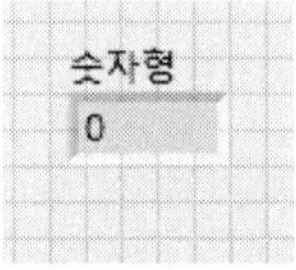

4.4 케이스 구조

여러 가지의 경우에 따라 동작을 달리해야 하는 경우에 케이스 구조를 생각해 보자. 컬러 센서를 이용하여 밝으면 좌회전 어두우면 우회전하는 프로그램을 작성해 보자.

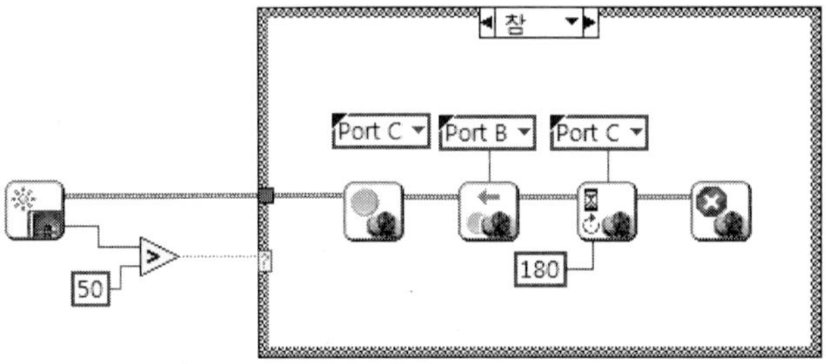

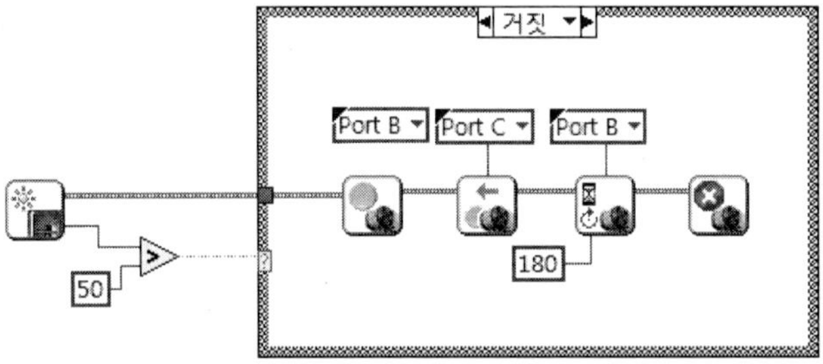

앞에서 언급한 교육용 로봇에 컬러 센서를 다음 그림처럼 단 경우를 생각하자.

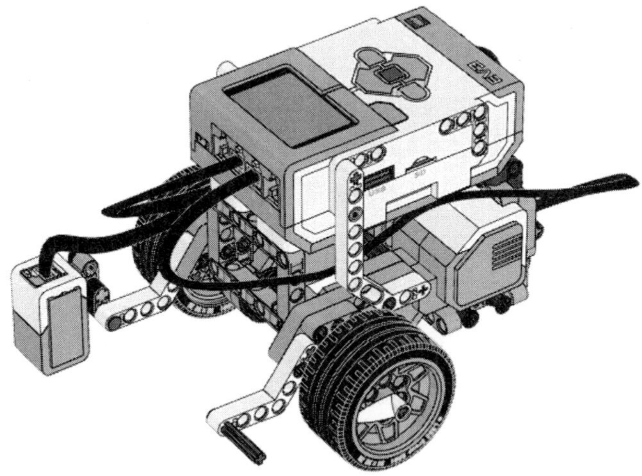

먼저 케이스 구조를 가져오기 위해 다음 그림처럼 찾아간다.

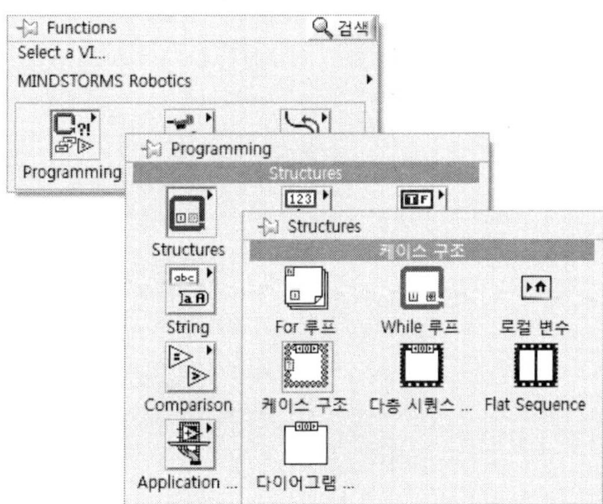

For 루프와 마찬가지로 케이스 구조를 클릭한 후 마우스를 블록다이어그램에 올린 다음 원하는 위치에 클릭하고 원하는 크기만큼 마우스를 끌어다 케이스 구조를 다음 그림처럼 형성한다.

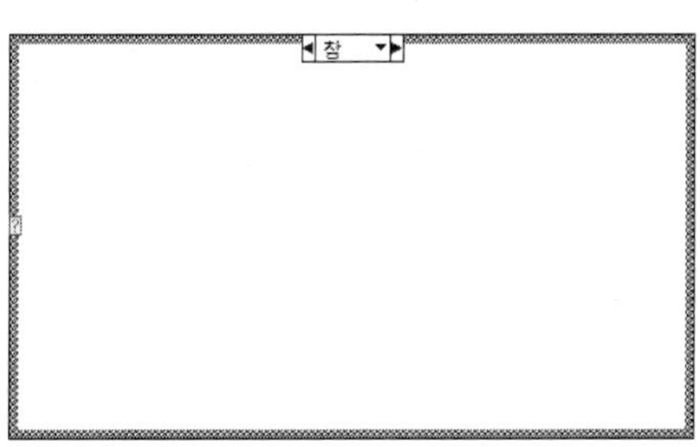

이 케이스 구조에는 2가지가 나타난다. 하나는 위쪽에 나타나는 선택자 라벨이고 또 하나는 왼쪽에 나타나는 케이스 선택자이다. 케이스 선택자는 여러 가지 형태의 데이터를 받을 수 있다. 예를 들면, 불리언, 문자열, 정수 열거형등이 그것이다. 케이스 선택자의 형태에 따라 선택자 라벨에 나타나는 선택자들이 달라진다. 먼저 케이스 선택자가 불리언인 경우를 생각해 보자. 앞의 프로그램에서 보는 것처럼 컬러 센서의 출력이 50보다 큰 경우와 그렇지 않은 경우를 케이스 선택자로 사용하고 있다. 이 경우 케이스 라벨에는 참과 거짓, 2가지가 나타난다. 즉 밝을 때와 어두울 때를 구별하는 것이다.

비교하는 함수는 다음 그림과 같이 찾아 선택할 수 있다.

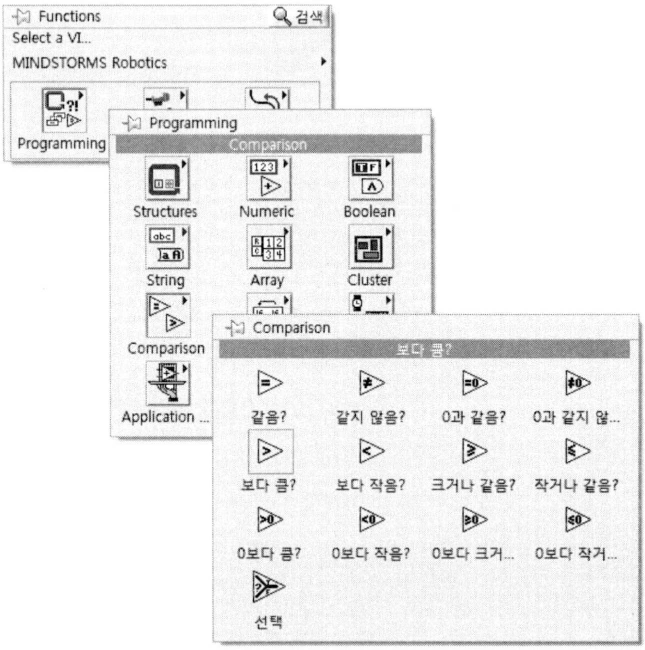

위의 그림에서 보는 것과 같이 함수 팔레트에서 Programming을 클릭 ➜ Caomparison을 클릭하면 여러 가지 비교하는 함수들을 볼 수 있다. 이 비교 함수의 출력은 Yes/No, True/False(참/거짓), 또는 0/1 으로 된다. 즉 불리안 형태이다.

이 케이스 구조는 1번에 1가지 케이스만 프로그램에 나타난다. 다른 케이스를 보려면 케이스 라벨의 작은 삼각형들을 클릭하여 볼 수 있다. 또한 케이스 라벨 더블 클릭하여 다른 이름으로 바꿀 수도 있다.

케이스 선택자가 정수인 경우는 다음의 그림과 같다.

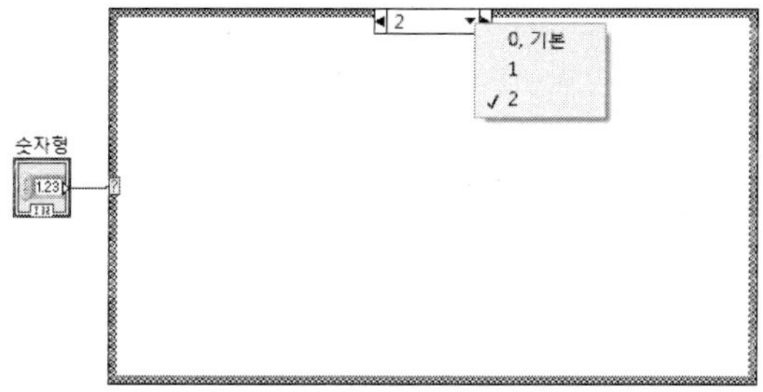

1..10으로 표시하면 1부터 10까지의 모든 숫자를 의미하고 ..100이면 100보다 작거나 같은 모든 숫자를 의미하고 100.. 이면 100보다 크거나 같은 숫자를 의미한다. ...3,4,5,14..20,21,50,51.. 같이 숫자 리스트와 숫자 범위를 함께 표시할 수 있다.

케이스 라벨에 케이스를 추가 또는 삭제하려면 다음 그림처럼 케이스 라벨에 마우스를 올려 놓고 오른쪽 버튼을 클릭하면 나오는 메뉴를 사용하면 된다.

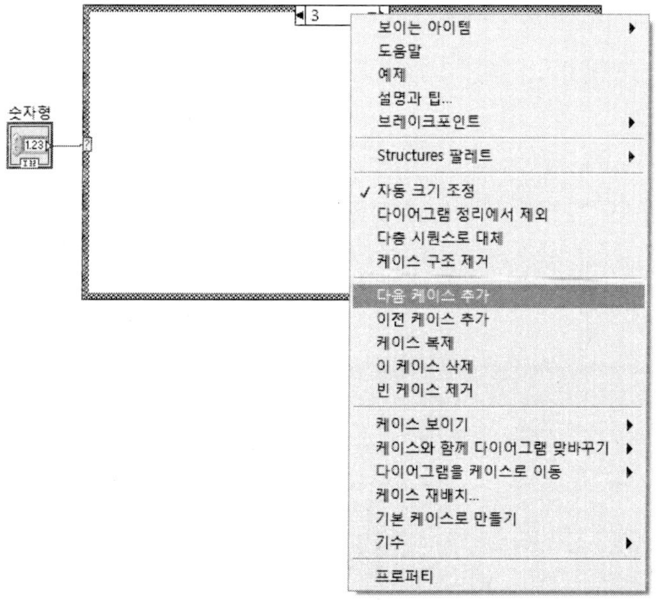

문자열인 경우는 다음 그림과 같다.

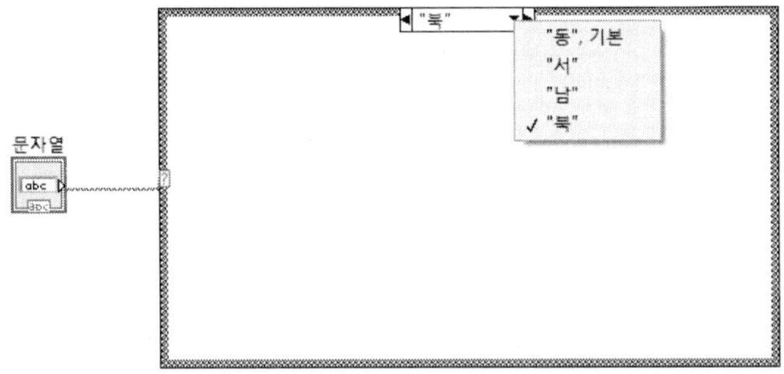

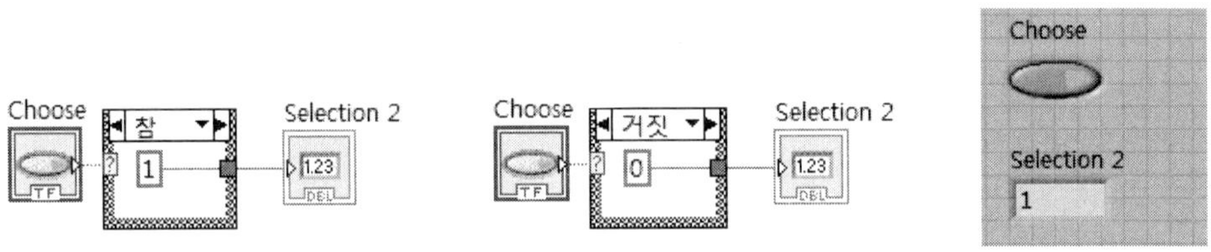

이 프로그램은 프런트패널에서 불리언 단추를 선택하면 1이 인디케이터에 나타나고 불리언 단추 컨트롤을 해제하면 0이 인디케이터에 표시된다.

4.5 While 루프

반복하는 횟수를 지정하는 대신 루프를 정지시킬 조건을 명시해 주는 루프가 While 루프이다.

3초 달리고 1초 쉬고 이것을 프런트패널에서 정지 버튼을 누르기 전까지 계속 반복하는 프로그램을 작성해 보자. 다음과 같이 작성할 수 있을 것이다.

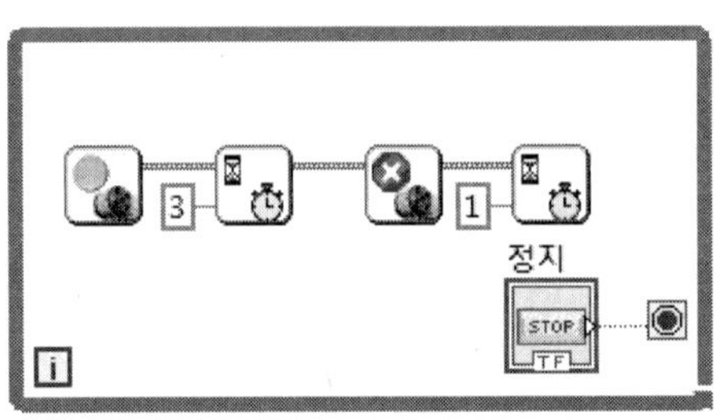

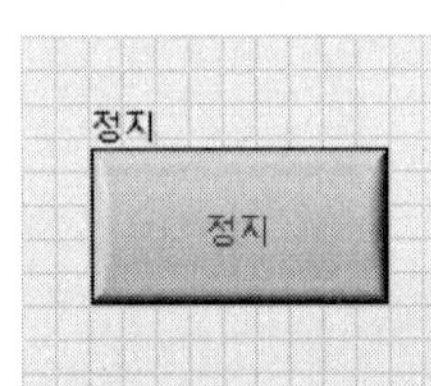

이 프로그램을 작성하기 위해 제일 먼저 해야 할 일은 While 루프를 만드는 것이다. 다른 루프와 마찬가지로 다음 그림처럼 찾아갈 수 있다.

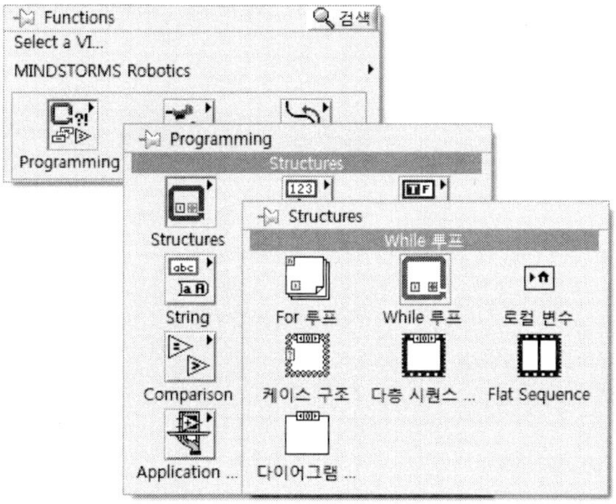

함수 팔레트에서 Programming을 클릭 ➜ Structures를 클릭 ➜ While 루프를 클릭한다. 그리고 마우스를 블록다이어그램 위에 원하는 위치를 찾아 올려놓고 클릭 한 다음 다시 끌어당기면 원하는 크기의 While 루프가 다음의 그림처럼 나타난다.

위의 그림에서 보는 것과 같이 2개의 그림이 루프 안에 나타난다. i는 For 루프와 마찬가지로 0부터 시작하는 루프가 돌아간 루프 반복 횟수를 나타내는 변수이다. 다른 그림은 정지 사인이다. 이 정지 사인은 정지할 루프 조건을 항상 연결해 주어야 한다. 그 버튼에 마우스를 올려놓고 오른쪽 버튼을 다시 클릭하여 나오는 메뉴에서 컨트롤 생성을 클릭하면 정지 버튼이 다음 그림처럼 블록다이어그램과 프런트패널에 생긴다.

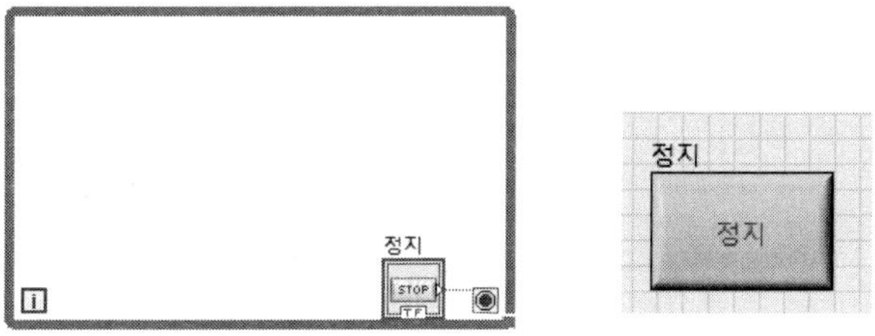

정지 버튼의 크기는 마우스를 올려서 클릭하면 나타나는 주변의 작은 사각형을 이용하여 자유로 조절할 수 있다. 이 루프 안에 프로그램을 작성하면 그 프로그램이 정지 버튼이 눌려질 때까지 동작되게 된다.

루프 조건에 마우스를 올려놓고 오른쪽 버튼을 클릭하면 다음과 같이 된다.

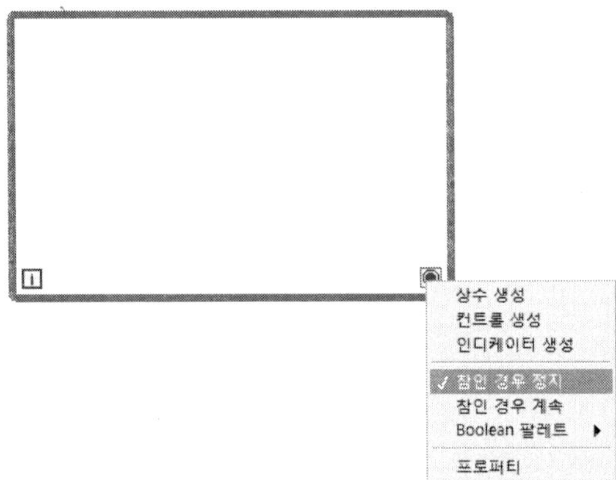

거기에 생기는 메뉴에서 참인 경우 정지나 계속의 모드를 선택할 수 있다.

위의 그림에서 왼쪽은 참인 경우 정지 모드이고 오른쪽은 참인 경우 계속 모드이다. 루프조건에 오른쪽 마우스를 놓고 오른쪽 버튼을 클릭해 나오는 메뉴에서 불리언 상수 False를 생성하면 다음 그림처럼 된다.

이 루프는 참인 경우 정지하는 모드이기 때문에 무한 루프가 된다.

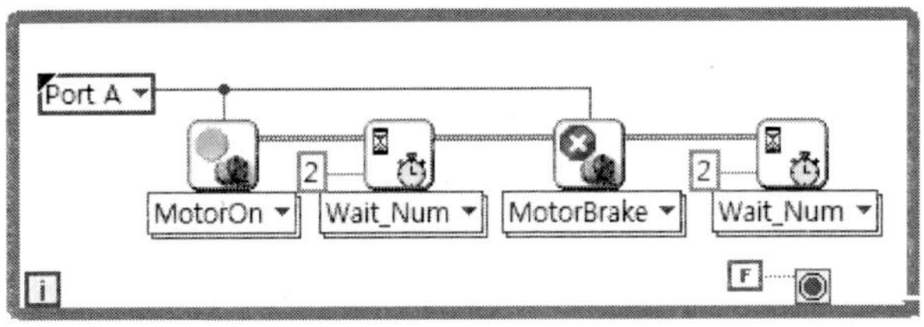

이 프로그램은 A 모터가 2초 동안 돌고 2초 동안 서고를 무한히 반복하는 프로그램이다. 외부에서 정지시키기 전에는 프로그램이 정지하지 않는다.

슬라이더로 모터의 파워를 조정하고 정지 버튼으로 정지시키는 프로그램을 작성하면 다음과 같다.

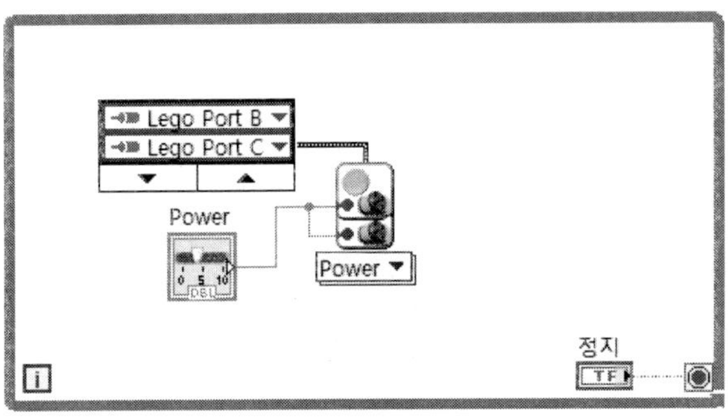

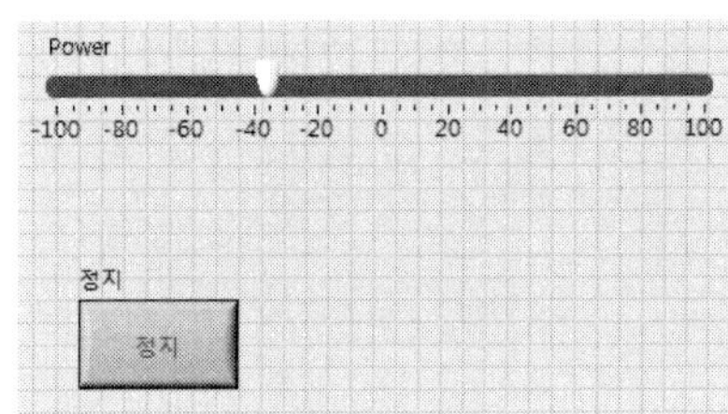

위의 프로그램에서 정지 버튼은 아이콘으로 보기를 해제한 경우이다.

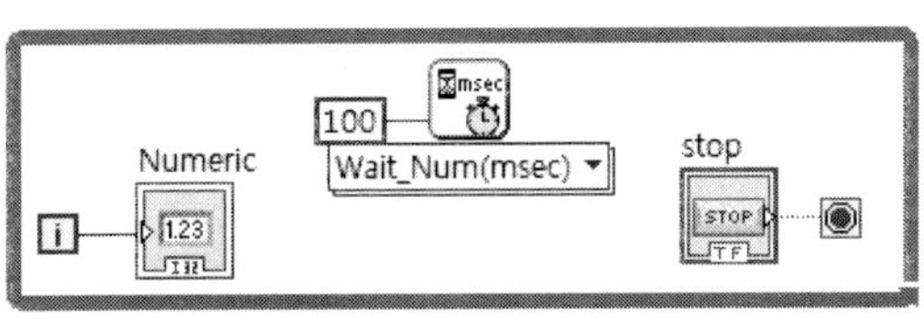

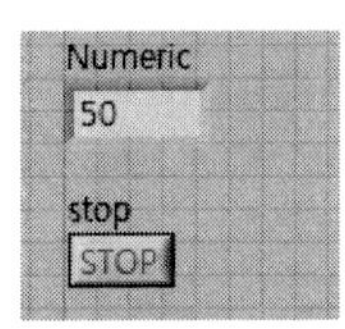

이 프로그램은 프런트 패널에 루프 횟수가 표시되고 루프안에는 100ms의 기다림 함수가 있다. 그리고 프런트패널에서 정지 버튼을 누르면 프로그램이 정지한다.

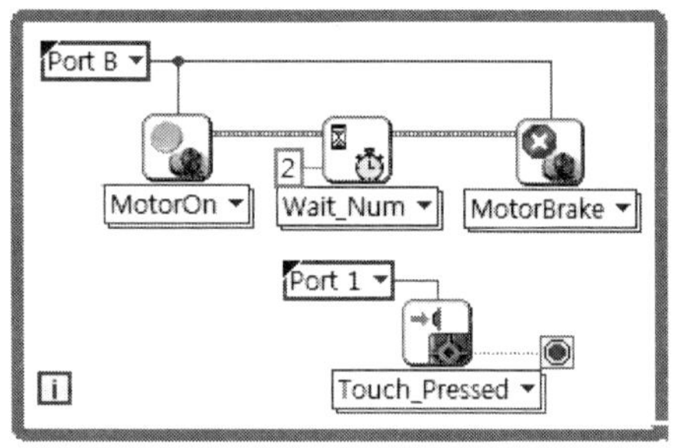

이 프로그램은 B 모터가 2초 동안 돌고 정지하기를 1번 터치 센서가 눌릴 때까지 반복하는 프로그램이다.

반사광 모드의 컬러 센서의 데이터를 입력 받아 웨이브폼 차트에 일정한 시간 간격 안에 데이터가 변화하는 것을 그리고 또 각 순간의 값을 표시하다가 정지 버튼이 눌리면 프로그램을 정지하는 프로그램을 작성하면 다음과 같다.

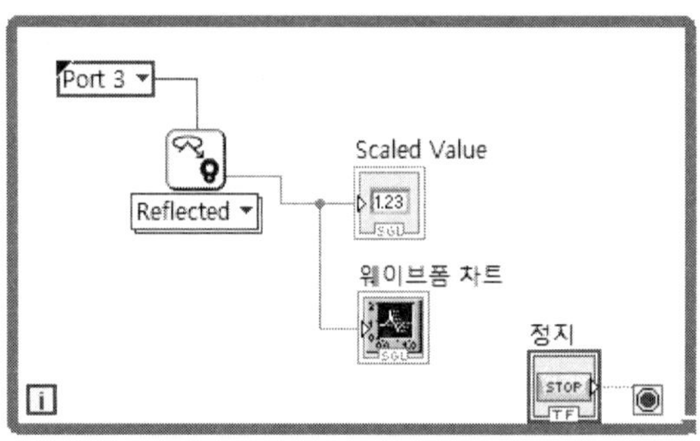

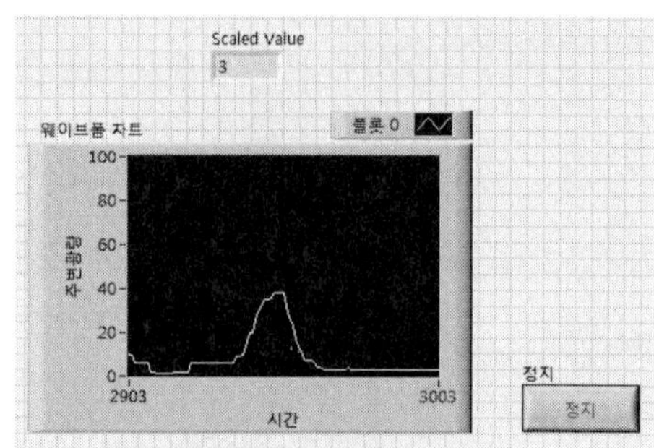

웨이브폼 차트는 다음 그림처럼 찾아 프런트패널에 설치할 수 있다.

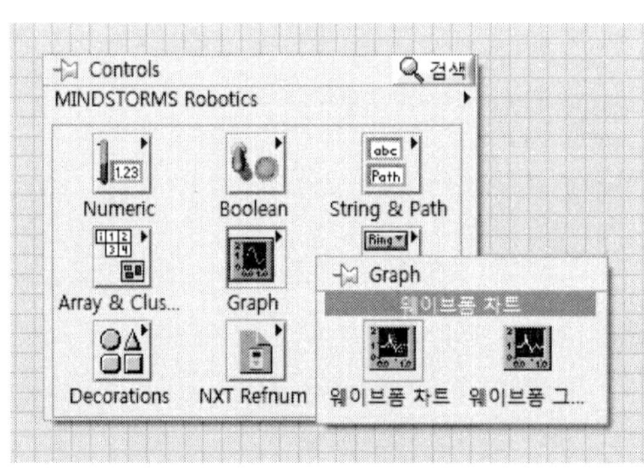

프런트패널에 마우스를 올리고 오른쪽 버튼을 클릭하면 Controls 팔레트가 나타나고 그 메뉴 중에 Graph를 클릭하면 웨이브폼 차트를 찾을 수 있다. 이 웨이브 폼 차트는 일반적으로 일정한 속도로 수집된 데이터를 하나 또는 그 이상의 플롯으로 나타내는 특수한 타입의 숫자형 인디케이터이다.

3초 전진하고 1초 정지하는 걸 반복하다가 프런트패널에서 정지 버튼을 누르면 프로그램이 정지하게 하는 프로그램은 다음과 같다.

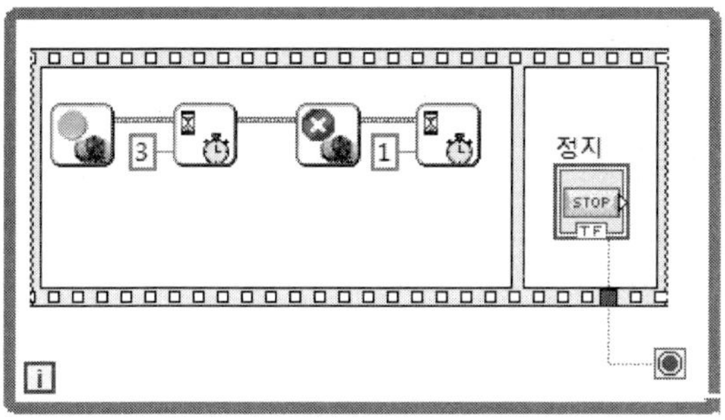

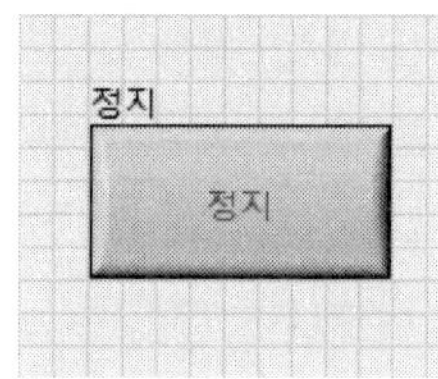

위에서 사용한 Flat Sequence는 앞서서 설명한 다층 시퀀스와 동작이 유사하다. 각 프레임의 배치만 다를 뿐이다.

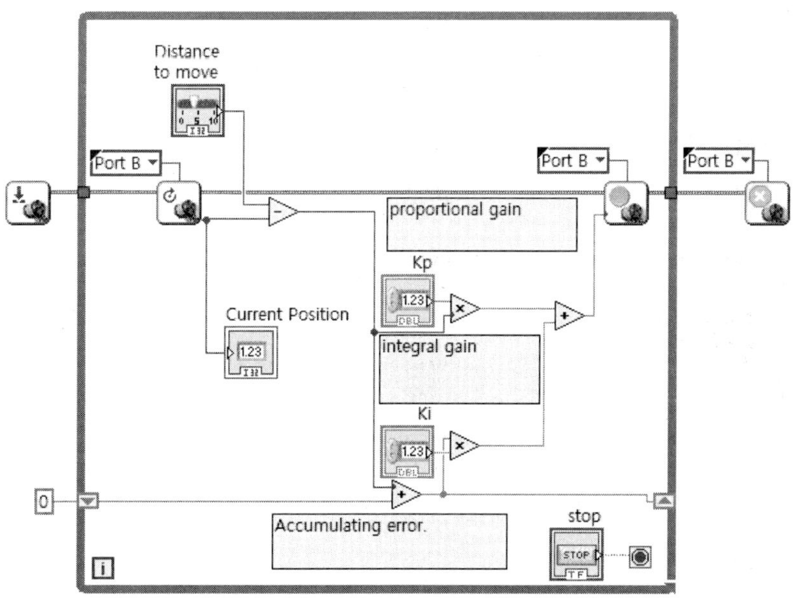

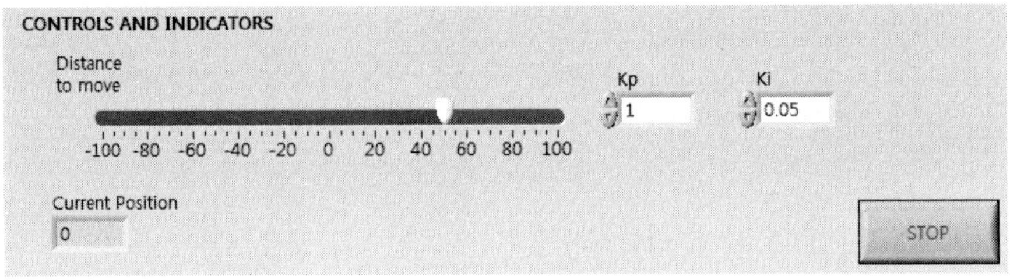

위의 프로그램은 간단한 PI 제어를 보여주는 프로그램이다. 먼저 모터들의 위치를 초기화하고 그 다음 B 모터의 인코더로 현재의 위치를 모터의 돌아간 각도로 측정한다. 그것을 프런트패널의 인디케이터에 표시한다. 움직이고 싶은 거리는 프런트패널 컨트롤에서 입력받는다. 비례상수 Kp와 Ki도 프런트패널 컨트롤에서 입력받는다. 한 While 루프에서 움직인 거리와 원하는 거리의 차를 계산해서 Kp를 곱하고 또 시프트 레지스터를 통해 계산되어진 누적된 거리의 차에 Ki를 곱해 더한 값을 B 모터의 파워로 입력해 B 모터를 돌린다. 그리고 프런트패널에서 정지 버튼을 누르면 프로그램이 정지한다. 이렇게 하여 모터가 원하는 위치에 도달하는데 점진적으로 부드럽게 접근하게 된다.

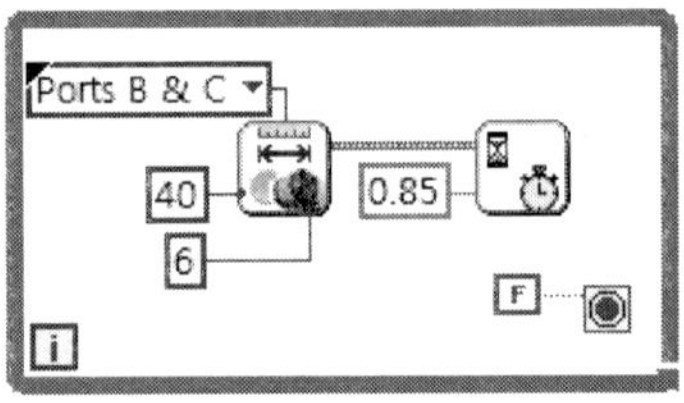

위의 프로그램은 B나 C모터에 시계 바늘 같은 것을 달아 놓고 동작시키면 바늘이 0.85초 마다 6° 만큼씩 돌아가서 시계처럼 보이게 하는 프로그램이다.

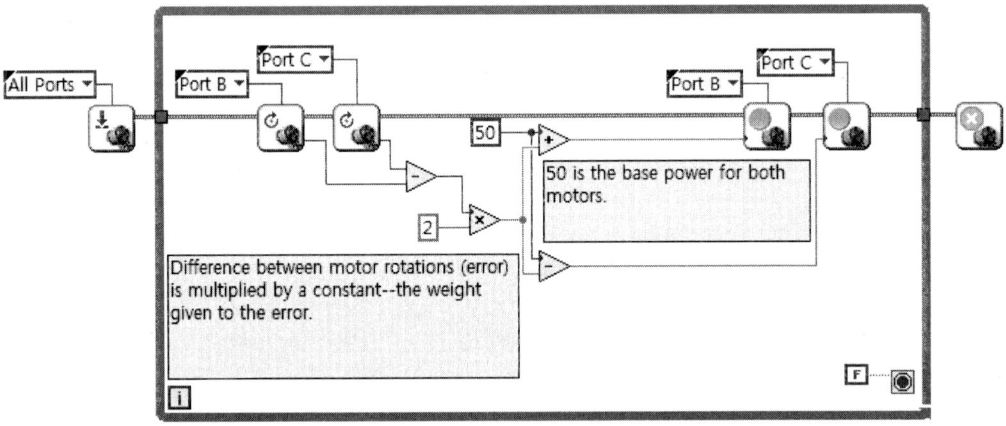

앞의 프로그램은 먼저 모든 모터를 초기화시키고 While 루프에서 B 모터와 C 모터의 돌아간 각도를 인코더로 측정한다. 그 값들의 차이를 2로 곱한 다음 50에서 빼고 더한 값들을 각각 B 모터와 C 모터에 집어넣어 동작 시킨다. 그러면 2개의 모터를 두 바퀴에 연결되어 있는 교육용 로봇이 좌우로 치우치지 않고 앞으로 전진하게 된다.

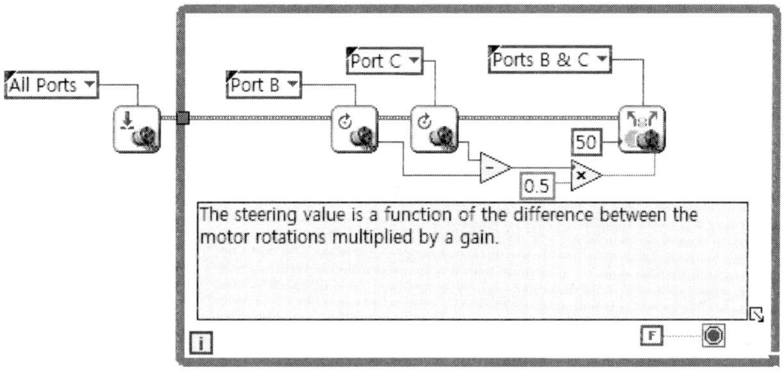

위 프로그램은 바로 전의 프로그램과 같은 동작을 한다. 1가지 다른 점은 Steering On 함수를 사용하여 두 모터의 각도 차이에 0.5를 곱한 값을 Steering On 함수의 입력으로 집어넣는 것이다.

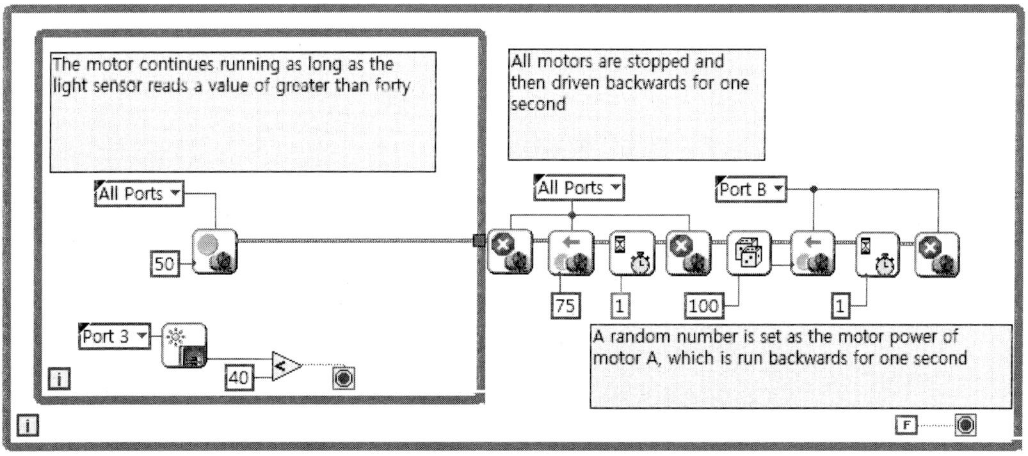

위 프로그램은 3번 포트에 연결되어 있는 주변광 모드의 컬러 센서의 값이 40보다 크면 계속 앞으로 전진하고 즉 반사가 잘되는 테이블 위에 있으면 반사광이 40보다 크기 때문에 전진한다. 만일 로봇이 테이블 가장자리에 도달하면 컬러 센서가 반사되어 오는 빛을 감지하지 못하기 때문에 측정값이 40 이하로 떨어진다. 그렇게 되면 안 쪽에 있는 While 루프를 벗어나서 바깥의 루프 안에 있는 동작을 한다. 즉 뒤로 1초 동안 후진하고 생성된 0부터 100까지의 난수를 B 모터의 파워 입력으로 받아 1초 동안 우회전한다. 그래서 다시 반사광이 40 이상이 되면 또 전진한다. 이것을 계속 반복해 테이블에서 추락하지 않고 교육용 로봇이 계속 움직이게 된다.

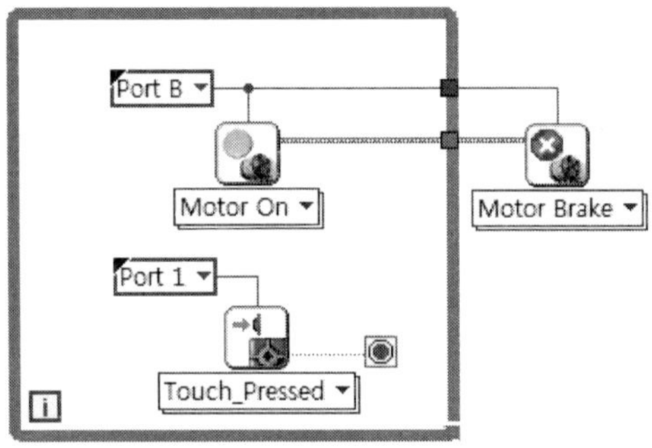

이 프로그램은 B 모터가 1번 터치센서가 눌릴 때까지 도는 프로그램이다.

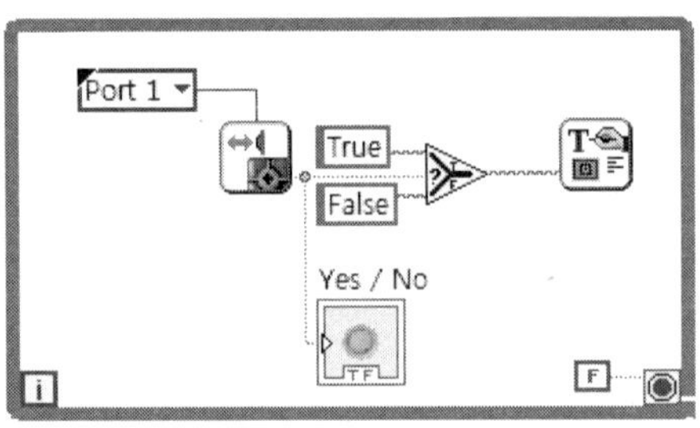

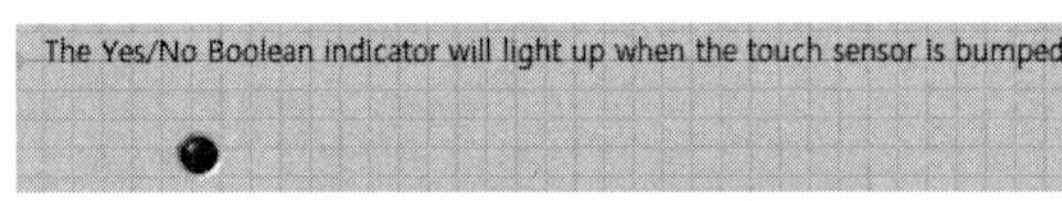

이 프로그램에서 사용된 터치 센서는 Bumped 모드로 동작한다. 즉 1번 눌렀다가 다시 원상태로 돌아온 동작을 감지하는 모드이다. 1번 터치센서가 눌렀다가 다시 제 자리로 돌아오면 p-Brick의 스크린에 True가 표시되고 프런트패널의 LED 인디케이터가 켜진다. 반대로 1번 터치 센서가 동작을 하지 않았으면 p-Brick의 스크린에 False가 표시되고 프런트패널의 LED 인디케이터가 켜지지 않는다.

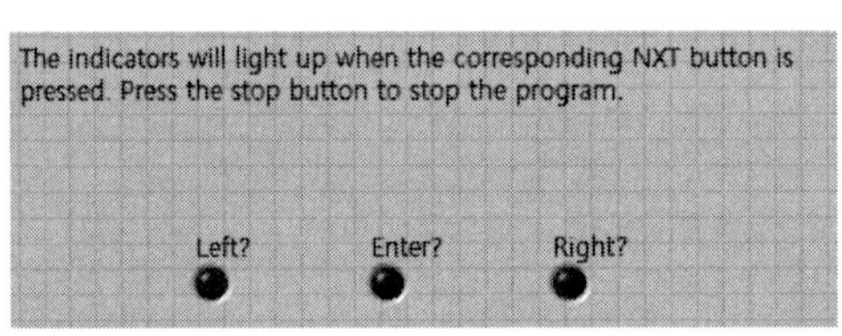

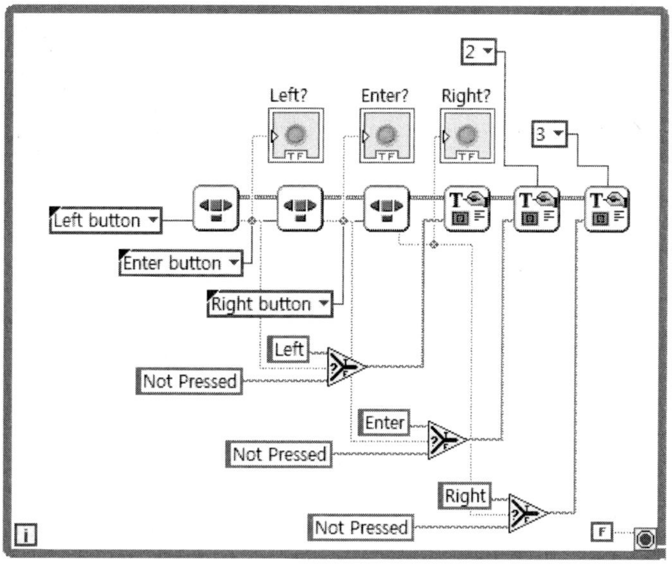

이 프로그램은 p-Brick의 버튼이 눌리면 해당 버튼이 눌렸다는 것을 프런트패널에 LED 인디케이터로 표시하고 또 p-Brick의 스크린에 버튼의 이름이 표시된다. 눌리지 않았으면 프런트패널에 LED 인디케이터가 꺼져있고 또 p-Brick의 스크린에 “Not Pressed”라고 표시된다.

Read Brick Button 함수는 다음 그림처럼 먼저 Read Sensor 함수를 블록다이어그램에 끌어다 놓고 다형성 VI 선택자에서 Read Brick Buttons를 클릭하면 된다.

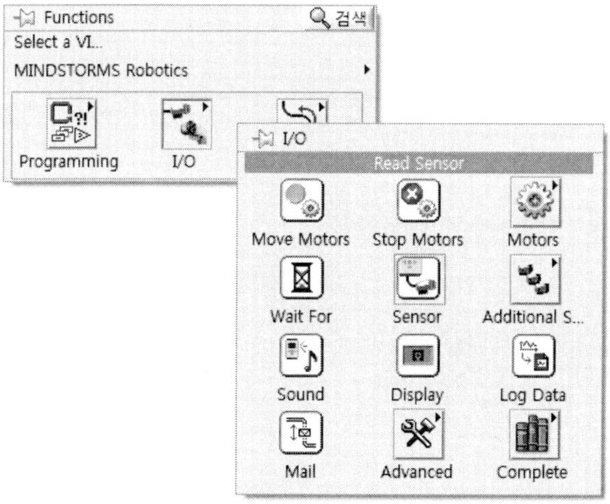

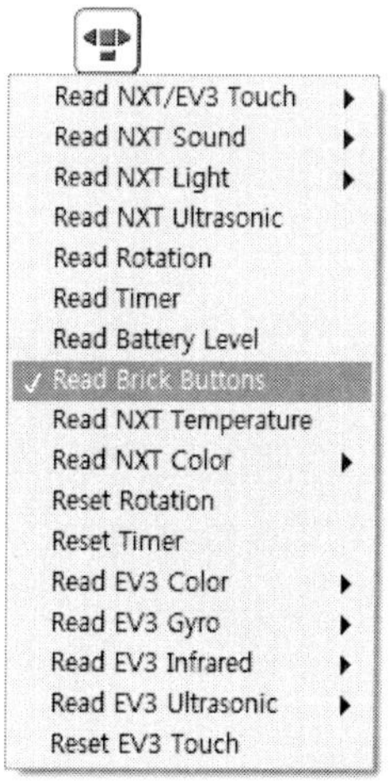

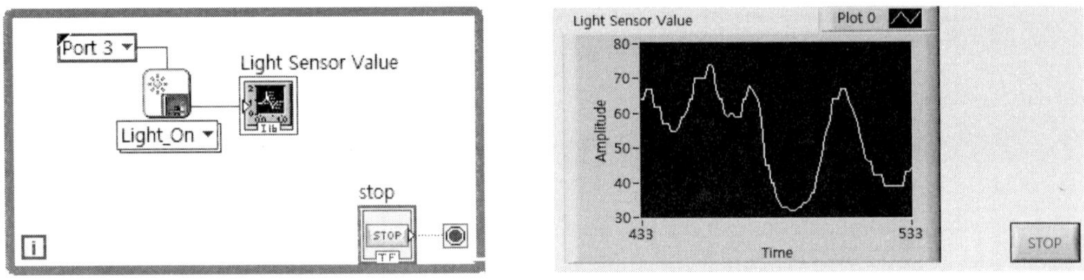

이 프로그램은 3번 포트에 연결된 반사광 모드의 컬러 센서의 데이터를 웨이브폼 차트에 그리는 프로그램이다. 그리고 프런트패널의 정지 버튼으로 프로그램을 정지시킬 수 있다.

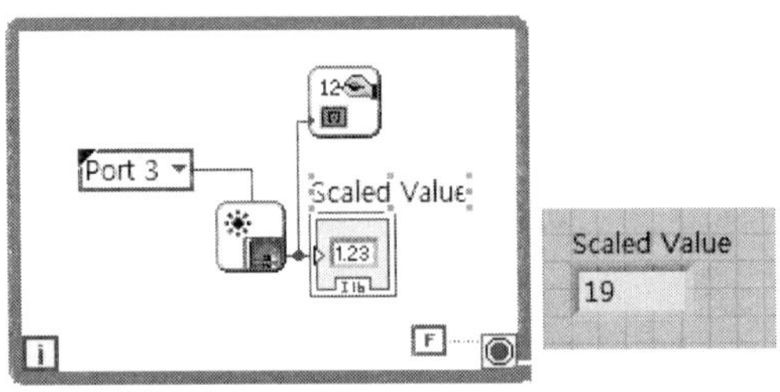

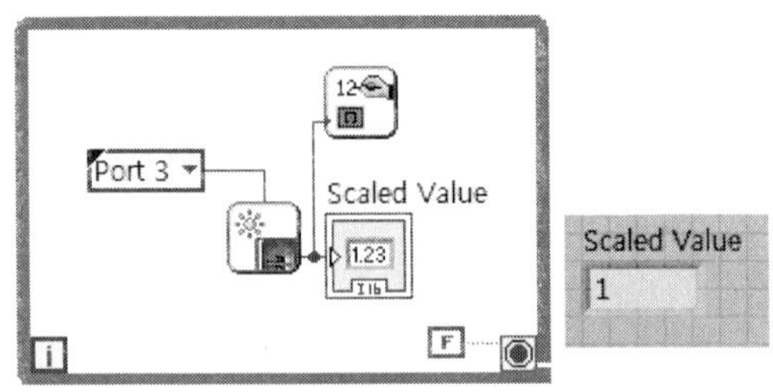

위의 프로그램들은 주변광 그리고 반사광 모드의 컬러 센서를 프런트패널의 인디케이터에 표시하고 동시에 p-Brick의 스크린에 디스플레이하는 프로그램이다.

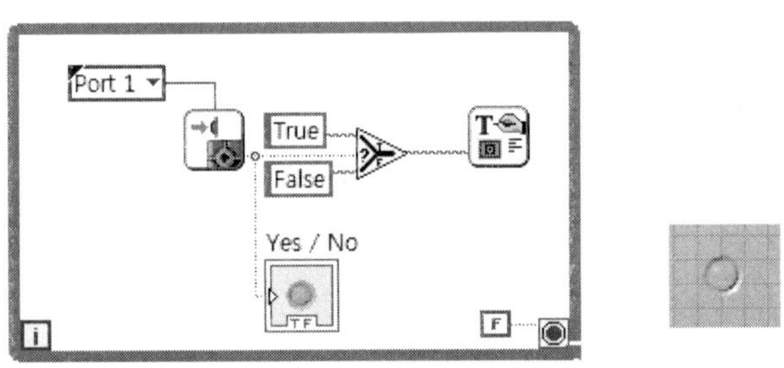

이 프로그램은 1번 포트에 연결되어 있는 터치 센서가 눌렸으면 프런트패널의 LED 인디케이터가 켜지고 p-Brick의 스크린에 True라고 표시되며 눌리지 않았으면 프런트패널의 LED 인디케이터가 꺼지고 p-Brick의 스크린에 False라고 표시되는 프로그램이다.

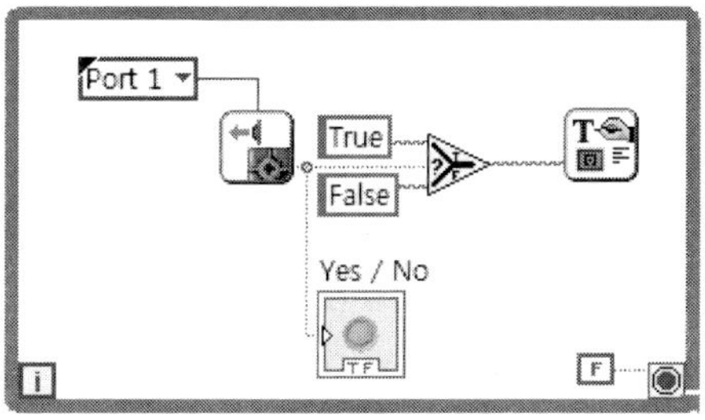

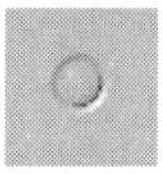

이 프로그램은 1번 포트에 연결되어 있는 터치 센서가 눌리지 않았으면 프런트패널의 LED 인디케이터가 켜지고 p-Brick의 스크린에 True라고 표시되며, 눌렸으면 프런트패널의 LED 인디케이터가 꺼지고 p-Brick의 스크린에 False라고 표시되는 프로그램이다.

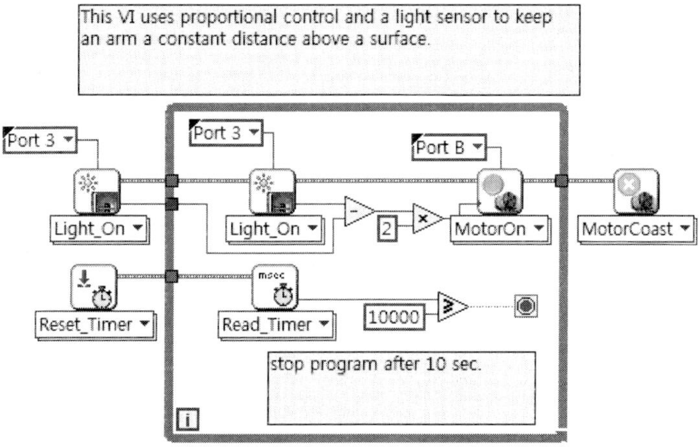

이 프로그램은 먼저 타이머를 초기화하고 반사광 모드의 컬러 센서의 측정값을 저장한다. While 루프에서 다시 컬러 센서의 값을 측정한다. 초기의 측정값과의 차이를 계산해서 2배를 한 다음 B 모터의 파워 입력으로 값을 집어넣는다. 터치 센서가 물체의 표면에서 멀어지면 모터를 역으로 돌리고 가까워지면 순방향으로 돌려 물체의 표면에서의 거리를 일정하게 유지한다. 10초 동안 프로그램을 돌리고 While 루프를 정지시킨 다음 모터를 점진적으로 서서히 정지시킨다.

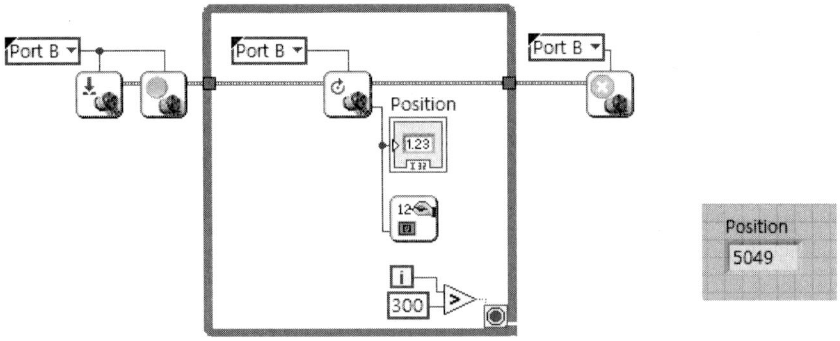

이 프로그램은 B 모터의 위치를 초기화하고 While 루프 안에서 B 모터의 위치를 계속 업데이트하면서 프런트패널에 표시하고 p-Brick의 스크린에 디스플레이 한다. 루프가 300번 돌면 프로그램이 정지한다.

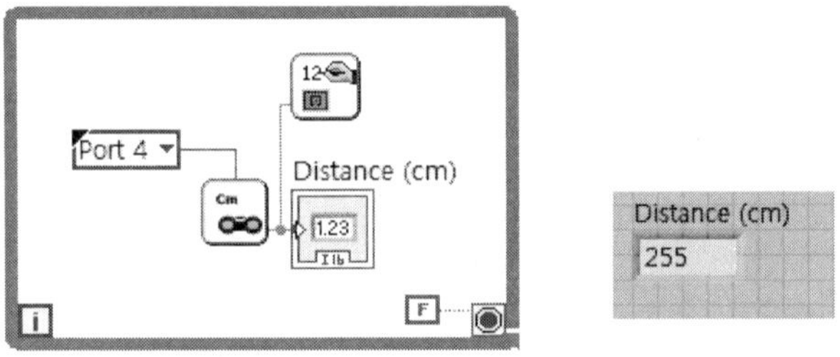

이 프로그램은 4번 포트에 연결되어 있는 초음파 센서의 값을 프런트패널의 인디케이터에 표시하고 동시에 p-Brick의 스크린에 디스플레이하는 프로그램이다.

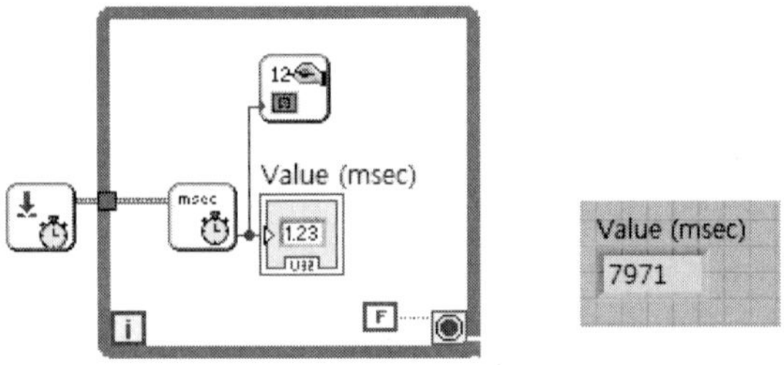

이 프로그램은 타이머의 값을 프런트패널의 인디케이터에 표시하고 동시에 p-Brick의 스크린에 디스플레이하는 프로그램이다.

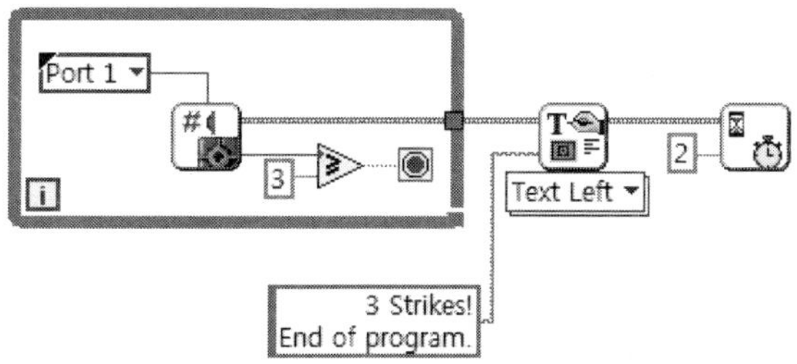

이 프로그램은 1번 포트에 연결되어 있는 터치 센서의 눌린 횟수가 3번이 되면 While 루프가 정지 되고 p-Brick의 스크린에 "3 Strikes! End of program" 이라고 디스플레이하는 프로그램이다.

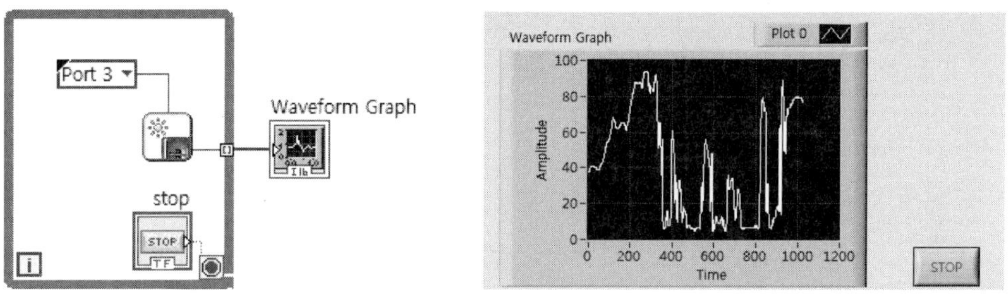

이 프로그램은 While 루프에서 반사광 모드의 컬러 센서의 측정값을 저장했다가 프런트패널의 정지 버튼이 눌리면 While 루프가 정지되고 웨이브폼 그래프에 한꺼번에 업로드 되어 디스플레이 된다. 컬러 센서와 웨이브폼 그래프가 Whilc 루프의 경계를 지나 연결되어 있는 상태를 자세히 보자. While 루프의 경계면에 생겨 있는 표시를 터널이라고 한다. 이 터널에 마우스를 올려놓고 오른쪽 버튼을 누르면 메뉴가 다음과 같이 등장한다.

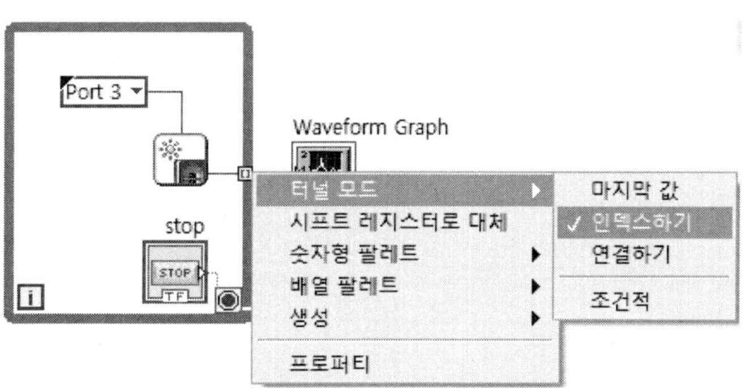

터널 모드가 인데스하기로 되어 있다. 이것을 오토인덱싱이라고 하고 루프 1번의 값이 순서대로 저장되어 한꺼번에 배열로 전달된다. 이것은 1번에 데이터 하나씩 전달되는 웨이브폼 차트와 다르다.

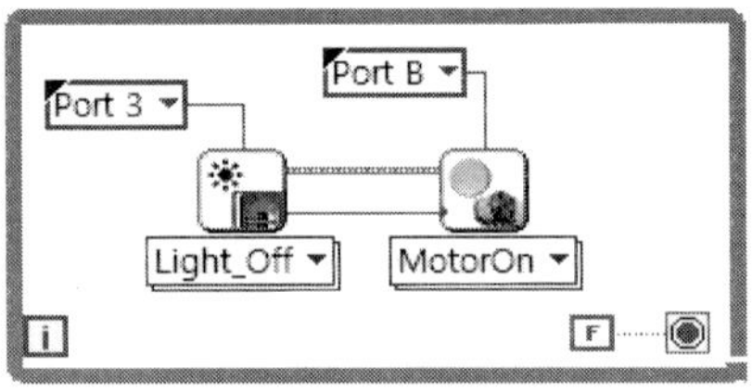

이 프로그램은 주변광 모드의 컬러 센서의 값에 따라 B 모터의 파워가 정해지고 그 파워로 모터가 움직이게 되는 프로그램이다.

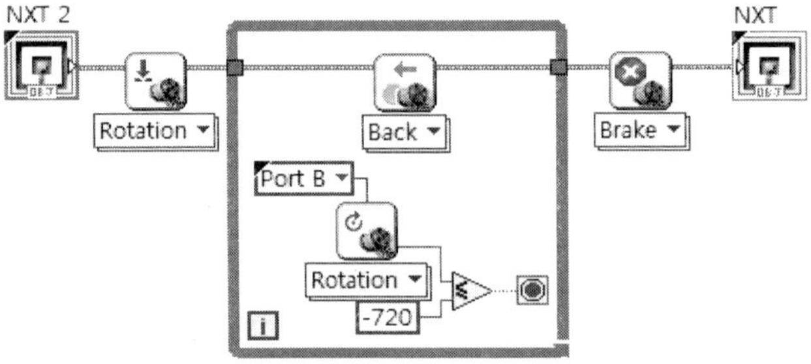

이 프로그램은 B 모터를 초기화하고 뒤로 돌린다. 뒤로 720°가 돌아가면 While 루프가 저지하고 모터가 정지하는 프로그램이다. 프로그램의 앞뒤에 있는 LabVIEW 객체는 프로그램의 시작과 끝을 알려주고 보통의 경우 나타낼 필요가 없다. 프런트패널에도 해당하는 LabVIEW 객체가 나타난다.

4.6 컨트롤 루프

케이스 구조와 While 루프를 조합해서 사용하면 여러 가지 제어를 할 수 있다. 이것을 통틀어서 컨트롤 루프라 부른다. While 루프가 빠른 속도로 반복되면서 여러 가지 조건을 계속 확인한다. 이 조건에 따라 여러 가지 다른 동작을 할 수 있는 아주 유용한 구조이다.

장애물이 30cm 안에 있으면 서고 없으면 다섯 바퀴 전진하고 정지하는 프로그램을 이 컨트롤 루프를 사용하여 작성하면 다음 그림과 같다.

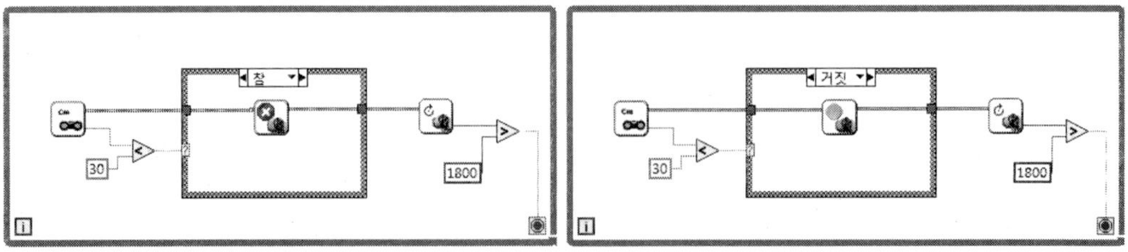

초음파 센서로 장애물 까지의 거리를 측정해 30cm 보다 가까우면 참의 경우이므로 모터가 멈추고 30cm 보다 멀면 거짓의 경우이므로 모터가 돌아 전진하다가 인코더가 1800° 이상이 되면 참이므로 While 루프가 참이면 정지하게 되어 있어 프로그램이 정지하는 프로그램이 된다.

이번에는 컬러 센서를 이용하여 반사광의 밝기에 따라 회전을 달리하여 검정색 선을 따라가는 로봇을 동작시키는 프로그램을 작성해 보자. 다음과 같이 작성할 수 있을 것이다.

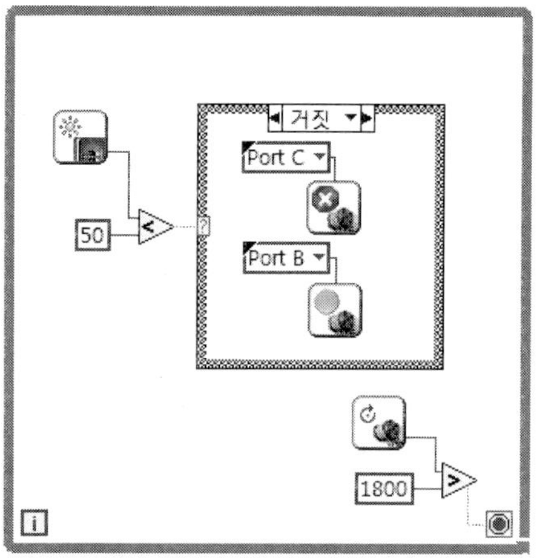

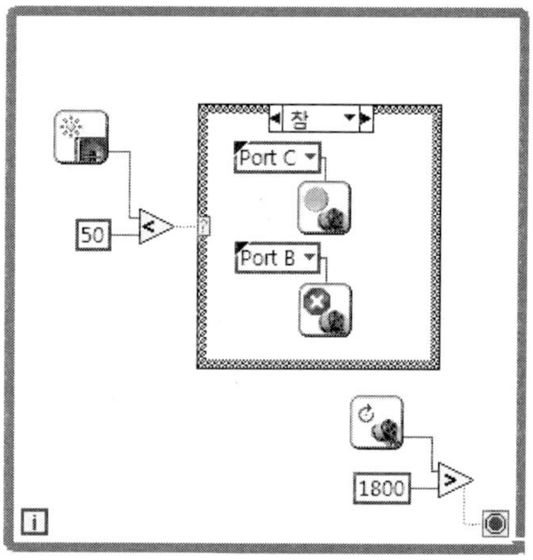

While 루프 안에 불리안 입력으로 케이스를 선택할 수 있는 케이스 구조가 있다. 불리안 입력은 반사광 모드의 컬러 센서의 출력이 50보다 작은 지를 판단하는 것이다. 50보다 작으면 참 케이스를 동작시키고 50보다 크면 거짓 케이스를 동작시킨다. 참인 경우는 왼쪽 바퀴가 정시해 있고 오른쪽 바퀴가 전진하므로 왼쪽으로 포인트 턴을 하게 된다. 반대로 거짓인 경우는 왼쪽 바퀴가 전진하고 오른쪽 바퀴가 정지해 있기 때문에 오른쪽으로 포인트 턴을 하게 된다.

로봇에 있는 반사광 모드의 컬러 센서가 검은색 선 위에 있다고 하자. 반사광 모드의 컬러 센서가 검은 색을 감지하면 왼쪽으로 회전한다. 그러면 검은색 선 바깥으로 나가게 되고 바닥의 밝은 부분을 감지한다. 그러면 거짓 케이스가 선택이 되어 다시 오른쪽으로 회전하게 된다. 그러면 다시 검은색 선위로 올라가 참 케이스를 선택하여 작동되게 된다. 이것을 반복하면 검은색 선의 왼쪽 경계를 중심으로 지그재그 형태로 앞으로 진행하게 된다. 이렇게 하여 선을 따라 갈 수 있다(Line Tracing).

동시에 While 루프 안에 있는 모터에 내장되어 있는 인코더의 값이 1800° 이상 인지 루프가 돌 때마다 매번 확인하게 한다. 모터의 움직임과 인코더의 확인은 동시 작동(Parallelism)이다. 물론 번갈아 실행이 되는 것이지만 빠른 속도로 진행이 되기 때문에 동시에 작동 되는 것처럼 보이는 것이다. 인코더의 값이 1800° 이상이 되면 비교의 결과가 참이 된다. 그러면 루프 조건이 참이 되므로 정지하게 된다. 1800°는 모터가 5 바퀴 도는 것이다. 그래서 이 프로그램은 검정색 선을 따라 가다가 모터가 5바퀴 돌고 나면 정지하는 프로그램이 된다.

이번에는 교육용 로봇이 좌우로 흔들리지 않고 앞으로 똑바로 직진하게 하는 프로그램을 컨트롤 루프를 사용해 작성해 보자. 다음 그림과 같은 프로그램이 될 것이다.

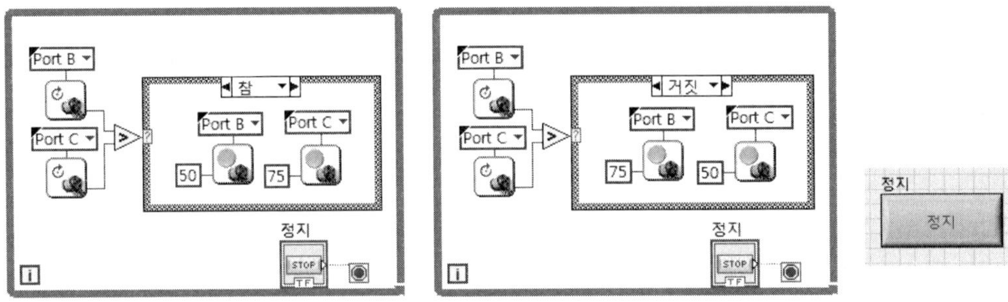

이 프로그램의 While 루프 안에는 케이스 구조가 있고 케이스 선택자의 입력으로 왼쪽 모터의 인코더 값과 오른쪽 모터의 인코더 값을 비교한 결과를 받고 있다. 만약 왼쪽 모터의 인코터 값이 더 크면 참인 경우이므로 오른쪽 모터를 더 빠르게 가게하고 오른쪽 모터의 인코더 값이 더 크면 왼쪽 모터를 더 빠르게 가게 해서 직선으로 직진하게 하는 프로그램이다. 그리고 프런트패널에서 정지 버튼을 누르면 프로그램이 정지한다.

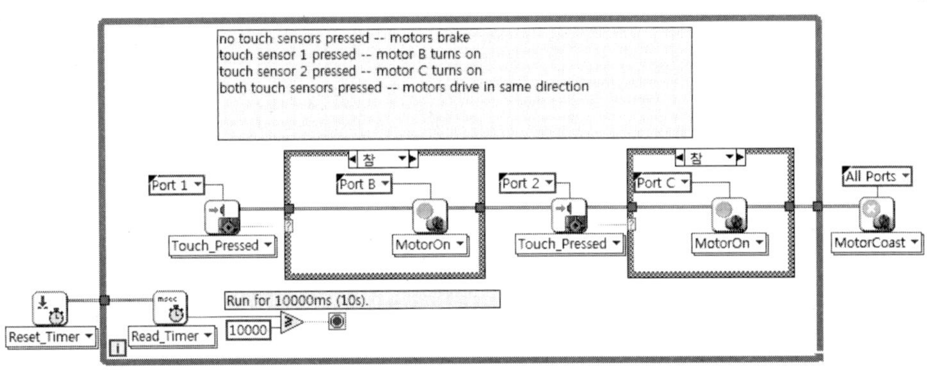

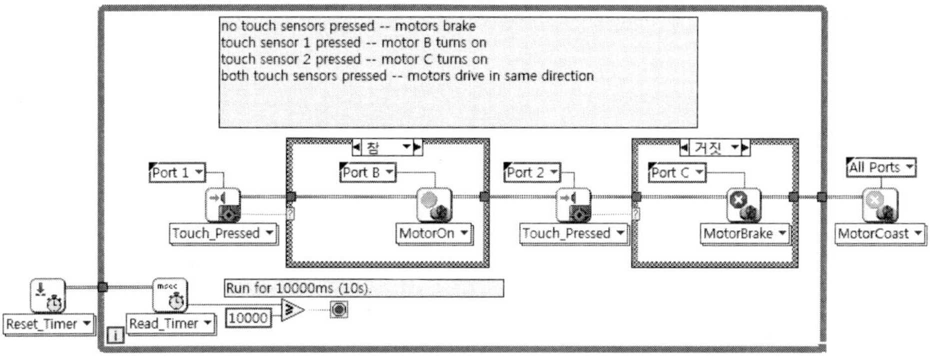

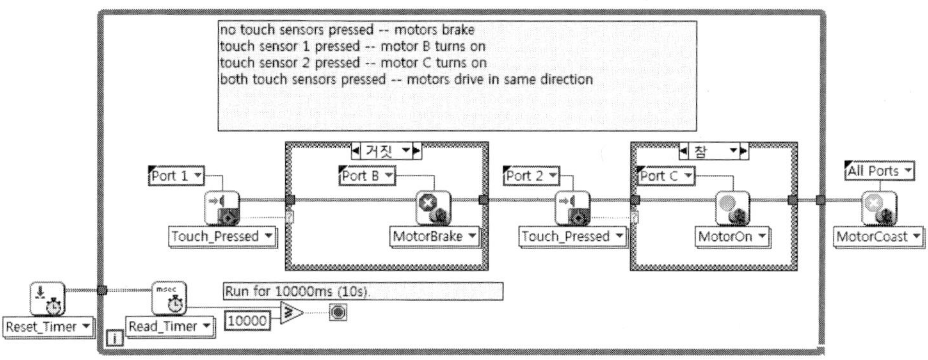

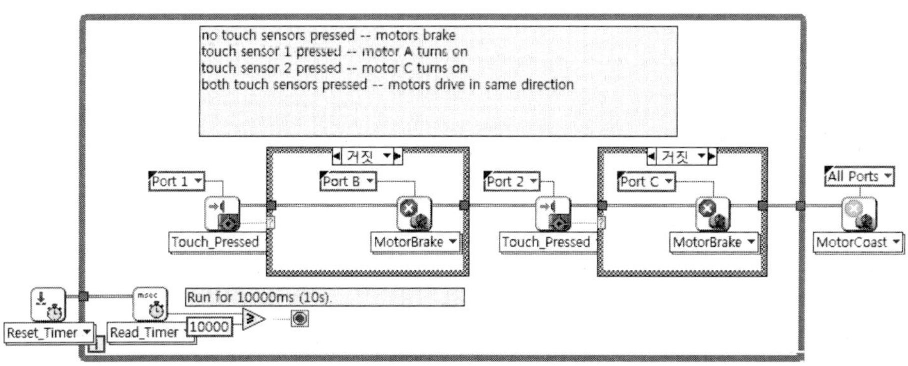

위의 프로그램은 컨트롤 루프를 사용해서 타이머를 먼저 초기화하고 10초 동안 프로그램을 동작시킨다. 터치 센서들이 눌리지 않았으면 정지해 있고 1번 터치 센서를 누르면 왼쪽 바퀴가 돌아 우회전하고 2번 터치 센서를 누르면 오른쪽 바퀴가 돌아 좌회전 한다. 그리고 두 터치 센서를 모두 누르면 두 바퀴가 다 돌아서 앞으로 전진하게 된다.

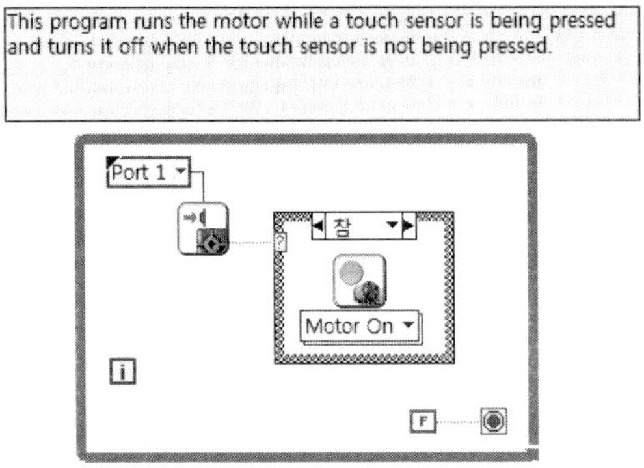

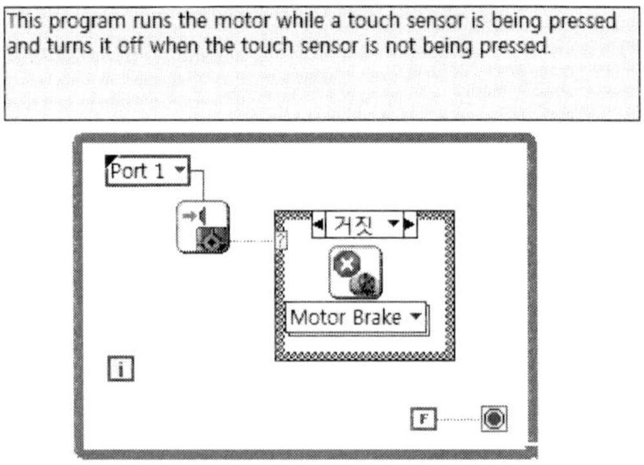

케이스 구조를 이용해서 모터의 동작을 제어하는 프로그램의 예를 또 하나 들어 보자.

이 프로그램은 포트 1에 연결된 터치 센서를 누르면 전진하고 터치 센서를 놓으면 정지하는 프로그램이다.

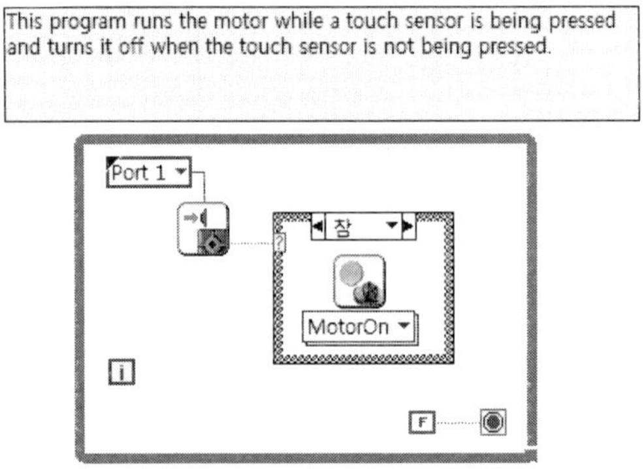

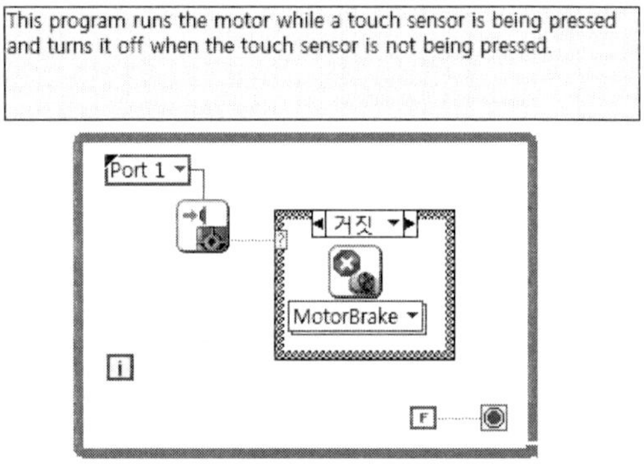

위의 프로그램은 터치 센서가 눌리면 전진하고 눌리지 않으면 뒤로 후진하는 프로그램이다.

4.7 시프트 레지스터(Shift Register)

시프트 레지스터는 While 루프 안으로 입력되어진 값이 루프 안에서 변화되었을 때 그 변화된 값을 다시 While 루프 안에서 사용하기 위해 만들어진 것이다. 이것을 설명하기 위해서 다음과 같은 프로그램을 작성해 보자.

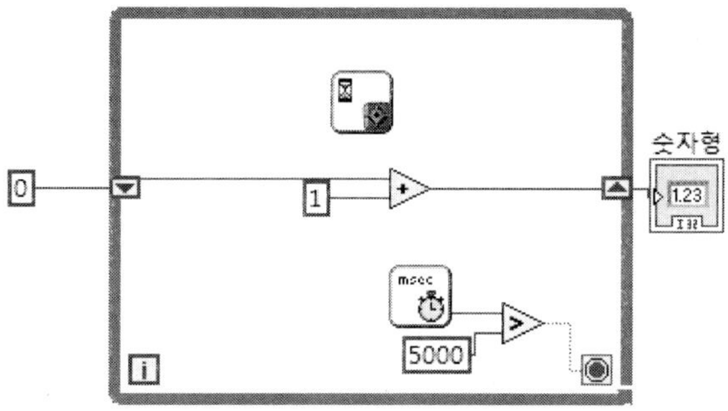

이 프로그램은 While 루프를 그려 놓고 While 루프의 경계선 상에 마우스를 올려놓고 오른쪽 버튼을 클릭하면 다음 그림과 같이 메뉴가 등장한다.

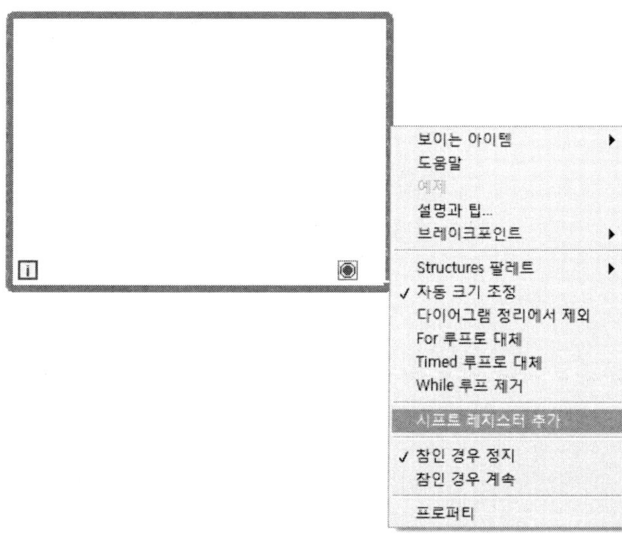

그 메뉴 중에 시프트 레지스터를 추가하면 다음 그림처럼 시프트 레지스터가 좌우 경계에 쌍으로 나타나게 된다.

이제 1번 루프가 실행되면 변수가 1씩 올라가는 시프트 레지스터를 만들어 보자. 먼저 더하기 연산자를 다음 그림처럼 찾아 While 루프 안에 넣어 보자.

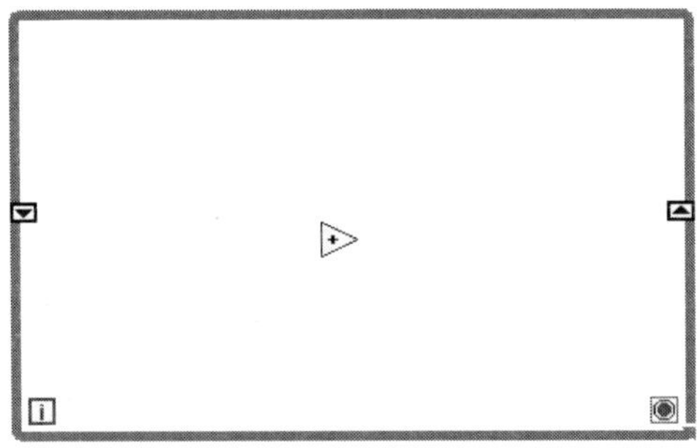

그리고 나서 더하기 함수 입력 단자 y에 마우스를 올려놓고 오른쪽 버튼을 클릭하면 상수 메뉴가 나오고 그 것을 클릭하면 상수를 입력으로 넣을 수 있게 된다. 그리고 왼쪽 시프트 레지스터와 또 하나의 더하기 함수의 입력 단자x를 연결한다. 그 다음 더하기 함수의 출력 단자와 오른쪽에 있는 또 다른 시프트 레지스터를 연결하면 다음 그림처럼 된다.

시프트 레지스터와 더하기 함수에 연결되는 선이 주황색으로 나타난 것을 볼 수 있다. 이것은

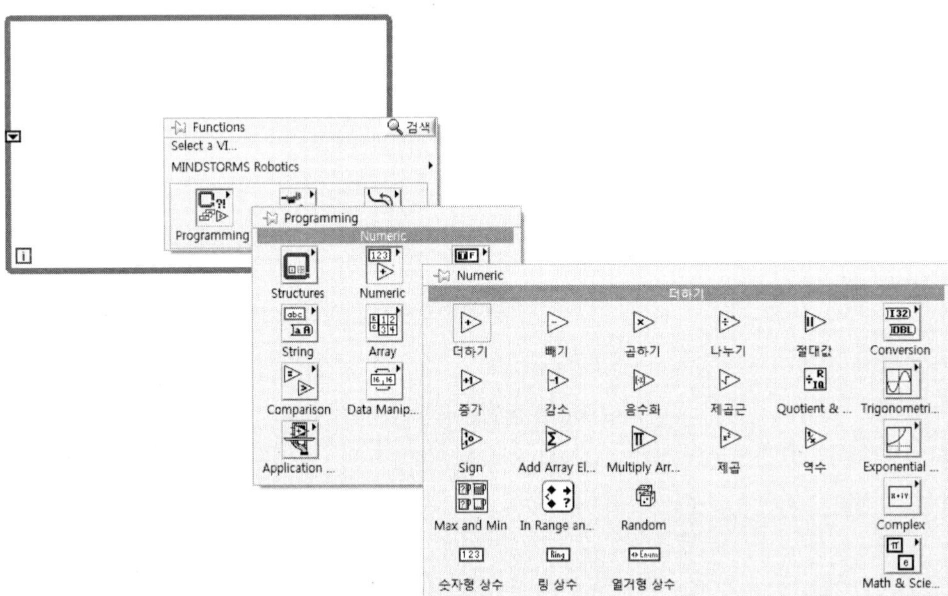

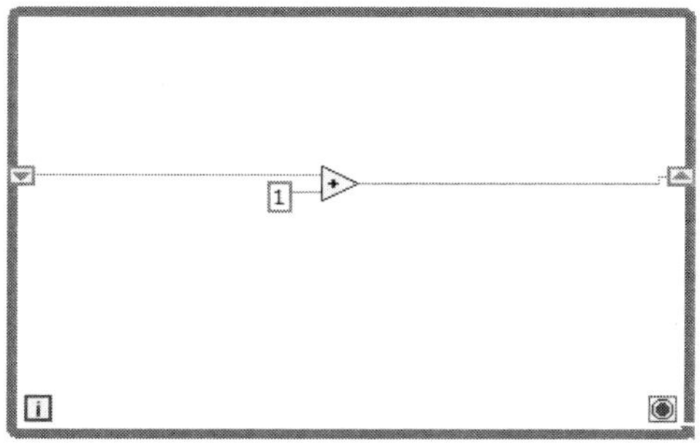

실수를 다루고 있음을 나타낸다. 만약 정수로 바꾸고 싶으면 다음 그림처럼 하면 된다.

더하기 함수 입력 단자 y에 연결되어 있는 상수 위에 마우스를 올려놓고 오른쪽 버튼을 클릭하면 메뉴가 나오고 그 중에 형을 클릭하면 선택할 수 있는 데이터의 형태가 나온다.

EXT는 확장형 정밀도, DBL은 배정도(Double Precision), 그리고 SGL은 단정도(Single Precision) 부동 소수점 실수이고 FXP는 고정 소수점 실수이다. I64, I32, I16 그리고 I8은 바이트 수가 다른 정수이고 U64, U32, U16 그리고 U8은 부호가 없는(Unsigned) 바이트 수가 다른 정수이다. CXT는 확정형 정밀도 복소수이고, CDB는 배정도 부동형 실수 복소수이고, 그리고 CSG는 단정도 부동형 실수 복소수이다.

정수 형태로 바꾸면 시프트 레지스터와 더하기 함수에 연결되는 선이 다음 그림처럼 청색으로 나타난 것을 볼 수 있다.

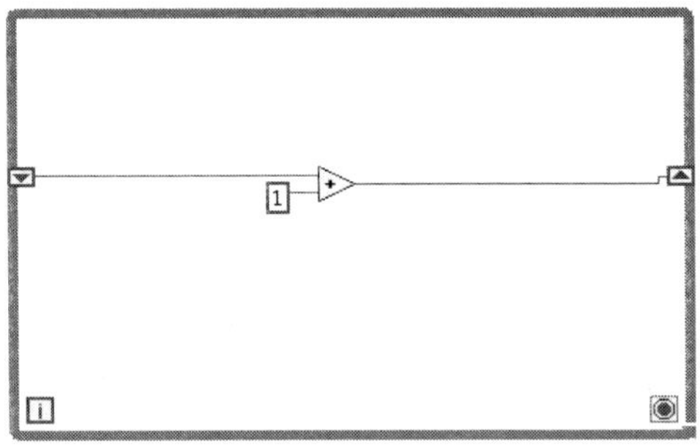

시프트 레지스터는 초기값이 설정 되어져야 한다. 초기화하는 방법은 왼쪽 시프트 레지스터 위에 마우스를 올려놓고 오른쪽 버튼을 클릭하면 다음 그림처럼 메뉴가 나오는데 거기서

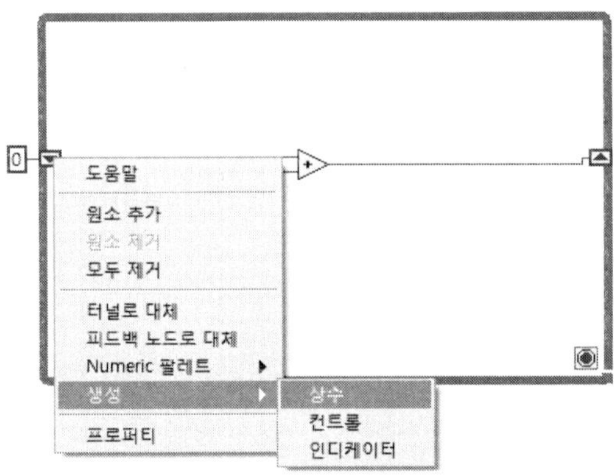

생성 메뉴를 클릭하고 상수를 클릭하면 초기값을 설정할 수 있다.

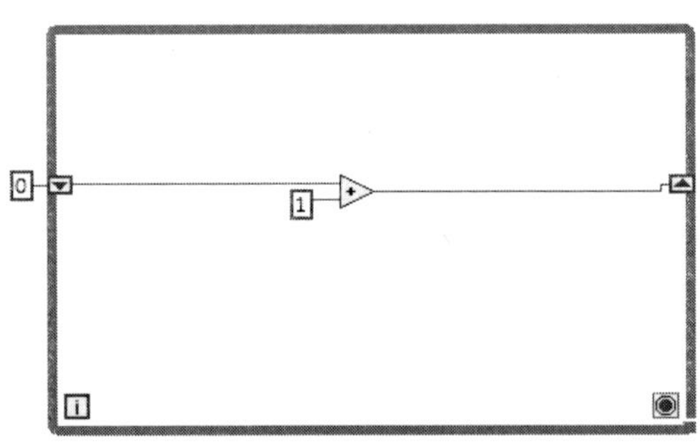

이 프로그램은 While 루프가 1번씩 반복될 때마다 시프트 레지스터가 1씩 올라간다.

앞에서 보였던 프로그램을 다음 그림에서 다시 반복한다.

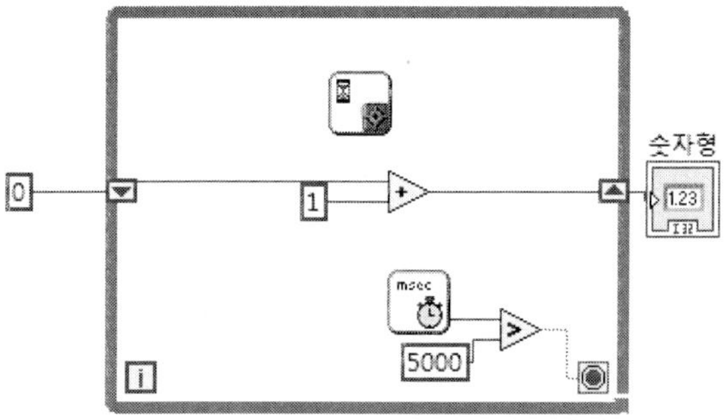

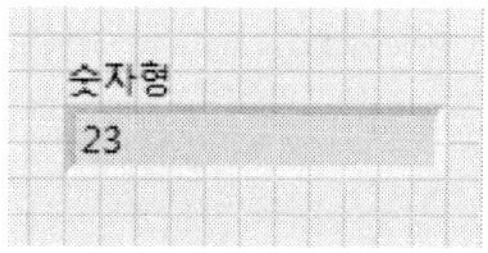

이 프로그램은 While 루프가 1번 실행될 때 마다 시프트 레지스터가 0부터 시작해서 하나씩 올라간다. 시프트 레지스터의 값은 프런트패널에 있는 인디케이터에 표시된다. 1번의 루프는 터치 센서가 눌려지기를 기다린다. 터치 센서가 눌려지면 다음 루프로 진행한다. 동시에 시간의 흐름을 타이머로 측정하고 그 시간이 5초를 넘으면 정지시키는 프로그램이다. 그래서 5초 동안 터치 센서를 몇 번 눌렀는지를 알려 주는 프로그램이다. 인디케이터에 나타나는 숫자는 계속 업데이트 되는 것이 아니라 While 루프가 다 끝나면 표시되게 된다.

이 프로그램은 터치 센서를 계속 누르면 문제가 없이 프로그램을 정지시킬 수 있다. 그런데 이 프로그램에는 1가지 버그가 있다. 만약 프로그램을 동작시키고 터치 센서를 전혀 누르지 않았다면 프로그램이 정지하지 않는다. 왜냐하면 시간은 5초가 지났어도 터치 센서가 눌려지지 않고 루프가 완전히 실행되지 않았기 때문에 프로그램이 정지하지 않는다. 그리고 5초가 지난 후에 터치 센서가 눌렸다 해도 눌린 즉시 프로그램이 정지하지 않는다. 왜냐하면 타이머는 루프가 시작됨과 동시에 읽혔지만 나머지 루프의 동작이 끝날 때까지 프로그램은 기다려야 하기 때문이다.

이것을 보정하기 위해 다음과 같이 프로그램을 고쳐보자.

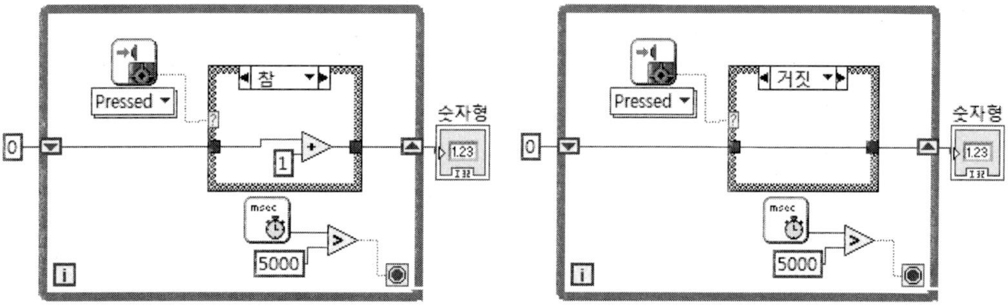

While 루프 안에 케이스 구조를 집어넣고 케이스 선택자를 터치 센서의 눌림 여부로 한다. 터치 센서가 눌리면 참 케이스로 시프트 레지스터를 하나 올리고 아니면 거짓 케이스로 시프트 레지스터가 그대로 유지되게 된다. 앞의 경우와 다른 것은 앞에서는 터치 센서가 눌려지기를 기다렸고 이번 경우는 터치 센서가 눌렸는지 안 눌렸는지의 여부만 확인하면 된다. 그래서 프로그램이 정지하지 않는 경우는 없게 된다.

이번 프로그램은 잘 돌아가는 것처럼 보이지만 또 하나의 중요한 버그가 있다. 사람이 터치 센서를 누르고 있는 시간보다 한 루프가 실행되는 시간이 훨씬 더 짧기 때문이다. 터치를 1번 했는데 그 동안 여러 루프가 실행되어 시프트 레지스터가 많이 증가하게 된다. 이것을 보정하기 위해서는 다음과 같이 프로그램을 수정하여야 한다.

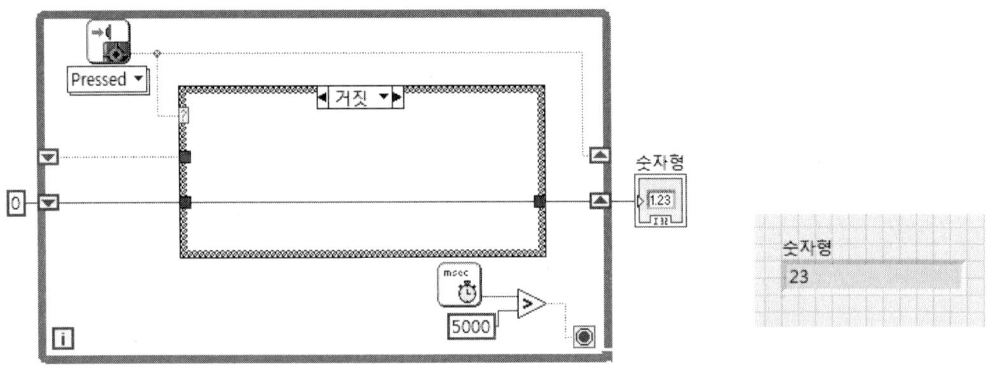

이 프로그램은 시프트 레지스터를 하나 더 생성했고 새로 생성된 시프트 레지스터에는 바로 이전 루프에서 터치 센서가 눌렸었는지를 기억하고 있다. 첫 번째 그림은 터치 센서가 눌리지 않은 경우이고 터치 센서가 눌린 횟수에 관한 시프트 레지스터는 변함이 없다. 두 번째 그림은

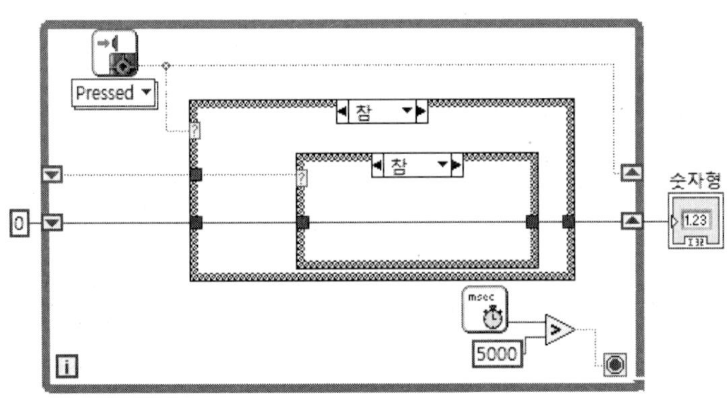

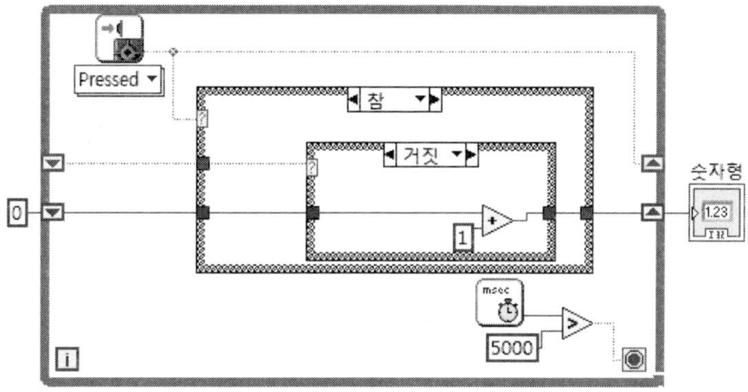

터치센서가 눌린 경우이고 바로 전 루프에서 터치 센서가 눌리지 않았으므로 터치 센서가 눌린 횟수를 가리키는 시프트 레지스터는 하나가 올라간다. 세 번째 그림은 터치 센서가 눌렸는데 그 전 루프에서 이미 계수가 되었기 때문에 시프트 레지스터가 올라가지 않는 경우이다. 이렇게 하면 5초 동안 터치 센서를 몇 번 눌렀는지 카운트하는 프로그램이 완벽해 진다.

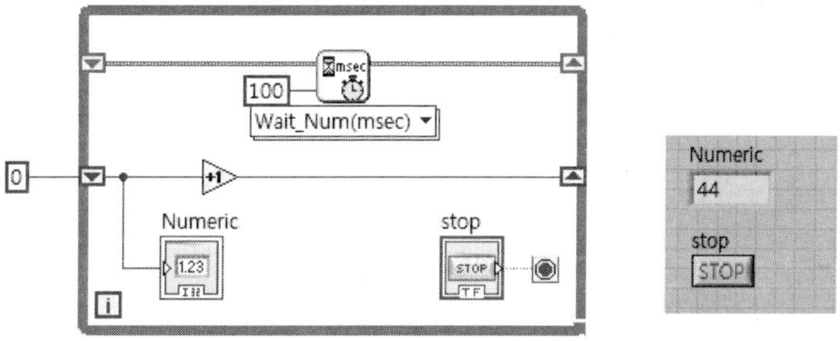

이 프로그램은 한 루프가 진행되는데 100ms가 걸린다. 기다림 함수가 안에 있기 때문이다. 그리고 루프 하나가 실행될 때마다 시프트 레지스터가 하나씩 올라간다. 그리고 프런트패널에서 정지 버튼을 누르면 프로그램이 정지하게 된다.

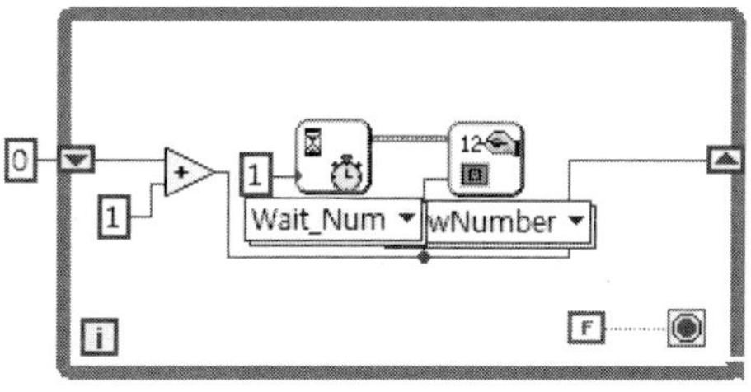

이 프로그램은 1초에 1번씩 While 루프가 돌고 루프가 돈 횟수가 시프트 레지스터에 저장되

고 한 루프에 하나씩 올라간다. 그것이 p-Brick의 스크린에 표시되게 된다.

이 프로그램은 타이머를 리셋하고 시간을 측정해서 시프트 레지스터에 저장하고 그 다음 루프에서 다시 시간을 측정하고 그 전 루프에서 측정한 시간을 뺀다. 그러면 한 루프가 도는데 걸리는 시간을 알 수 있다. 그 값을 p-Brick 스크린에 실수로 디스플레이 한다.

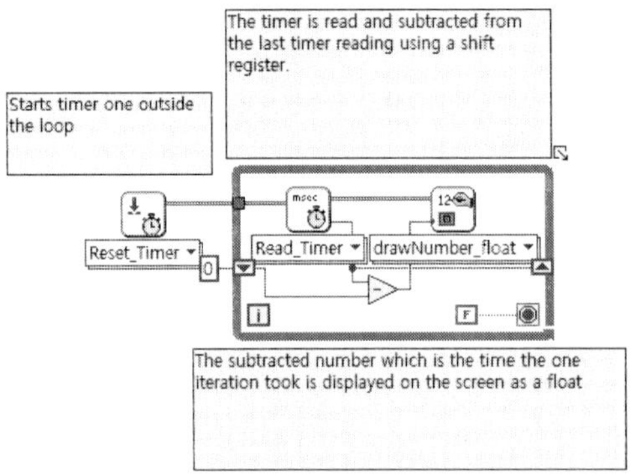

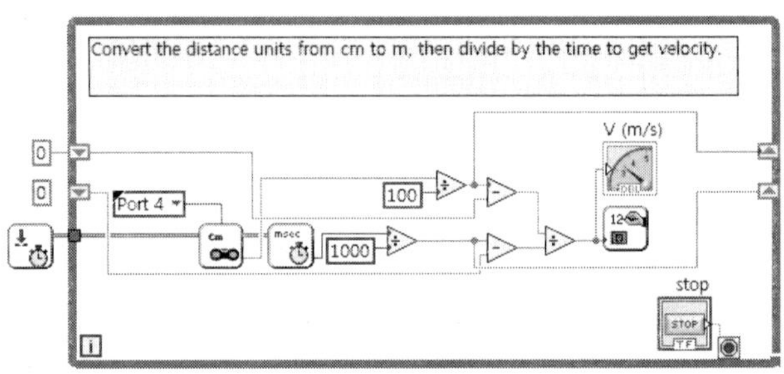

이 프로그램은 4번 포트에 연결되어 있는 초음파 센서를 이용하여 물체의 거리를 측정한다. 바로 전 번의 루프에서 측정한 시간과 거리를 초와 m로 환산한 후 시프트 레지스터에 저장하여 이번 루프의 측정한 값을 환산한다. 두 루프에서의 값을 이용하여 거리의 차이를 시간의 차이로 나누면 물체의 속도를 계산할 수 있다. 그 계산한 값을 프런트패널에 인디케이터로 표시하는 프로그램이다. 프런트패널의 정지 버튼으로 프로그램을 정지시킬 수 있다.

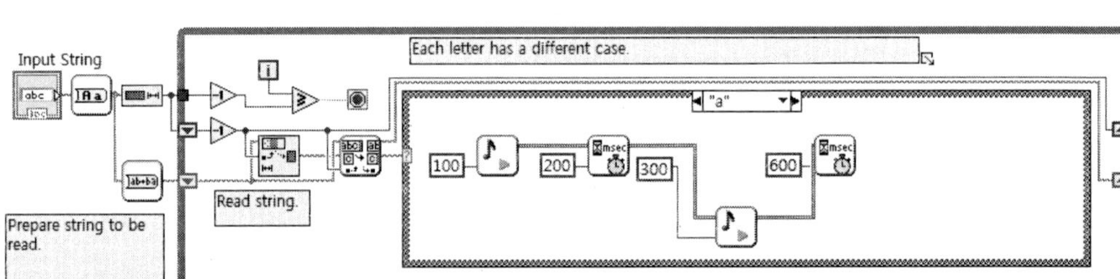

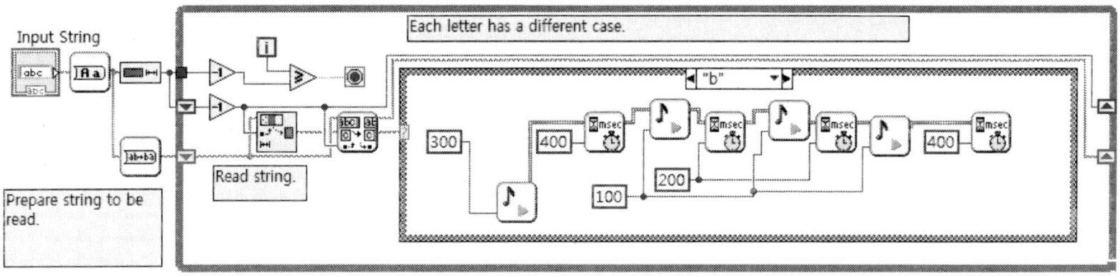

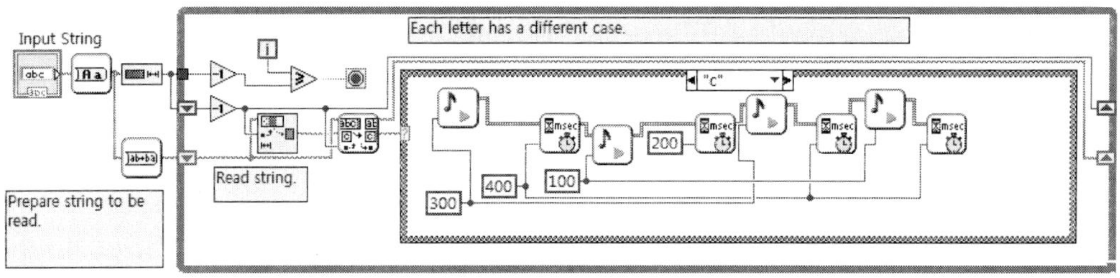

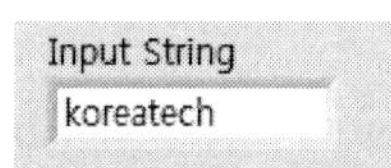

이 프로그램은 먼저 프런트패널의 인디케이터로 문자열을 입력받는다. 문자열의 문자들을 소문자로 바꾼 후 그 문자열의 길이를 계산한다. 그리고 문자열의 순서를 뒤바꾼 뒤 While 루프에서 문자열을 잘라내고 그 잘라낸 문자열에서 또 문자 하나를 차례로 찾아낸다. 알파벳에 따라 모르스 코드에 따라, 소리가 나게 하는 프로그램이다. 위의 그림에선 a,b,c 케이스 경우만 보여진다. 나머지도 모르스 코드에 따라 프로그램이 짜져 있다.

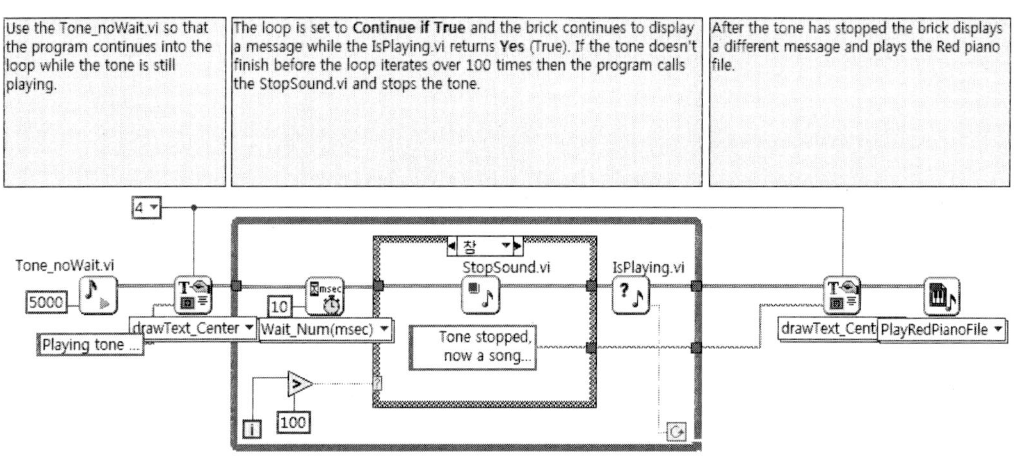

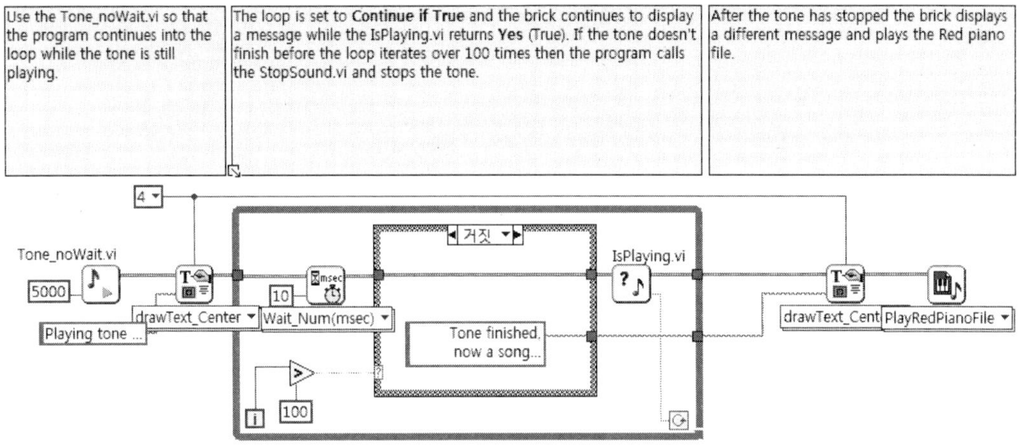

이 프로그램은 주파수 440Hz의 소리를 5초 동안 발생한다. 소리가 발생하고 있는 동안에 While 루프가 진행된다. 매 While 루프는 10ms의 기다림 함수가 있다. 루프가 100번 돌기 전에 끝나면 While 루프가 끝나고 p-Brick의 스크린에 "Tone finished, now a song,,,"이 디스플레이 되고 Red Piano File이 연주된다. 이 파일은 p-Brick에 내장된 피아노 음악 파일이다. 만약 100번 돈 후에도 소리가 계속되면 소리를 정지시키고 p-Brick의 스크린에 "Tone stopped, now a song,,,"이 디스플레이 되고 Red Piano File이 연주된다.

4.8 Flag 사용하기

Flag은 여러 개의 루프가 동시에 실행되고 있을 때 각 루프 간에 서로 소통하여 진행되는 순서를 정할 수 있는 수단이다. Flag를 다룰 수 있는 함수들은 다음과 같이 찾아볼 수 있다.

NXT/EV3 Flags에는 다음과 같이 4개의 함수가 있다. 각 함수들은 3개의 모드가 있으며, 다음과 같이 볼 수 있다. 4개의 모든 함수가 다 불리언, 정수, 그리고 문자열의 3개의 모드가 있다.

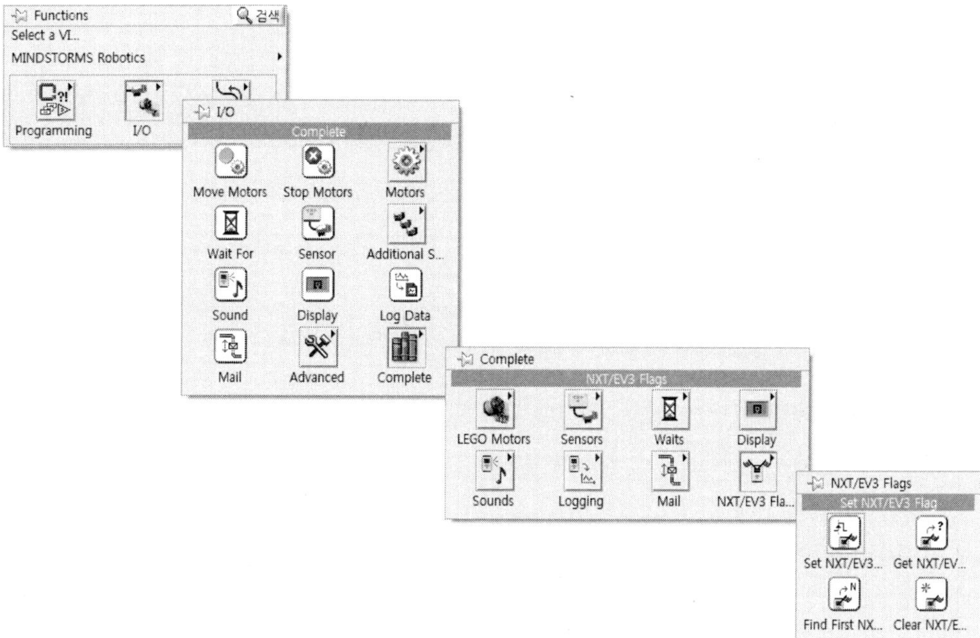

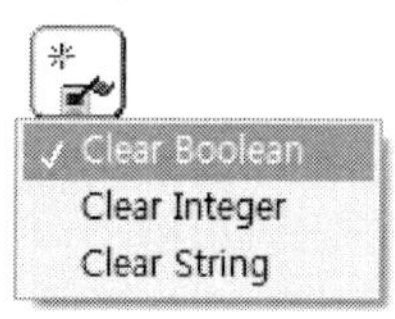

먼저 불리언 모드를 생각해 보자.

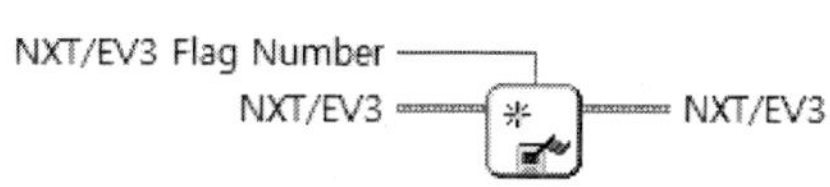

이 함수는 Clear 함수이다. 함수 위에 있는 Flag Number는 Flag의 번호를 나타내며 0번이

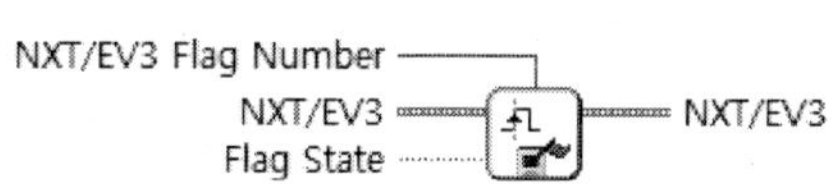

기본이다. Flag State로 표시되는 Flag의 상태를 False로 정하는 함수이다.

이 함수는 선택한 Flag의 상태를 Flag State의 입력 단자에 True 또는 False로 정해 주는 Set 함수이다. 기본은 True이다.

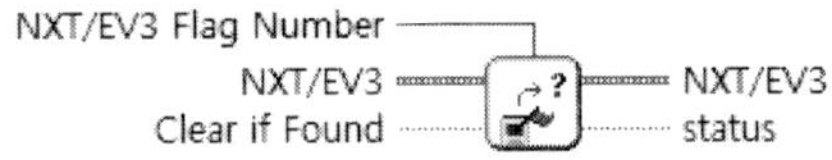

이 Get 함수는 status 출력단자로 선택한 Flag의 상태를 출력하는 함수이다. Clear if Found가 True로 되어 있으면 이 함수는 선택된 Flag의 상태를 출력하고 그 Flag의 상태를 False로 정하게 된다. 만약 False로 되어 있으면 Flag의 상태가 변하지 않는다.

이 Find First 함수는 설정된 Flag의 번호를 출력하는 함수이다. Clear if Found가 True로 되어 있으면 이 함수는 선택된 Flag의 상태를 출력하고 그 Flag의 상태를 False로 정하게 된다. 만약 False로 되어 있으면 Flag의 상태가 변하지 않는다.

이 4 함수들을 이용한 프로그램을 살펴보자.

이 프로그램은 1번 Flag가 False로 설정되고 2개의 While 루프가 동시에 돌게 된다.

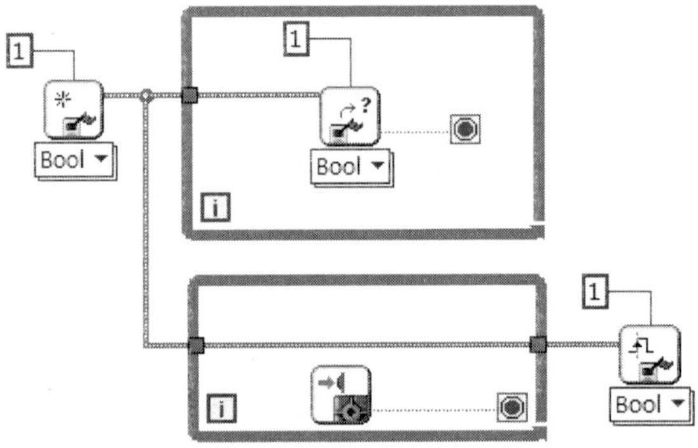

터치 센서가 눌리게 되면 다음 While 루프가 정지하게 되고 다시 1번 Flag가 True로 설정되고 프로그램이 끝나게 된다.

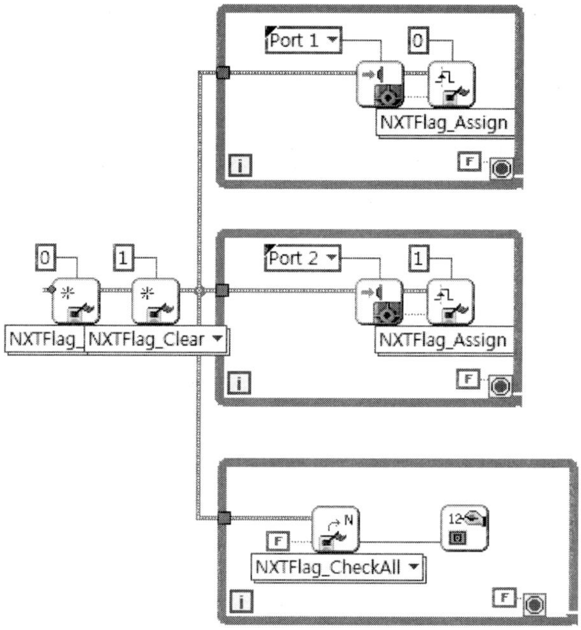

이 프로그램은 3개의 While 루프가 동시에 작동하고 있다. 루프 조건에 False가 연결되어 있으니 이 루프들은 무한 루프이다. 먼저 0번과 1번 Flag가 False로 리셋 된다. 첫 번째 While 루프에서 포트 1에 있는 터치 센서가 눌리면 0번 Flag가 True로 정해진다. 그러면 세 번째 While 루프의 Find First 함수가 True로 정해진 Flag의 번호를 돌려주고 그것이 p-Brick의 스크린에 출력된다. 두 번째 While 루프에서 포트 2에서 터치 센서가 눌려지면 1번 Flag가 True로 정해지고 세 번째 While 루프에서 Flag번호를 1번을 출력하여 그것이 p-Brick의 스크린에 디스플레이 된다. 만약 1번 포트에 있는 터치 센서와 2번 포트에 있는 센서가 동시에 눌리면 p-Brick 스크린에 0이 표시된다. 0번이 1번보다 우선순위가 높기 때문이다. 만약 둘 다 눌려있지 않은 상태에서는 스크린에 -1이 표시된다.

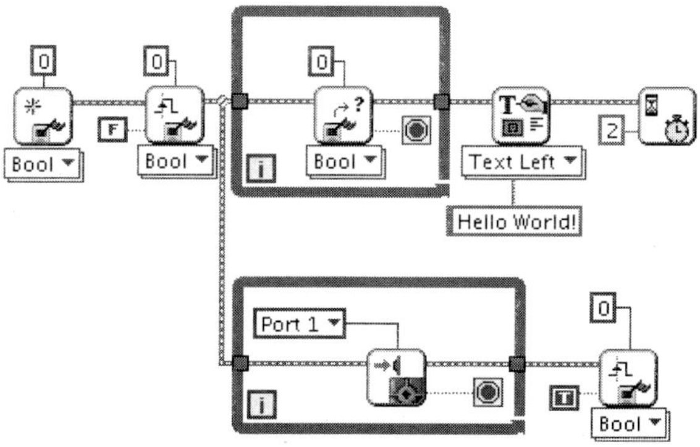

앞의 프로그램은 0번 Flag를 먼저 Clear한 다음 False로 설정한다. 그리고 2개의 While 루프가 동시에 동작을 한다. 그러다 1번 포트에 있는 터치 센서가 눌리면 아래 루프는 멈추게 되고 위의 루프는 0번 Flag가 True로 설정된다. 그리고 위의 루프도 정지하게 된다. 그런 다음 "Hello World"가 p-Brick의 스크린에 2초 동안 표시되게 된다. 이런 식으로 각각의 독립적 평행 루프가 서로 대화를 하게 된다.

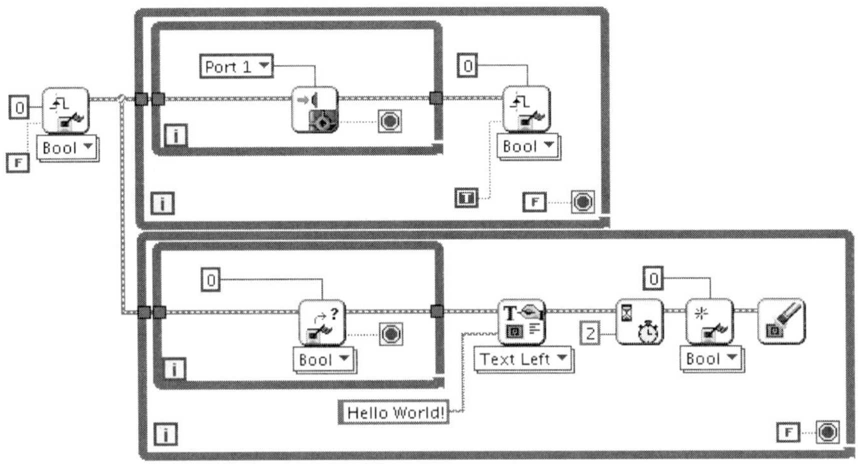

위의 프로그램은 먼저 0번 Flag가 False로 설정되고 두 이중 While 루프가 동시에 평행하게 돌게 된다. 그러다 1번 포트에 연결되어 있는 터치 센서가 눌리게 되면 위의 루프 안에 있는 루프가 정지하게 되고 0번 Flag가 True로 설정되게 된다. 0번 Flag가 True로 설정되면 아래 루프 중 안에 있는 While 루프는 정지되고 "Hello World"가 2초 동안 p-Brick 스크린에 2초 동안 디스플레이 되고 다시 0번 Flag가 False로 설정되고 스크린에 디스플레이된 것을 지운다. 그리고 이것이 계속 반복된다.

다음 정수 모드를 생각해 보자.

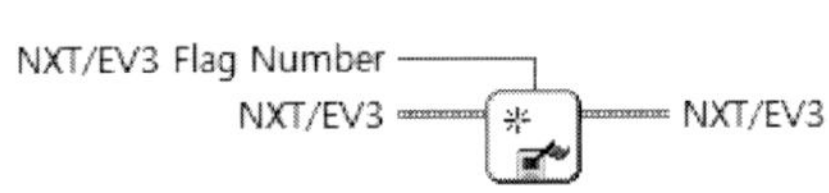

이 함수는 불리언 모드에서와 마찬가지로 Clear 함수이다. 함수 위에 있는 Flag Number는 Flag의 번호를 나타내며 0번이 기본이다. Flag Number로 표시되는 Flag의 정수값을 -1로 설정하는 함수이다.

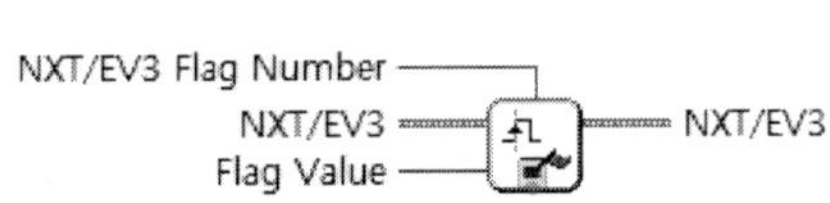

이 함수는 선택한 Flag의 상태를 Flag Value의 입력 단자에 32bit 정수를 집어넣는 Set 함수이다. 기본은 1 이고 -2^{32}에서 2^{32-1}까지의 값을 가질 수 있다.

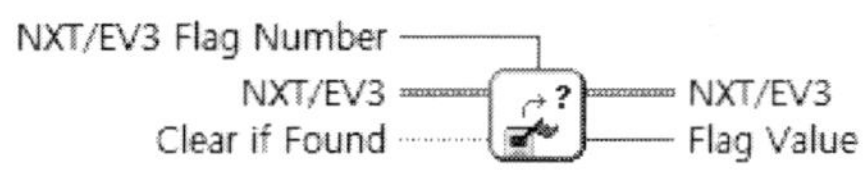

이 Get 함수는 Flag Value 출력단자로 선택한 Flag의 정수값을 출력하는 함수이다. Clear if Found가 True로 되어 있으면 이 함수는 선택된 Flag의 정수값를 출력하고 그 Flag의 정수값을 0으로 설정하게 된다. 만약 False로 되어 있으면 Flag의 정수값은 변하지 않는다.

이 Find First 함수는 설정된 Flag의 번호를 출력하는 함수이다. Clear if Found가 True로 되어 있으면 이 함수는 선택된 Flag의 정수값을 출력하고 그 Flag의 정수값을 0으로 설정하게 된다. 만약 False로 되어 있으면 Flag의 정수값은 변하지 않는다.

이 정수 모드의 4 함수들을 이용한 프로그램을 살펴보자.

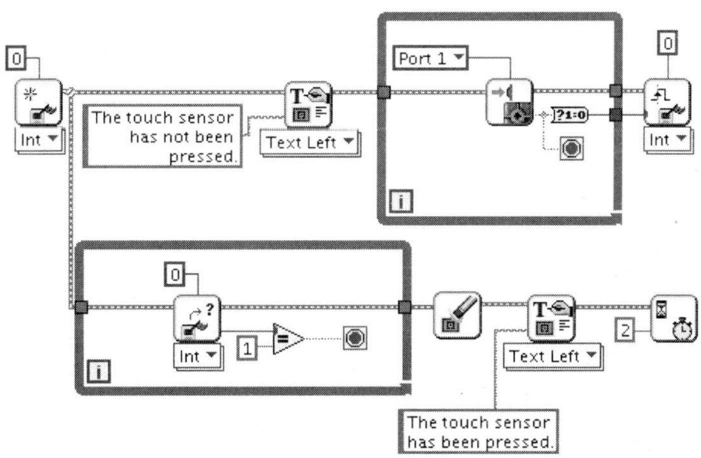

이 프로그램은 처음에 0번 Flag에 정수값을 -1로 설정하고 “The touch sensor has not been pressed”를 p-Brick 스크린에 표시하고 2개의 While 루프가 동시에 돌게 된다. 1번 포트에 연결되어 있는 터치 센서가 눌리면 루프가 정지하고 0번 Flag의 정수값이 1로 설정된다. True 또는 False로 표시되는 불리언을 0 또는 1의 정수로 바꾸는 함수는 다음 그림같이 찾을 수 있다.

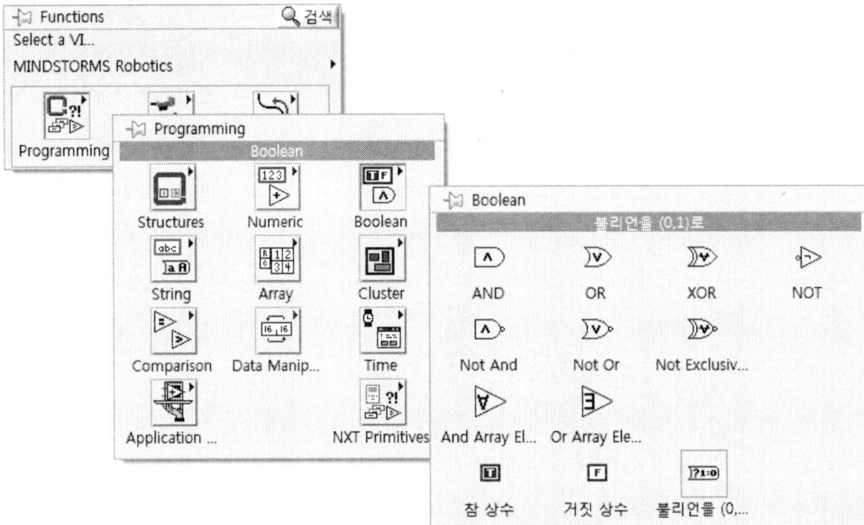

0번 Flag의 정수값이 1로 설정되면 아래 루프가 정지하게 되고 p-Brick의 스크린을 다 지우고 "The touch sensor has been pressed."가 2초 동안 스크린에 표시된다. 그리고 프로그램이 정지하게 된다.

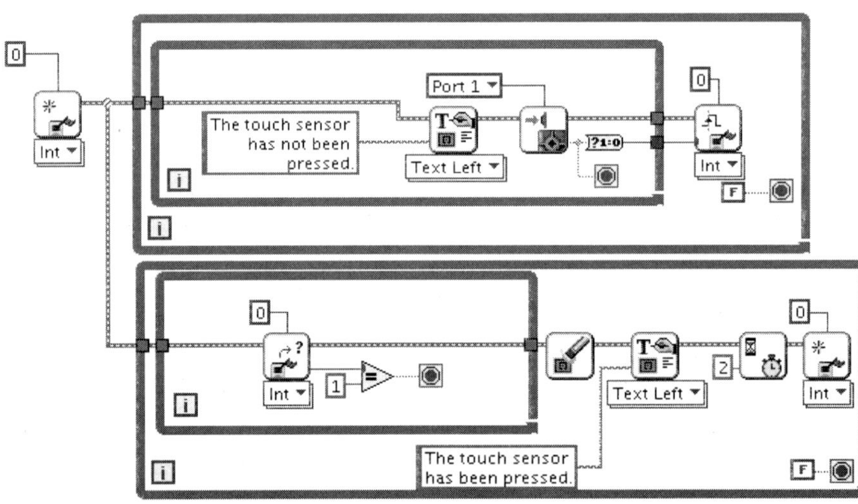

위의 프로그램은 바로 전 프로그램과 동일하게 동작이 되지만 계속 반복 된다는 점만이 다르다.

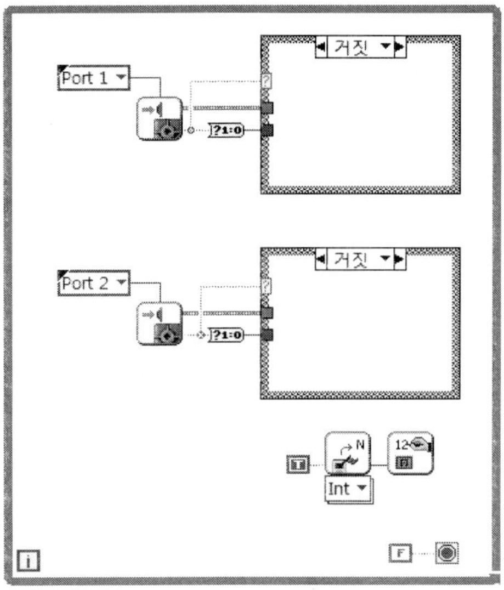

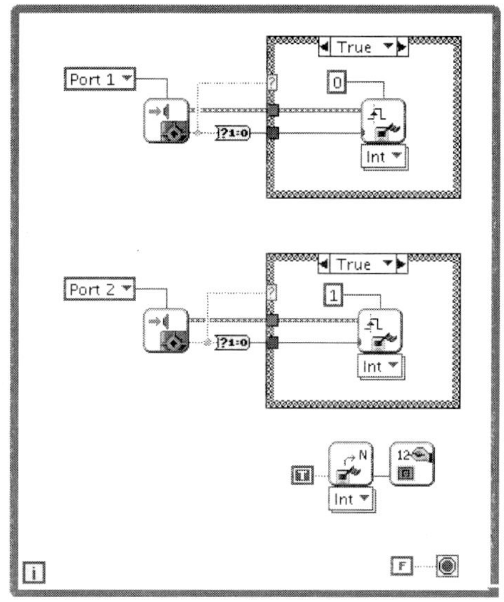

위의 프로그램은 While 루프 안에 2개의 케이스 구조가 있는 프로그램이다. While 루프가 계속 1,2번 포트에 연결된 터치 센서의 상태를 살피다가 1번 포트의 터치 센서가 눌리면 0번 Flag의 정수값이 1이 되고 p-Brick의 스크린에 0이 표시된다. 2번 포트 터치 센서가 눌리면 1번 Flag의 정수값이 1이 되고 p-Brick의 스크린에 1이 표시된다. 어느 터치 센서도 눌리지 않으면 스크린에 기본값 -1이 표시되고 둘 다 눌리면 0번 Flag가 우선 순위가 있어 0번이 표시되게 된다.

마지막으로 문자열 모드를 생각해 보자.

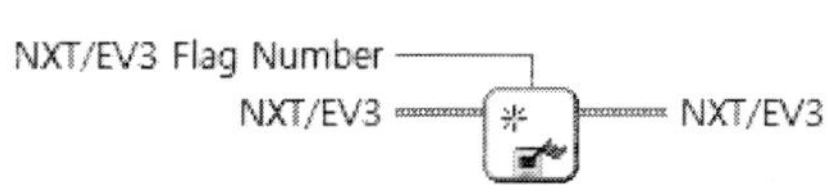

이 함수는 불리언 모드에서와 마찬가지로 Clear 함수이다. 함수 위에 있는 Flag Number는 Flag의 번호를 나타내며 0번이 기본이다. Flag Value로 표시되는 Flag의 문자열을 빈 문자열로 설정하는 함수이다.

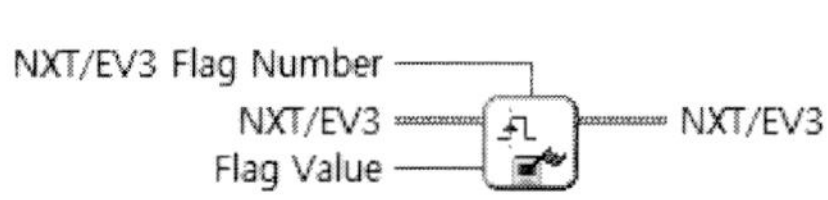

이 함수는 선택한 Flag의 상태를 Flag Value의 입력 단자에 임의의 문자열을 집어넣는 Set 함수이다. 기본은 True이다.

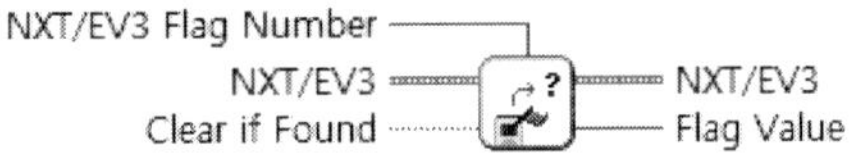

이 Get 함수는 Flag Value 출력단자로 선택한 Flag의 문자열을 출력하는 함수이다. Clear if Found가 True로 되어 있으면 이 함수는 선택된 Flag의 문자열을 출력하고 그 Flag의 문자열을 빈 문자열로 설정하게 된다. 만약 False로 되어 있으면 Flag의 문자열은 변하지 않는다.

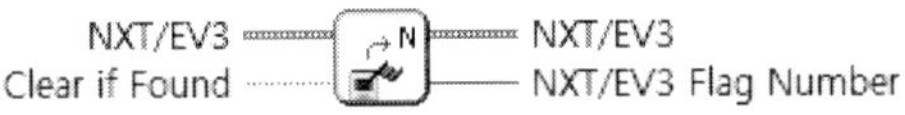

이 Find First 함수는 설정된 Flag의 번호를 출력하는 함수이다. Clear if Found가 True로 되어 있으면 이 함수는 선택된 Flag의 문자열을 출력하고 그 Flag의 문자열을 빈 문자열로 설정하게 된다. 만약 False로 되어 있으면 Flag의 문자열은 변하지 않는다.

이 문자열 모드의 4 함수들을 이용한 프로그램을 살펴보자.

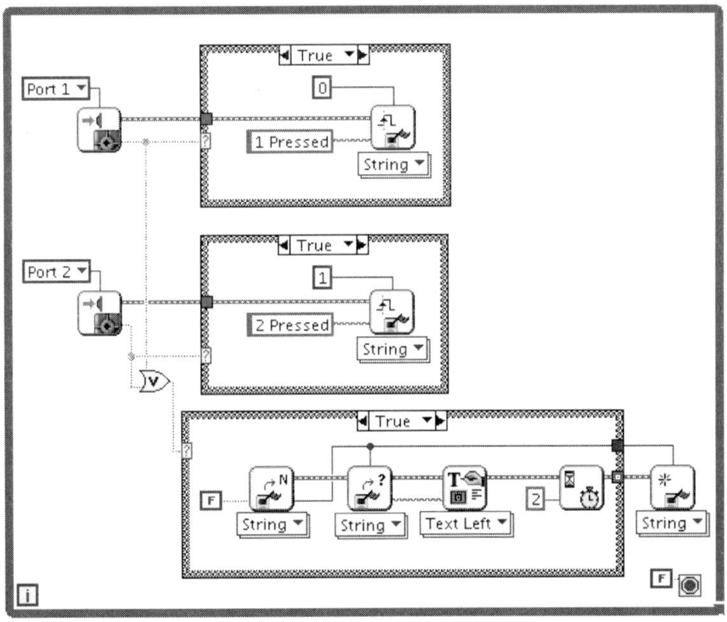

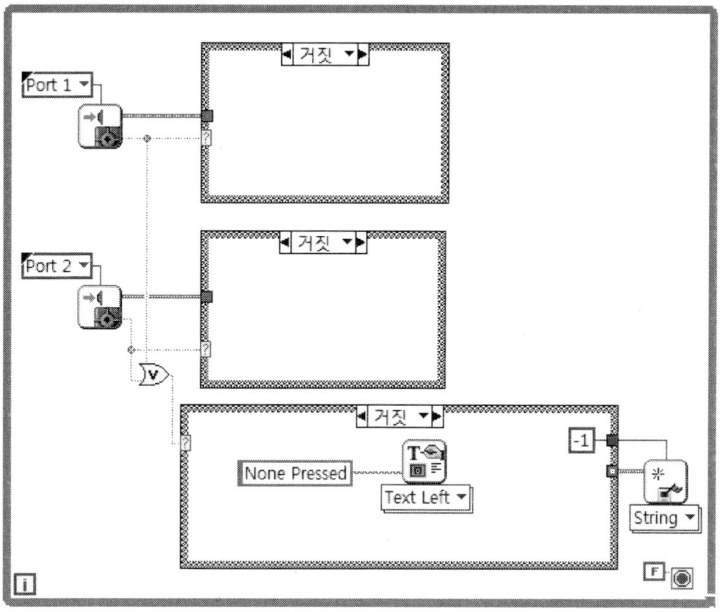

이 프로그램은 While 루프가 1,2번 포트의 터치 센서가 눌렸는지를 확인하고 1번 포트의 터치 센서가 눌렸으면 0번 Flag의 문자열을 "1 Pressed"로 설정하고 2번 포트의 터치 센서가 눌렸으면 1번 Flag의 문자열을 "2 Pressed"로 설정한다. 1번 터치 센서나 또는 2번 터치 센서가 눌리면 설정된 Flag에 따라 각 Flag의 문자열을 읽어 p_Brick의 스크린에 그 문자열을 2초 동안 표시한다. 그리고 다시 각 Flag의 문자열들을 빈 문자열로 재설정한다. 위 프로그램에서 OR 함수는

다음 그림처럼 찾을 수 있다.

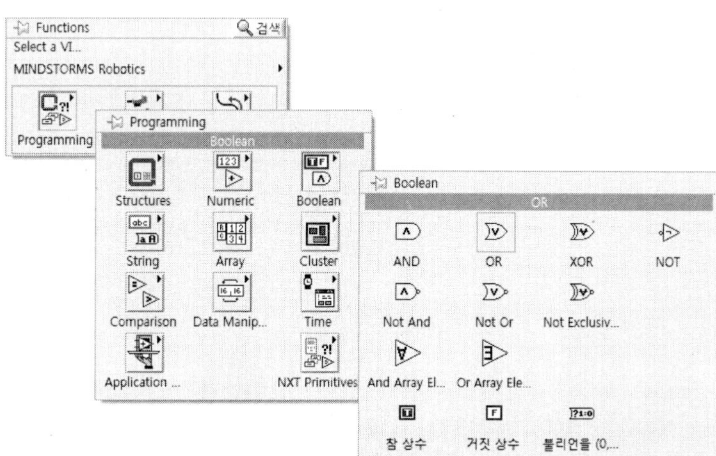

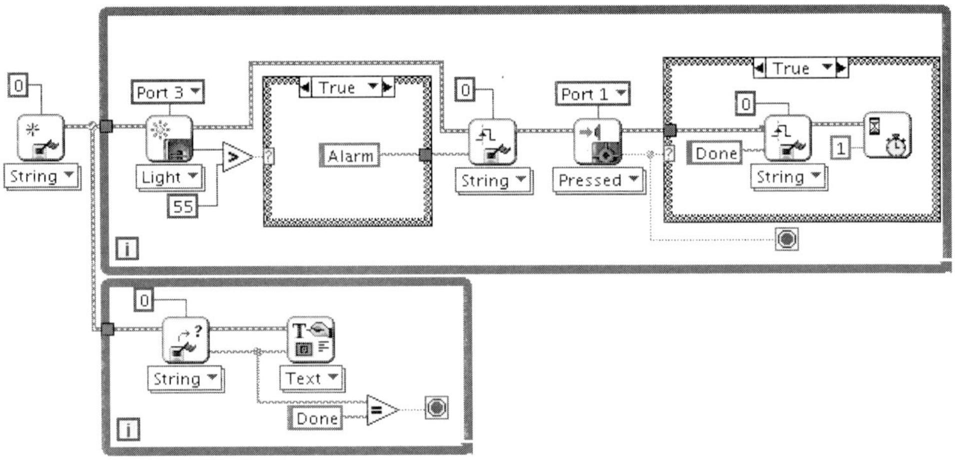

이 프로그램은 먼저 0번 Flag의 문자열을 빈 문자열로 초기화하고 2개의 While 루프를 동시에 돌린다. 그리고 반사광 모드의 컬러 센서값이 55보다 크면 0번 Flag에 “Alarm”이란 문자열을 집어넣고 두 번째 While 루프에 의해 p_Brick의 스크린에 디스플레이가 된다. 그 다음 1번 포트의 터치 센서가 눌리면 0번 Flag의 문자열에 Done이라고 집어넣고 또 다시 두 번째 루프에 의해 p_Brick의 스크린에 디스플레이가 되고 1초 후에 프로그램이 정지 된다.

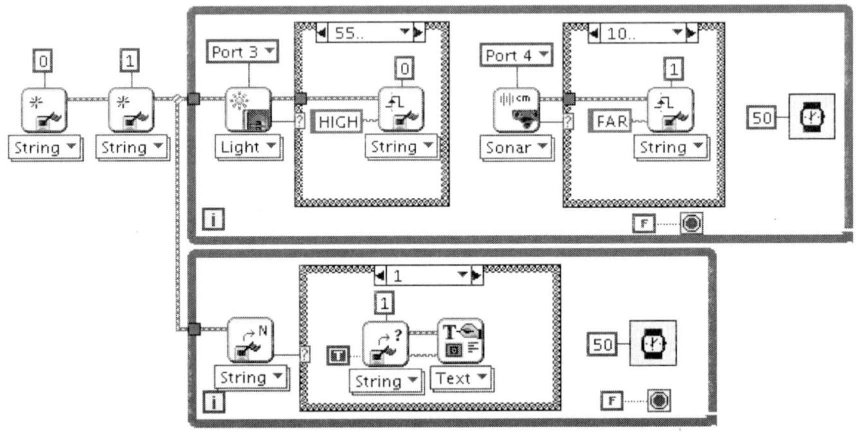

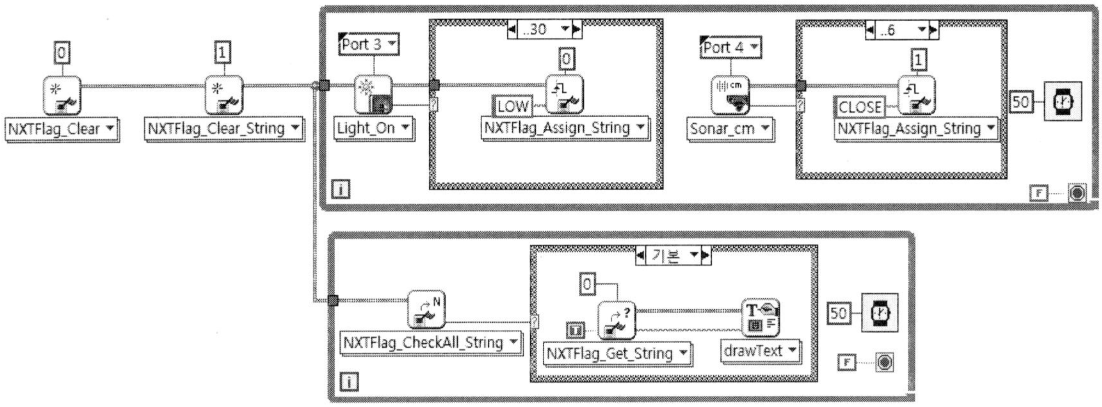

위의 프로그램은 2개의 Flag를 빈 문자열로 초기화하고 반사광 모드의 컬러 센서값이 30보다 낮으면 0번 Flag의 문자열에 "LOW"라고 집어넣고 55보다 높으면 "HIGH"라고 집어넣는다. 초음파 센서의 값이 6보다 적으면 1번 Flag에 "CLOSE"라고 집어넣고 10보다 크면 "FAR"라고 집어넣는다. 설정된 Flag의 상태에 따라 문자열을 p_Brick의 스크린에 디스플레이 한다. 여기서 사용된 기다림 함수는

다음 그림처럼 찾을 수 있다.

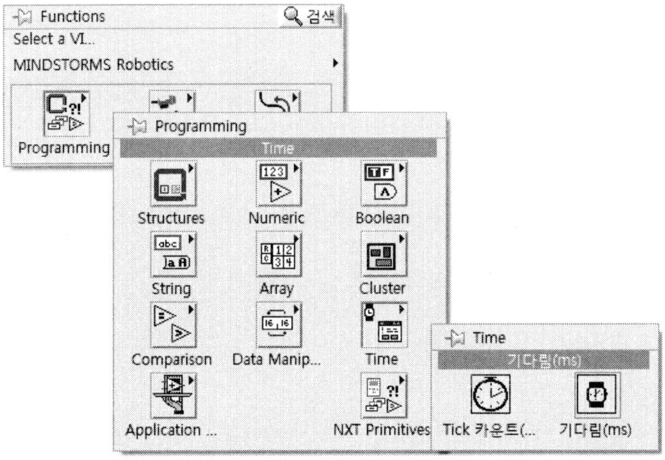

함수 팔레트에서 Programming을 클릭 ➜ Time을 클릭 ➜ 기다림 함수가 나타난다. 이 함수는 프로그램의 진행을 더디게 하는 함수이다. 단위는 ms이고 기본은 0이다.

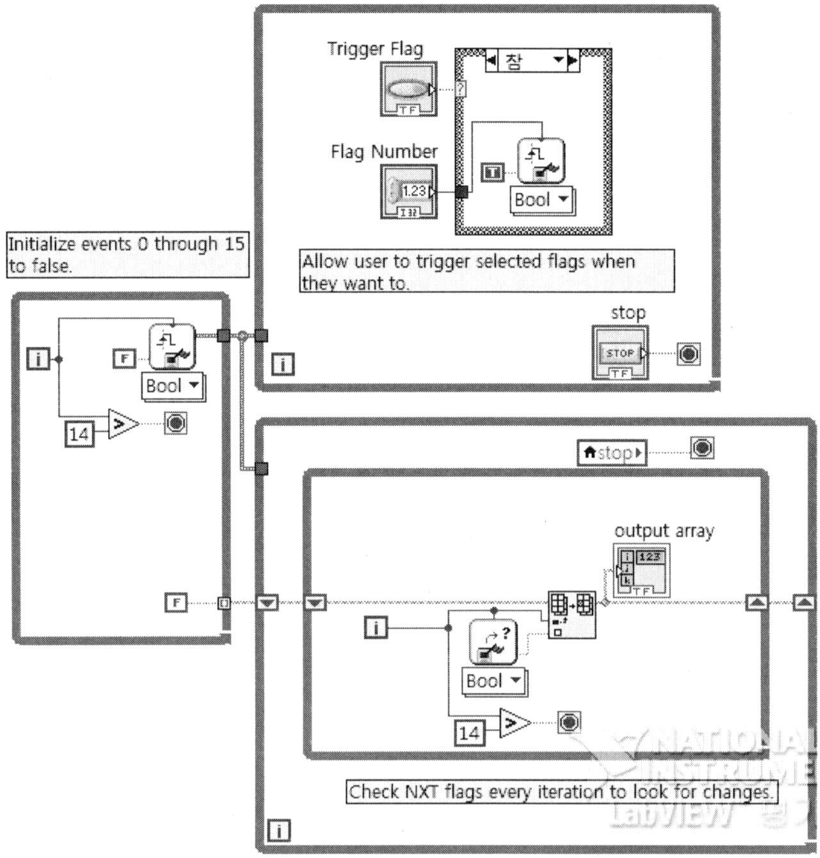

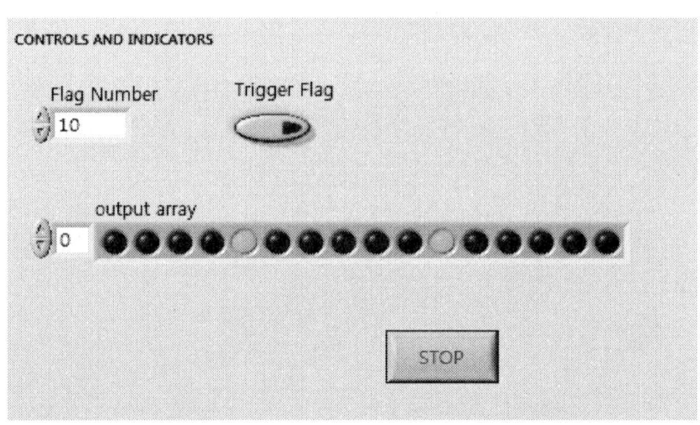

이 프로그램은 여러 개의 Flag을 사용하는 예를 보여주는 프로그램이다. 첫 번째 While 루프에서는 0번부터 14번까지의 15개의 Flag의 불리언 값을 False로 설정한다. 그리고 2개의 While 루프가 동시에 평행하게 돌아간다. 2개의 루프 중 위의 것은 트리거할 Flag의 번호를 지정해 주고 그 번호의 Flag만 True로 설정한다. 그렇게 설정된 Flag에 해당되는 LED에만 On 되게 불리언 배열을 만들어 주고 프런트 패널에 표시한다.

다음 루프에서 사용한 배열 부분 대체 함수는

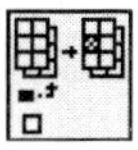

다음의 그림처럼 찾아 볼 수 있다.

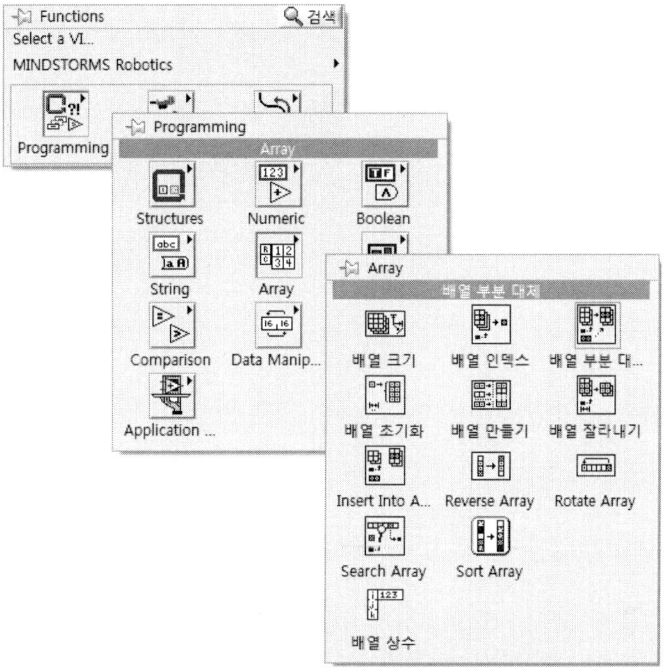

함수 팔레트에서 Programming을 클릭하고 그 다음에 나오는 메뉴 중에서 Array를 클릭한다. 거기에서 나오는 메뉴 중에 부분 배열 대체 함수를 선택하면 된다. 이 함수는 원래 배열 중에 선택한 인덱스로 지정한 부분만 다른 배열로 바꿔주는 함수이다.

또 위의 프로그램에서 사용한 로컬 변수는

다음의 그림처럼 생성할 수 있다.

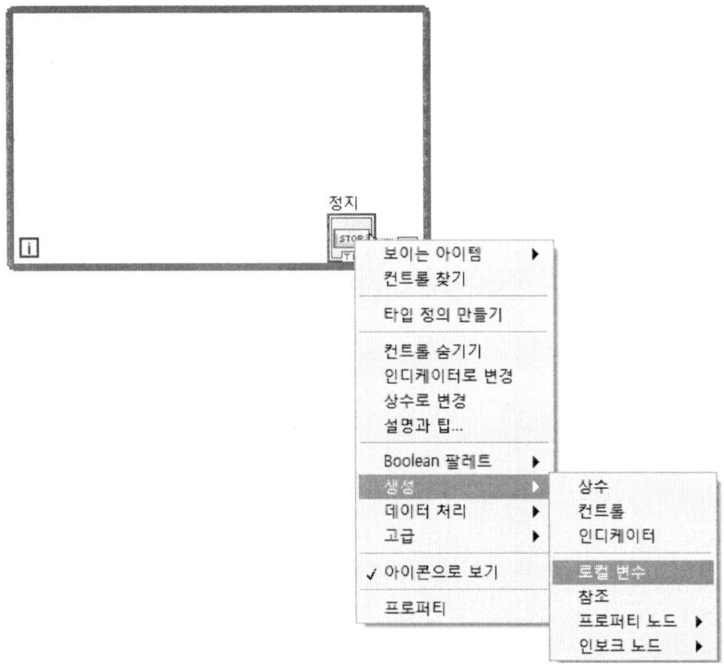

정지 버튼 위에 마우스를 올려놓고 오른쪽 버튼을 누르면 메뉴가 나오고 거기서 생성을 클릭하면 나오는 또 다른 메뉴에서 로컬 변수를 선택하면 된다. 이렇게 해서 나오는 로컬 변수는 다음 그림처럼 쓰기 모드로 되어 있는데

이것 위에 마우스를 올리고 오른쪽 버튼을 클릭하면 다음 그림처럼 읽기로 변경할 수 있다.

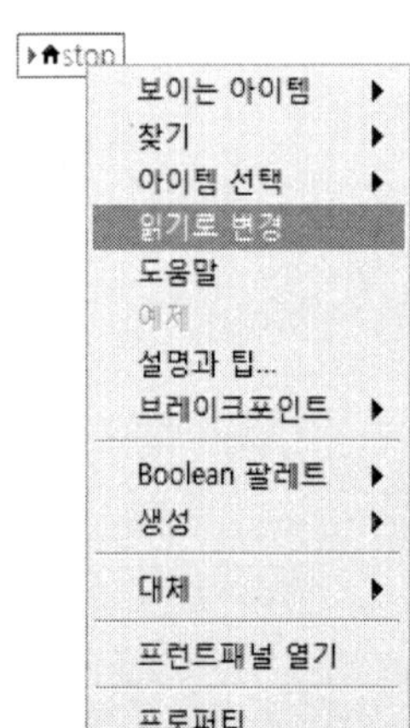

이 로컬 변수로 위 While 루프에서 클릭한 정지 버튼의 정보가 아래 While 루프로 전달되어서 두 While 루프를 동시에 정지시킬 수 있게 된다. 이것이 로컬 변수의 역할이다.

로컬 변수가 사용된 예를 보여주는 다른 프로그램은 다음과 같다.

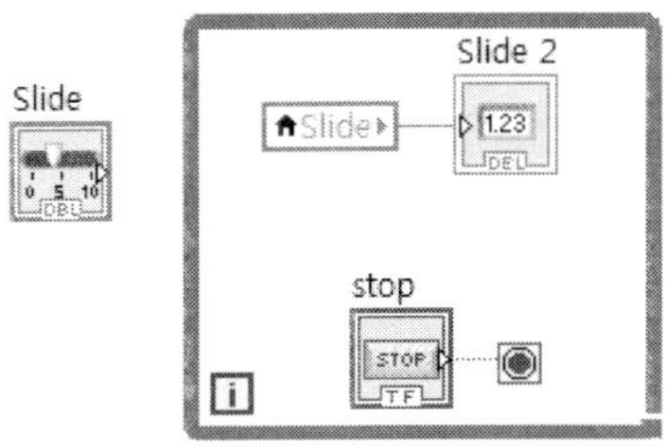

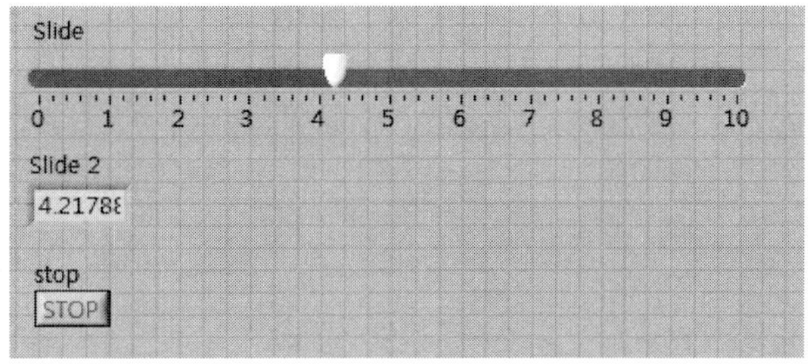

Slide를 클릭하여 로컬 변수를 만들면 Slide에서 변화되는 값이 어떤 선으로도 연결되어지지 않았어도 로컬 변수에 그대로 전달된다.

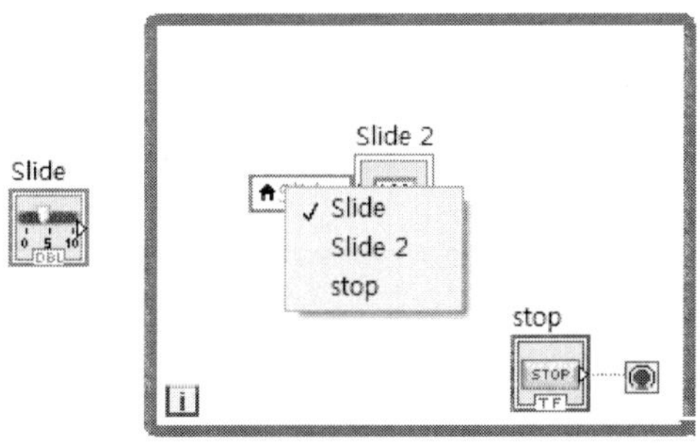

위의 그림처럼 로컬 변수에 마우스를 올려놓고 왼쪽 마우스를 클릭하면 다른 변수들도 로컬 변수로 사용할 수 있습니다.

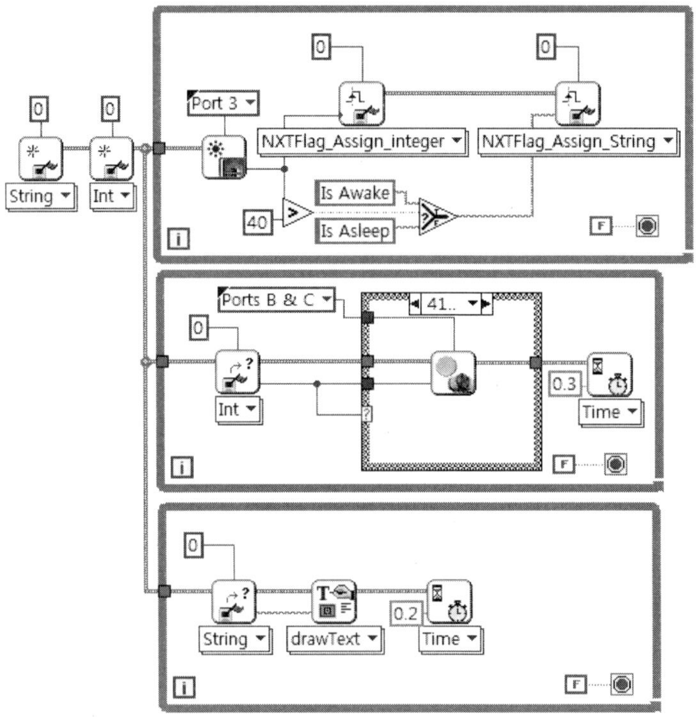
0
0
String
Int
Port 3
0
0
NXTFlag_Assign_integer
NXTFlag_Assign_String
Is Awake
40
Is Asleep
Ports B & C
41..
0
Int
0.3
Time
0
String
drawText
0.2
Time

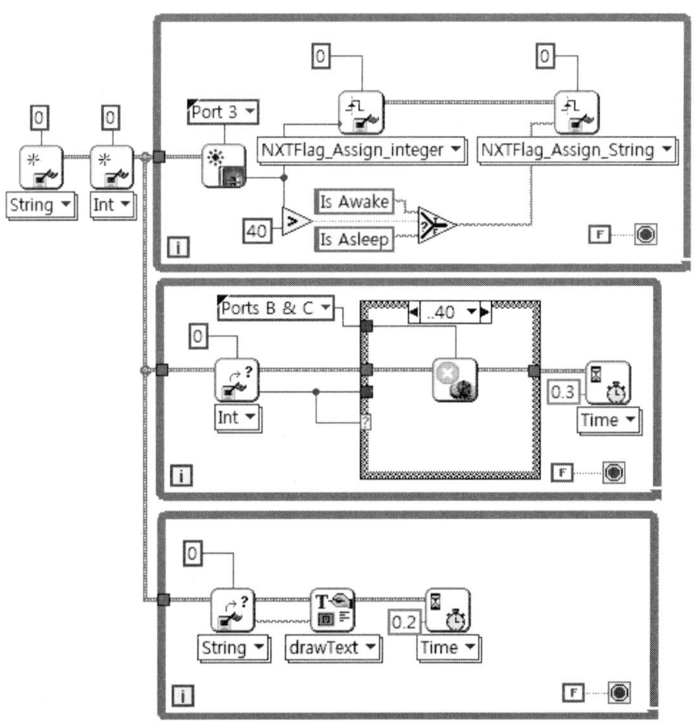
0
0
String
Int
Port 3
0
0
NXTFlag_Assign_integer
NXTFlag_Assign_String
Is Awake
40
Is Asleep
Ports B & C
..40
0
Int
0.3
Time
0
String
drawText
0.2
Time

앞의 프로그램은 정수 모드와 불리언모드의 Flag 함수 들을 동시에 사용하는 프로그램이다. 먼저 0번 Flag에 정수값과 문자열을 초기화시킨다. 그리고 3개의 While 루프가 동시에 평행하게 진행한다. 첫 번째 While 루프에서는 3번 포트에 연결되어 있는 주변광 모드의 컬러 센서의 값이 40 이상이면 0번 Flag에 정수값을 컬러 센서 값을 집어넣고 문자열에는 "Is Awake"라고 넣고 40 미만이면 정수값을 컬러 센서 값을 넣고 문자열에는 "Is Asleep"이라고 넣는다. 그러면 두 번째 While 루프에서 0번 Flag의 정수 값을 확인하고 40 보다 큰 경우는 0.3초 동안 컬러 센서 값대로 파워를 주어 모터가 앞으로 돌아가고 40보다 적은 경우는 0.3초 동안 정지한다. 세 번째 While 루프에서는 0번 Flag의 문자열을 확인하고 0.2초 동안 p_Brick의 스크린에 각각의 경우의 문자열을 디스플레이 한다.

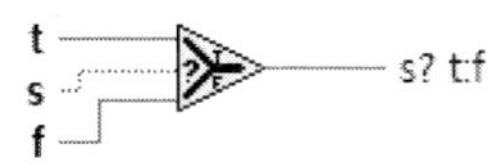

위의 그림에 있는 위에서 사용한 선택 함수는 s의 조건에 따라 s가 True이면 위의 것을 s가 False이면 아래 것을 선택하는 함수이다. 이것은 다음의 그림처럼 찾을 수 있다.

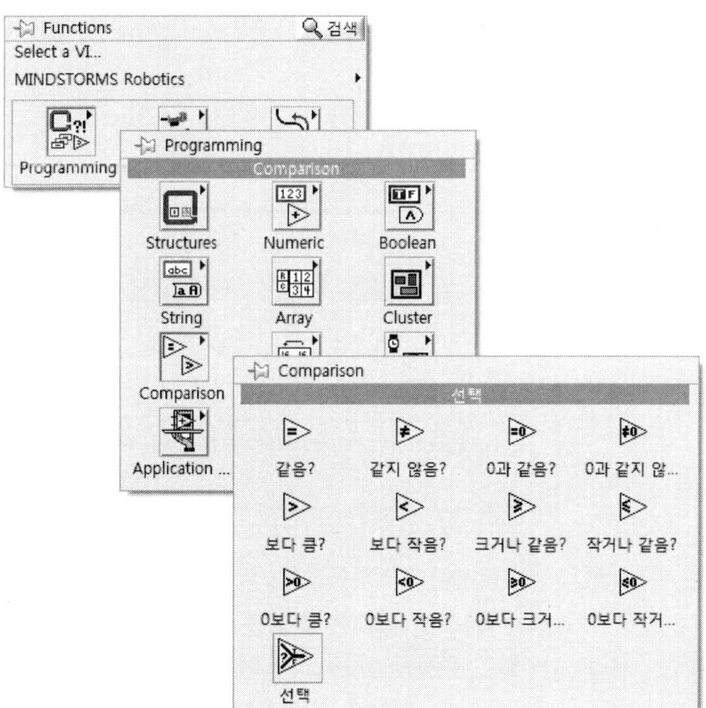

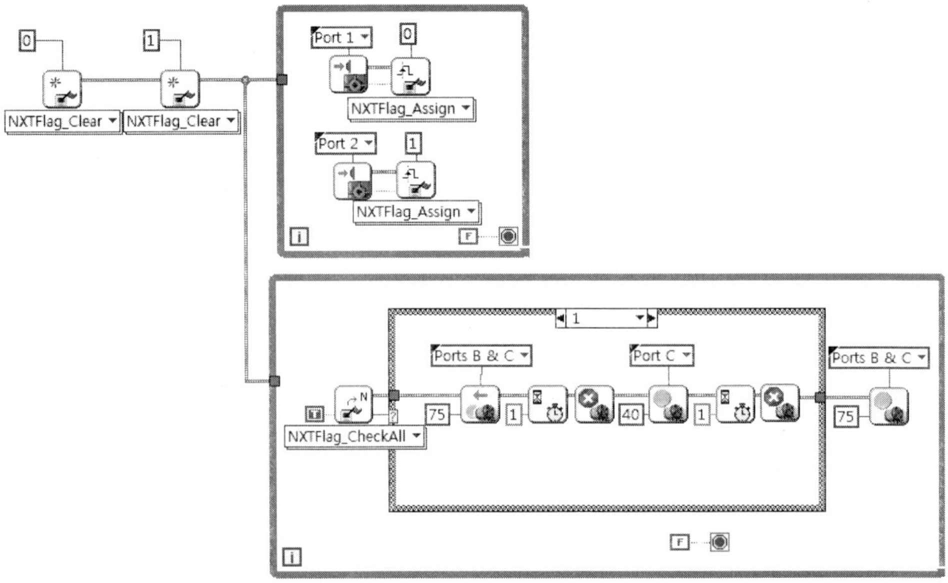

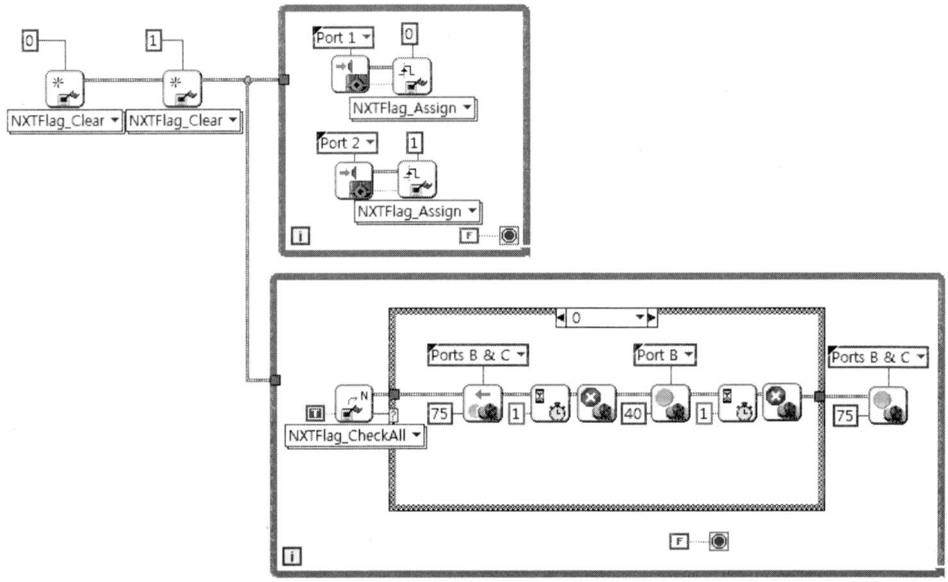

이 프로그램은 먼저 0번과 1번 Flag를 초기화하고 그 다음 2개의 While 루프가 동시에 평행하게 진행이 된다. 첫 번째 루프에서는 1번 포트에 연결된 터치 센서가 눌리면 0번 Flag가 True로 설정되고 2번 포트에 연결된 터치 센서가 눌리면 1번 Flag이 True로 설정된다. 두 번째 루프에서는 이 정보를 가지고 0번 Flag가 True이면 1초 뒤로 후진하다가 정지하고 1초 동안 우회전하고 앞으로 전진 한다. 또 1번 Flag가 True이면 1초 뒤로 후진하다가 정지하고 1초 동안 좌회전하고 앞으로 전진 한다. 이렇게 해서 앞에 장애물이 있으면 터치 센서를 이용해 피할 수 있다.

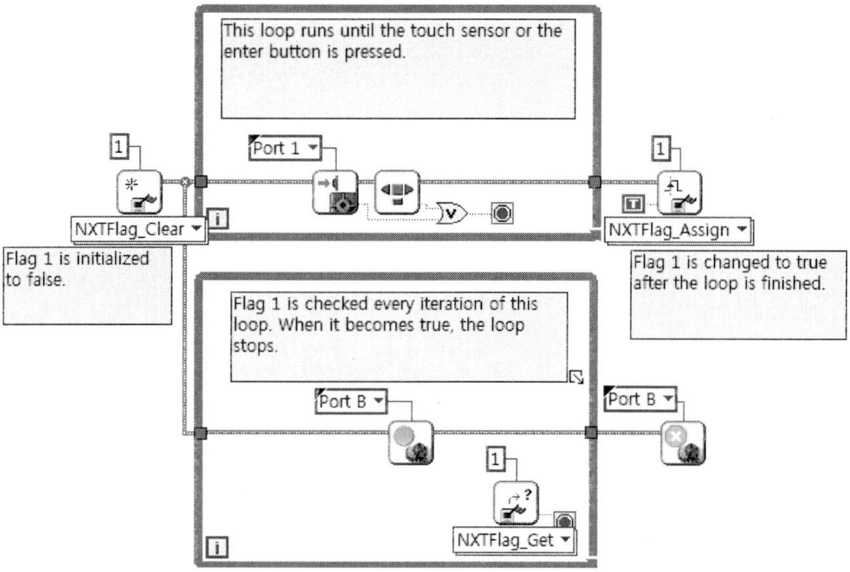

이 프로그램은 1번 Flag가 False로 초기화되고 첫 번째 While 루프에서 터치 센서가 눌리거나 p-Brick의 가운데 버튼이 눌리면 While 루프가 정지하고 1번 Flag가 True로 바뀐다. 그러면 2번 While 루프에서 우회전을 계속하다가 루프가 정지하면서 회전도 멈추게 된다.

4.9 이벤트 구조

이벤트 구조는 하나 또는 그 이상의 서브다이어그램 또는 이벤트 케이스를 가지며 구조가 실행되면 그 중 하나만 실행된다, 이벤트 구조는 이벤트가 일어날 때까지 기다린 후, 그 이벤트를 처리할 적절한 케이스를 실행한다. 먼저 이 구조는 다음의 그림처럼 하여 LabVIEW 블록다이어그램에 가져다 놓을 수 있다.

이벤트 구조를 쓰기 위해서는 NXT/EV3 만을 위한 VI를 열어서는 안되고 일반 VI를 열어야 한다.

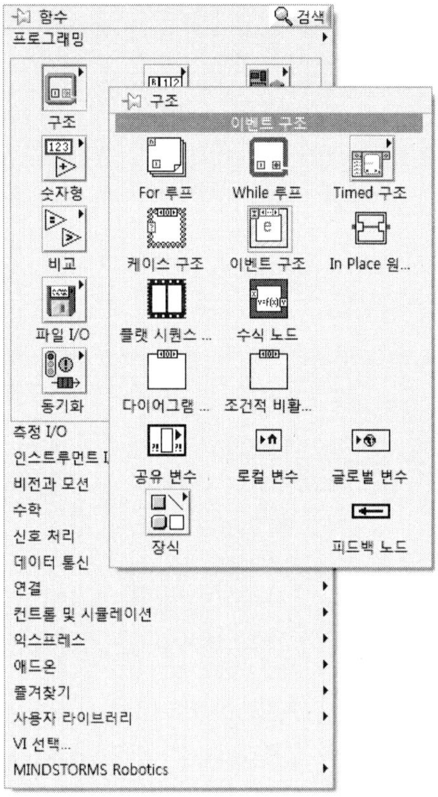

블록다이어그램에 가져다 놓으면 다음과 같은 모양이다.

위의 그림에서 구조의 위 경계 중간에 있는 것은 이벤트 선택자 라벨이고 현재 발생되어 실행되는 이벤트를 나타낸다.

왼쪽 위 구석에 있는 것은 타임아웃 터미널에 1000분의 1초(ms)의 단위로 입력한다, 여기에 입력한 시간에 이벤트가 발생하지 않으면 타임아웃 된다. 기본 값은 -1 이다. 이 값은 무한대를 나타낸다.

왼쪽 경계에 붙어있는 노드는 이벤트가 발생했을 때 LabVIEW가 전달하는 데이터를 나타낸다. 각 케이스에서 이 값들을 이용하여 프로그램을 작성할 수 있다. 거기에 마우스를 올려놓고 오른쪽 버튼을 클릭하면 다음 그림처럼 된다.

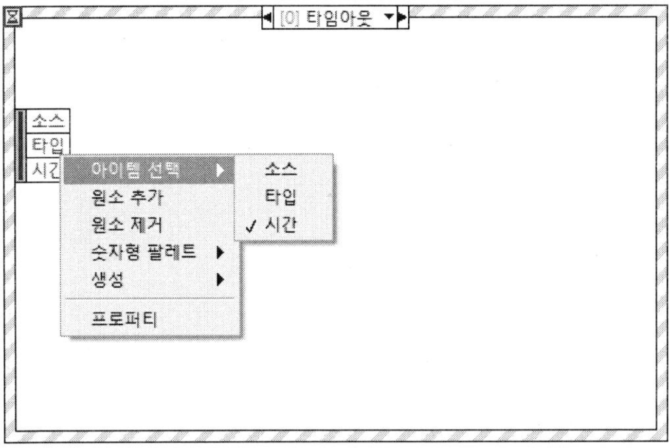

이 이벤트 구조를 이용하여 사칙 연산을 하는 프로그램을 작성하여 보자. 먼저 While 루프 안에 이벤트 구조를 넣는다. 대부분의 이벤트 구조는 While 루프 구문과 함께 사용한다.

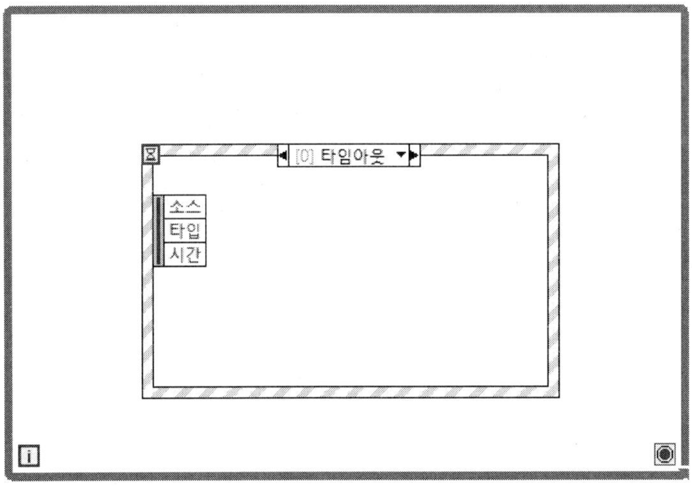

4개의 확인 버튼을 프런트패널에 찾아 While 루프 안에 집어넣는다.

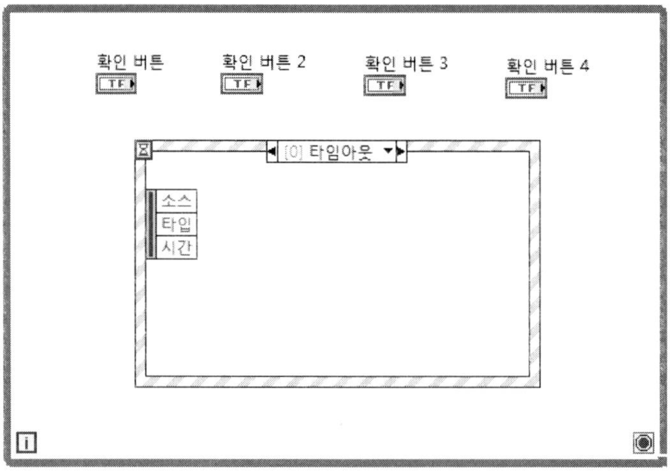

그리고 나서 이벤트 구조의 경계를 선택하여 마우스를 올려놓고 오른쪽 버튼을 클릭하면 다음과 같이 메뉴가 나오고 이벤트 케이스 추가를 수행한다.

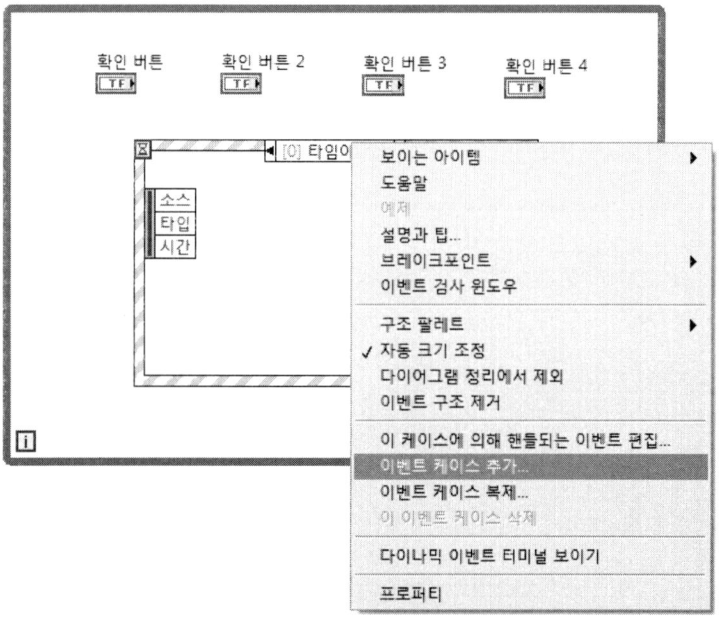

이어서 나오는 이벤트 편집 대화상자에서 각 버튼의 이벤트 소스에 확인 버튼들과 이벤트에 값 변경으로 설정한다.

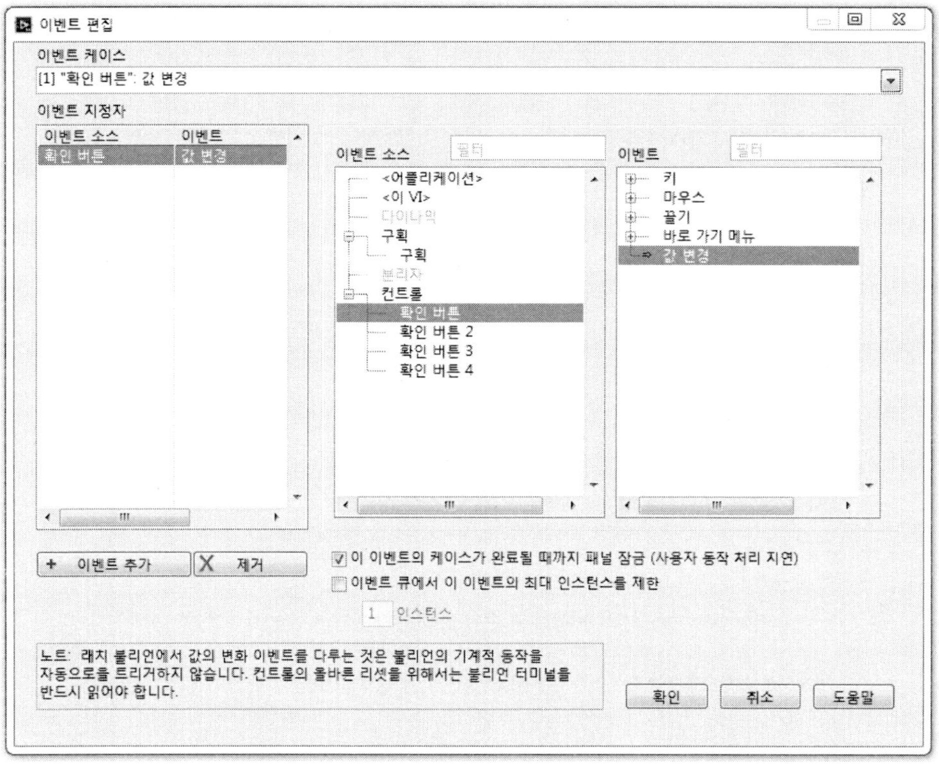

그리고 나면 다음 그림처럼 4개의 이벤트 케이스가 추가된 것을 볼 수 있다.

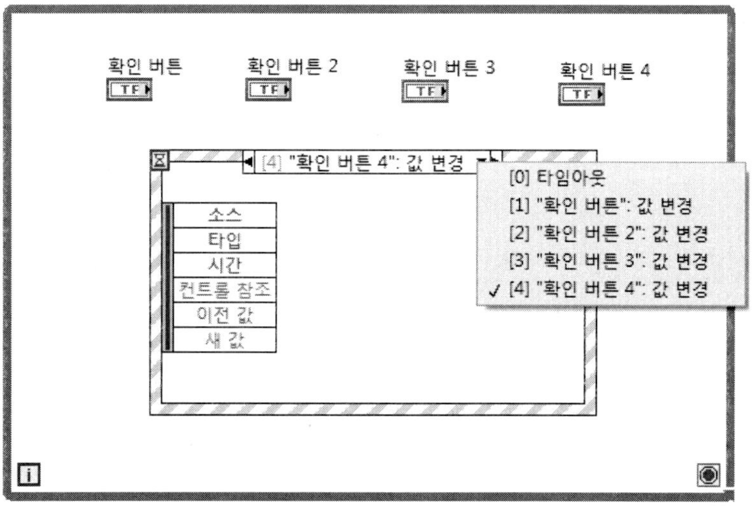

이제 각 케이스에 2개의 컨트롤과 1개의 인디케이터를 넣은 후 연산들을 다음 그림처럼 집어 넣는다. 4개의 케이스가 유사하므로 이벤트 케이스 복제를 사용할 수도 있다.

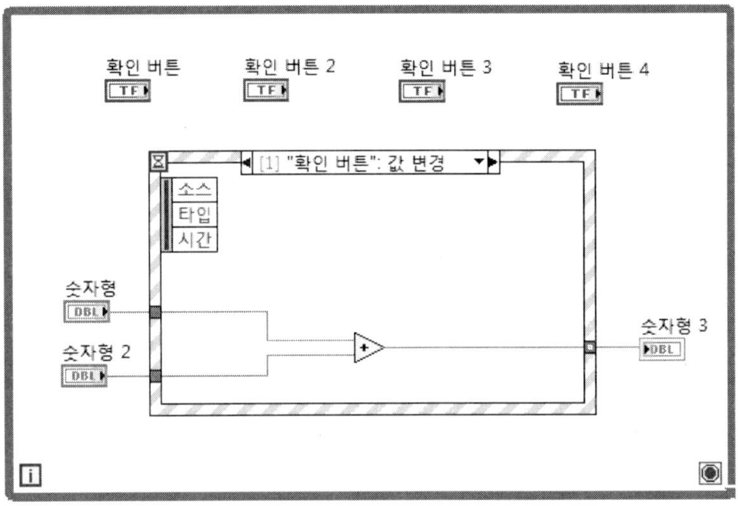

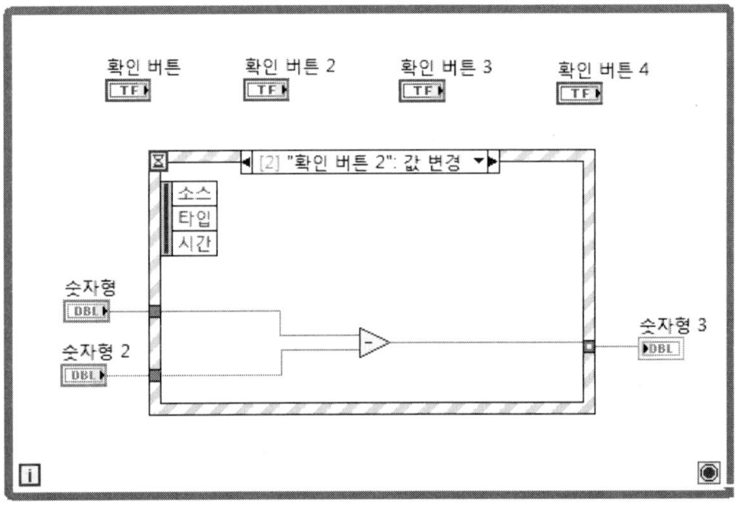

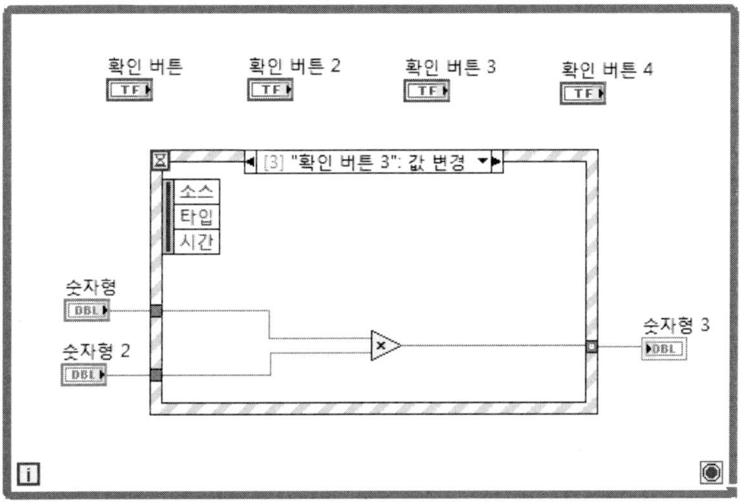

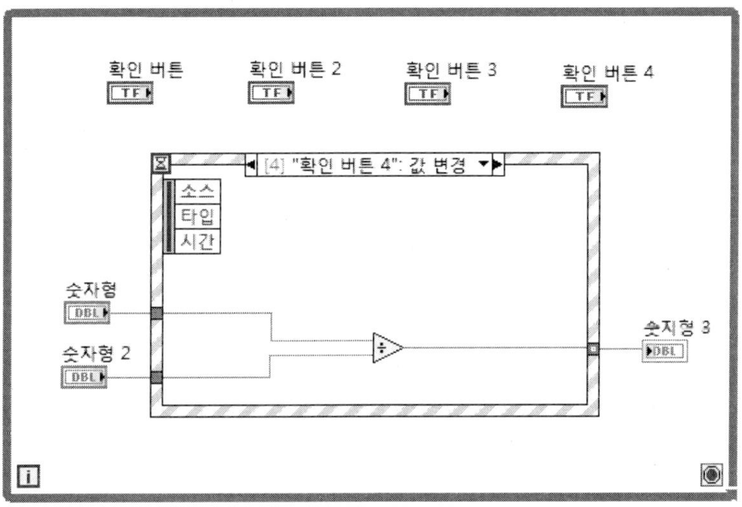

마지막으로 정지 버튼을 프런트 패널에 놓고 블록다이어그램에 나타나는 정지 버튼을 아이콘으로 보기를 해제하고 그것을 새로 추가한 이벤트 구조안에 다음 그림처럼 집어넣는다.

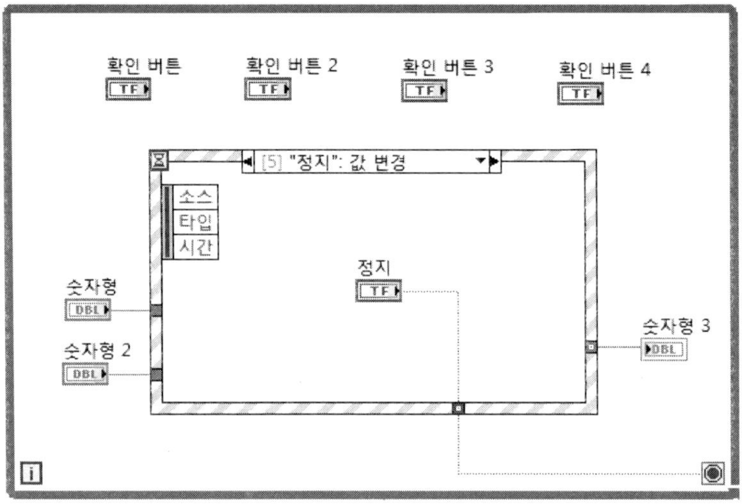

마지막으로 완성된 프런트패널의 모양은 다음 그림과 같다.

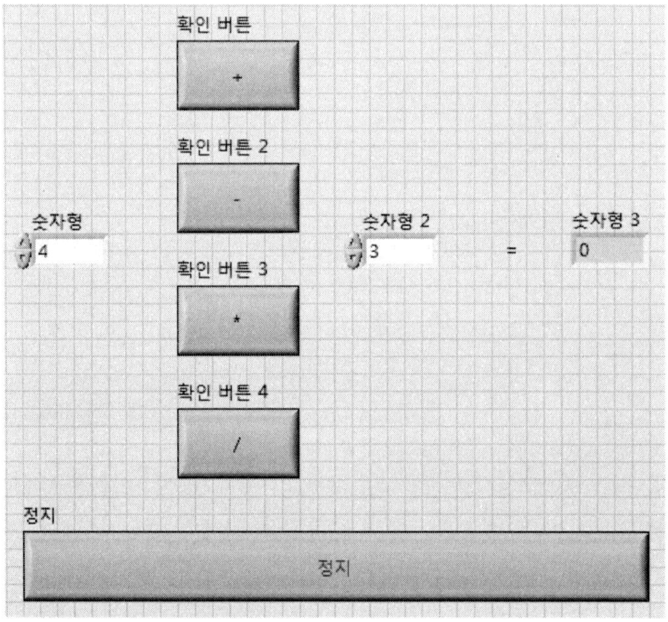

다음의 프로그램은 이벤트 구조를 사용하여 작성한 프로그램이다.

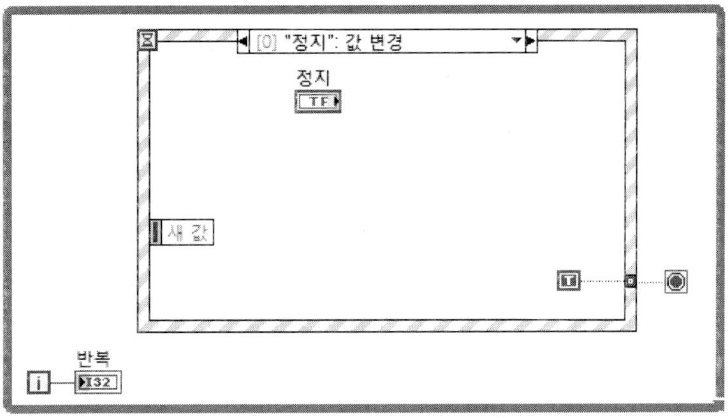
[0] "정지": 값 변경
정지
TF
새 값
반복
I32

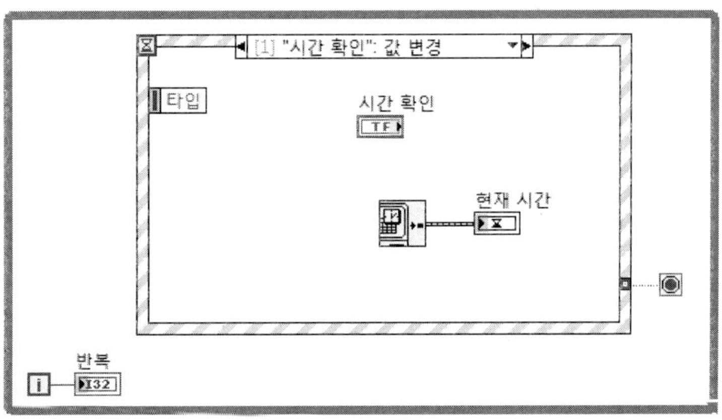
[1] "시간 확인": 값 변경
타입
시간 확인
TF
현재 시간
반복
I32

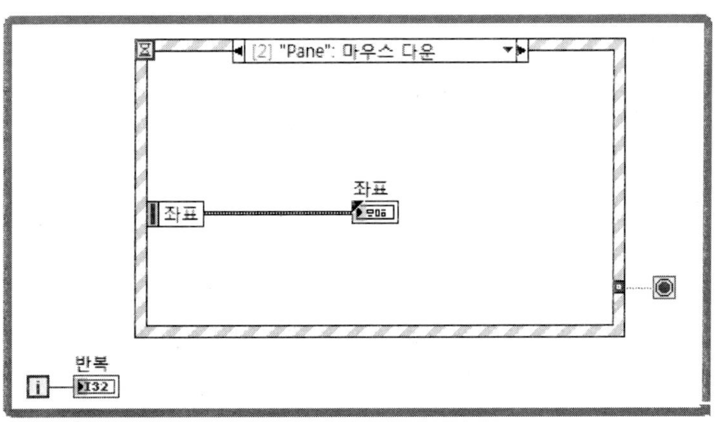
[2] "Pane": 마우스 다운
좌표
좌표
반복
I32

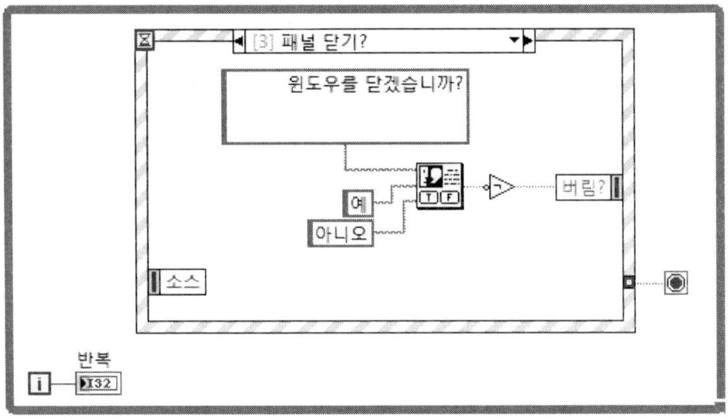

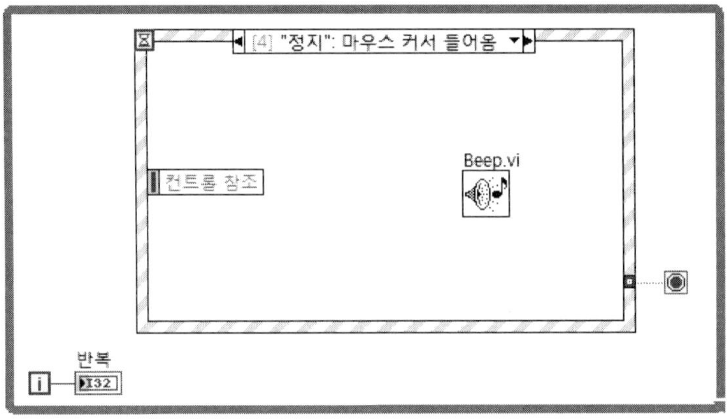

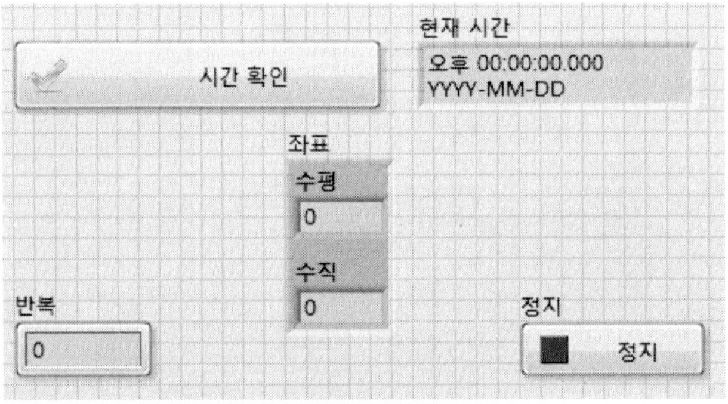

위의 프로그램은 프런트패널에서 정지 버튼을 누르면 While 루프가 정지하고 프로그램이 종료된다. 시간확인 버튼을 누르면 현재 시간 인디케이터에 현재의 시간을 디스플레이 한다. 프런트패널의 어느 곳을 마우스로 클릭하면 그 곳의 좌표가 좌표 인디케이터에 표시된다. 그리고 몇 번 프런트패널을 클릭했는지가 프런트패널 반복 인디케이터에 표시된다. 프런트패널을 정지하기 위하여 오른쪽 위에 있는 X 마크를 클릭하면 “윈도우를 닫겠습니까?”라는 질문이 나오는 대화 상자가 나오고 예 또는 아니오를 클릭하게 한다. 예를 클릭하면 프로그램이 종료되고 아니오라고 답하면 다시 원래의 프로그램으로 돌아간다. 그리고 정지 버튼을 클릭하면 프로그램이 종료된다.

4.10 SubVI 만들기

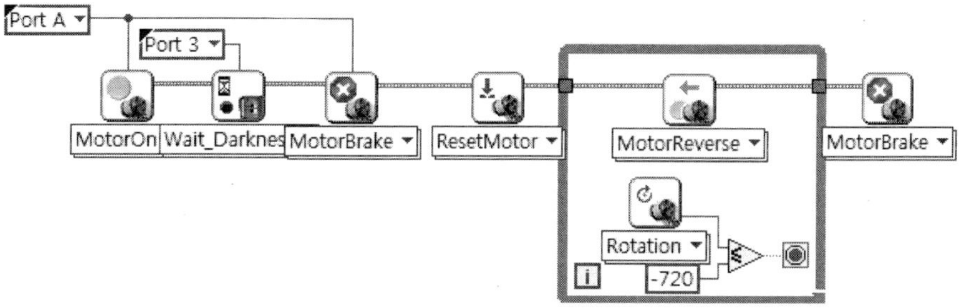

이 프로그램은 A 모터가 3번 포트에 연결된 컬러 센서가 40 이하를 감지할 때까지 돌다가 정지한다. 그 후에 모터를 리셋하고 A 모터가 720° 후진할 때까지 동작하다 정지하는 것이다. 뒤 부분을 SubVI로 만들면 프로그램을 매우 간단명료하게 볼 수 있다. SubVI로 만드는 것은 아래와 같다. SubVI로 만들 부분을 선택한다.

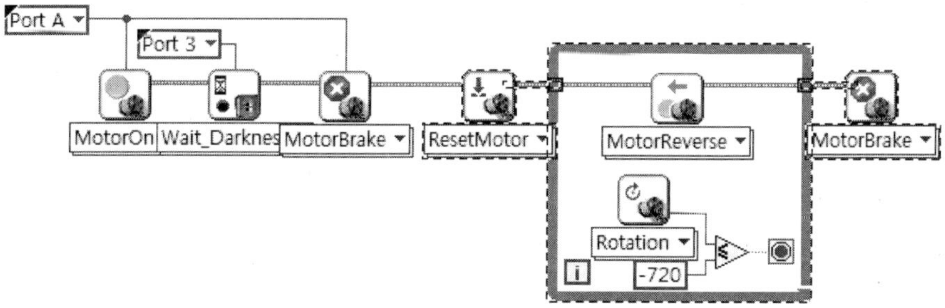

그리고 아래 그림처럼 편집 메뉴를 클릭하면 나오는 메뉴에서 SubVI를 클릭한다.

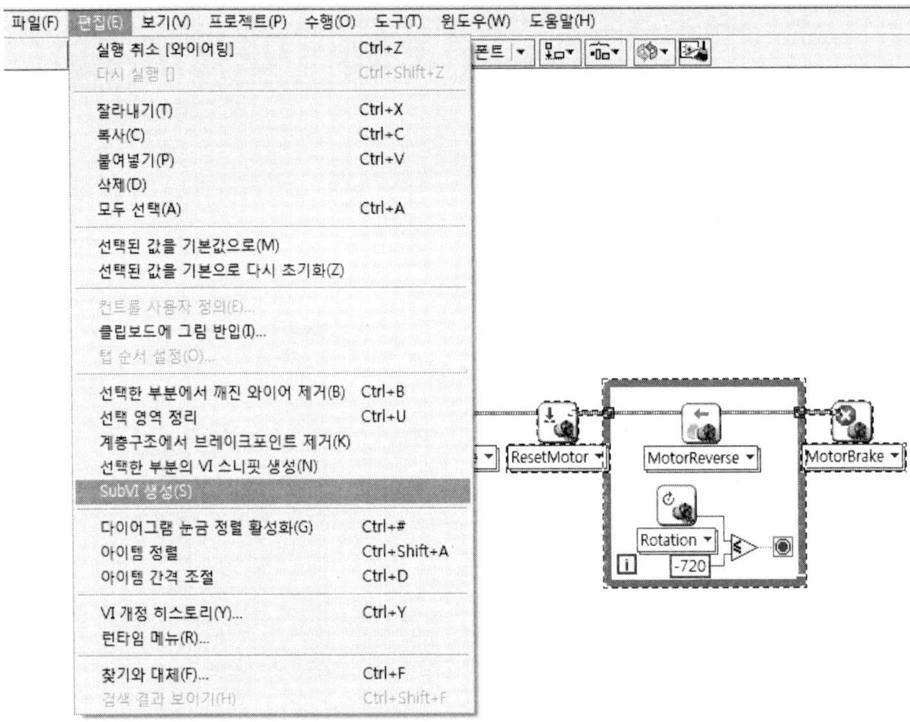

그러면 다음 그림처럼 된다.

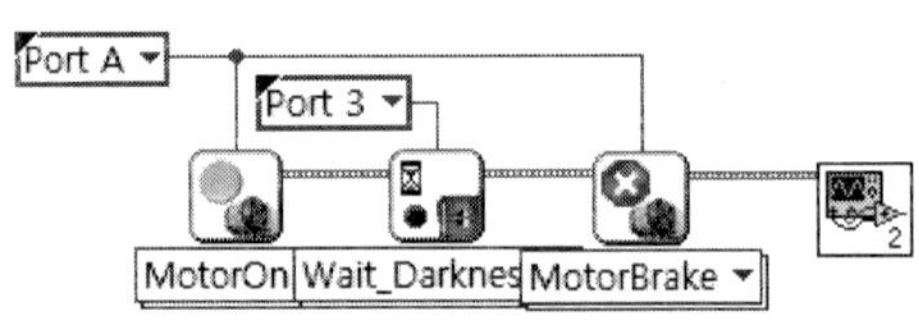

복잡한 프로그램을 이렇게 SubVI를 사용하면 단순화시킬 수 있다.

4.11 도전과제

4.11.1 도전과제 1

다음과 같은 교육용 로봇을 조립한다. 앞부분에 있는 미디엄 모터에 연결되어 있는 부분을 1번 들었다가 내리는 프로그램을 작성하라.

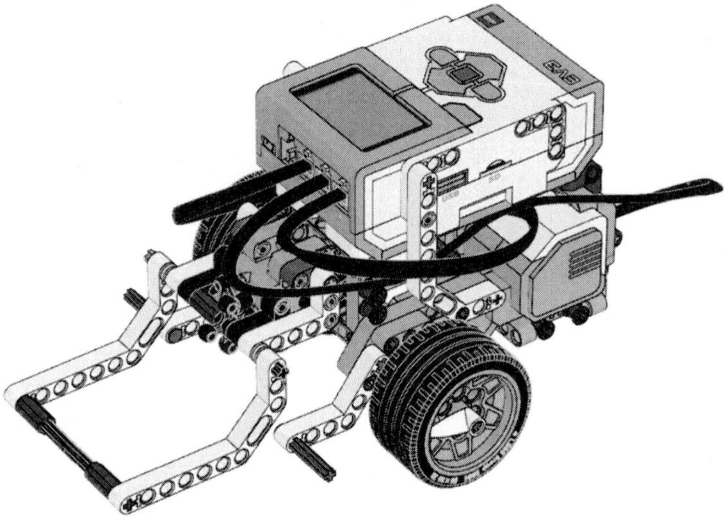

4.11.2 도전과제 2

다음 그림과 같은 큐보이드를 조립한다.

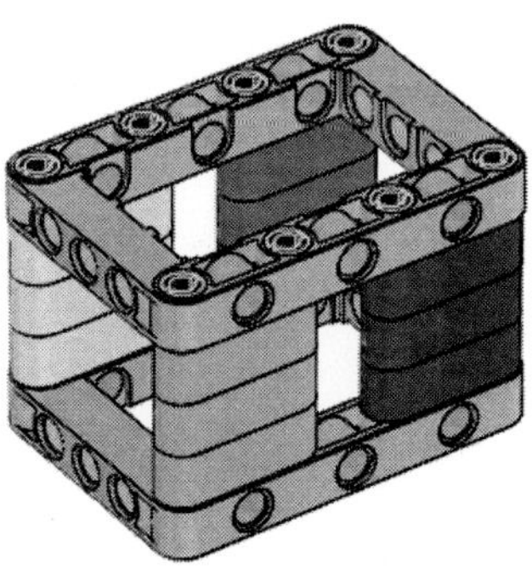

다음 그림에서처럼 로봇이 큐보이드 가지고 있다가 먼저 검은 선 까지 가서 정지한다. 그리고 다시 출발하여 빨간 선까지 간다. 빨간 선을 넘으면 실격이다. 그리고 큐보이드를 놔두고 뒤로 후진하여 원래 출발 장소까지 돌아온다. 컬러 센서를 사용한다.

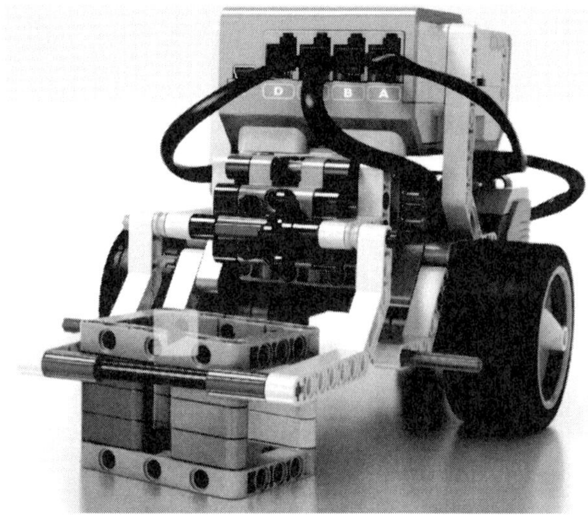

4.11.3 도전과제 3

도전과제 2와 반대로 빨간 선에 큐보이드를 놓고 출발선에서 출발하여 큐보이드를 다시 가지고 원래의 위치로 복귀하는 프로그램을 작성하라. 출발함과 동시에 로봇의 앞 부분을 올리면 시간을 절약할 수 있다.

4.11.4 도전과제 4

다음 그림처럼 되어 있는 바닥을 컬러 센서를 이용하여 한 바퀴를 도는 프로그램을 작성하라. 바닥의 검은 선을 잘 이용하라.

Complete one lap around the the block, using the Light Sensor

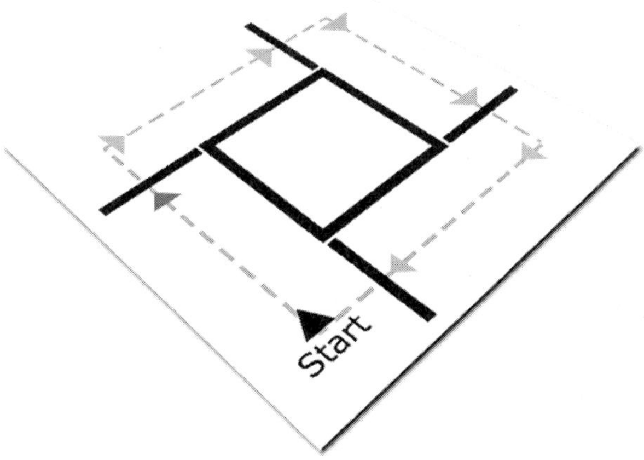

4.11.5 도전과제 5

위의 도전과제를 수정하여 1번 코니를 지나면 1번 Beep 소리가 나고, 2번 코너에서 2번, 3번 코너에서 3번, 그리고 4번 코너에서 4번 나는 프로그램을 작성하라.

4.11.6 도전과제 6

컬러 센서를 아래로 향하게 장착한 교육용 로봇을 준비한다. 전진하다가 밑에 밝은 색의 종이를 만나면 왼쪽으로 회전하고 어두운 색의 종이를 만나면 오른쪽으로 회전하고 그 후에 앞으로 1초 전진하는 프로그램을 작성하라.

4.11.7 도전과제 7

다음 그림 같은 코스를 만들어 놓고 동전을 던져 상자 놓을 위치를 정한다. 각각의 경우에 다 적용될 수 있게 프로그램을 작성하라. 초음파 센서로 거리를 측정하고 모터에 내장된 인코더를 이용하라.

Write a Case Structure for the robot to cross the finish line, no matter where the box is placed.

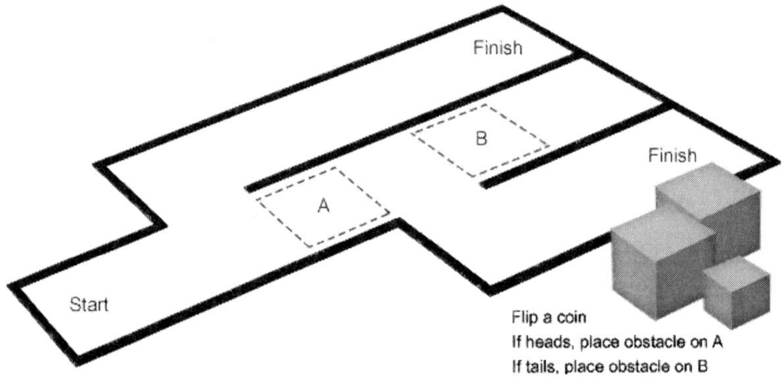

4.11.8 도전과제 8

초음파 센서와 컬러 센서를 장착한 로봇을 준비한다. 다음 그림처럼 된 코스를 돌면서 장애물을 만나면 정지하고 다시 장애물을 치우면 또 전진하는 프로그램을 작성하라.

Requirements

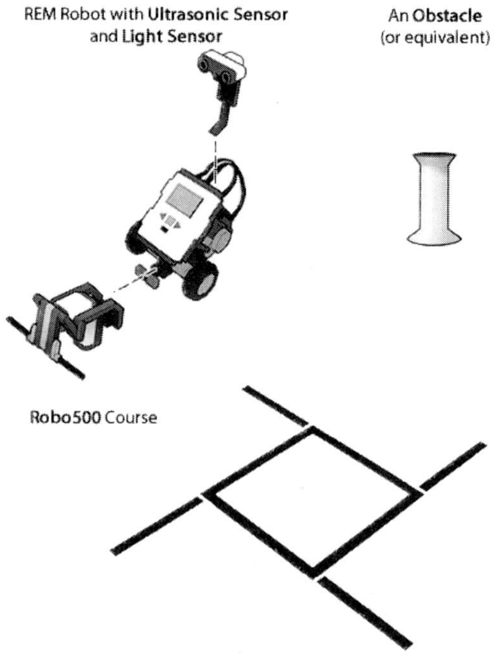

Setup

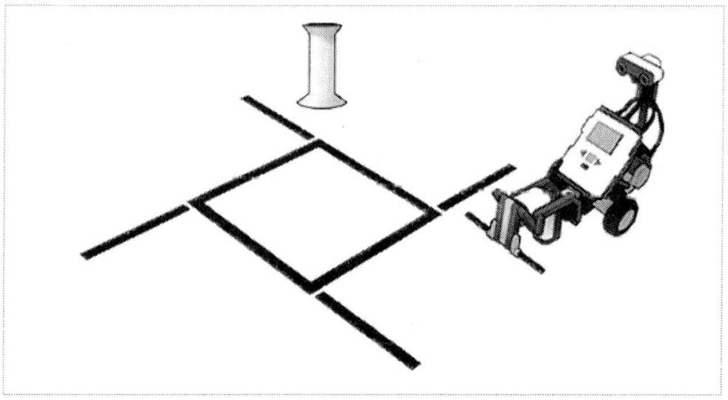

4.11.9 도전과제 9

컬러 센서를 이용하여 검은색의 오른쪽 부분을 따라가는 프로그램을 작성하라.

Make the robot track the right side of the line instead of the left side!

4.11.10 도전과제 10

교육용 로봇의 두 바퀴의 인코더(회전각도 센서)를 이용하여 각 바퀴의 회전 각도를 측정한다. 그래서 덜 간 바퀴의 파워를 더 올려 직선으로 전진하게 하는 프로그램을 작성하라.

4.11.11 도전과제 11

컬러 센서를 부착한 교육용 로봇을 준비한다. 다음 그림과 같이 바닥에 검은색 선을 만들어 놓는다. 5초 동안 진행하게 하면서 몇 개의 검은 색 선을 감지했는지를 계수한다. 그 값을 EV3 p-Brick의 스크린에 표시하게 하는 프로그램을 작성하라.

Apply the same "counting" method, covered in the previous section, to count the number of lines the robot encounters over a period of time, moving forward.

Requirements

REM Robot with **Touch and Light Sensor** combination

Black Tape and **Flat Surface**

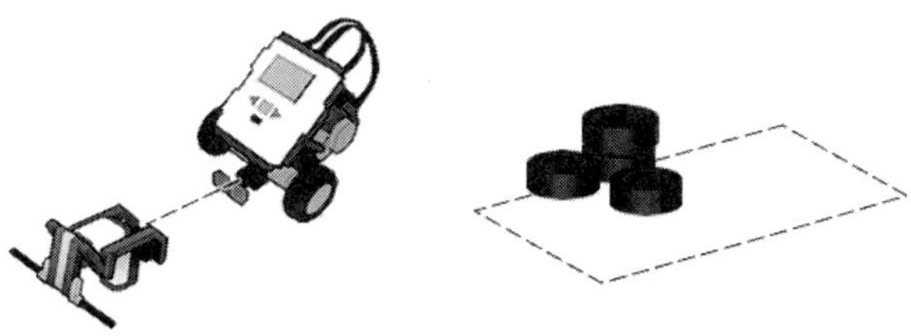

Setup

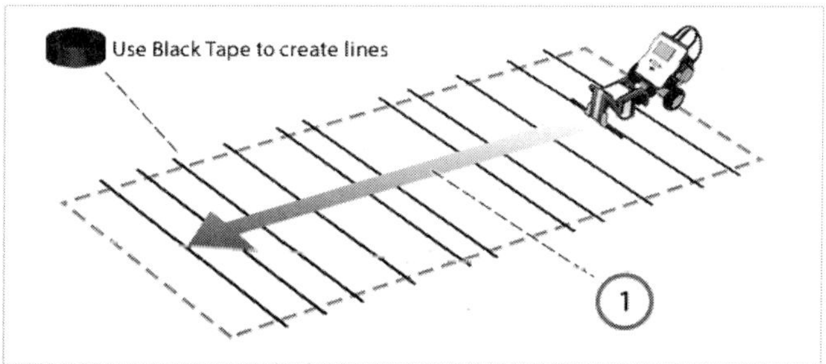

4.11.12 도전과제 12

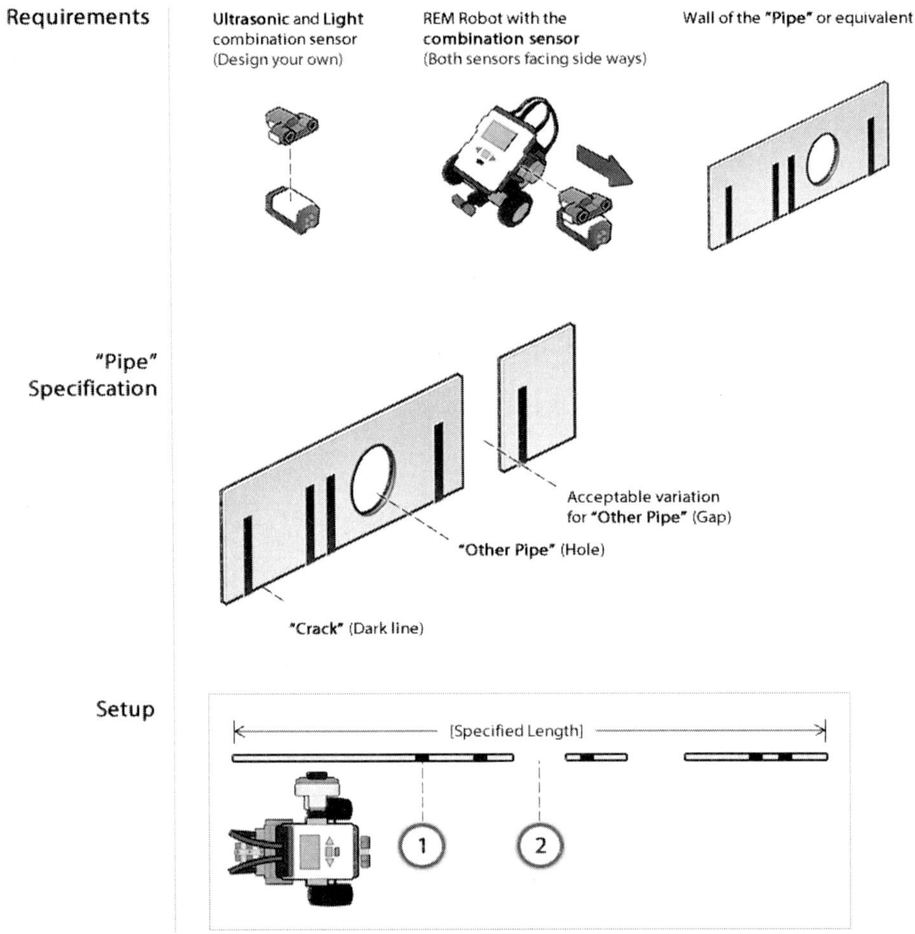

위의 그림처럼 파이프의 크랙과 다른 파이프와의 연결 부분(Hole)을 흉내 낸 물체를 준비한다. 컬러 센서와 초음파 센서를 장착한 교육용 로봇을 준비한다. 이것을 이용해 Hole을 제외한 크랙의 수가 몇 개 인지를 측정하는 프로그램을 작성하라. 그리고 그것을 프런트패널에 표시하고 EV3 p-Brick의 스크린에 디스플레이 하는 프로그램을 작성하라.

4.11.13 도전과제 13

다음 그림과 같은 검은색 선을 빠르게 따라가는 프로그램을 작성하라.

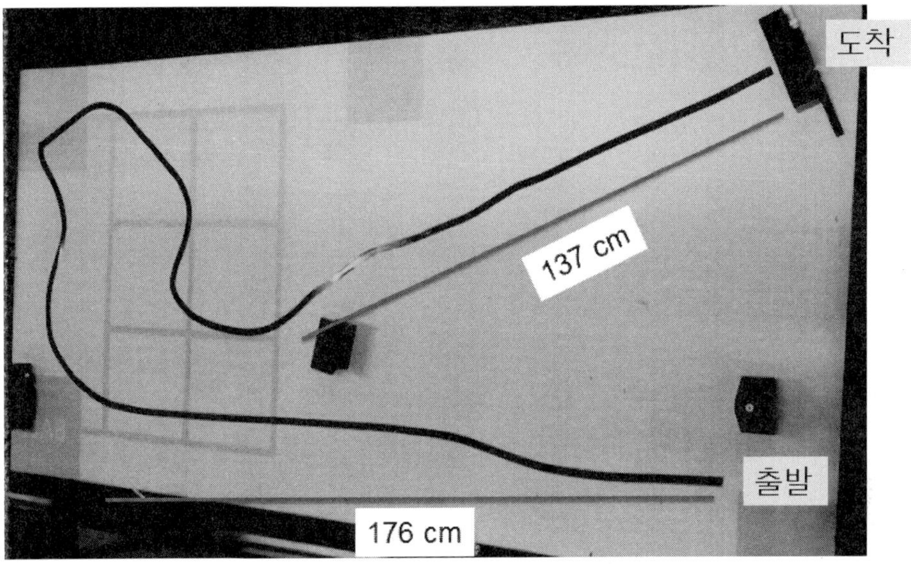

Chapter

05 Brick의 여러 기능

5.1 Data Logging

센서로 측정한 값을 읽어 들여 파일로 저장할 수 있다. 이것을 Data Logging이라고 하는데 이것을 할 수 있는 여러 함수에 대해 알아보자. 먼저 다음의 프로그램을 분석해 보자.

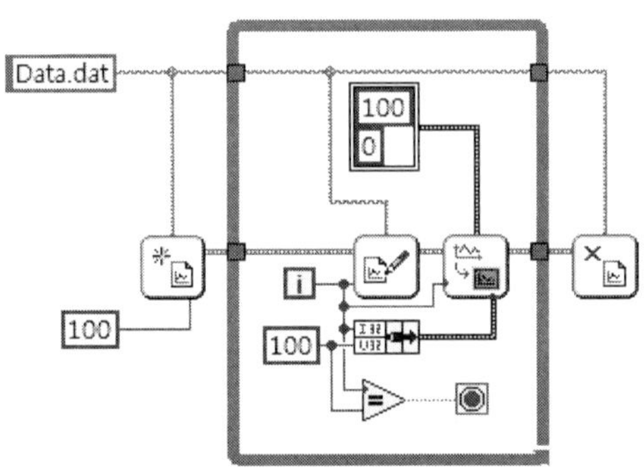

이 프로그램은 Data.dat라는 파일을 EV3 브릭에 생성하고 While 루프를 돌리는 동안 루프의 횟수를 나타내는 i 값을 저장한다. 저장할 때 데이터를 쌍으로 저장하는데 쌍의 첫 번째 데이터는 Timer 3의 값이다. While 루프가 도는 시간과 루프 횟수의 데이터가 쌍으로 같이 저장된다. 그 다음에 EV3 p-Brick LCD 스크린에 그 데이터가 디스플레이 된다. While 루프 인덱스가 100에 도달하면 While 루프가 정지하고 EV3 브릭에 있는 Data.dat가 닫힌다.

이 프로그램에서 사용된 Data Logging 함수를 자세히 살펴보자. 이 함수들은 다음의 그림처럼 찾아볼 수 있다.

함수 팔레트에서 I/O를 클릭하고 이어서 나오는 메뉴에서 Complete를 클릭하고 또 이어서 나오는 메뉴에서 Logging을 클릭하면 Data Logging에 관련된 함수들의 리스트를 볼 수 있다.

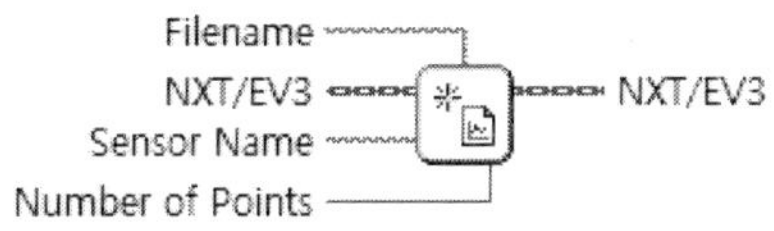

위의 함수는 Start Data File 함수이고 Filename으로 입력되는 파일을 EV3 브릭에 생성하는 함수이다. 파일이름은 .dat의 확장자를 가져야 한다. 파일이름의 기본 값은 RedData.dat 이다. Number of Points는 파일에 집어넣을 데이터의 개수를 지정한다. 기본 값은 100이다. Sensor Name은 Data Viewer로 볼 때 거기에 나타나는 Data의 이름이다. 기본 값은 Light이다. 이 함수의 다형성 VI 선택자에는 다음 그림처럼 Integer와 Floating Point가 있다

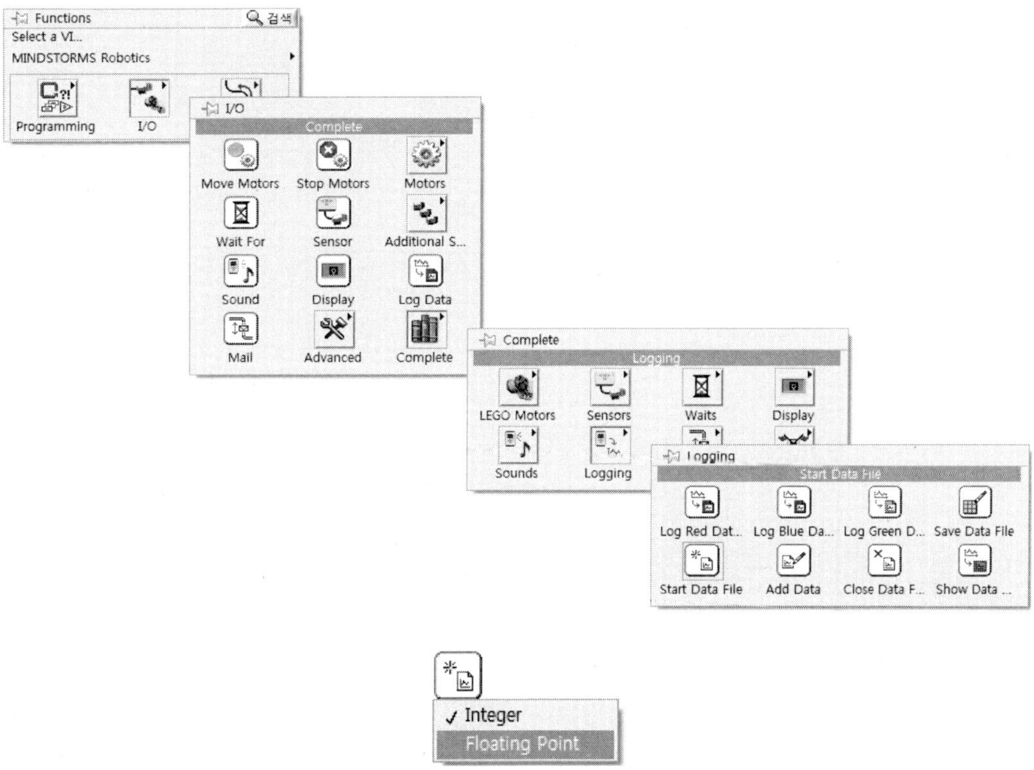

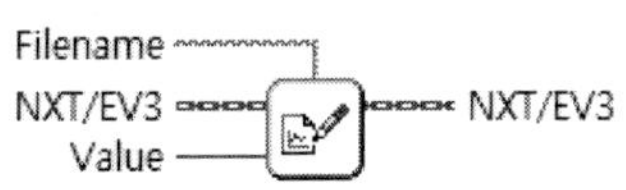

위의 함수는 Add Data Point(s) 함수이다. 이 함수는 Filename으로 주어진 파일에 데이터를 뒤에다 더 붙이는 함수이다. 데이터가 쌍으로 들어가는데 Timer3의 값과 Value로 들어오는 값을 하나의 쌍으로 해서 집어넣는다.

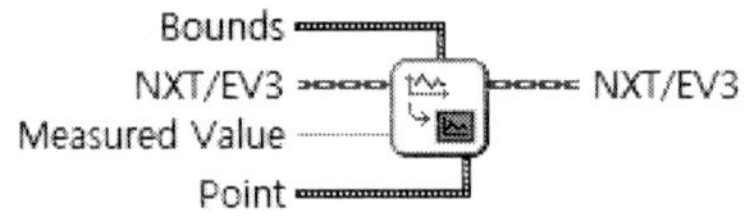

위의 함수는 Show Data Screen 함수이다. 이 함수는 EV3 p-Brick LCD 스크린에 데이터를 디스플레이하는 함수이다. Bounds는 클러스터로 입력되며 그 클러스터 안에는 Max와 Min이 있는데 Max는 스크린의 y축에 상한 값이고 Min은 y축의 하한 값이다. 기본 값은 Max가 80이고 Min이 20이다. Measured Value는 데이터 값이다. Point는 데이터 값이 표시되는 스크린의 x좌표를 나타낸다. Point도 클러스터로 주어진다. i는 현재의 루프 횟수 값이고 N은 루프의 상한 값이다.

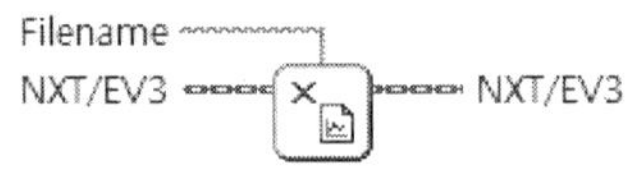

위의 함수는 CloseLoggingFile 함수이다. EV3 브릭에 열었던 파일을 닫아주는 함수이다.

이 Data.dat 파일이 위치하고 있는 곳을 보려면 다음 그림처럼 NXT/EV3 Terminal...을 클릭한다.

그러면 다음 그림처럼 NXT/EV3 터미널이 나타난다.

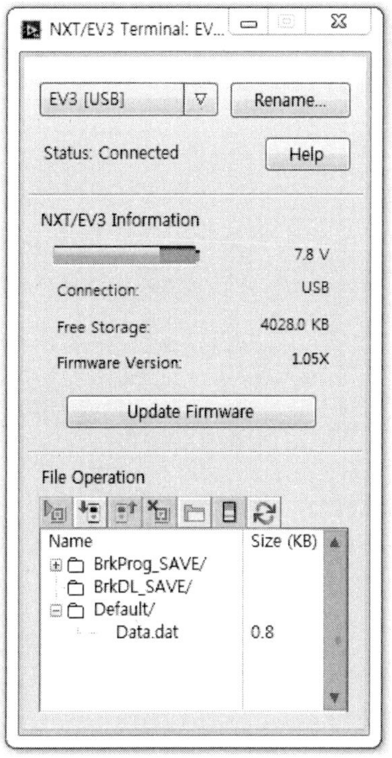

위의 대화 상자에서 보면 File Operation이라는 부분이 나타나고 거기에 보면 Default라는 폴더에 Data.dat가 있는 것을 볼 수 있다.

이 Data.dat를 보려면 다음 그림처럼 NXT/EV3 Application Browser를 클릭한다.

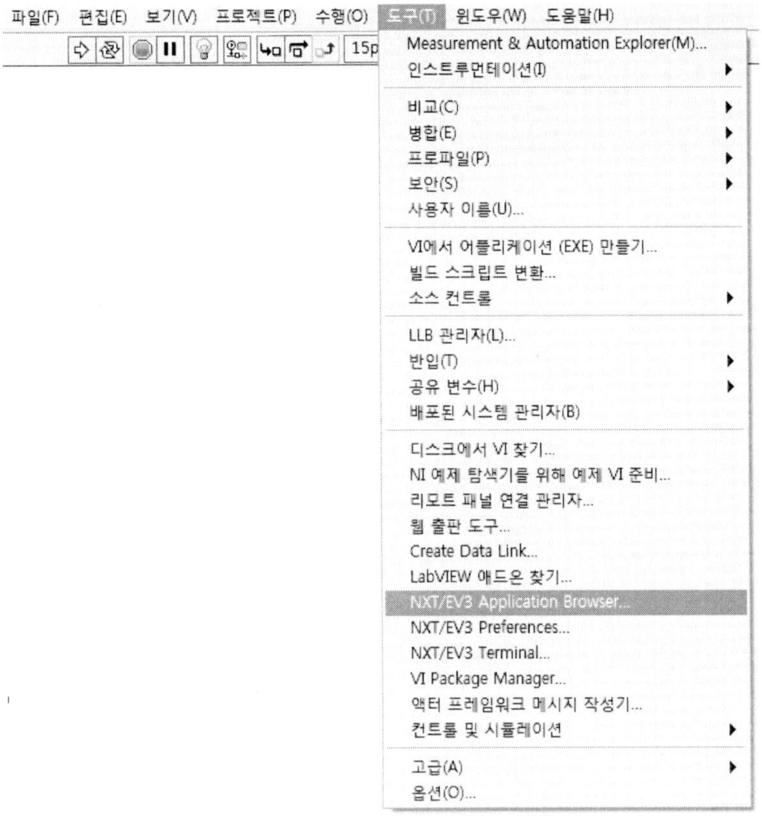

그러면 다음 그림처럼 NXT/EV3 Application Browser 대화 상자가 나타난다.

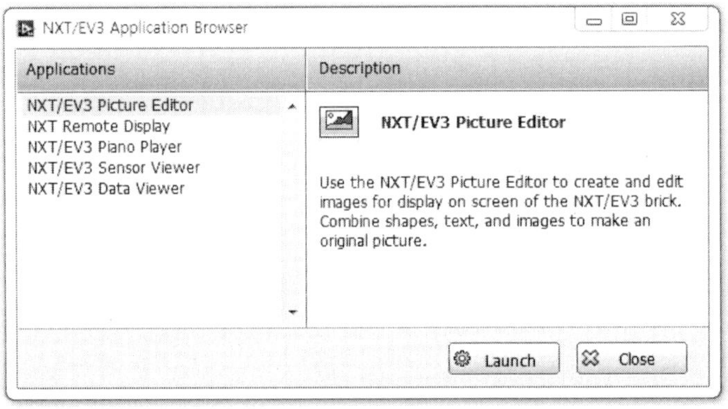

위의 대화 상자에서 Application 중에 NXT/EV3 Data Viewer를 클릭하여 선택하고 Launch 버튼을 클릭하면 다음 그림처럼 NXT/EV3 Data Viewer 대화 상자가 나타난다.

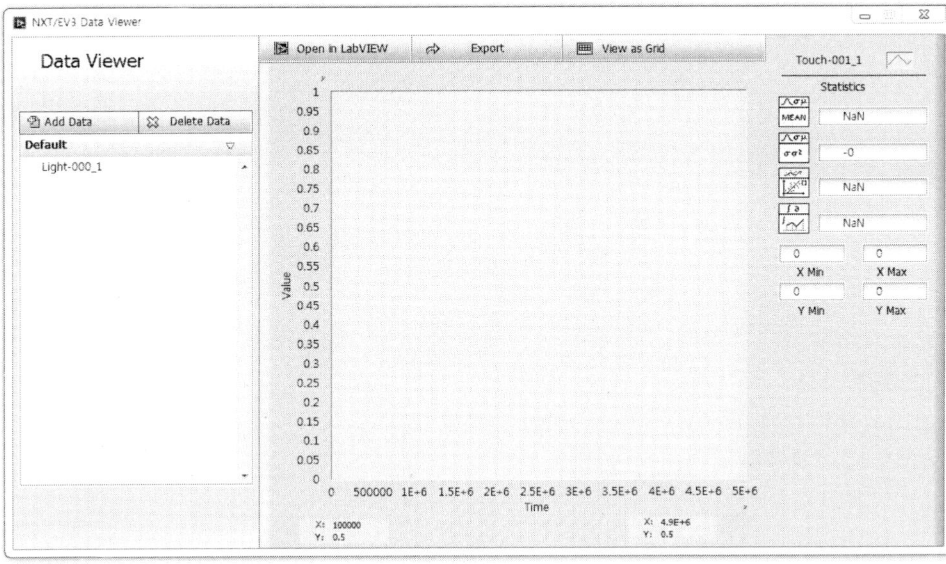

위의 Data Viewer 대화 상자에서 Add Data 버튼을 클릭하면 다음 그림처럼 Select Data Source 대화 상자가 나타난다.

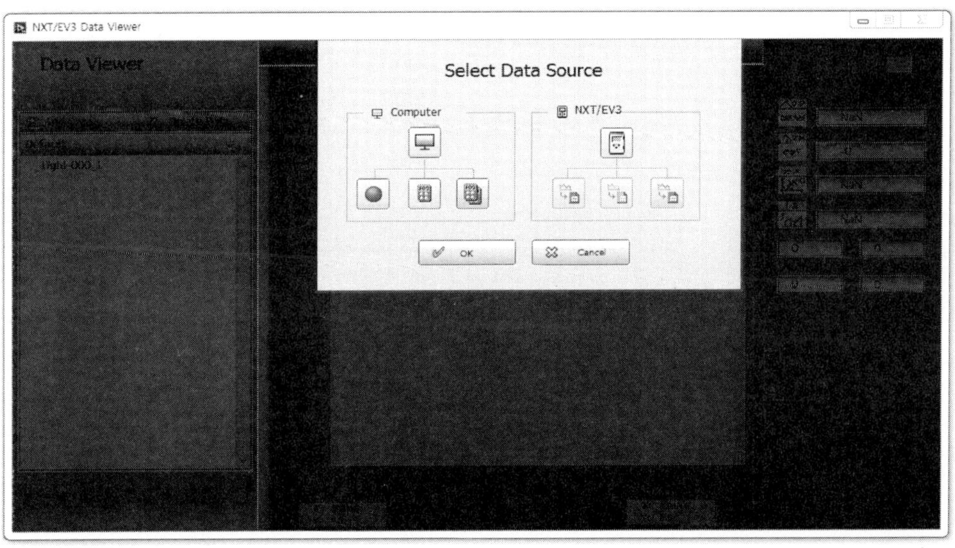

위의 대화 상자에서 General File을 클릭하면

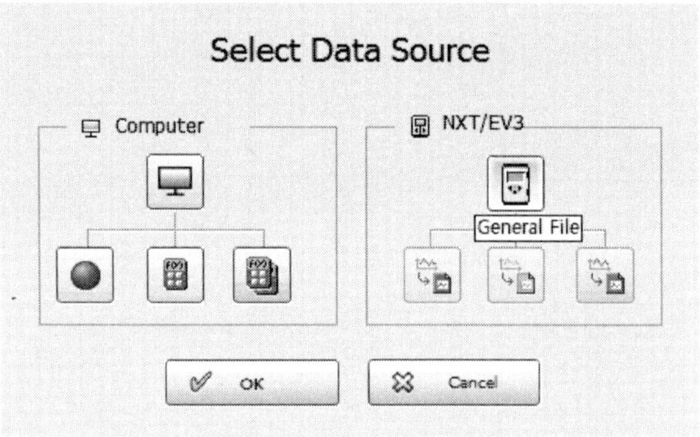

다음 그림처럼 EV3 브릭에 있는 Data.dat 파일이 보인다.

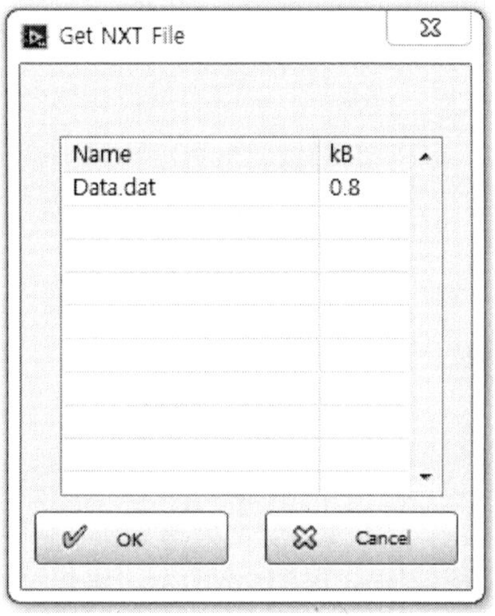

위 그림에서 Data.dat를 클릭하고 OK 버튼을 클릭하면 다음의 그림처럼 NXT/EV3 Data Viewer에 파일의 이름이 Light-000_1로 나오고 데이터가 그래프로 보여진다.

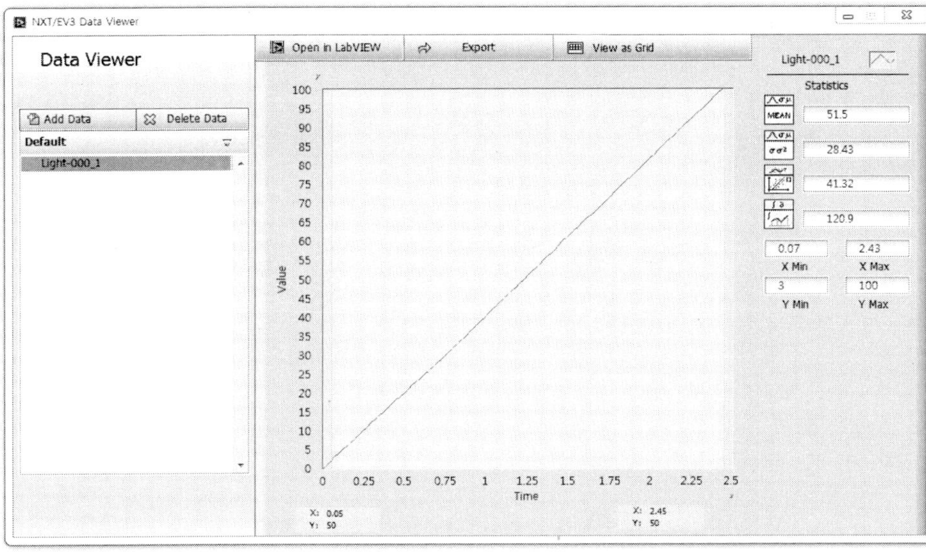

이 Data Viewer에는 데이터의 평균값과 표준편차, 직선으로 나타냈을 때의 기울기, 그리고 데이터 선 밑의 면적 등의 토계 값이 표시되고 또 x, y 값의 최대 최소값이 표시된다.

위의 그림에서 Open in LabVIEW 버튼을 누르면 아래 그림처럼 LabVIEW의 프런트패널에 데이터가 디스플레이 된다.

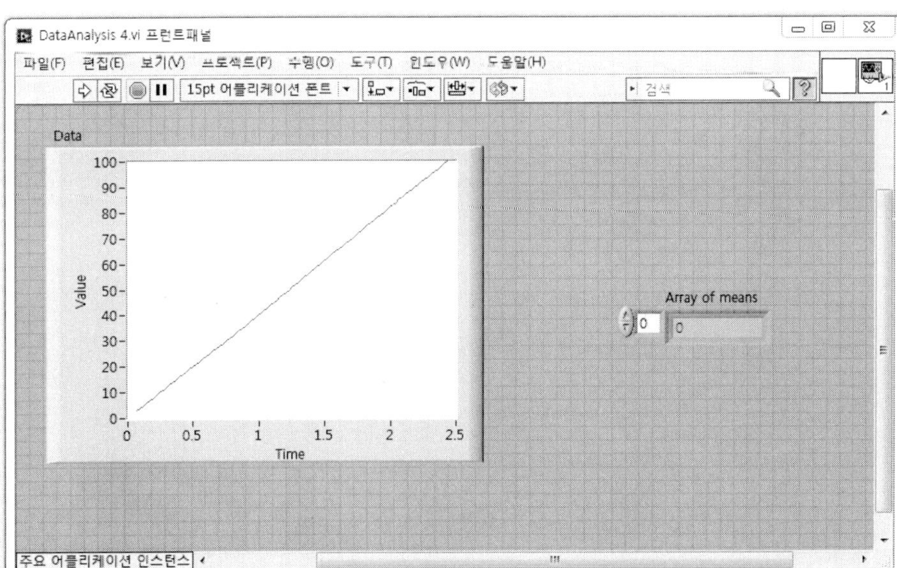

Export 버튼을 누르면 컴퓨터로 파일을 보낼 수도 있다. View as Grid 버튼을 누르면 다음 그

림처럼 데이터가 나타나기도 한다.

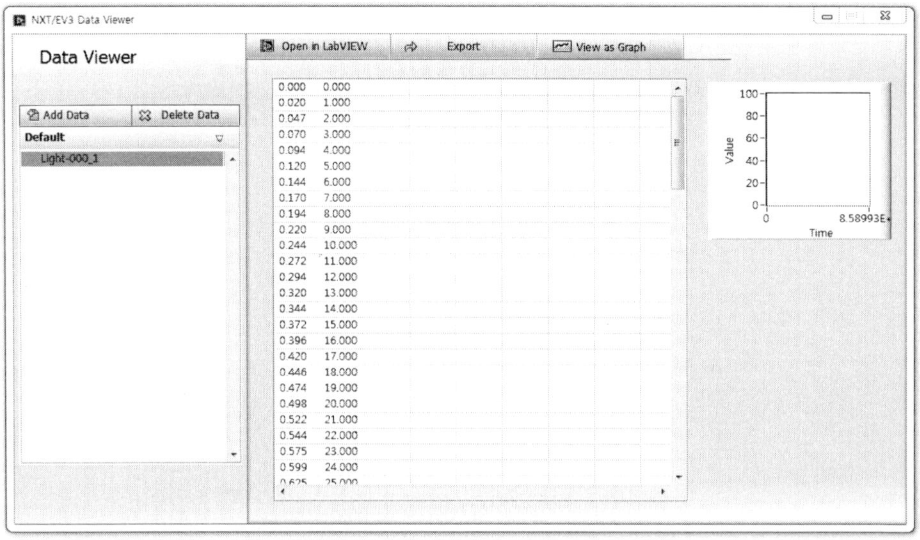

다음 그림의 프로그램을 살펴보자.

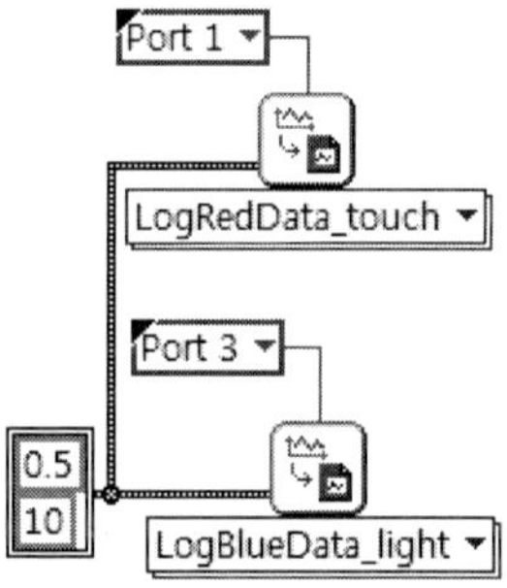

위의 프로그램은 1번 포트에 연결된 터치 센서의 데이터를 Red Data Set에 저장하고 3번 포트에 연결된 라이트 센서(컬러 센서)의 데이터를 Blue Data Set에 매 0.5초에 1번씩 10초 동안 저장하는 프로그램이다.

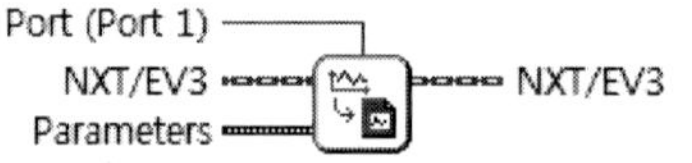

위의 함수는 LogRedData_Poly 함수이다. Parameters는 클러스터 형태이고 Sample time과 Time이 들어 있다. 이 함수에는 다음 그림과 같은 다형성 VI 선택자가 있다.

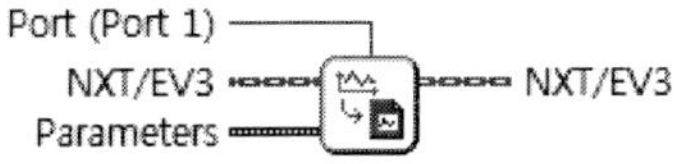

위의 함수는 Log Blue Dataset(LogBlueData_Poly) 함수이고 위의 LogRedData_Poly 함수와 유사한 역할을 한다.

위의 함수는 Log Green Dataset(LogGreenData_Poly) 함수이고 위의 LogRedData_Poly 함수와 유사한 역할을 한다.

위의 함수들이 저장한 데이터는 위에서 설명한대로 NXT/EV3 Data Viewer로 볼 수 있으며 다음 그림에서처럼 Load Red(Green, Blue) Data Set을 클릭하면 볼 수 있다.

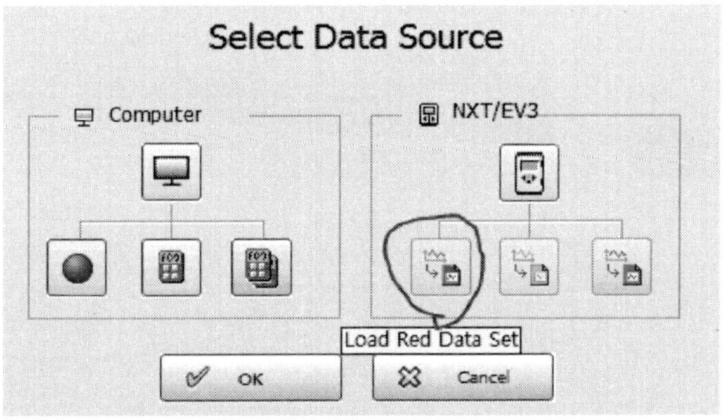

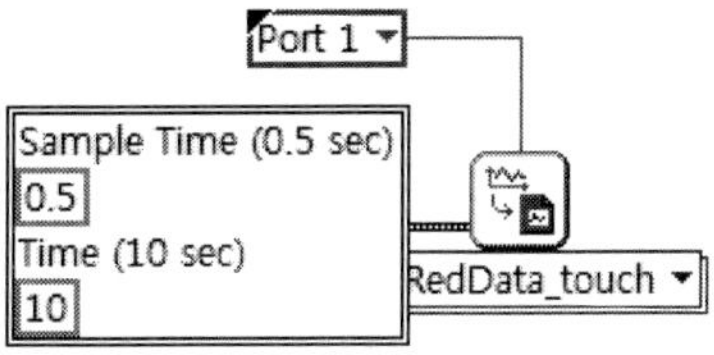

앞의 프로그램은 1번 포트에 연결된 터치 센서의 데이터를 Red Data Set에 매 0.5초에 1번씩 10초 동안 저장하는 프로그램이다.

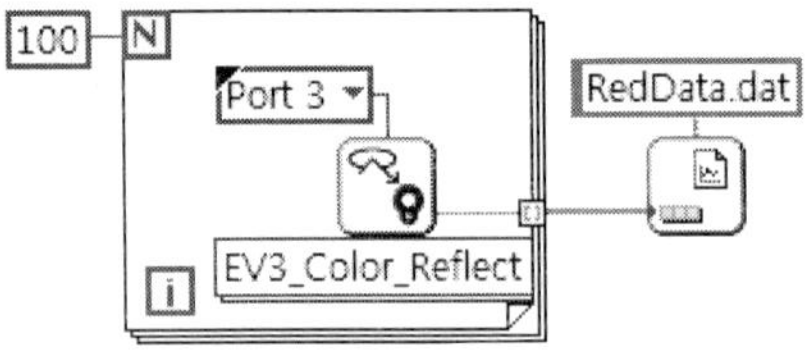

위의 프로그램은 3번 포트에 연결되어 있는 반사광 모드의 컬러 센서의 측정값을 For 루프가 100번 돌면서 값을 배열로 모았다가 RedData.dat에 한꺼번에 저장하는 프로그램이다. RedData.dat를 보기 위해서는 앞에서 설명한 것처럼 Data Viewer를 사용하면 된다.

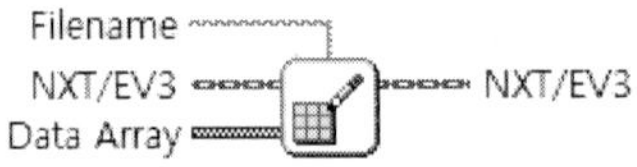

이 함수는 Filename으로 주어지는 파일에 데이터를 저장하는 함수이다. Filename의 확장자는 .dat여야 한다. Data Array는 여러 센서들의 측정값들의 이차원 배열로 이루어 진다. Data 배열의 첫 번째 컬럼은 Timer의 시간이 아니고 루프 번호이다.

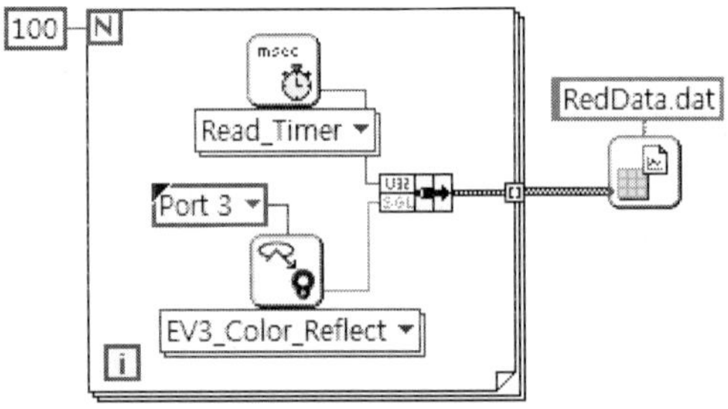

위의 프로그램은 3번 포트에 연결되어 있는 반사광 모드의 컬러 센서의 측정값과 타이머의 시간을 ms로 For 루프가 100번 돌면서 값들을 배열로 모았다가 RedData.dat에 한꺼번에 저장하는 프로그램이다. RedData.dat를 보기 위해서는 앞에서 설명한 것처럼 Data Viewer를 사용하면 된다.

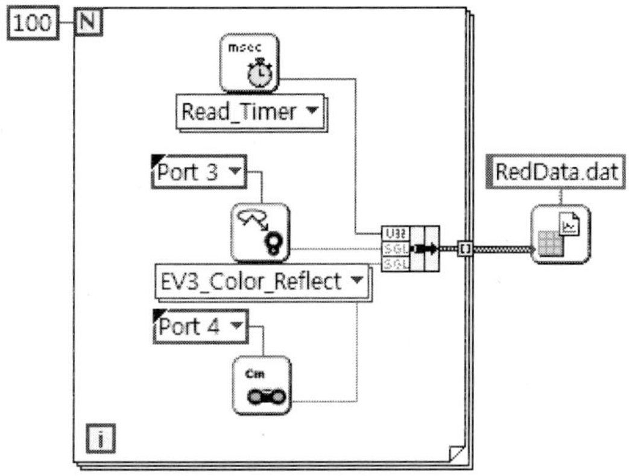

위의 프로그램은 3번 포트에 연결되어 있는 반사광 모드의 컬러 센서의 측정값과, 타이머의 시간을 ms로, 그리고 초음파 센서의 측정값을 cm로 For 루프가 100번 돌면서 값들을 배열로 모았다가 RedData.dat에 한꺼번에 저장하는 프로그램이다. RedData.dat를 보기 위해서는 위에서 설명한 것처럼 Data Viewer를 사용하면 된다.

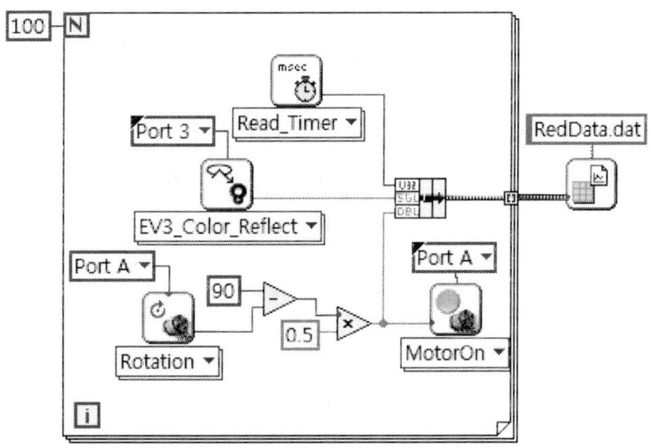

위의 프로그램은 3번 포트에 연결되어 있는 반사광 모드의 컬러 센서의 측정값과, 타이머의 시간을 ms로, 그리고 A 모터의 회전각도 센서의 측정값을 90에서 빼고 그 값을 0.5로 곱한 값으로 A 모터의 파워로 입력하여 돌린다. 이 3가지의 값을 For 루프가 100번 돌면서 배열로 모았다가 RedData.dat에 한꺼번에 저장하는 프로그램이다. RedData.dat를 보기 위해서는 앞에서 설명한 것처럼 Data Viewer를 사용하면 된다.

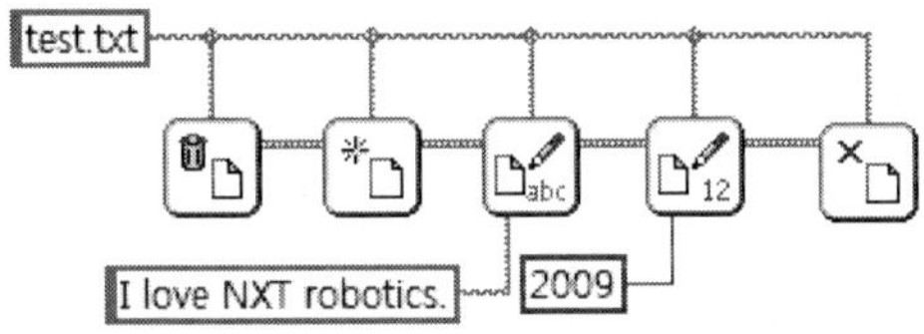

위의 프로그램은 test.txt 라는 파일을 만들고 거기에다 문자열과 또 숫자들을 쓰고 닫는 프로그램이다. 여기서 사용된 함수들은 다음 그림처럼 찾을 수 있다.

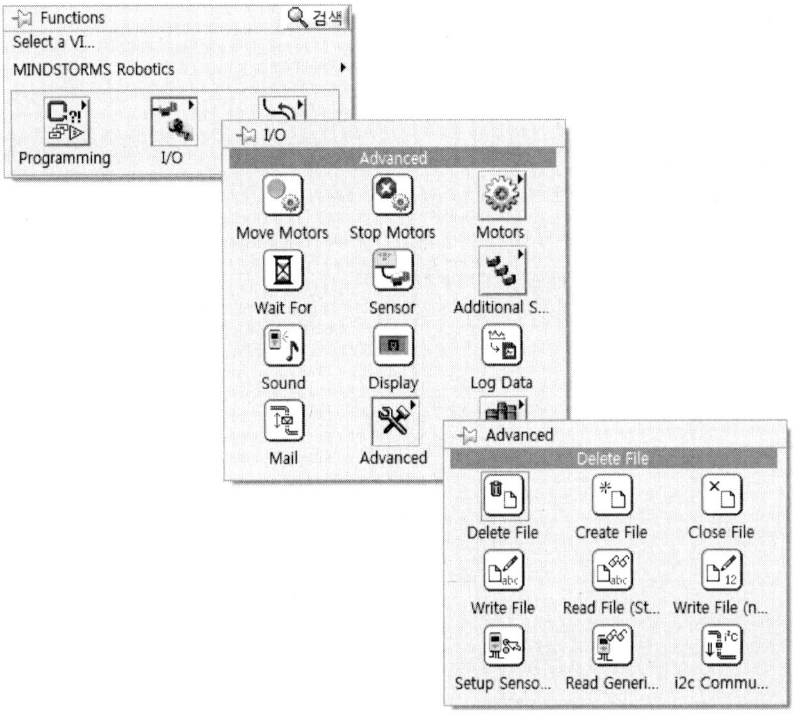

함수 팔레트에서 I/O를 클릭하고 이어서 나오는 메뉴에서 Advanced를 클릭하고 또 이어서 나오는 메뉴에서 텍스트 파일에 관한 함수들의 리스트를 볼 수 있다.

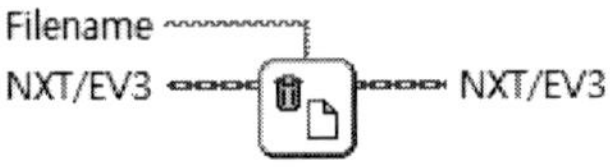

위의 Delete File 함수는 EV3 p-Brick에 있는 같은 이름의 파일을 제거하는 함수이다.

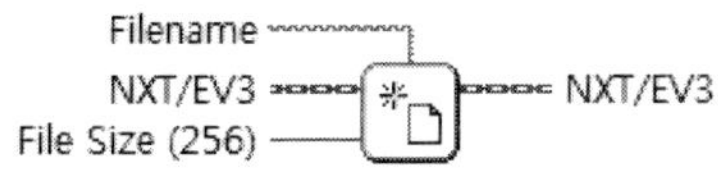

위의 Create File 함수는 기존에 파일이 존재하고 있으면 열어서 새로운 데이터를 뒤에다 붙이고 없으면 새 파일을 EV3 p-Brick에 생성하는 프로그램이다. File Size는 파일 사이즈를 바이트 수로 지정해 주는 입력이다. 256이 기본 값이다.

이 WriteFile_Str 함수는 Filename 입력으로 주어진 파일에 문자열을 쓰는 함수이다.

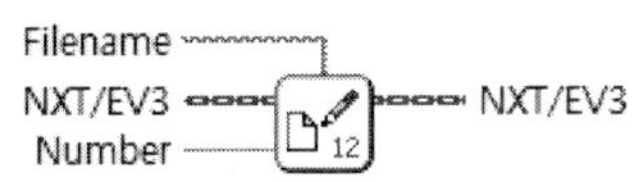

이 Write File(num) 함수는 Filename 입력으로 주어진 파일에 숫자를 쓰는 함수이다. 모든 숫자가 정수형으로 변환된다.

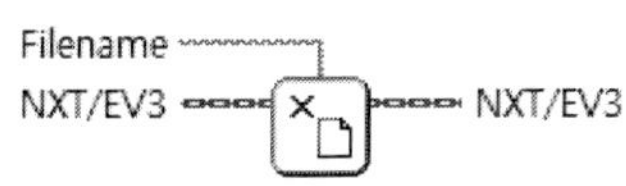

위의 Close File 함수는 EV3 p-Brick에 있는 Filename 입력으로 주어진 이름의 파일을 닫는 함수이다.

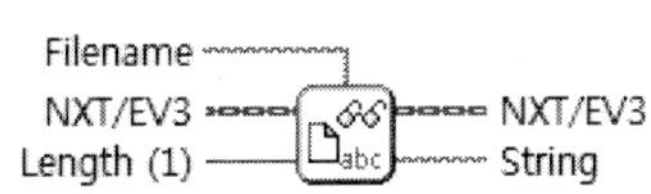

위의 Read File(String) 함수는 Filename 입력으로 주어진 파일에서 Length로 정해진 문자의 수만큼 문자열을 읽어 내는 함수이다. Length의 기본 값은 1이다.

EV3 p-Brick에 있는 텍스트 파일을 보기 위해서는 먼저 앞서 설명한 것처럼 다음의 그림같이 NXT/EV3 Terminal 대화 상자를 연다.

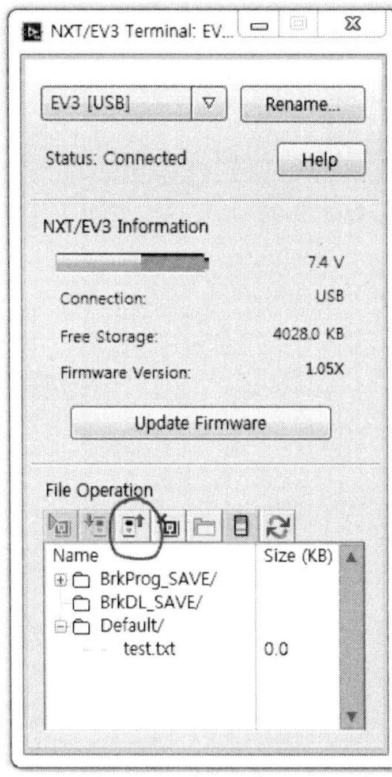

File Operation 부분에서 test.txt가 보이는 것을 볼 수 있다. 이 파일을 보기 위해서는 위에 동그라미로 표시한 메뉴인 Send File(s) to PC를 클릭한다. 그러면 다음 그림처럼 이 텍스트 파일을 보낼 곳을 정하는 다음 그림 같은 메뉴가 나타난다.

5.2 Bluetooth 통신

EV3 브릭들 사이, EV3 브릭과 컴퓨터, 그리고 EV3 브릭과 스마트 폰 사이에 Bluetooth를 사용하여 문자열 메시지, 숫자 메시지를 서로 주고받을 수 있다. 컴퓨터는 Bluetooth가 가능한 것이어야 한다. 가능하지 않은 것이라면 USB 포트에 Bluetooth Dongle을 연결하여야 한다. 이전 세대인 NXT 브릭과 NXT 브릭 사이의 통신은 Bluetooth로만 가능했었지만 새 세대인 EV3 브릭과 EV3 브릭 사이에는 Bluetooth는 물론 USB케이블로 연결하여 통신할 수 있는 Daisy Chain이 가능하다. Daisy Chainging은 다른 곳에서 설명한다. 컴퓨터와의 통신은 NXT 브릭과 EV3 브릭 모두 Bluetooth와 USB로 가능하다.

컴퓨터와 EV3 브릭과 통신을 할 경우에는 컴퓨터가 host가 되고 EV3 브릭은 client가 된다. 2개의 EV3 브릭 간에 통신을 하는 경우는 연결을 하는 쪽이 host가 되고 다른 하나가 client가 된다. 컴퓨터는 client가 될 수 없다. 한 쪽 EV3 브릭에서 메시지를 다른 한 쪽 EV3 브릭으로 보내기 위해서는 다음의 과정을 거친다.

먼저 다음 함수를 블록다이어그램에 가져다 놓는다.

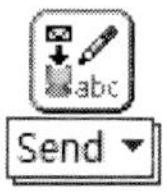

이 함수는 다음 그림처럼 가져올 수 있다.

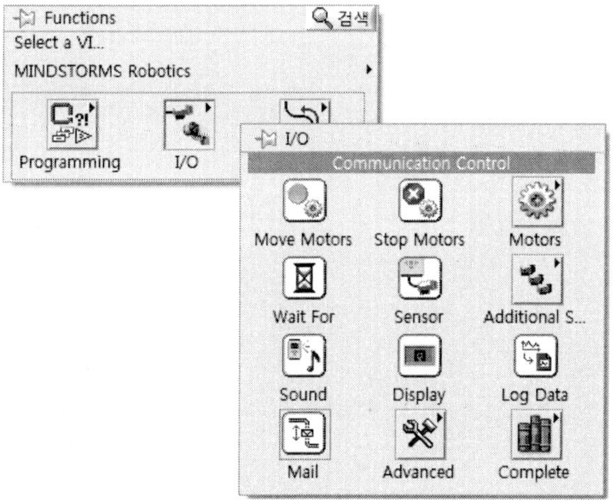

함수 팔레트에서 I/O를 클릭하고 이어서 나오는 메뉴 중에서 Mail 함수를 클릭하여 블록다이어그램에 끌어다 놓으면 된다. host에서 client로 보내기 위해서는 다음 그림처럼 다형성 VI 선

택자(polymorphic VI selector)에서 Sent to client를 클릭해야 하고 client에서 host로 보내기 위해서는 Sent to host를 선택해야 한다.

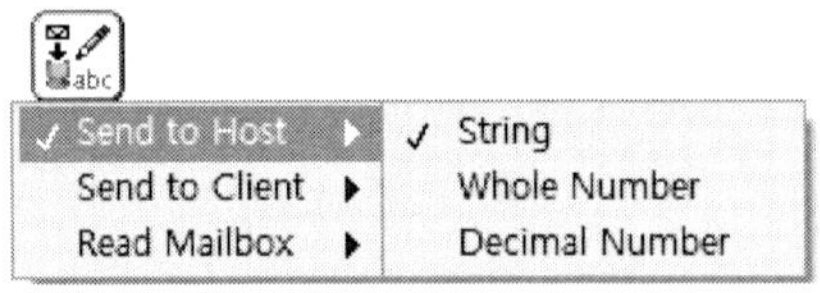

그리고 보내는 데이터의 종류에 따라 위의 그림에서 보이는 다형성 VI 선택자 중에 String, Whole Number, 그리고 Decimal Number 중에 하나를 선택해야 한다. Sent to client를 선택했을 때는 다음 그림에서 보이는 다형성 VI 선택자 중에서 맞는 Connection을 선택해야 한다.

그 다음에 다음 그림에서 보이는 Mailbox 위에 마우스를 놓고 오른쪽 버튼을 클릭하면

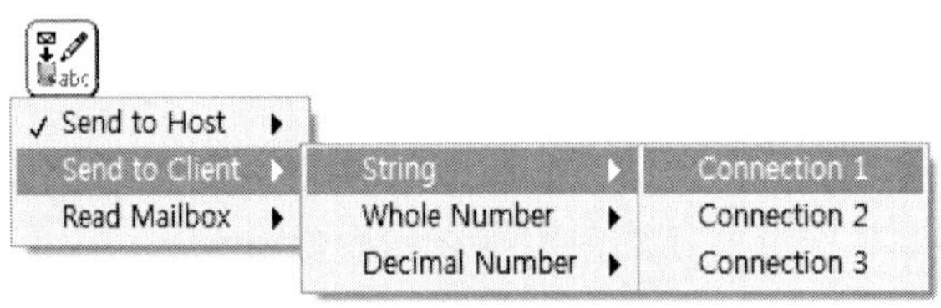

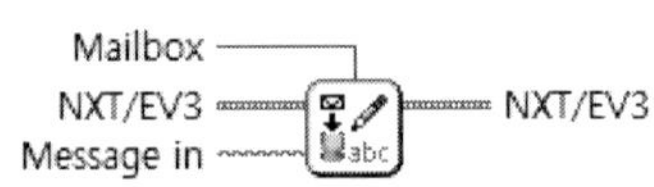

다음 그림처럼 메뉴가 나오고 그 메뉴 중 생성 ➜ 상수를 클릭하면

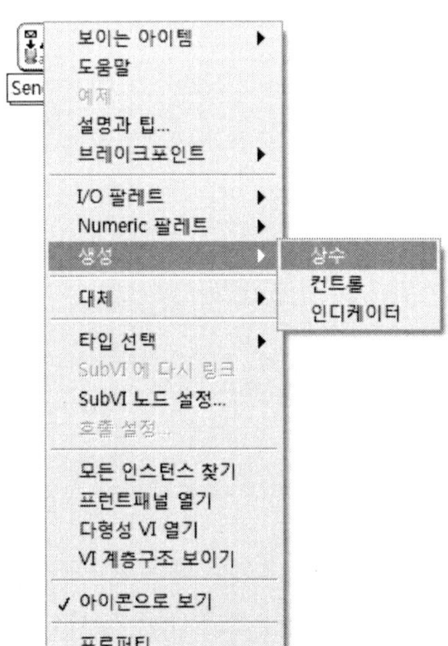

다음 그림처럼 Mailbox의 번호를 정할 수 있는 상자가 등장한다.

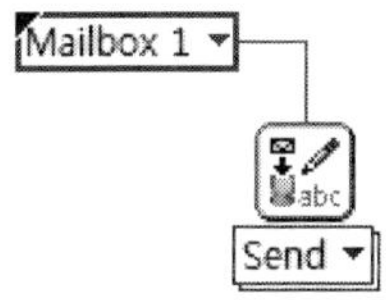

그 상자의 역 삼각형을 클릭하면 선택할 수 있는 Mailbox의 번호(1번부터 10번)가 다음 그림처럼 나타난다.

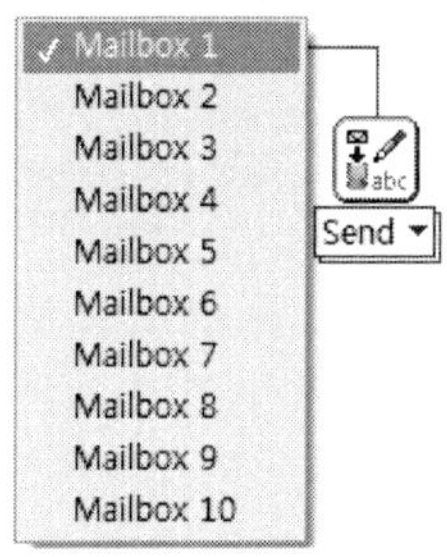

다음에 같은 방법으로 Message in에 상수를 생성하면 다음 그림처럼

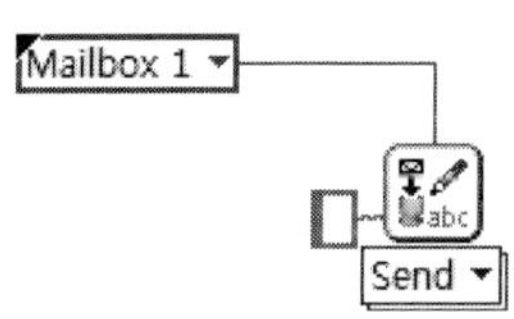

메시지를 집어넣을 수 있는 상자가 등장한다. 그러면 메시지를 보낼 수 있는 프로그램이 완성된다.

메시지를 읽어 들이기 위해서는 다음과 같이 해야 한다. 먼저 컴퓨터로 보내진 메시지를 읽기 위해서는 다음과 같이 해야 한다. 메시지를 보낼 때와 마찬가지로 다음 그림처럼 함수를 블록다이어그램에 가져다 놓고 Read Mailbox를 클릭하고 데이터 타입을 선택한다.

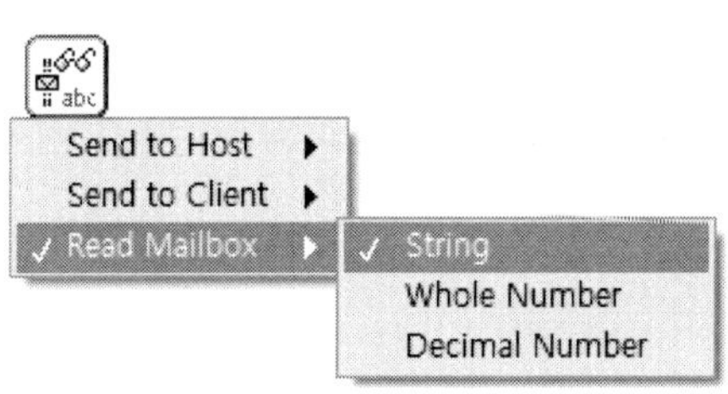

그리고 다음 그림에서 Mailbox에 마우스를 올려놓고 오른쪽 버튼을 클릭하여 메시지가 들어

온 Mailbox의 번호를 선택한다.

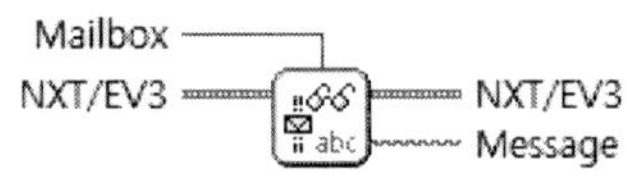

그리고 Message에 마우스를 올려놓고 오른쪽 버튼을 클릭하여 나오는 생성 메뉴에서 인디케이터를 선택하여 다음 그림처럼 완성한다. 그러면 프런트패널에 인디케이터가 나타나고 거기서 메시지를 읽을 수 있다.

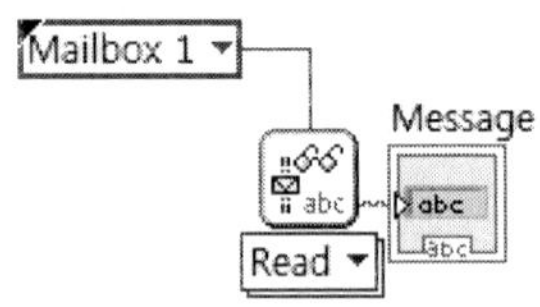

EV3 브릭에 보내진 메시지를 읽으려면 브릭의 LCD스크린에 디스플레이하는 함수를 사용하면 된다. 다음 그림처럼 하여 찾을 수 있는 Bluetooth 통신에 관한 여러 함수들을 좀 더 자세히 살펴보자.

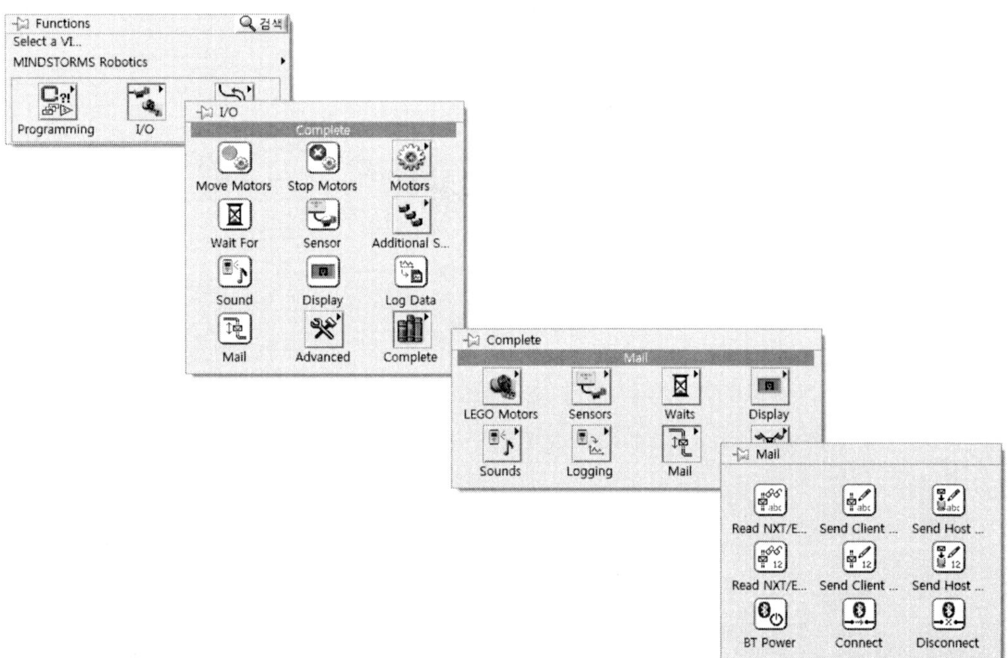

이 함수는 EV3 브릭의 Bluetooth 통신기능을 켜고 끄는 기능을 하는 함수이다. On/Off는 True 또는 False가 입력된다. NXTBTPower에서는 1과 0이 출력된다. 다음 그림과 같이 사용된다.

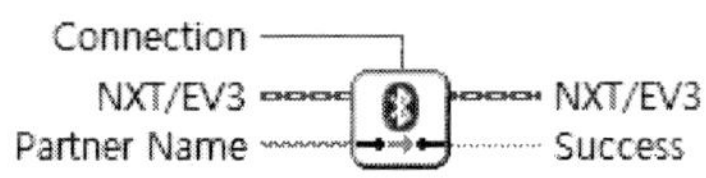

이 함수는 두 EV3 브릭을 Blutooth로 연결하는 함수이다. 물론 두 EV3 브릭이 Bluetooth가 가능한 상태여야 한다. Connection에서 상수를 생성하면 0,1,2, or 3을 선택할 수 있게 된다. Bluetooth를 연결할 Connection을 선택하는 것이다. Partner Name에는 연결할 EV3 브릭의 이름을 집어 넣으면 된다. Success는 연결이 되면 True 연결이 되지 않았으면 False를 출력한다. 다음의 프로그램처럼 사용된다.

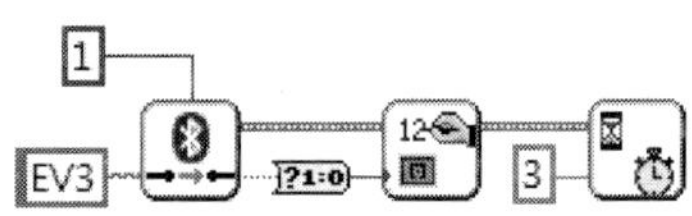

위의 프로그램은 1번 Connection으로 EV3 브릭과 Bluetooth로 연결시키고 그 결과를 LCD 스크린에 3초 동안 디스플레이하는 프로그램이다.

이 함수는 Blutooth로 연결되어 있는 두 EV3 브릭을 연결해제하는 함수이다. Connection에서 상수를 생성하면 0,1,2, or 3을 선택할 수 있게 된다. Bluetooth를 해제할 Connection을 선택하는 것이다. Partner Name에는 해제할 EV3 브릭의 이름을 집어 넣으면 된다. Success는 해제가 되면 True 해제가 되지 않았으면 False를 출력한다. 다음 프로그램처럼 사용된다.

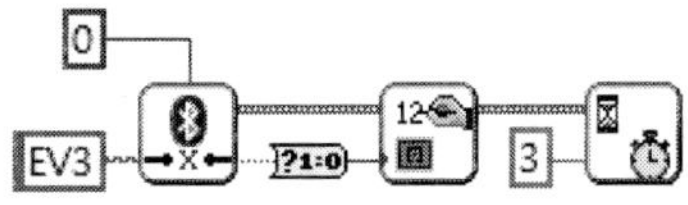

위의 프로그램은 0번 Connection으로 EV3 브릭과 연결된 Bluetooth를 해제시키고 그 결과를

LCD 스크린에 3초 동안 디스플레이하는 프로그램이다.

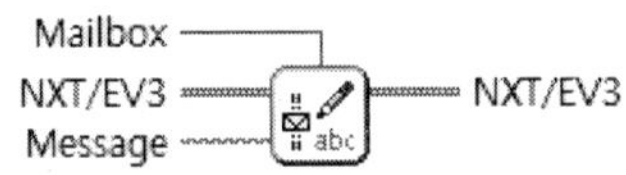

위의 함수는 다른 EV3 브릭에 문자열 메시지를 보낼 수 있는 함수이다. Mailbox에는 원하는 Mailbox 번호를 선택할 수 있고 Message에는 보내려는 문자열 Message를 입력할 수 있다. 다음과 같은 프로그램에 사용될 수 있다.

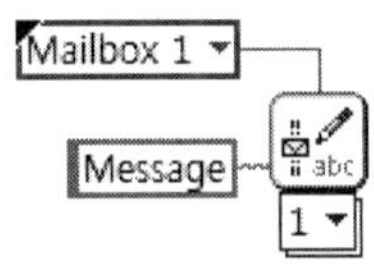

위의 프로그램은 1번 Connection으로 문자열 Message를 Mailbox 1으로 보내는 프로그램이다.

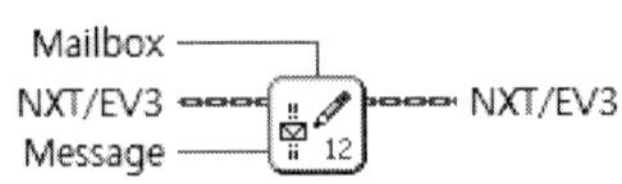

위의 함수는 다른 EV3 브릭에 숫자 메시지를 보낼 수 있는 함수이다. Mailbox에는 원하는 Mailbox 번호를 선택할 수 있고 Message에는 보내려는 숫자 Message를 입력할 수 있다. 다음과 같은 프로그램에 사용될 수 있다.

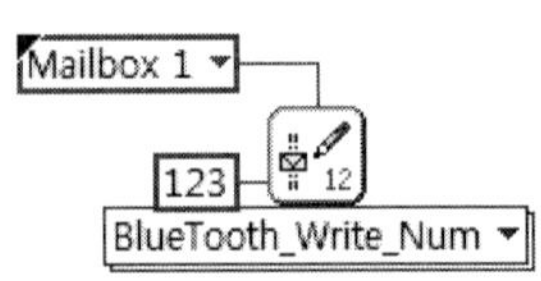

위의 프로그램은 1번 Connection으로 숫자 Message를 Mailbox 1으로 보내는 프로그램이다.

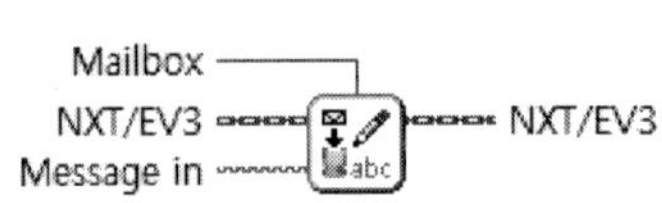

위의 함수는 host(0번 Connection)에 문자열 메시지를 보낼 수 있는 함수이다. Mailbox에는 원하는 Mailbox 번호를 선택할 수 있고 Message in에는 보내려는 문자열 Message를 입력할 수 있다. 다음과 같은 프로그램에 사용될 수 있다.

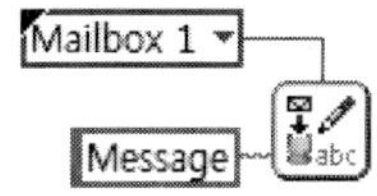

위의 프로그램은 0번 Connection으로 문자열 Message를 Mailbox 1으로 보내는 프로그램이다.

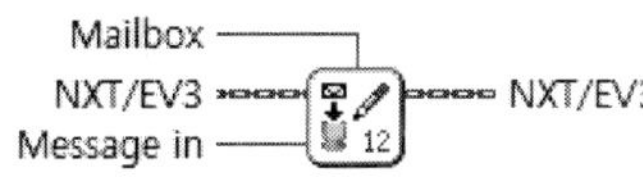

위의 함수는 host(0번 Connection)에 숫자 메시지를 보낼 수 있는 함수이다. Mailbox에는 원하는 Mailbox 번호를 선택할 수 있고 Message in에는 보내려는 숫자 Message를 입력할 수 있다. 다음과 같은 프로그램에 사용될 수 있다.

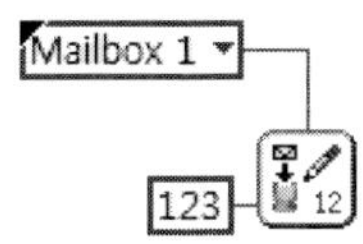

위의 프로그램은 0번 Connection으로 숫자 Message를 Mailbox 1으로 보내는 프로그램이다.

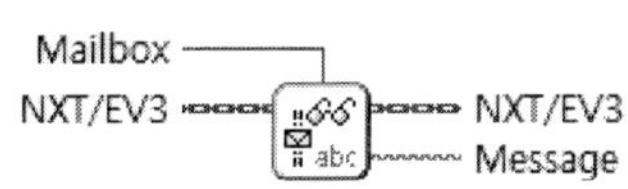

이 함수는 지정된 메일박스에 들어온 문자열 메시지를 읽는 함수이다. EV3 브릭은 컴퓨터와 USB 또는 Bluetooth로 통신할 수 있고 다른 EV3 브릭하고는 3개까지 통신이 가능하다. 이 함수는 다음과 같은 프로그램에 사용될 수 있다.

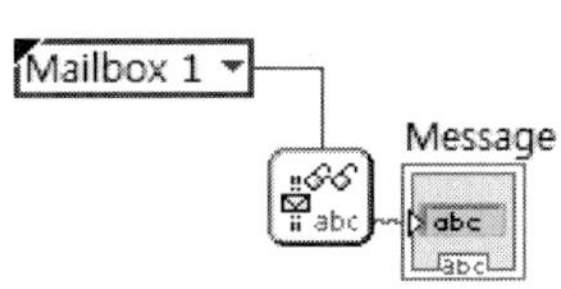

이 프로그램은 메일박스 1번에 받은 문자열 메시지를 프런트패널에 표시하는 프로그램이다.

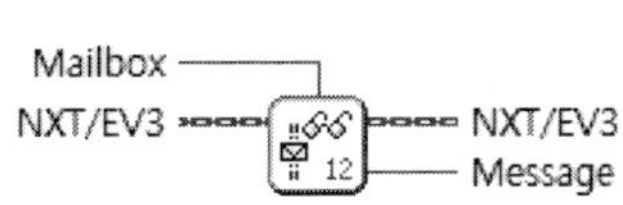

이 함수는 지정된 메일박스에 들어온 숫자 메시지를 읽는 함수이다. 다음과 같은 프로그램에

사용될 수 있다.

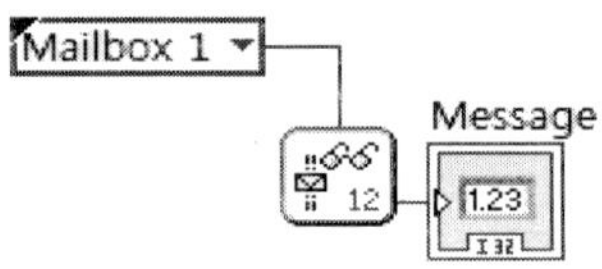

이 프로그램은 메일박스 1번에 받은 숫자 메시지를 프런트패널에 표시하는 프로그램이다. 위의 함수들을 이용하여 다음과 같은 조금 더 복잡한 프로그램을 작성할 수 있다.

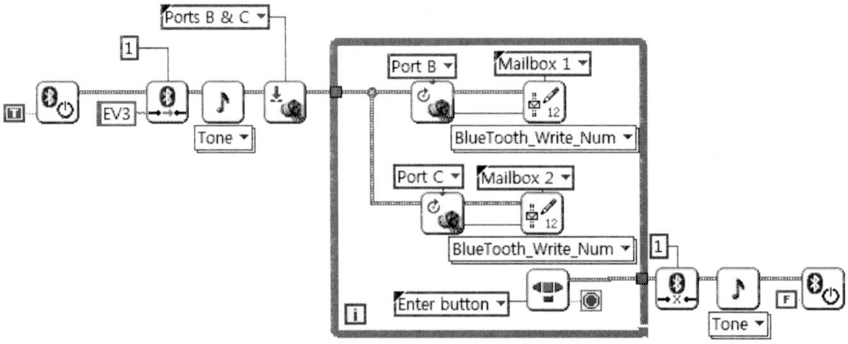

위의 프로그램은 먼저 Bluetooth를 키고 다른 EV3 브릭을 1번 Connection으로 Bluetooth 연결을 하고 소리를 낸 다음 B와 C 모터의 회전 각도를 초기화한다. 그리고 나서 While 루프를 돌린다. B 모터와 C 모터의 회전 각도를 측정하여 메일박스 1,2에 각각 회전 값을 보낸다. 그리고 EV3 브릭의 Enter(Center) 버튼을 누르면 While 루프가 정지하고 Bluetooth 연결을 해제하고 소리를 낸 다음 Blutooth를 끄고 프로그램을 정지한다. 이 프로그램은 다음에 설명하는 프로그램과 연계해서 동작된다.

다음의의 프로그램은 EV3 브릭을 키고 While 루프 안에서 메일박스 1,2에 전달된 다른 EV3 브릭에 연결된 B,C 모터의 회전각도 값에 따라 본 EV3 브릭의 B,C 모터가 돌게 되는 프로그램이다. 이 While 루프도 EV3 브릭의 Enter 버튼을 누르면 정지하고 Bluetooth를 끄면서 프로그램이 정지하게 된다.

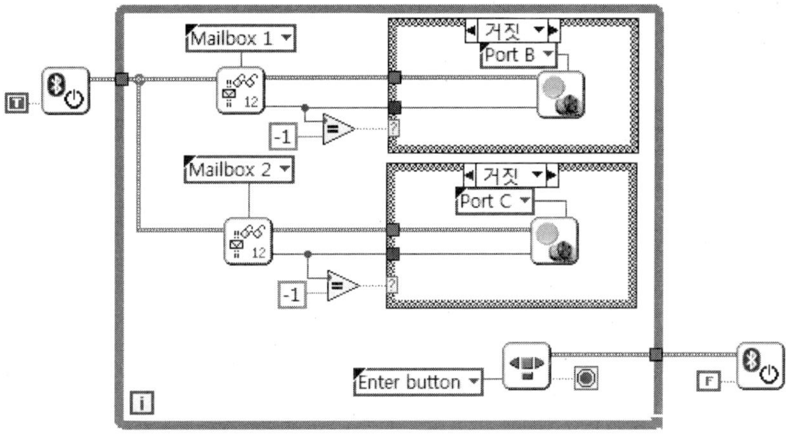

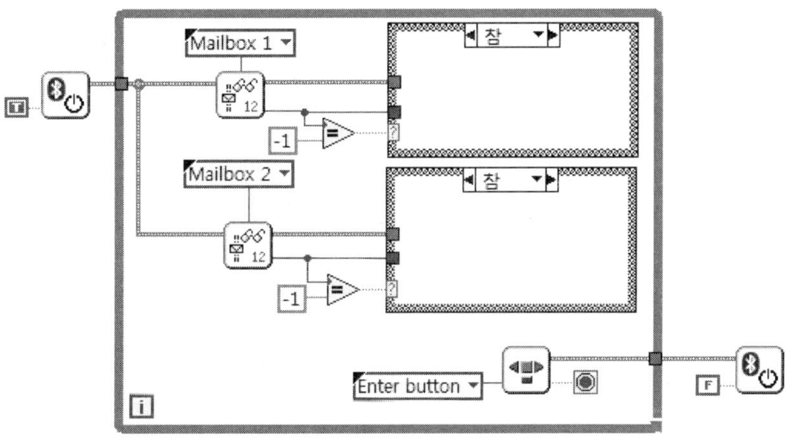

이번에는 NXT에서는 가능하지 않았지만 EV3에서는 가능해진 Daisy Chaining을 설명한다. 다음 그림처럼 EV3 브릭은 4개 까지 USB 선으로 연결할 수 있다. 이렇게 하면 16개의 입력 포트와 16개의 출력 포트를 사용할 수 있다.

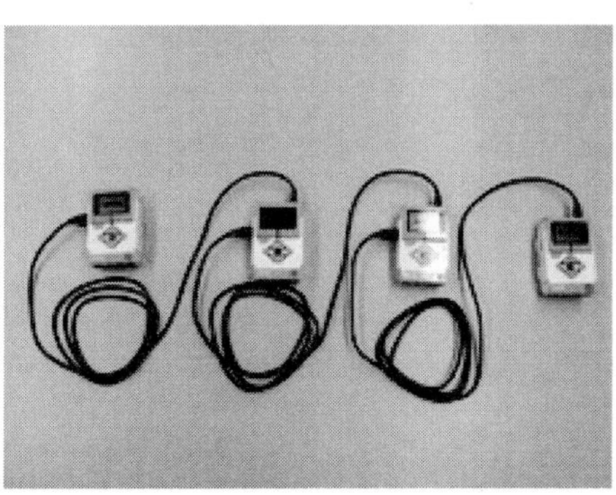

이렇게 연결된 브릭들을 LabVIEW에서 동작 시키려면 다음 그림에 보이는 Schematic Editor 에서 Master와 Slave Layer 1,2,3의 모터와 센서의 Setup을 해 주어야 한다.

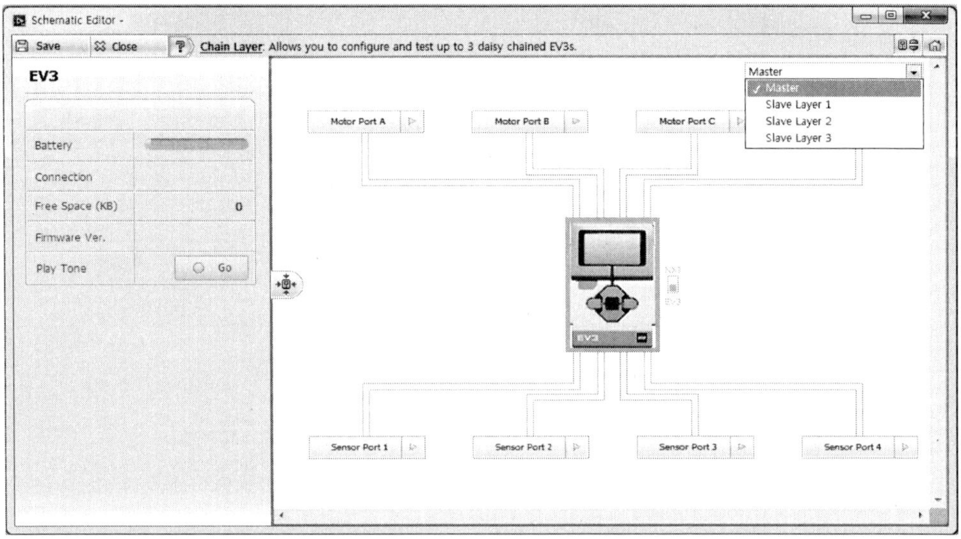

다음에는 스마트 폰으로 교육용 로봇을 동작시킬 수 있는 방법을 살펴보겠다. 먼저 EV3 브릭이 Bluetooth가 가능하게 해야 한다. 그 방법은 0장에서 설명하였다.

안드로이드를 운영체재로 사용하는 스마트폰을 기준으로 설명하겠다. iOS를 운영체재로 갖는 스마트폰에서도 유사하게 동작할 수 있다.

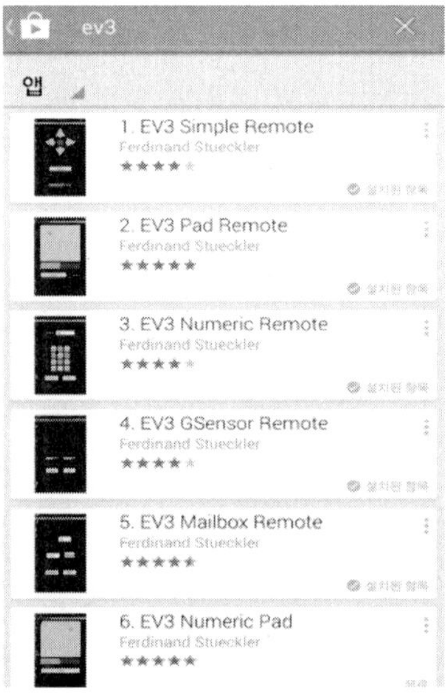

앞의 그림처럼 Play 스토어에서 EV3에 관한 App을 찾아 다운받는다. 여기에서는 EV3 Simple Remote를 가지고 설명하겠다. 스마트폰을 Bluetooth가 가능한 모드로 만든다.

앞의 그림과 같이 EV3 Simple Remote App을 열고 다음 그림처럼 모터의 연결 포트를 선택하고 연결할 수 있는 EV3 브릭을 스캔한다. 원하는 EV3 브릭을 찾은 후 클릭한다.

그리고 나면 다음 그림처럼 PIN을 넣는 대화 상자가 나온다. 그 대화 상자에서 PIN을 넣는다. 그러면 EV3 브릭과 스마트 폰의 Bluetooth 통신이 연결된 것이다. 이제 스마트 폰의 App으로 EV3 로봇을 원격 조정할 수 있다.

5.3 Direct Mode

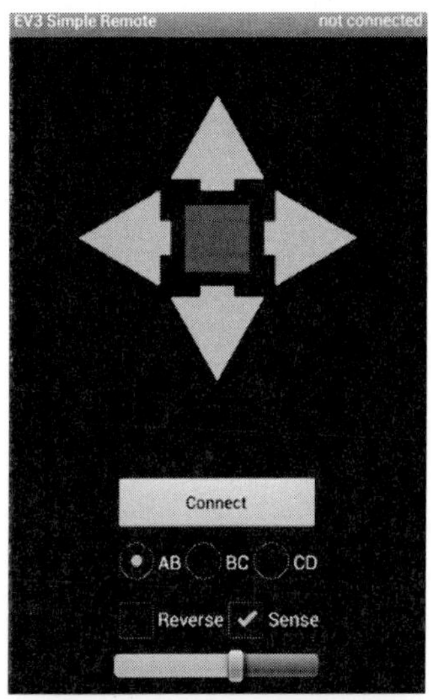

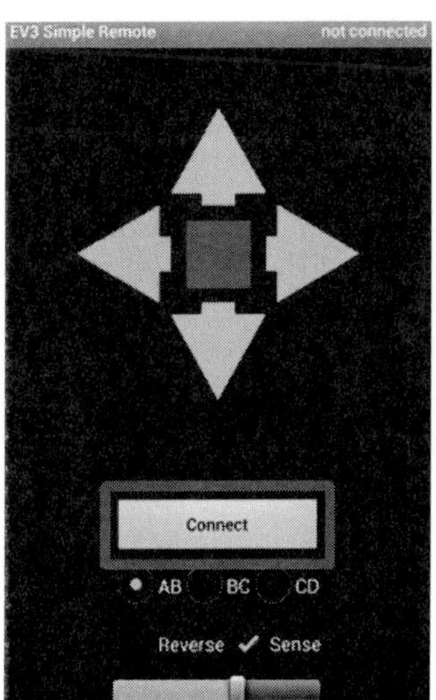

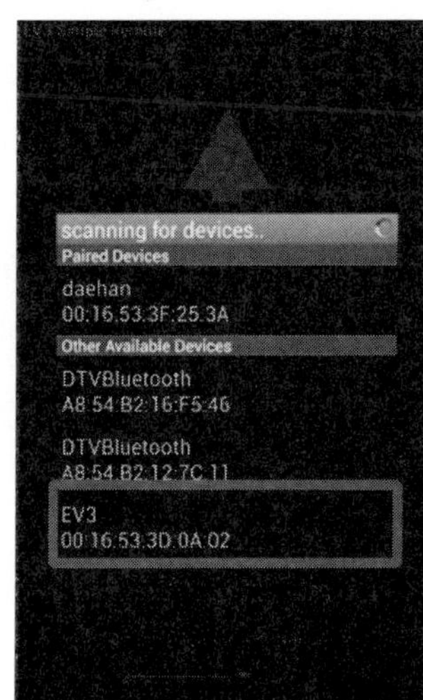

Direct mode는 프로그램을 컴퓨터에서 돌리는 모드이고 부수적으로 USB 또는 Bluetooth로 EV3브릭을 사용하는 모드이다. 이 모드를 사용하면 LabVIEW 프로그램 화면 밑 왼쪽에 "주요 어플리케이션 인스턴스"라고 나타난다. 반대로 Remote Mode로 사용하면 같은 위치에 "EV3 또는 브릭의 이름"이 나타난다. 이 모드를 바꾸려면 이 화면 밑에 나오는 곳에 마우스를 올려놓고 오른쪽 버튼을 클릭하면 바꿀 수 있는 메뉴가 다음 그림처럼 나타난다.

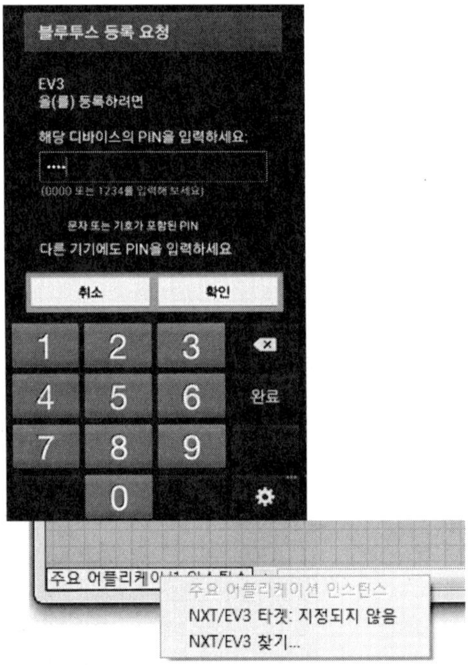

이 Direct Mode에서만 사용되는 여러 가지 함수들을 살펴보자. 이 함수들은 다음 그림처럼 찾을 수 있다.

이 함수를 찾으려면 프로그램 메뉴에서 다음 그림과 같이 새 VI를 클릭하여야만 나오게 된다. 주 함수 팔레트에서 MINDSTORMS Robotics 메뉴를 클릭하고 이어서 나오는 메뉴에서 I/O를 클릭하고 또 이어서 나오는 메뉴에서 DirectOnly를 누르면 Direct Mode의 함수들이 나온다.

이 함수들을 하나씩 살펴보자.

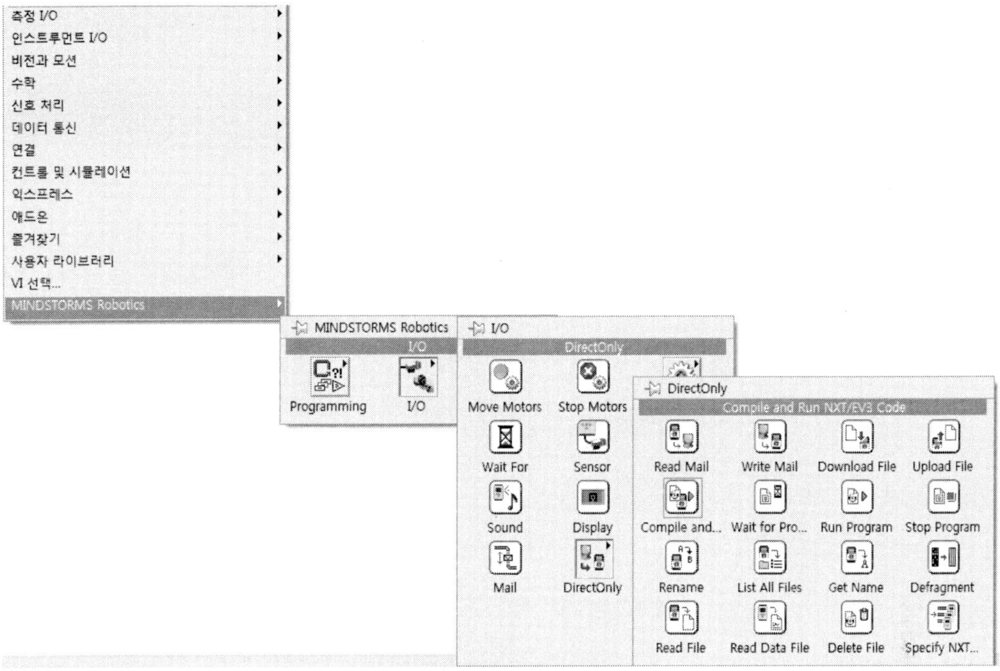

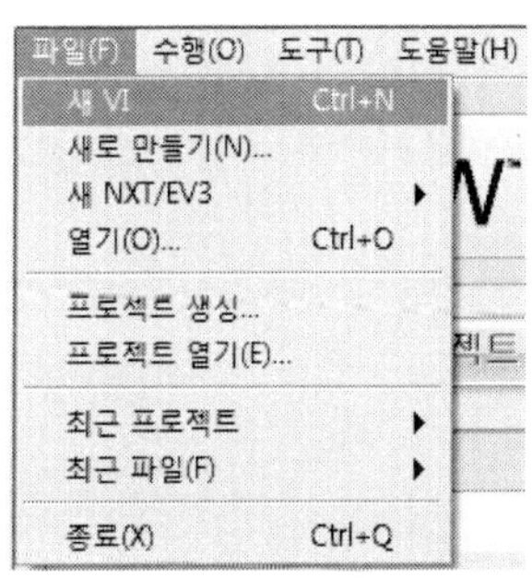

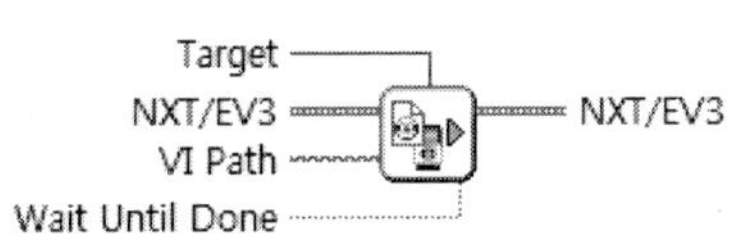

위의 Compile and Run 함수는 컴퓨터에 있는 LabVIEW 프로그램을 컴파일하고 원하는 Target에서 돌리는 프로그램이다. Target에서 상수를 생성하면 다음 그림 같이 메뉴가 나온다.

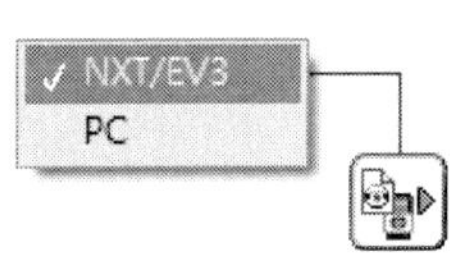

PC 또는 EV3로 타겟을 정할 수 있다. VI Path에서 상수를 생성하면 다음 그림처럼 프로그램

이 저장되어 있는 곳을 찾을 수 있는 File Path를 입력할 수 있다.

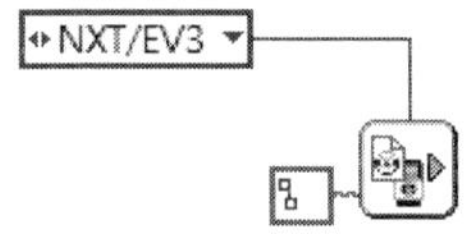

다음 프로그램처럼 사용할 수 있다.

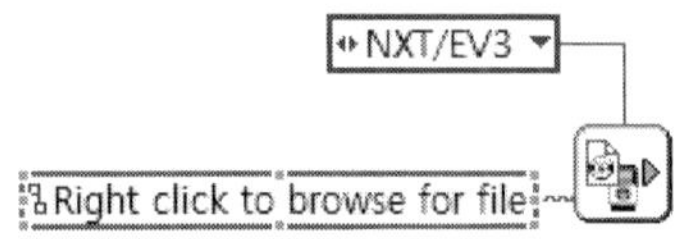

EV3 타겟으로 주어진 위치에 있는 프로그램을 컴파일 하고 돌리는 프로그램이다.

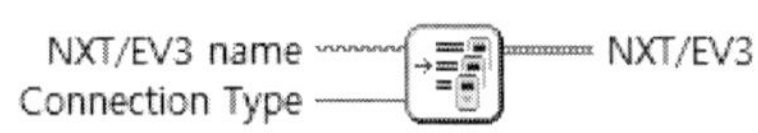

위의 Specify NXT/EV3 함수는 프로그램을 돌릴 브릭을 선택하는 프로그램이다. Connection Type은 USB 아니면 Bluetooth이다. 이렇게 하면 하나의 프로그램을 여러 브릭에서 돌릴 수 있게 된다. 다음 프로그램은 위의 함수를 사용한 프로그램이다.

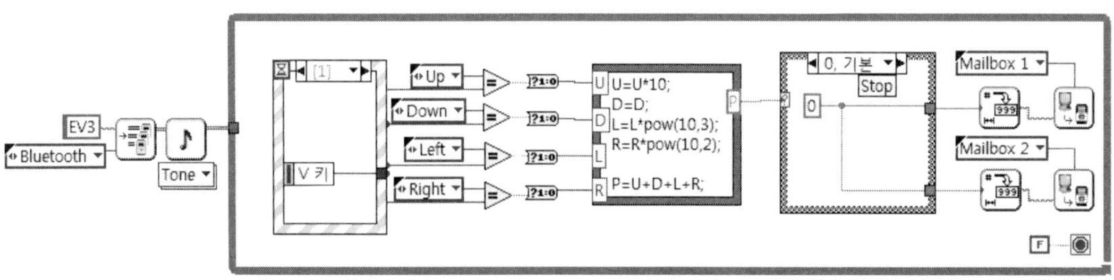

위의 프로그램은 원하는 브릭을 선택하고 Bluetooth로 통신한다. 그리고 While 루프 안에서 컴퓨터의 상하좌우로 움직이는 키를 사용하여 메일박스 1,2에 해당하는 값을 문자열로 바꾸어 Bluetooth로 전달한다. 이 프로그램은 앞에서 보았던 프로그램과 연결하여 사용하여야 한다. 편의상 앞의 프로그램을 아래에 다시 보인다. 이 두 프로그램을 연결하여 사용하면 컴퓨터 자판에서 화살표 키를 가지고 좌우회전 그리고 전진 후진을 할 수 있게 된다. 위의 프로그램에서 사용한 이벤트 구조는 이 책의 수준을 넘어가므로 설명을 생략한다. 수학 노드는 이 장에서 공부하였고 케이스 구조는 다음 장에서 공부한다.

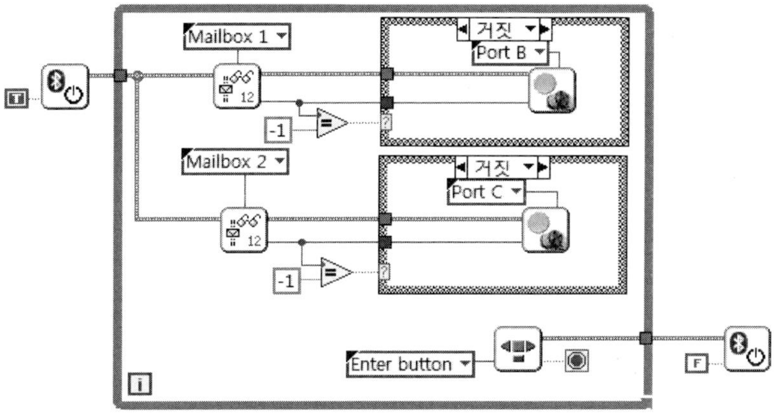

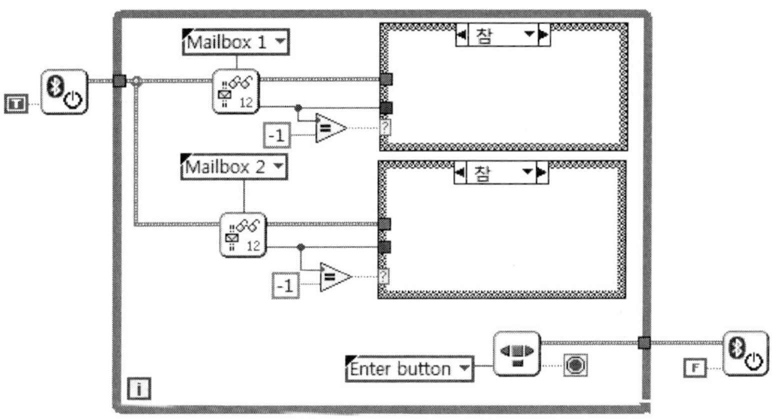

위의 Stop Program 함수는 EV3 브릭에서 돌고 있는 프로그램을 정지시키는 함수이다. 아래 그림의 프로그램에서처럼 사용할 수 있다.

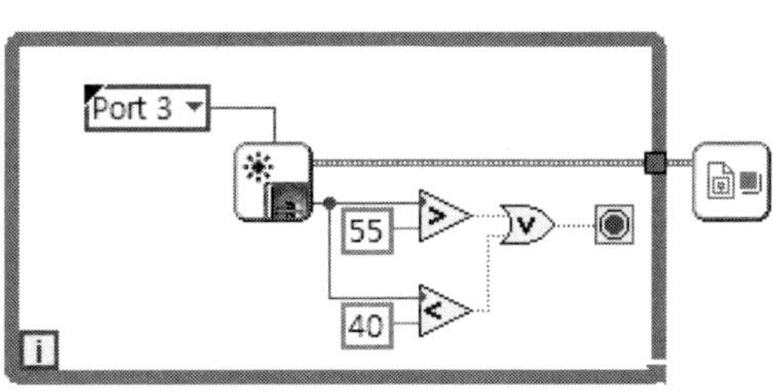

위의 프로그램은 3번 포트에 연결되어 있는 주변광 모드의 컬러 센서의 측정값이 40 보다 작거나 50 보다 크면 EV3 브릭에서 동작되고 있는 프로그램을 정지시키는 프로그램이다.

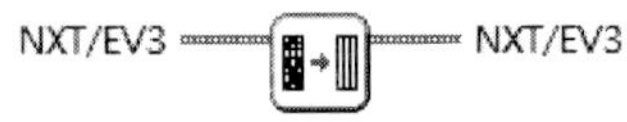

위의 Defragment NXT 함수는 NXT 브릭의 조각난 메모리를 하나로 합쳐주어 사용할 수 있는 메모리를 늘려주는 함수 인데 EV3에서는 더 이상 지원하지 않은 함수이다. 다음 그림의 프로그램에서처럼 사용될 수 있다.

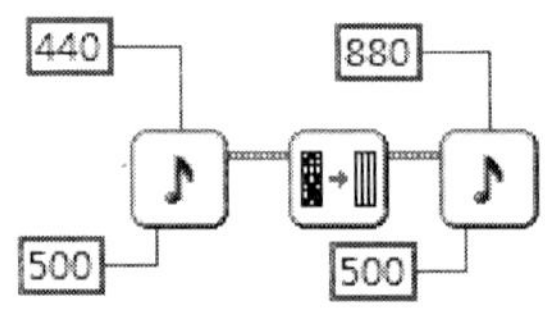

앞의 낮은 피치의 소리는 프로그램의 시작을 알리고 뒤의 높은 피치의 소리는 프로그램의 끝을 알려준다.

위의 Delete File 함수는 지정한 파일을 EV3 브릭에서 삭제하는 함수이다. 다음 그림의 프로그램에서처럼 사용될 수 있다.

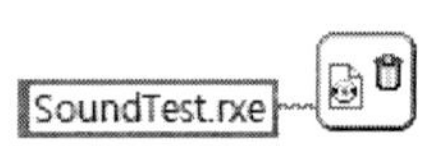

EV3 브릭에서 SoundTest.rxe 파일을 삭제하는 프로그램이다. 물론 먼저 이 파일을 컴파일하고 브릭에 다운로드해야 한다.

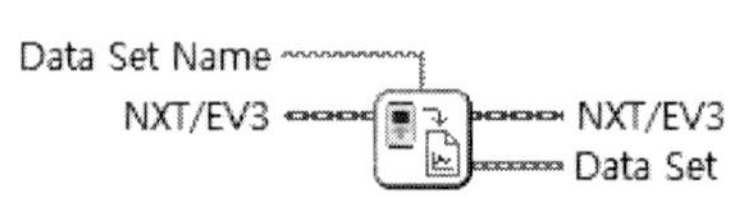

위의 Read Data File 함수는 Data Set Name으로 주어진 파일의 데이터를 읽어 클러스터의 형태로 Data Set 출력단자로 출력한다. 다음 그림의 프로그램에서처럼 사용될 수 있다.

이 프로그램은 1번 포트에 연결된 센서의 데이터를 RedData.dat에 1초에 1번씩 10초 동안 저장하고 그 데이터를 읽어 클러스터로 출력한다., 그 클러스터를 분리하여 각각 프런트 패널의 인디케이터에 표시하는 프로그램이다.

위의 Read Data File 함수에는 다음의 그림처럼 2개의 다형성 VI 선택자가 있다.

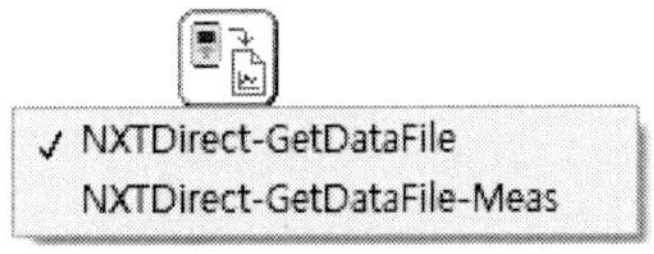

NXTDirect-GetDataFile은 센서의 이름을 포함한 클러스터로 출력하지만 NXTDirect-GetDataFile-Meas은 웨이브폼 그래프에 직접 입력될 수 있는 형태로 출력한다. 다음 그림의 프로그램처럼 사용할 수 있다.

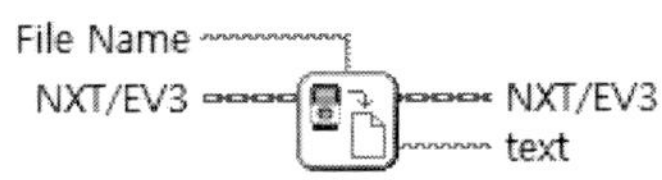

위의 Read File 함수는 EV3 브릭에 있는 파일을 읽어 LabVIEW의 프런트패널의 인디케이터로 출력할 수 있는 함수이다. 다음 그림의 프로그램처럼 사용할 수 있다.

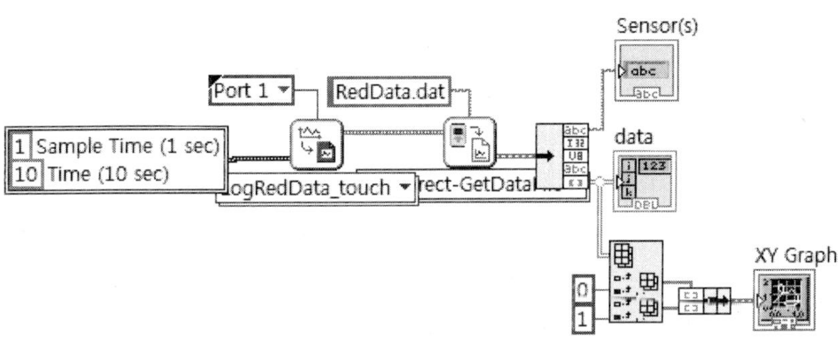

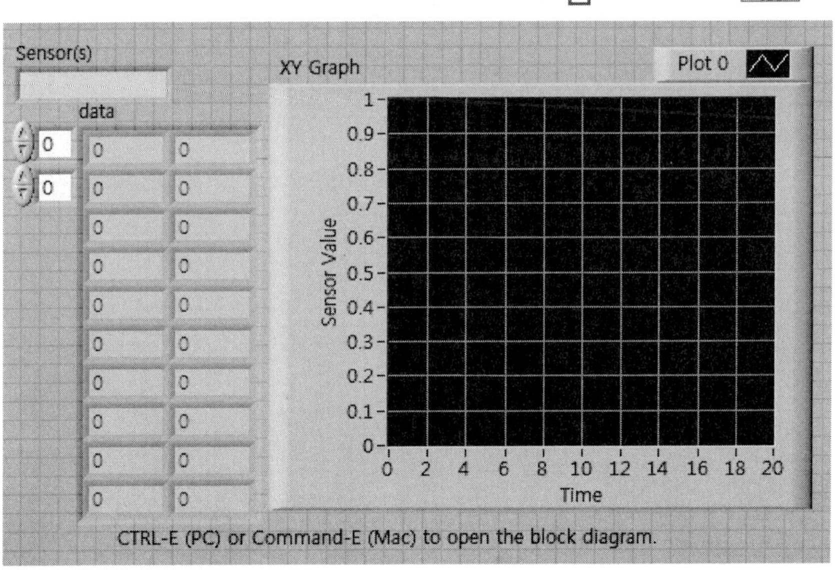

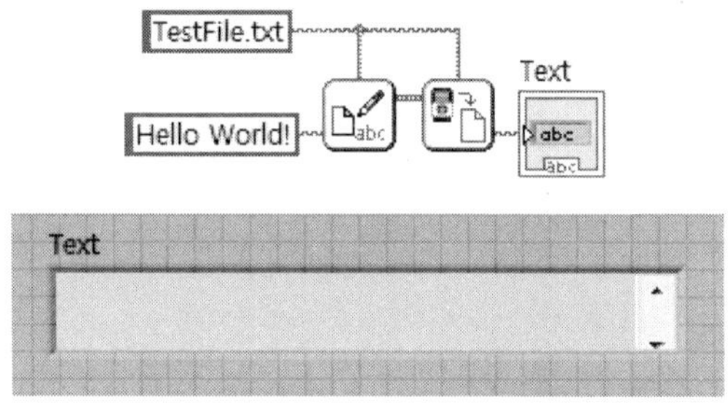

위의 프로그램은 “Hello World!”라고 EV3 브릭의 TestFile.txt 파일에 쓰고 그것을 다시 읽어 LabVIEW의 프런트패널에 쓰게 하는 프로그램이다.

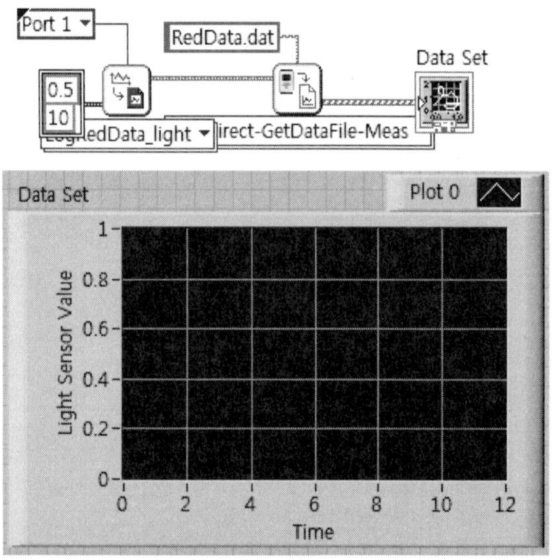

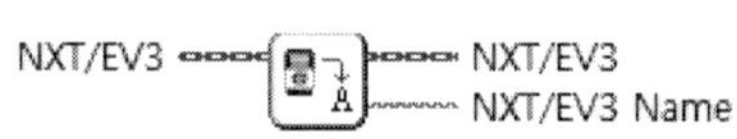

위의 Get NXT/EV3 Name 함수는 EV3 브릭의 이름을 돌려주는 함수이다. 다음 그림의 프로그램처럼 사용할 수 있다.

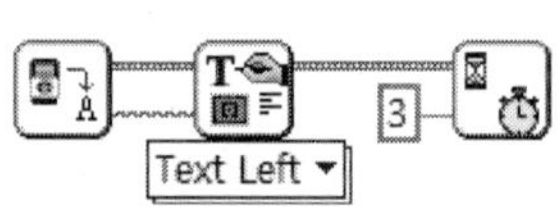

위의 프로그램은 지금 사용하고 있는 EV3 브릭의 이름을 EV3 브릭의 LCD 스크린에 3초 동안 디스플레이하는 프로그램이다.

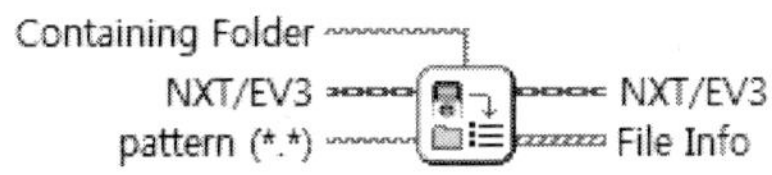

위의 함수는 EV3 브릭에 있는 파일의 이름을 출력하는 프로그램이다. Containing Folder에는 원하는 폴더의 이름을 정해주고 pattern은 원하는 타입의 파일을 정해 준다. File Info로 파일 들의 이름이 배열로 출력된다. 다음 그림의 프로그램처럼 사용할 수 있다.

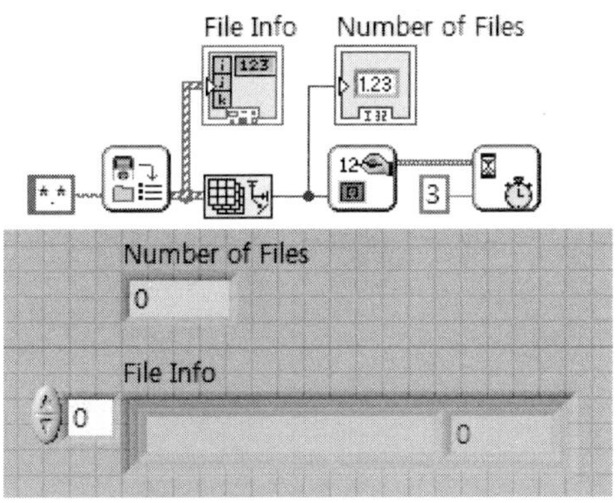

위의 프로그램은 EV3 브릭에 임의의 타입의 파일이 어떤 것이 있는지 또 몇 개가 있는지 LabVIEW의 프런트패널에 표시되고 또 EV3 브릭의 LCD 스크린에 3초 동안 표시되는 프로그램이다.

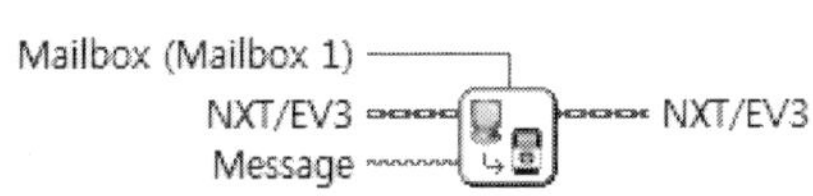

위의 Write to Brick Mailbox 함수는 컴퓨터에서 Message를 지정한 EV3 Mailbox에 보내는 함수이다. 다음 그림의 프로그램처럼 사용할 수 있다.

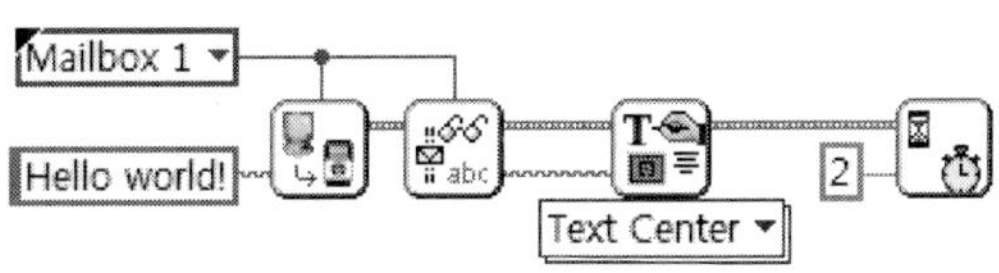

위의 프로그램은 EV3 1번 메일박스에 "Hello world!"를 쓰고 그것을 읽어 EV3 브릭의 LCD 스크린에 2초 동안 디스플레이하는 프로그램이다.

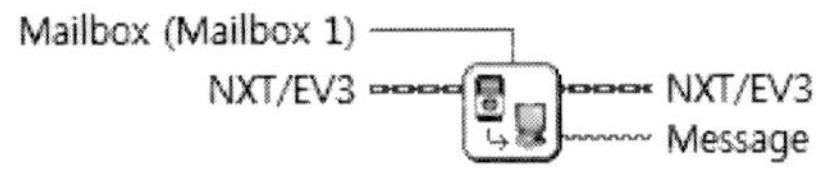

위의 Read form Brick Mailbox 함수는 EV3의 메일박스에서 메시지를 읽어 들이는 함수이다. 이 함수들은 다음 그림의 프로그램처럼 사용할 수 있다.

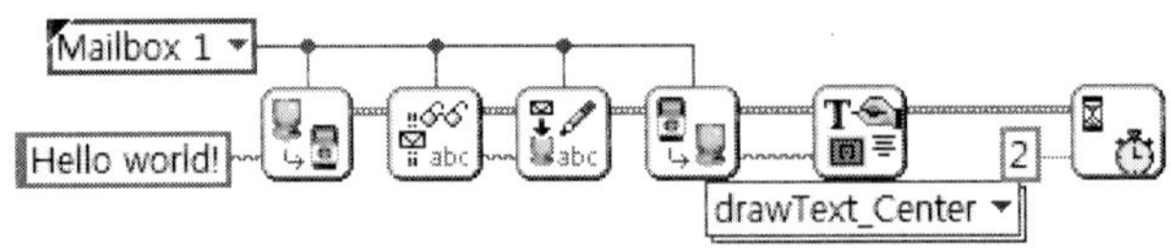

위의 프로그램은 컴퓨터에서 “Hello world!”를 EV3브릭의 1 번 메일박스에 보내고 다시 그 메시지를 호스트 컴퓨터로 보내서 EV3 브릭의 LCD 스크린에 2초 동안 디스플레이하는 프로그램이다.

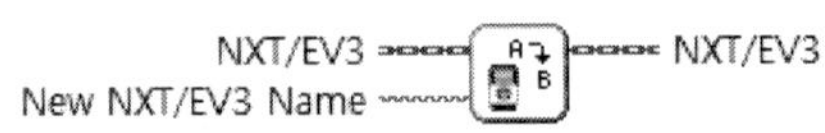

위의 Rename NXT/EV3 함수는 EV3 브릭에 이름을 새로 지워주는 함수이다. 다음 그림의 프로그램처럼 사용할 수 있다.

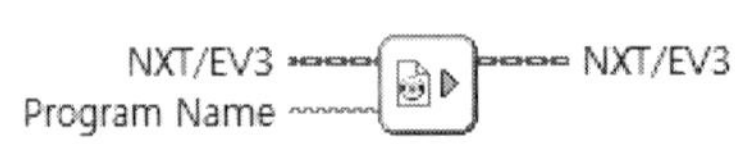

위의 Run Program 함수는 이미 EV3 브릭에 다운로드되어 있는 프로그램을 실행시키는 함수이다. 다음 그림의 프로그램처럼 사용할 수 있다.

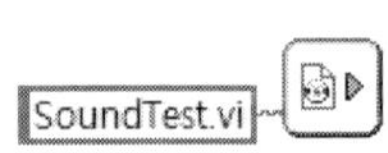

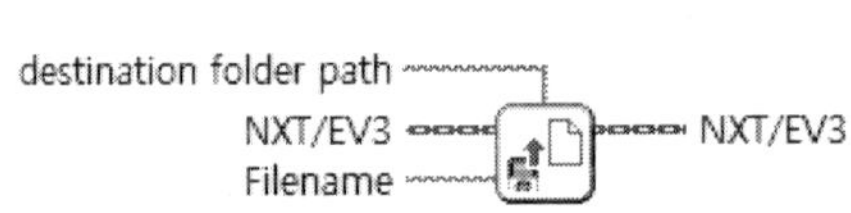

위의 Upload Brick File to PC 함수는 EV3에 있는 파일(.rxe, .pno, .ric, .dat)을 호스트 컴퓨터에 업로드하는 함수이다. 다음 그림의 프로그램처럼 사용할 수 있다.

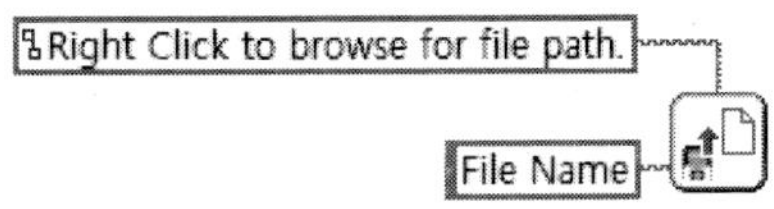

이 프로그램은 지정한 파일을 마우스를 올려놓고 오른쪽 마우스를 클릭하면 나오는 File path를 선택할 수 있는 대화상자에서 선택한 File path로 파일을 업로드하는 프로그램이다.

위의 Load File onto Brick 함수는 호스트 컴퓨터의 지정한 File path에 있는 파일을 EV3에 다운로드하는 함수이다. 다운로드할 파일은 컴파일된 바이너리 파일이어야 한다. 다음 그림의 프로그램처럼 사용할 수 있다.

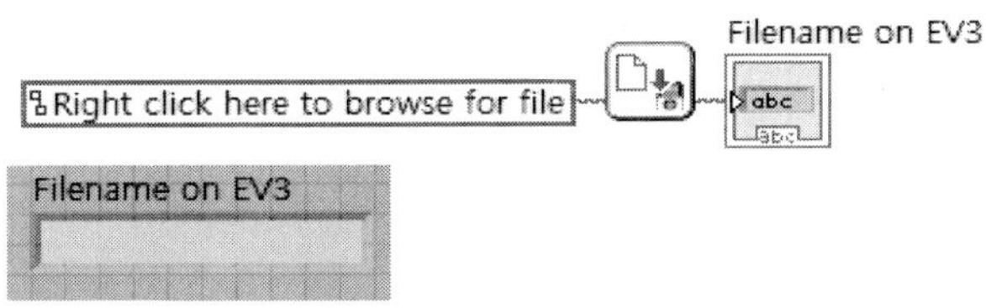

위의 프로그램은 컴파일된 호스트 컴퓨터의 지정된 File path에 있는 파일을 EV3 브릭에 다운로드하는 프로그램이다.

위의 Wait for Program 함수는 지금 돌고 있는 EV3 브릭에 돌고 있는 프로그램이 정지할 때까지 기다렸다가 그 다음의 프로그램이 돌게 하는 함수이다. 다음 그림의 프로그램처럼 사용할 수 있다.

다음의 프로그램은 지금 돌고 있는 프로그램이 정지할 때까지 기다렸다가 RedData.dat에서 데이터를 클러스터로 입력받고 그 클러스터를 웨이브폼 그래프에 적합한 데이터로 분해했다가 다시 결합해서 XY 그래프를 그리는 프로그램이다.

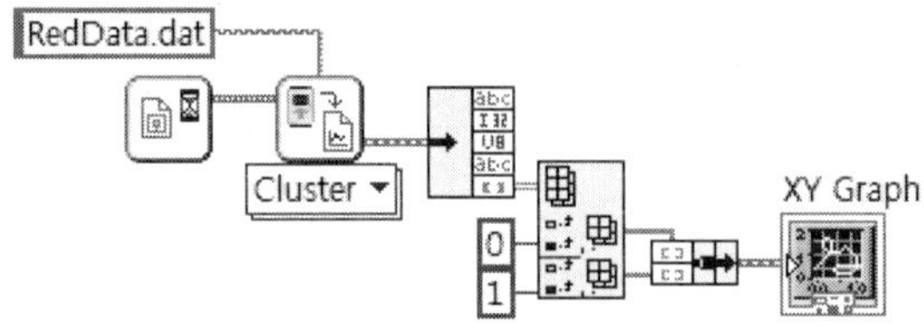

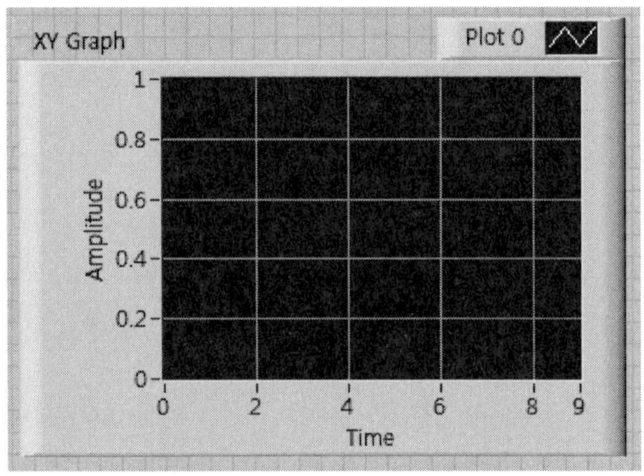

5.4 Brick 프로그래밍

Brick 프로그래밍이란 EV3 브릭 상에서 직접 프로그램을 작성할 수 있는 기능을 말한다. EV3 브릭 상에서 프로그램을 하기 위해서는 다음과 같이 하면 된다.

먼저 Brick Program App을 다음 그림처럼 연다.

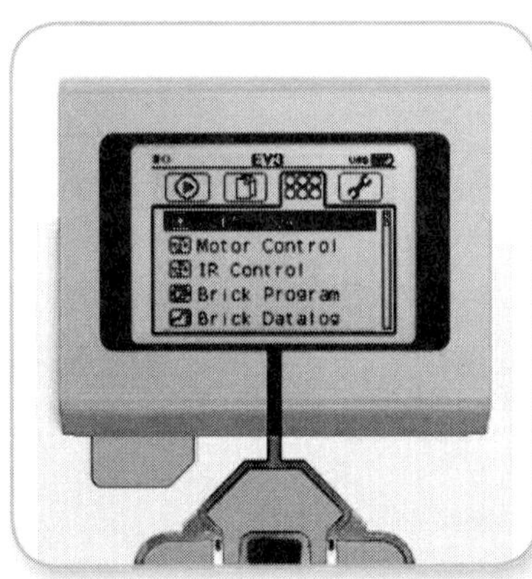

Brick Apps screen

위의 그림에서 Brick Apps Screen을 열고 Brick Program 메뉴를 클릭한다. 그러면 다음 그림처럼 프로그램을 할 수 있는 Start Screen이 나타난다.

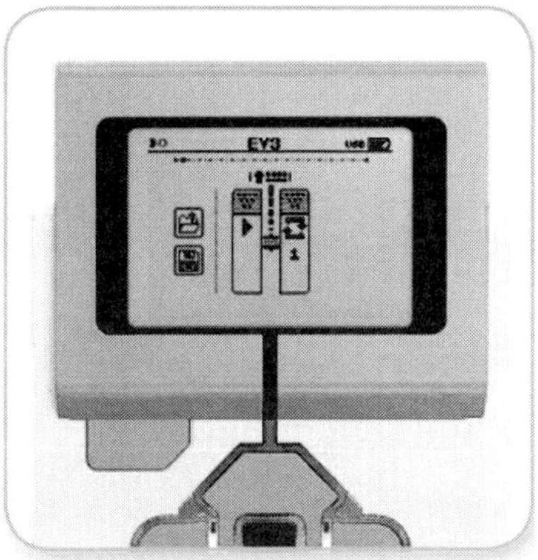

Start screen

위의 그림에서 제일 앞 쪽에 나오는 두 메뉴 중 위의 것은 폴더를 지정해 주는 것이고 아래 메뉴는 작성한 프로그램을 저장하는 메뉴이다.

또 위의 스크린에는 Start Block과 Loop Block이 나타나고 Sequence Wire로 연결되어 있는 것이 보인다. 앞의 시작 블록은 프로그램의 시작점을 나타내 주고 마지막의 루프 블록은 프로그램의 끝점을 나타내는 동시에 몇 번 반복할 지를 가리켜 주는 숫자를 지정할 수 있다. 그 숫자도 EV3 브릭 상의 버튼으로 조절할 수 있다. 두 블록 사이에 나타나는 수직 점선은 새로운 함수 블록을 거기에 더할 수 있음을 가리켜 준다. EV3 브릭 상의 Up 버튼을 누르면 더할 수 Block Palette가 다음 그림처럼 나타난다.

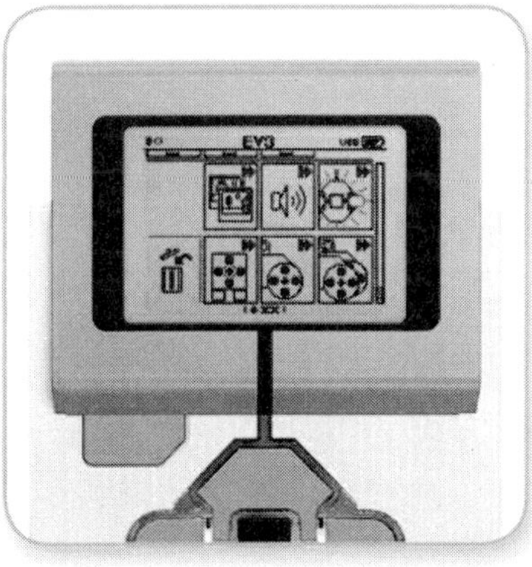

Block Palette

위의 블록 팔레트는 다음 그림처럼 보이는 전체 블록 팔레트의 일부분 이다.

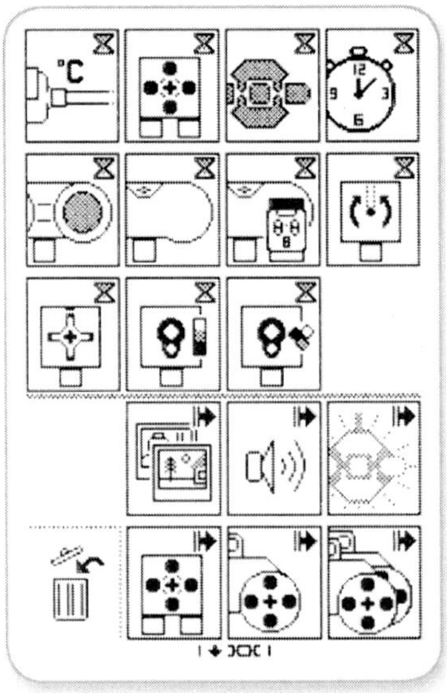

Full Block Palette

위의 블록 팔레트에서 원하는 함수 블록을 선택하기 위해 EV3 브릭에 있는 Up, Down, Right, 그리고 Left 버튼을 사용하면 된다. 이 블록 팔레트의 위의 세 줄은 Wait For 함수들이다. 센서의 값이나, 시간, 또는 버튼이 눌렸는지 등의 데이터를 받을 때까지 기다리는 함수 들이다. 그 다음 줄은 EV3 브릭 스크린에 표시하거나, 소리내기, 그리고 브릭 버튼 주위의 LED의 색깔과 패턴을 정해주는 함수 블록이다. 그 다음 줄은 모터를 동작시키는 함수와 이미 설치한 함수 블록을 삭제하는 기능을 갖는 휴지통 함수가 있다. 모두 6개의 Action 블록이 있고 11개의 Wait 블록이 있다.

원하는 함수 블록을 찾았으면 EV3 브릭의 가운데 버튼을 클릭하여 선택을 하면 원래의 프로그램으로 돌아오고 선택한 블록이 다음 그림처럼 더해진다.

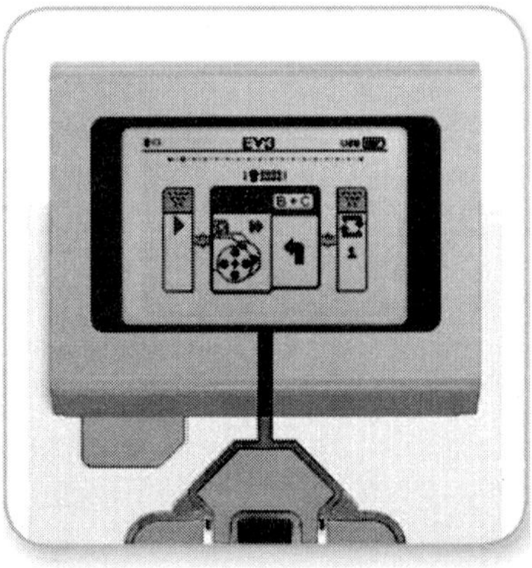

New block added

이렇게 설치된 블록의 설정을 바꾸기 위해서는 EV3 브릭의 가운데 버튼을 클릭하고 위 아래 버튼으로 다음 그림처럼 바꿀 수 있다.

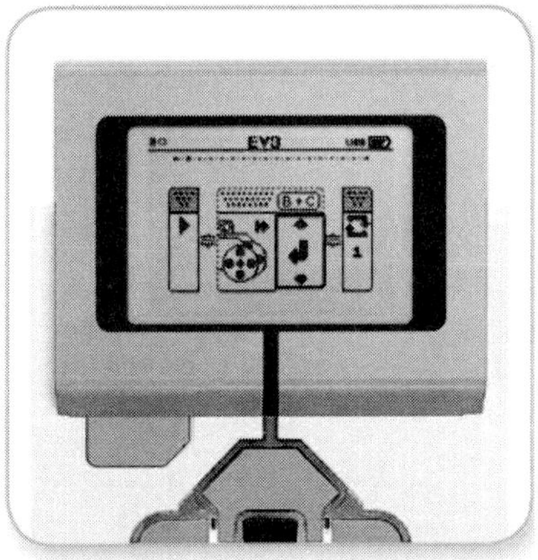

Adjust block setting

설정이 완료되면 EV3 브릭의 가운데 버튼을 클릭한다. 또 다른 블록을 더하려면 수직 점선이 하이라이트 된 상황에서 위에서 설명한 방법을 반복하면 할 수 있다.

설치된 블록을 삭제하기 위해서는 다음 그림처럼 그 블록을 하이라이트 하고 EV3의 위, 아래 버튼을 사용하여 휴지통으로 간 다음 EV3 브릭의 가운데 버튼을 클릭한다.

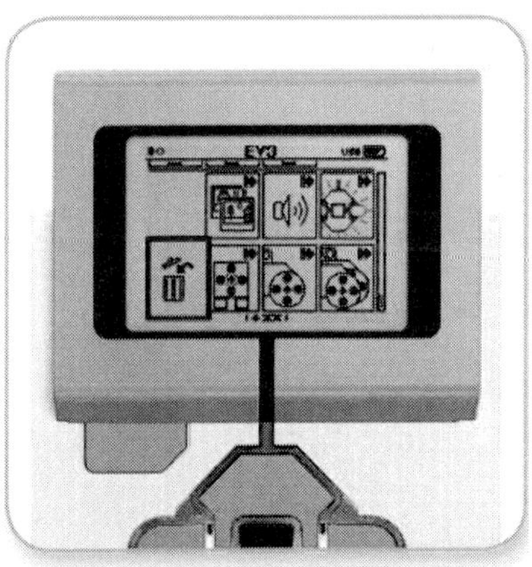

Delete block

이 프로그램을 실행시키기 위해서는 다음 그림처럼 EV3 브릭의 왼쪽 버튼을 클릭하여 시작 블록으로 간 다음 EV3 브릭의 가운데 버튼을 클릭한다.

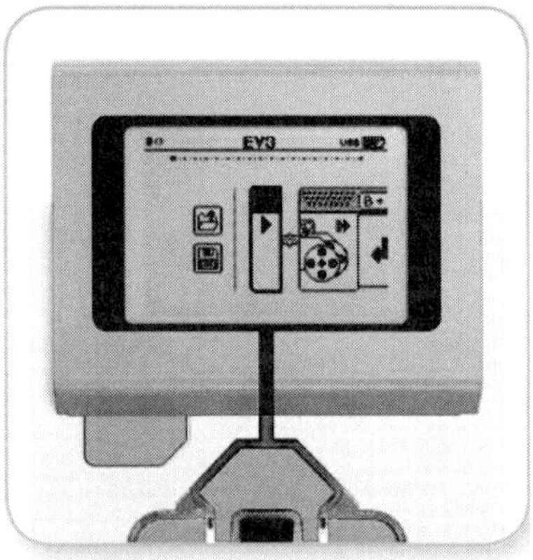

Run program

이 프로그램을 저장하기 위해서는 화면 왼쪽에 있는 저장 아이콘으로 가서 EV3 브릭의 가운데 버튼을 클릭한다. 그러면 프로그램의 이름을 정하는 대화 상자가 나올 것이다. 다 쓰고 나면 OK를 클릭한다. 그러면 작성한 프로그램이 BrkProg_SAVE 폴더에 저장된다. 이 프로그램은 파일 내비게이션 스크린에서 찾을 수 있다. 또는 다음 그림처럼 Brick Program 스크린의 Open 아이콘을 열고 찾을 수도 있다.

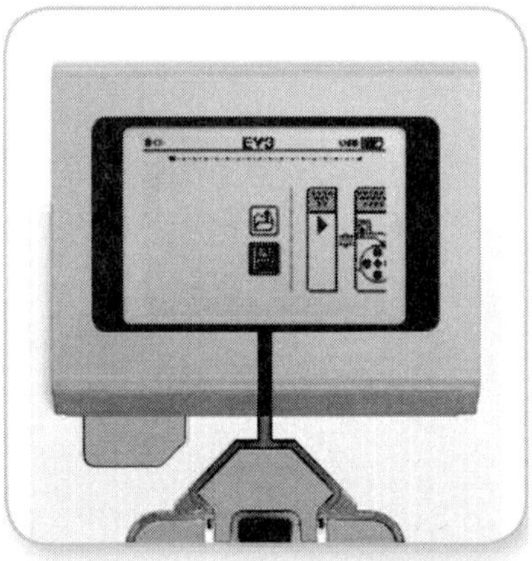

Save program

5.5 Brick Datalog

EV3 브릭에는 브릭 상에서 직접 센서의 측정 데이터를 수집할 수 있는 기능이 있다. 이것을 하기 위한 메인 스크린을 가져오기 위해서는 다음 그림의 Brick Apps Screen을 열고 Brick Datalog 메뉴를 클릭한다.

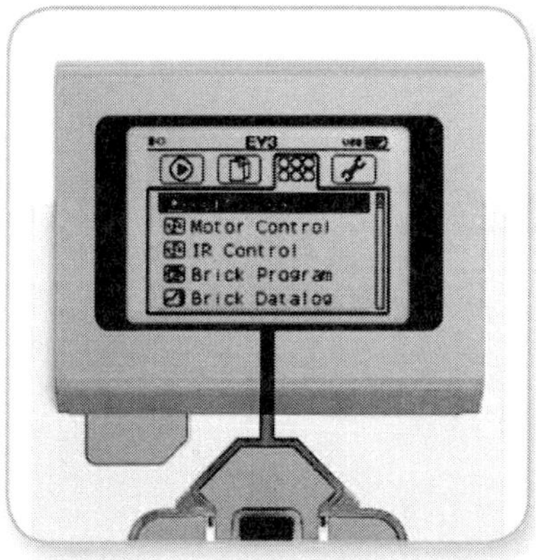

Brick Apps screen

그러면 다음 그림처럼 프로그램을 할 수 있는 Start Screen이 나타난다.

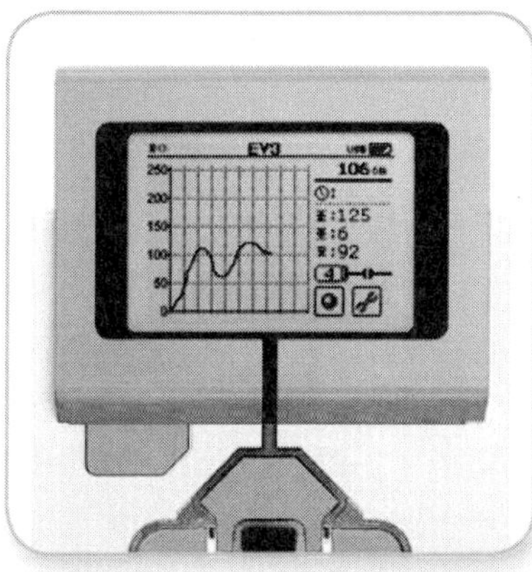

Main screen

EV3 브릭 데이터로그 앱을 열면 왼쪽에 그래프 영역이 보이고 센서나 모터가 연결되어 있으면 오실로스코프처럼 실시간 데이터가 그려질 것이다. 오른 쪽에는 데이터의 분석값들이 보여진다. 실제로 읽은 센서의 값과 최고값, 최저값, 그리고 평균값들이 표시된다. 측정한 시간간격이 표시되는 곳이 있는데 오실로스코프 모드에서는 표시되지 않는다. 그 아래에는 지금 어느 센서나 모터에서 데이터를 읽는지 표시되어 있다. 1,2,3,4 입력포트와 A,B,C,D 출력포트 중에 어느 포트에서의 값이 읽히는지 표시된다. 이 포트를 변경하기 위해서는 EV3 브릭의 왼쪽 오른쪽 버튼을 클릭하여 측정 가능한 포트를 찾을 수 있다.

오실로스코프 모드가 아니고 실험 모드로 하기 위해서는 메닌 스크린에서 렌치처럼 생긴 Brick Datalog Settings 버튼을 클릭한다. 그러면 다음 그림처럼 샘플 타임이 얼마인지 어떤 센서를 선택할지를 정하는 스크린이 나온다.

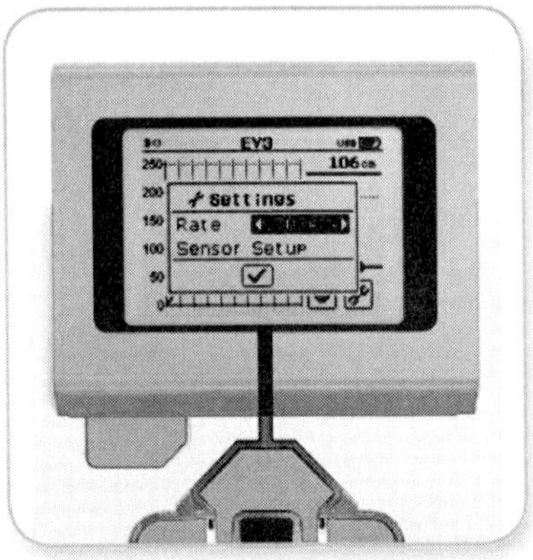

Sample rate

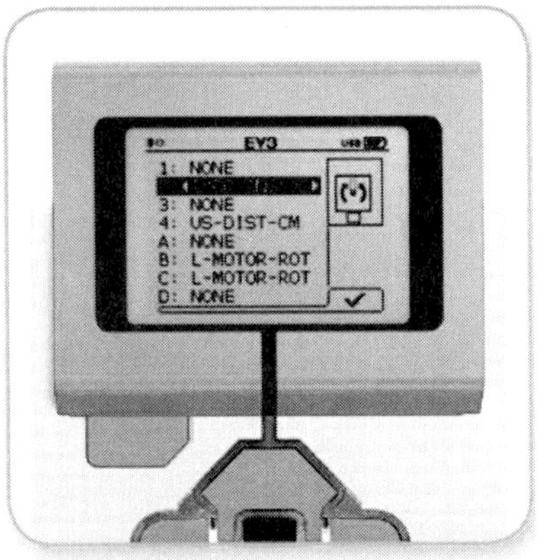

Sensor setup

샘플 레이트는 EV3 브릭의 왼쪽 오른쪽 버튼을 사용하여 원하는 레이트를 선택할 수 있다. 1분에 한 점부터 1초에 1000 점까지 선택할 수 있다. 그리고 원하는 연결된 센서를 선택할 수 있다. EV3 브릭의 위, 아래 버튼으로 원하는 센서를 선택한 후 EV3 브릭의 오른쪽 왼쪽 버튼을 사용하여 센서의 모드를 선택할 수 있다. 선택이 끝나면 첵 마크에 EV3 브릭의 가운데 버튼을 클릭하여 설정을 완성한다. 그러면 브릭 데이터로그의 시작 스크린으로 이동한다.

설정이 완성되면 Record 버튼을 클릭한다. 레코드 버튼은 렌치 모양의 버튼 바로 옆에 있다. 시작 스크린에 다음 그림처럼 데이터의 통계가 나타나고 샘플 취득 기간이 나타난다.

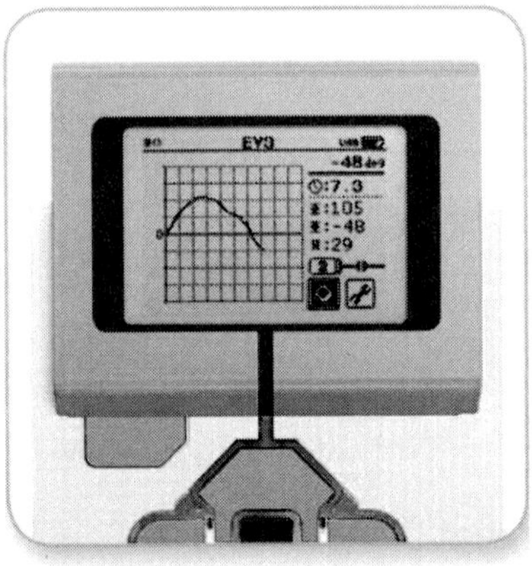

Run experiment

레코드 버튼이 반짝이고 EV3 브릭의 버튼이 초록색으로 반짝이면 실험이 진행되고 있는 것을 가리킨다. EV3 브릭의 가운데 버튼을 클릭하면 실험이 끝난다. 실험을 끝내면 수집한 측정 데이터 파일의 이름을 무엇으로 할지 또는 기본 이름으로 할지를 물어보게 된다. 이름을 주고 OK를 클릭하면 데이터가 담긴 파일이 BrkDL_SAVE 폴더에 저장되게 된다. File Navigation 스크린에서 이 파일을 찾아볼 수 있고 EV3 Terminal 대화상자를 통해 컴퓨터로 보내어 분석할 수도 있다.

Chapter

06 예제 모음

앞 장에서 배운 프로그래밍을 이용하여 작성할 수 있는 여러 가지 프로그램의 예를 이 장에서 보여준다.

1. Line Tracing

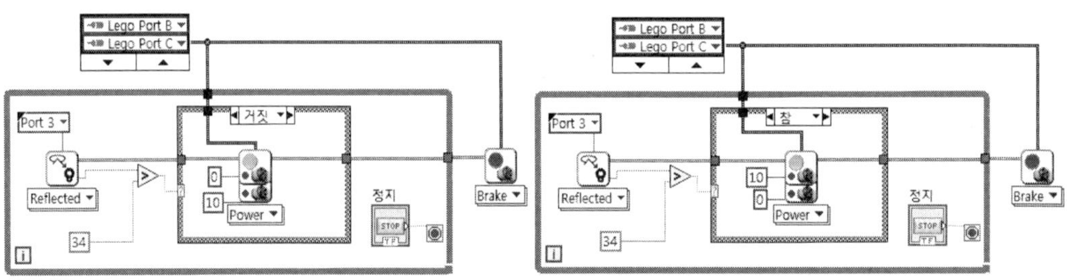

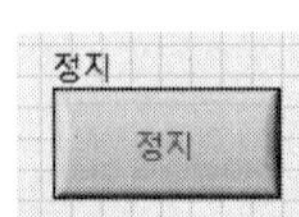

이 프로그램은 컬러 센서를 이용하여 바닥의 밝기에 따라 좌우회전을 반복하여 선의 한쪽 라인을 따라가는 프로그램이다.

2. 터치 버튼을 누르면 정지하고 떼면 다시 가기

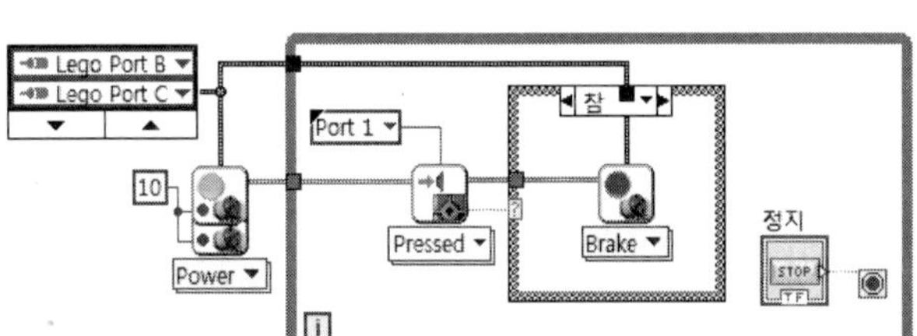

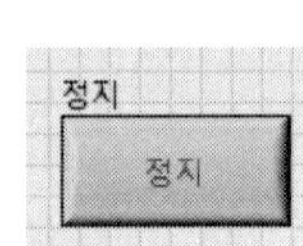

이 프로그램은 터치 센서를 누르면 정지하고 놓으면 다시 전진하는 프로그램이다.

3. 터치 버튼을 누르면 정지하기

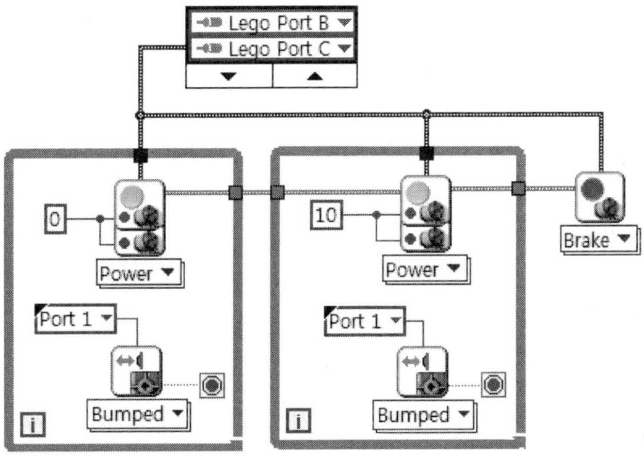

이 프로그램은 교육용 로봇이 전진하고 있다가 터치 센서를 1번 눌렀다 놓으면 정지하는 프로그램이다.

4. p-Brick 화면에 문자열과 센서값 출력하기

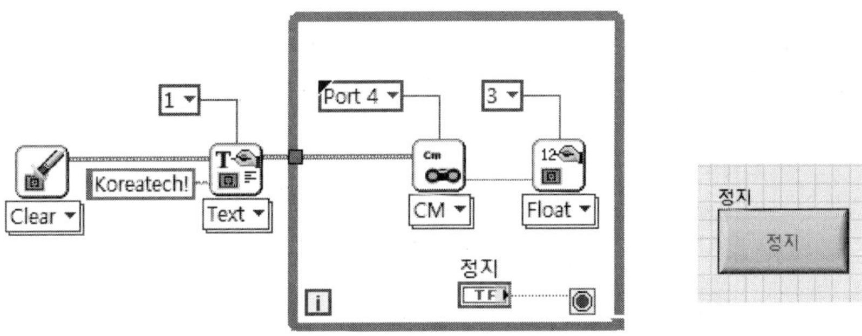

이 프로그램은 EV3 p-Brick LCD 스크린에 문자열을 첫 번째 줄에 출력하고 초음파 센서가 측정한 cm로 측정한 거리 값을 정지 버튼이 눌릴 때 까지 스크린 세 번째 줄에 출력하는 프로그램이다.

5. 문자열로 바꿔 디스플레이 하기

이 프로그램은 EV3 p-Brick LCD 스크린에 문자열을 첫 번째 줄에 출력하고 초음파 센서가 측정한 cm로 측정한 거리 값을 문자열로 바꾸어 다른 문자열과 합쳐서 한 문자열로 만든 다음 그 문자열을 정지 버튼이 눌릴 때 까지 스크린 세 번째 줄에 출력하는 프로그램이다.

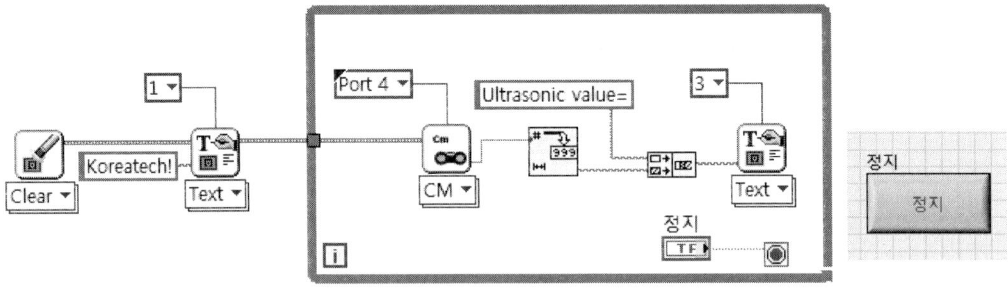

6. 센서로 라인을 트레이싱하는 로봇

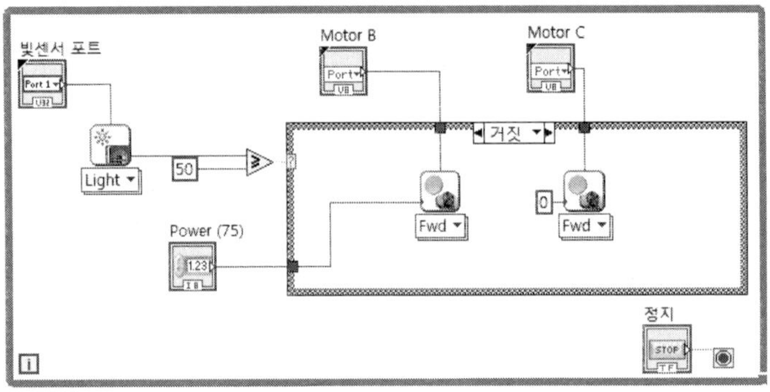

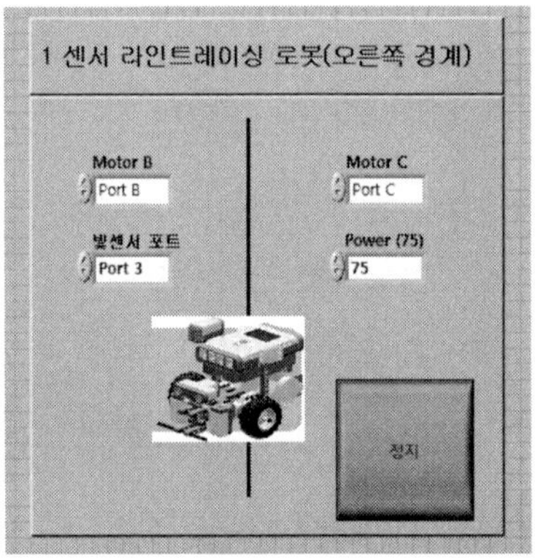

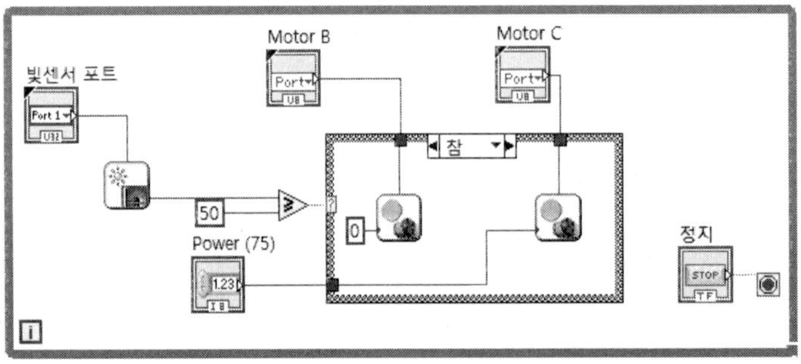

위의 프런트패널에는 여러 가지 프런트패널을 장식하는 그림들을 볼 수 있다. 이것들은 다음 그림처럼 찾아볼 수 있다. 프런트패널위에 마우스를 올려놓고 오른쪽 버튼을 클릭하면 컨트롤 팔레트가 나오고 그 중에 Decorations을 클릭하면 마우스의 왼쪽 버튼으로 클릭하면 다음 그림 같은 다양한 메뉴가 등장한다.

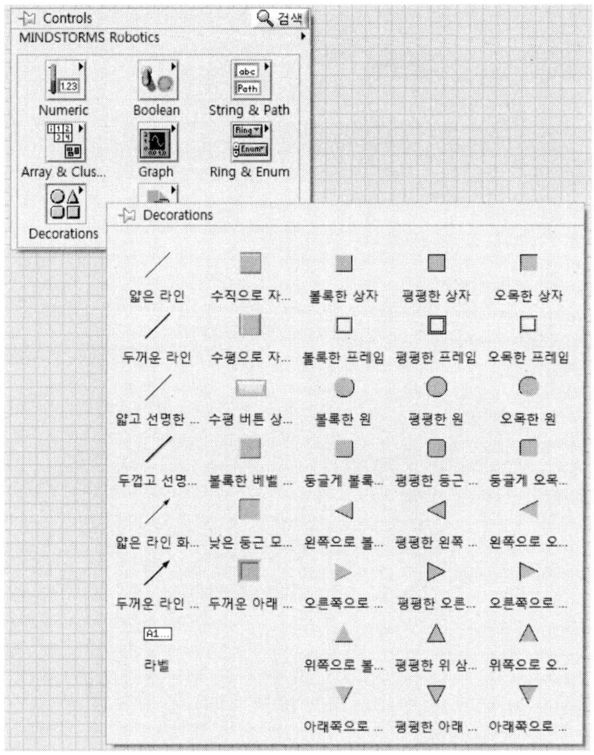

이 중에 원하는 것을 클릭하여 프런트패널 위에 끌어다 놓으면 프런트패널을 다양하게 장식할 수 있다.

위의 프로그램은 컬러 센서를 이용하여 밝고 어두움을 측정하여 선의 한쪽 경계를 중심으로 지그재그 모션을 하면서 따라가는 프로그램이다. 어느 모터를 어떤 파워로 갈지 또 몇 번 포트에 센서를 연결할지 등을 프런트패널의 컨트롤로 입력시킬 수 있는 프로그램이다.

7. 센서로 라인을 트레이싱하는 로봇 – 멀티 태스킹

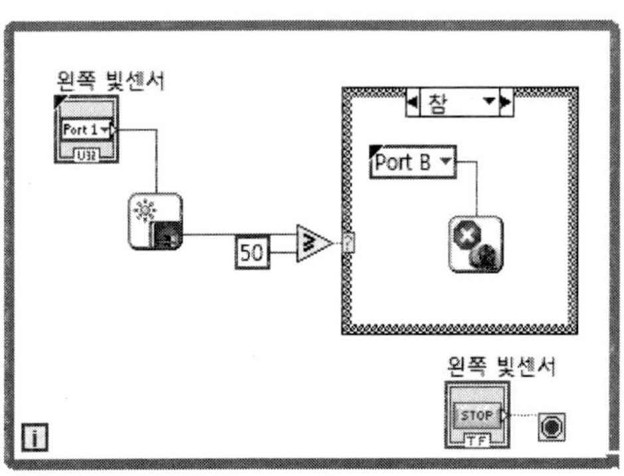

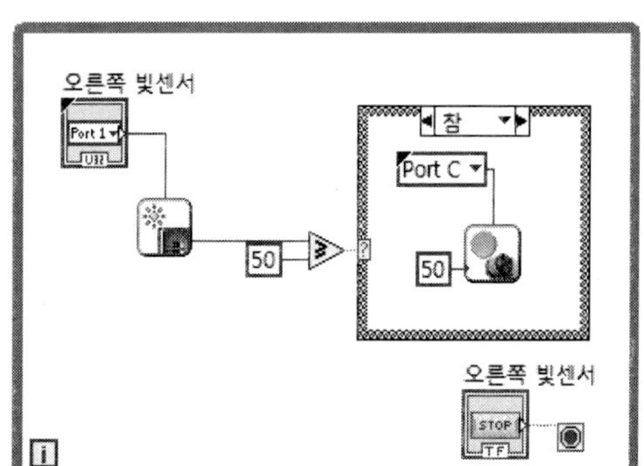

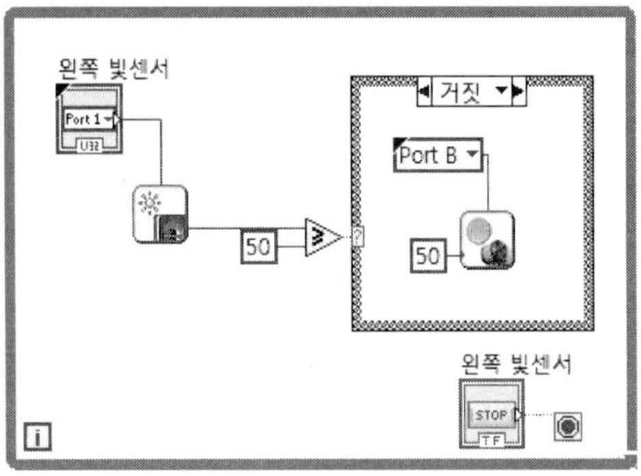

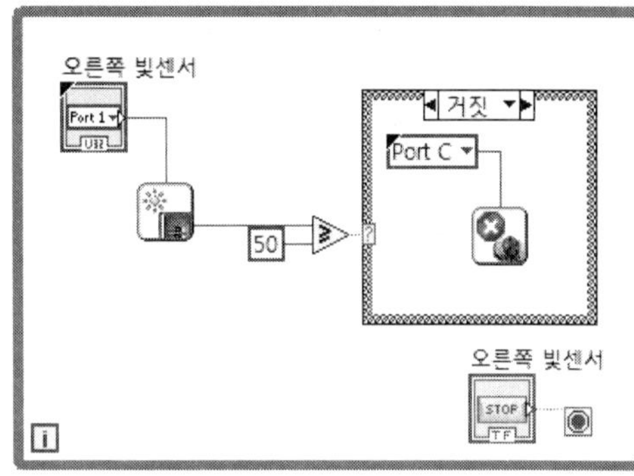

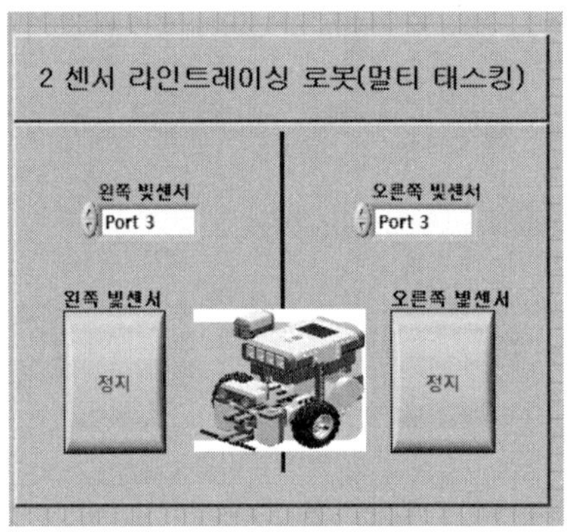

이 프로그램은 컬러 센서를 2개까지 사용할 수 있는 라인 트레이싱 프로그램이다.

8. 2초 전진, 90° 회전

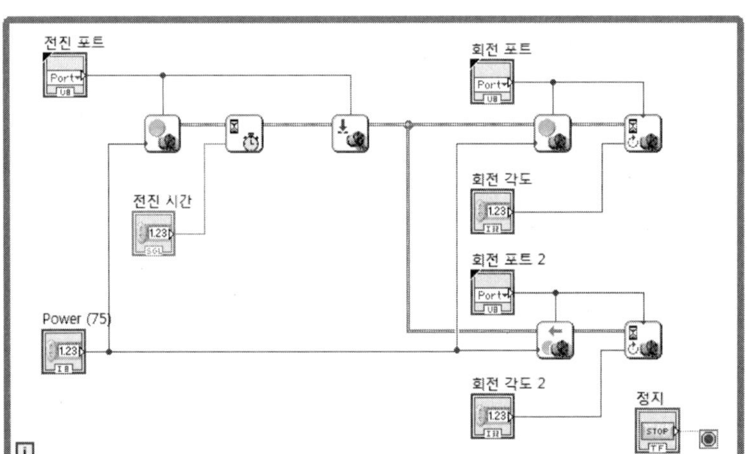

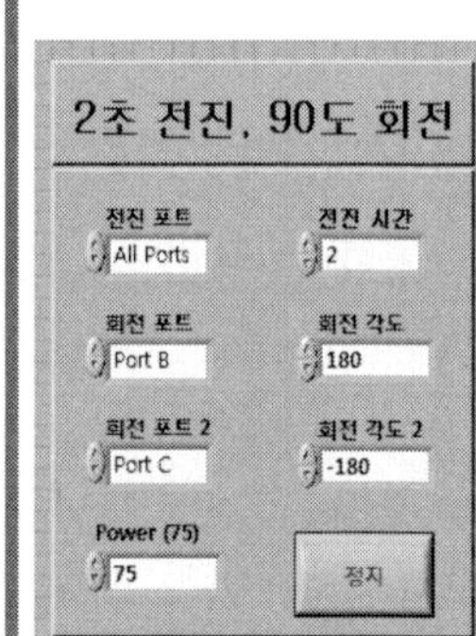

이 프로그램은 교육용 로봇이 2초 전진하고 90° 회전하는 프로그램이다. 프런트패널의 컨트롤로 전진하는 시간과 회전 각도를 실시간으로 변화시킬 수 있다.

9. 2초 전진, 2초 후진, 정지

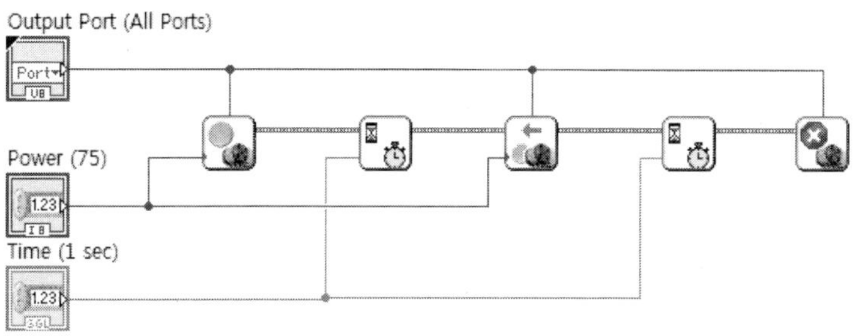

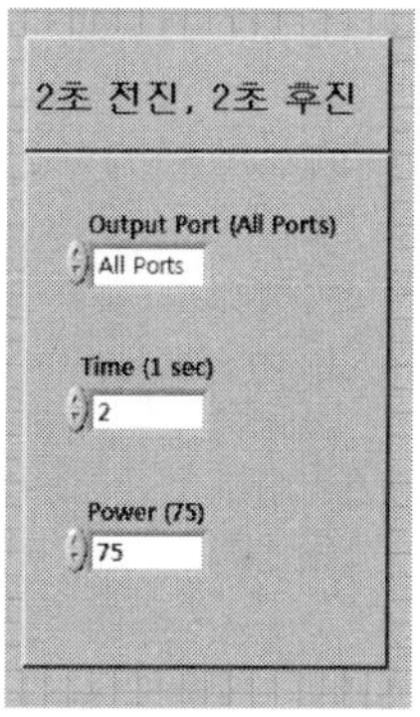

이 프로그램은 2초 전진하고 2초 후진한 다음 전지하는 프로그램이다. 전진하는 시간과 후진하는 시간을 프런트패널의 컨트롤로 조절할 수 있다.

10. 2초 전진 0.5초 우회전 정지 반복

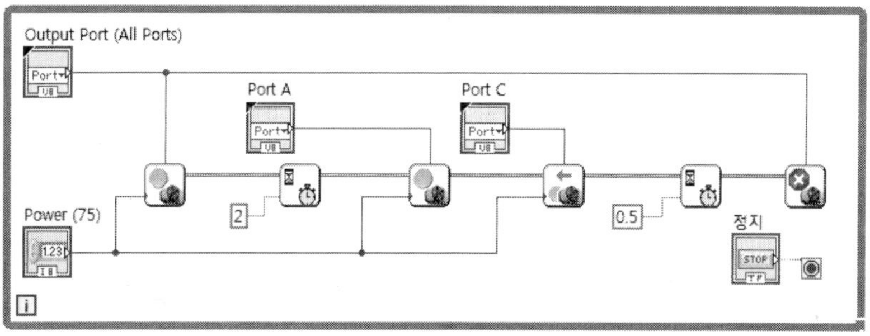

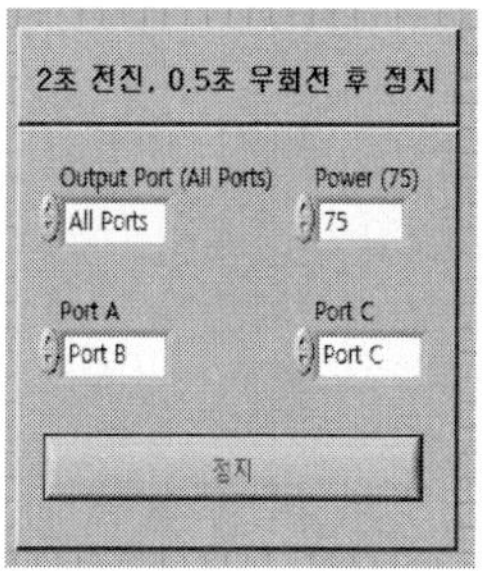

이 프로그램은 2초 전진하고 0.5초 우회전한 다음 정지한다. 이것을 정지 버튼이 눌릴 때까지

반복하는 프로그램이다. 모터가 연결된 포트들과 모터의 파워를 프런트패널의 컨트롤로 변경할 수 있다.

11. 10cm만 이동하기

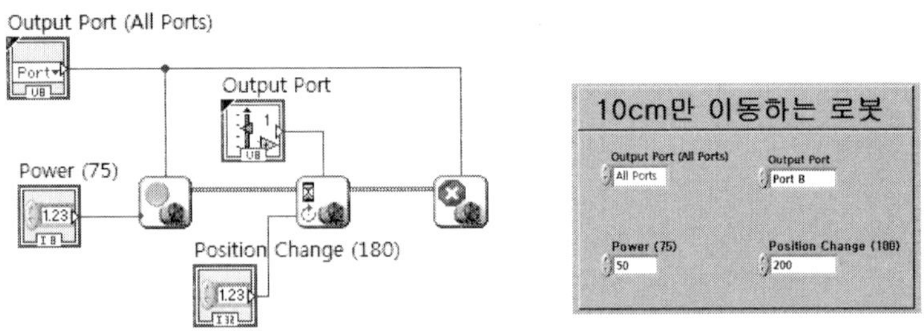

이 프로그램은 정해진 거리만큼만 이동하는 프로그램이다. 거리는 모터가 도는 각도로 계산한다.

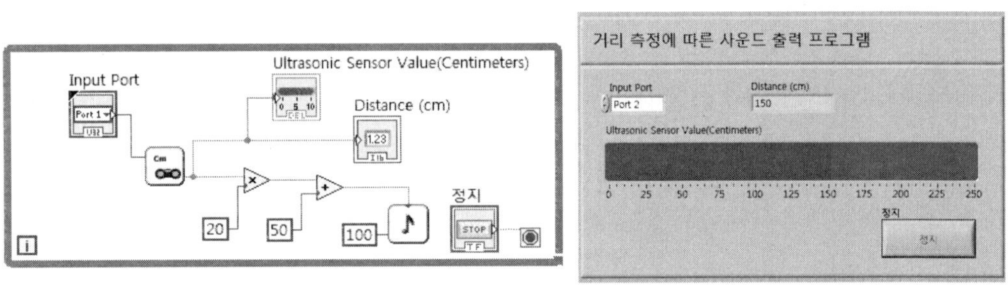

12. 측정된 거리에 따라 소리 출력하기

이 프로그램은 초음파 센서로 거리를 cm로 측정한 다음 그 값에다 20을 곱하고 50을 더해서 그 값으로 소리의 주파수를 결정하고 100ms동안 소리를 나게 하는 프로그램이다.

13. 검정선을 만나면 정지하기

이 프로그램은 검정색 선을 만나면 정지하는 프로그램이다.

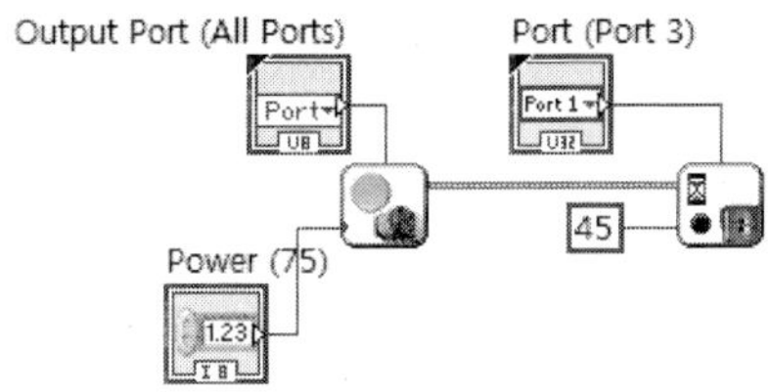

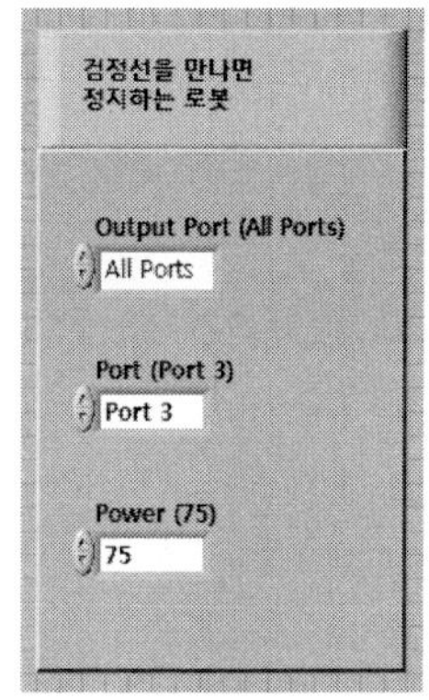

14. 두 번째 검정선에서 정지하기

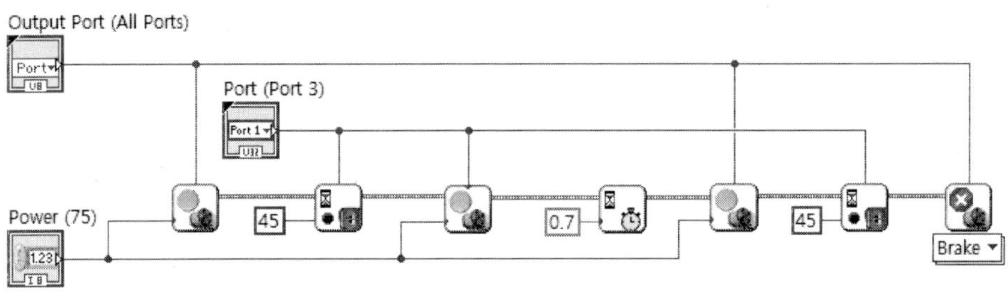

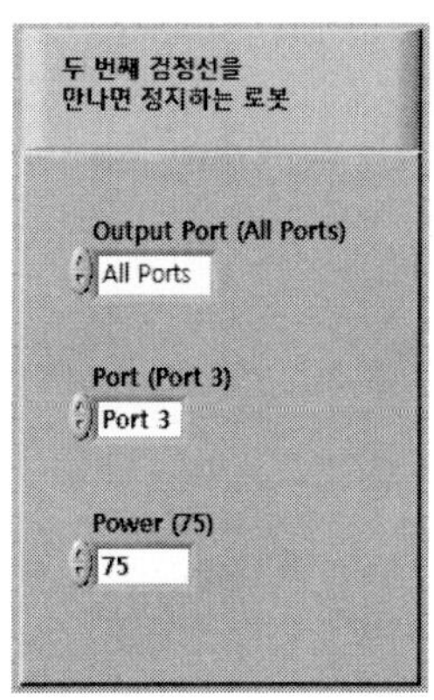

이 프로그램은 두 번째 검정색 선을 만나면 정지하는 프로그램이다.

15. 빛 센서 입력 확인하기

이 프로그램은 컬러 센서의 값을 정지버튼이 눌릴 때까지 프런트패널의 인디케이터에 표시하는 프로그램이다.

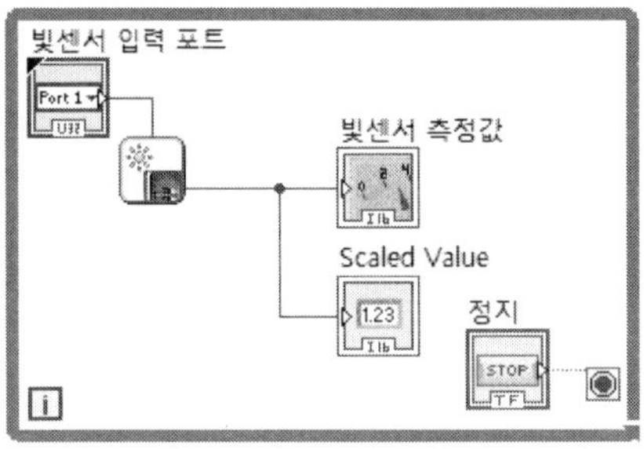

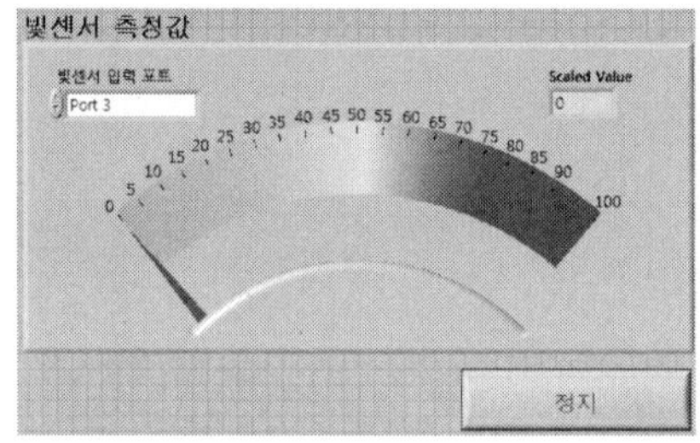

16. 스프레드쉬트에 쓰기

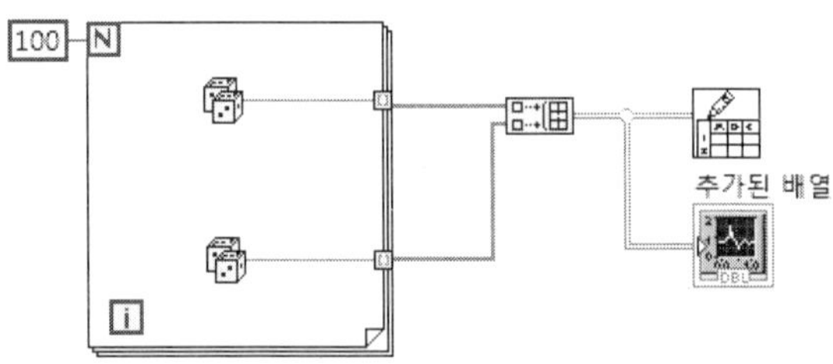

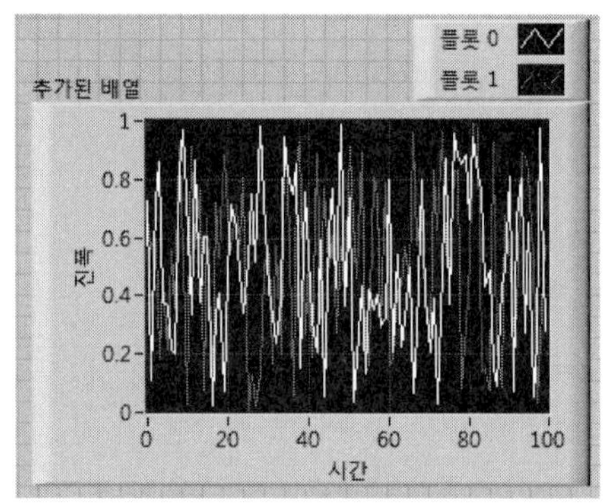

이 프로그램은 2개의 난수 쌍을 100개 만들어 그것을 스프레드쉬트에 쓰고 웨이브폼 그래프에 나타내는 프로그램이다.

17. 모터값 EV3 LCD에 나타내기

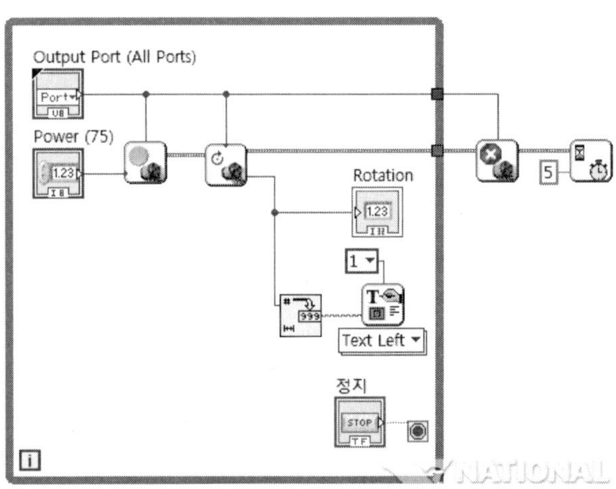

이 프로그램은 모터의 회전값을 프런트패널의 인디케이터에 표시하고 EV3 p-Brick LCD 스크린에 정지버튼을 누를 때까지 디스플레이하는 프로그램이다.

18. 원하는 위치까지 전진하기

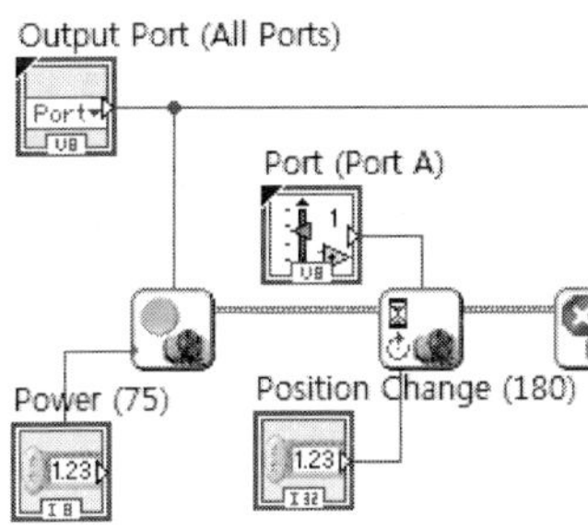

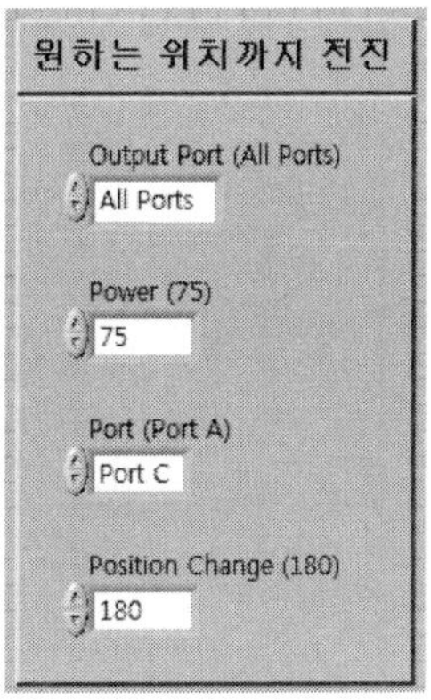

이 프로그램은 원하는 위치를 가기 위해 필요한 모터의 회전 각도를 입력해 원하는 위치까지 전진하는 프로그램이다.

19. 조명에 따른 빛 센서값 입력하기

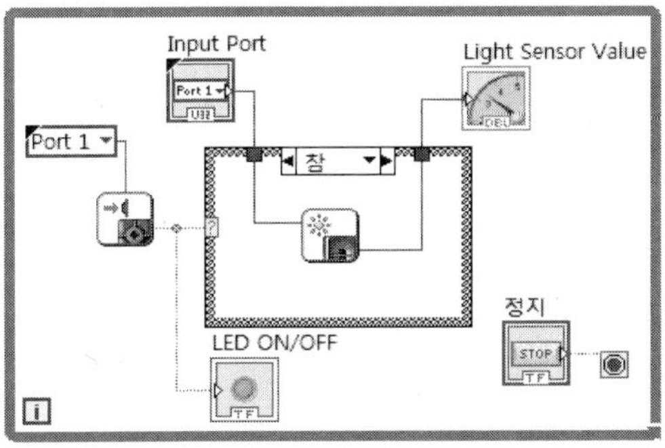

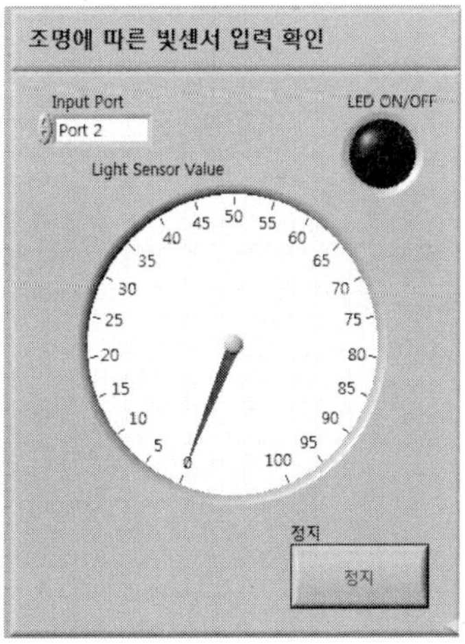

이 프로그램은 터치 센서를 눌렀을 때 프런트패널의 LED 인디케이터가 켜지고 컬러 센서의 값을 프런트패널의 다른 인디케이터에 정지 버튼이 눌릴 때까지 표시하는 프로그램이다.

20. 초음파 센서를 이용해 물체 회피하기

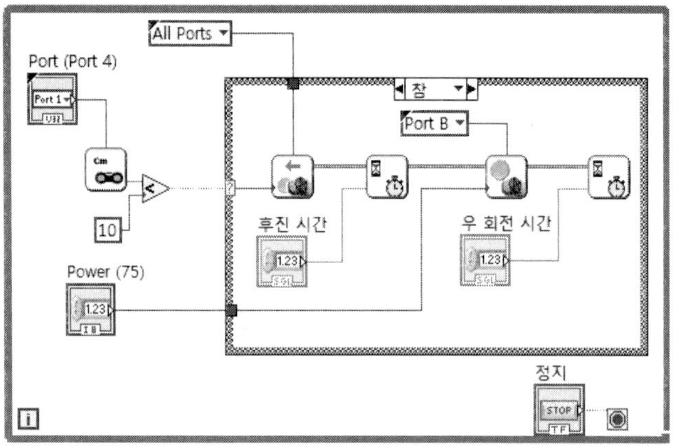

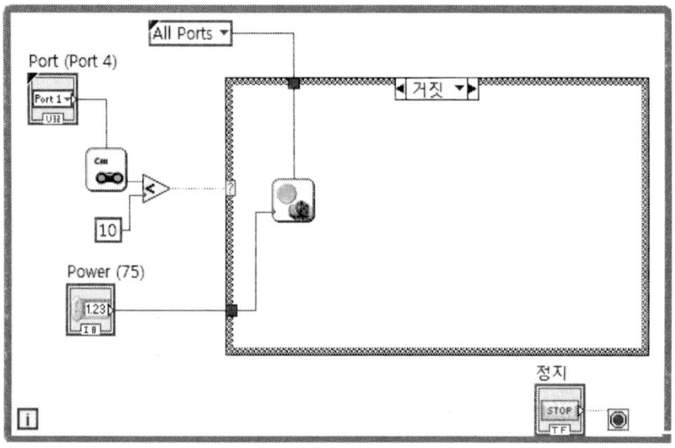

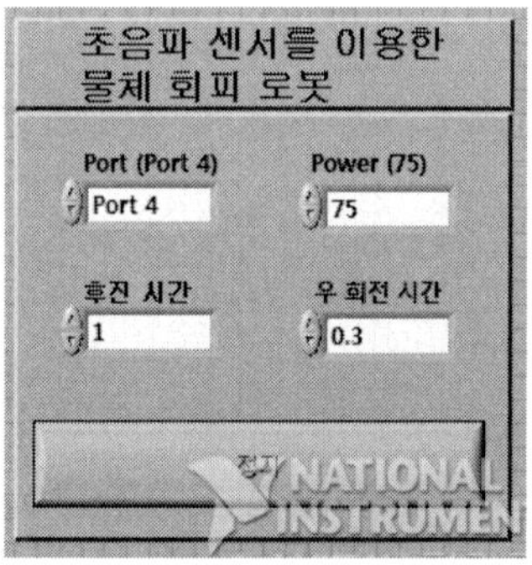

이 프로그램은 초음파센서를 사용하여 물체의 거리가 가까우면 잠깐 후진했다고 우회전하고 아니면 그대로 전진하는 로봇을 동작시키는 프로그램이다. 프런트패널의 정지버튼이 눌릴 때까지 계속된다.

21. 터치 센서 입력 확인하기

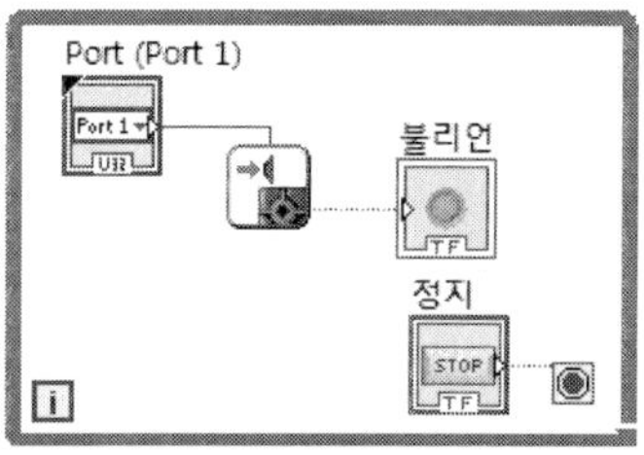

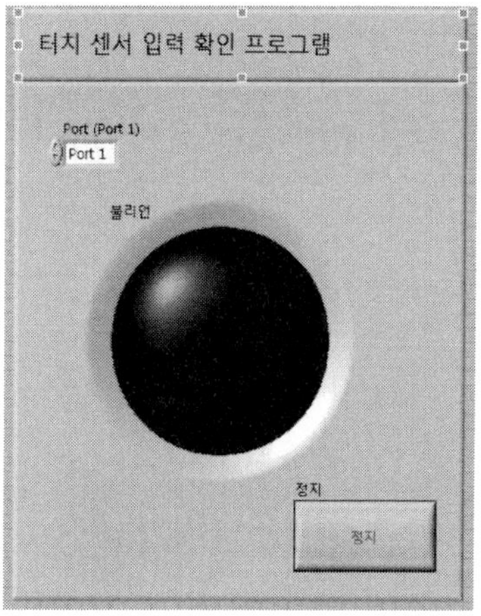

이 프로그램은 터치 센서가 눌리면 프런트패널의 불리언 LED 인디케이터가 켜지는 프로그램이다. 프런트패널의 정지 버튼이 눌리면 정지하는 프로그램이다.

22. 터치 센서가 눌리면 소리 나게 하기

이 프로그램은 터치 센서가 눌리면 프런트패널의 LED 인디케이터가 켜지고 440Hz의 소리가 500ms동안 나는 프로그램이다. 주파수와 소리 나는 시간은 프런트패널의 컨트롤로 실시간 조절할 수 있다. 프런트패널의 정지 버튼이 눌릴 때까지 동작하는 프로그램이다.

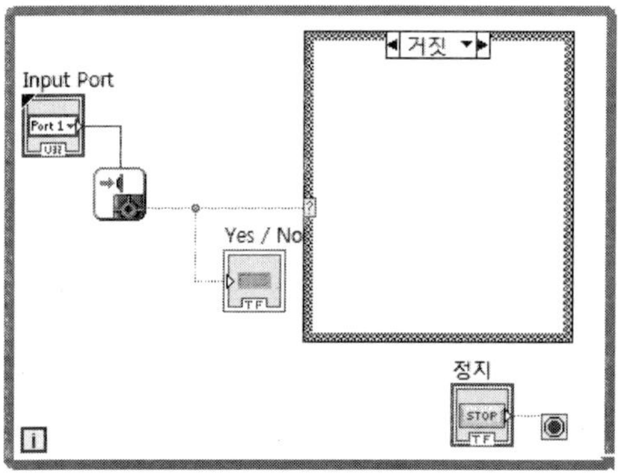

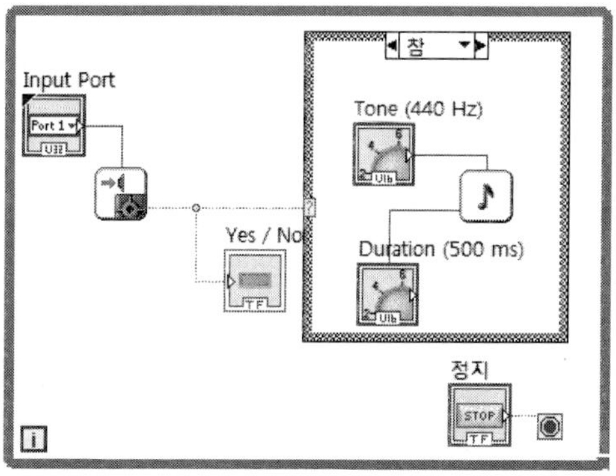

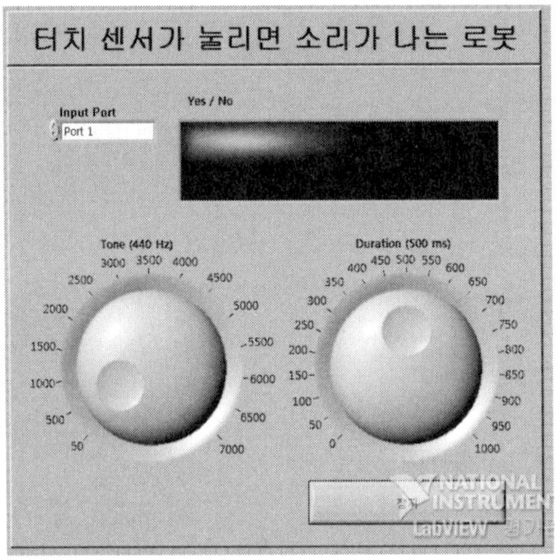

23. 투 센서 라인 트레이싱

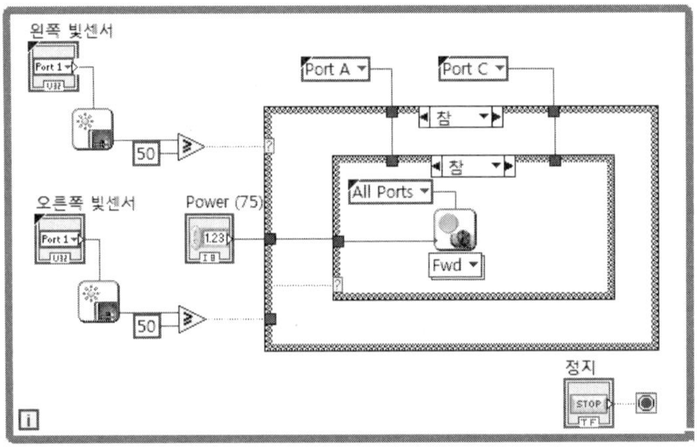

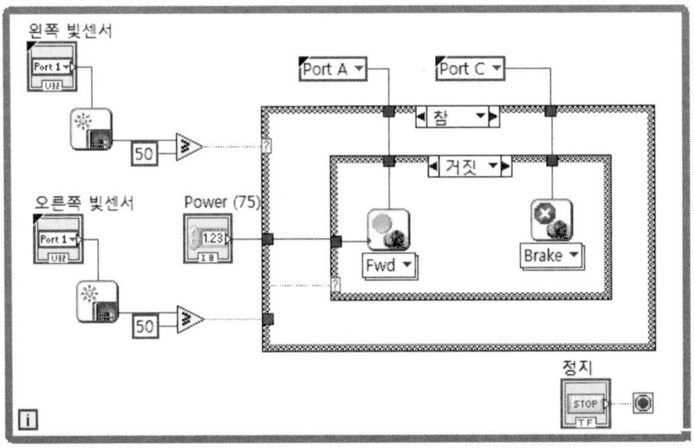

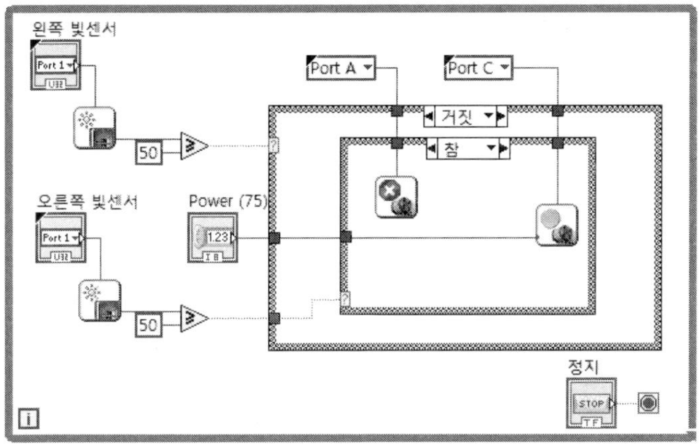

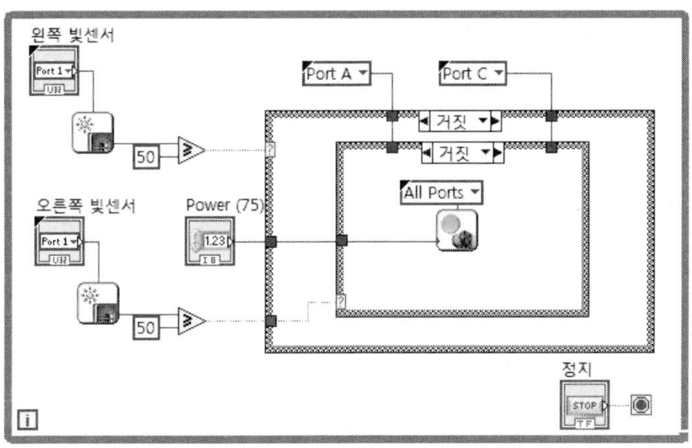

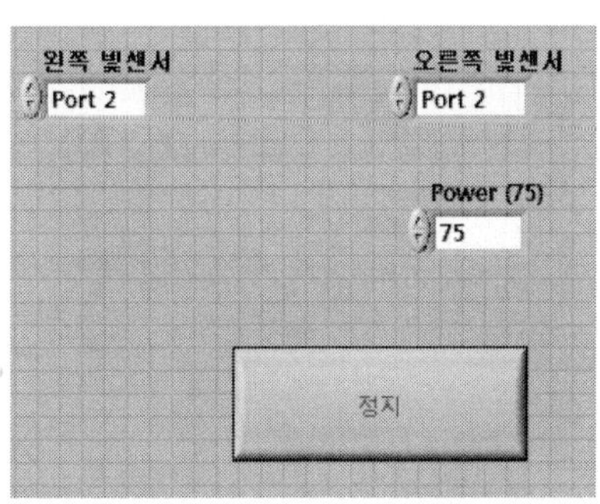

이 프로그램은 2개의 컬러 센서로 밝고 어두움을 판별해 검정색 선의 한쪽 경계선을 따라가는 프로그램이다. 프런트패널의 정지 버튼이 눌릴 때까지 동작하는 프로그램이다.

24. 투 센서 라인 트레이싱과 교차점 카운트하기

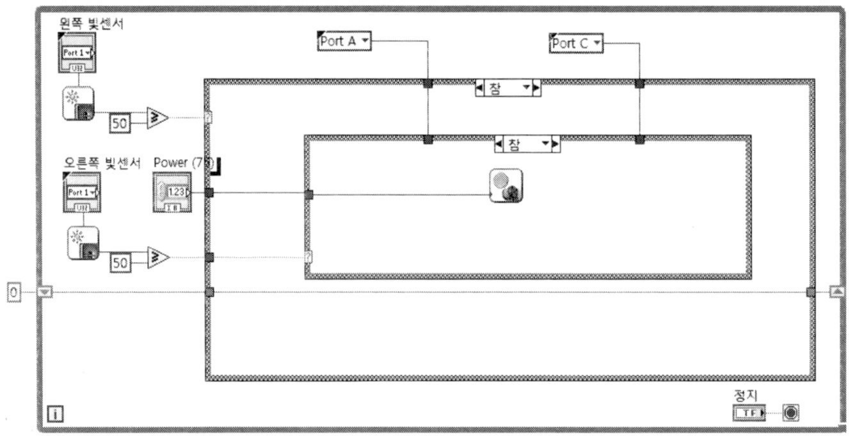

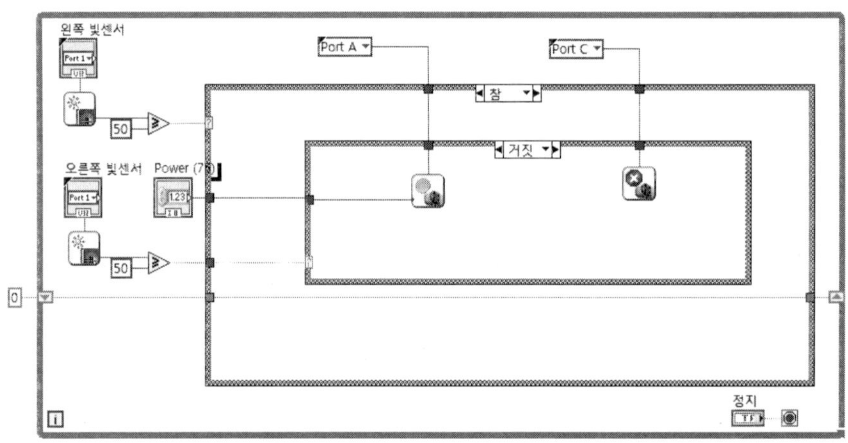

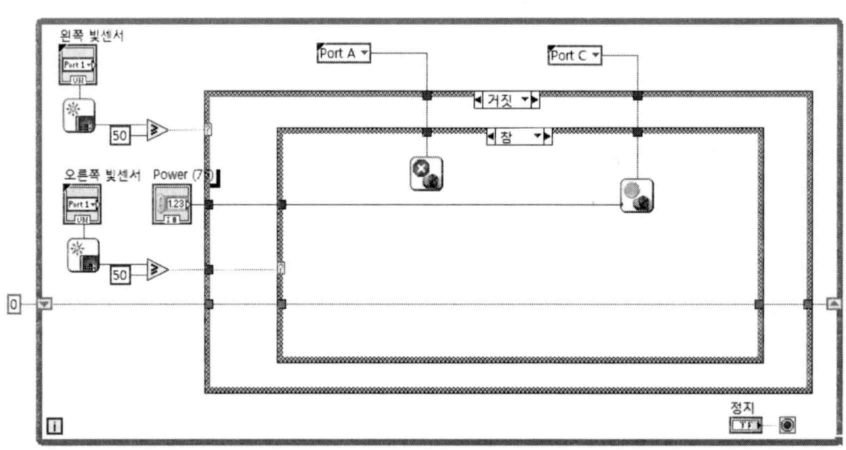

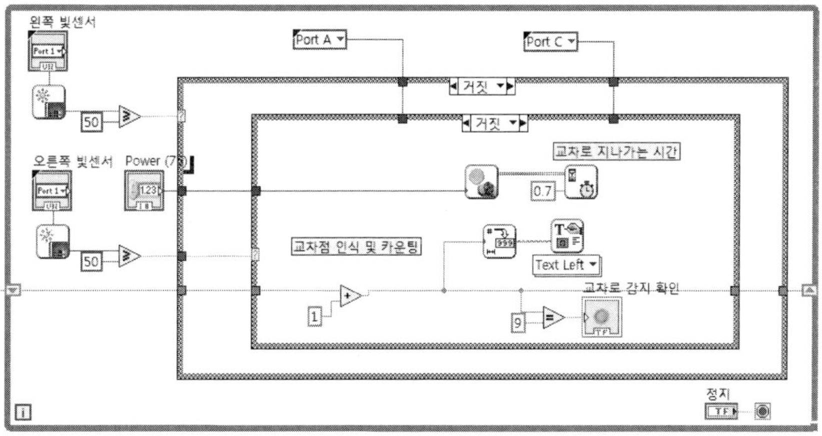

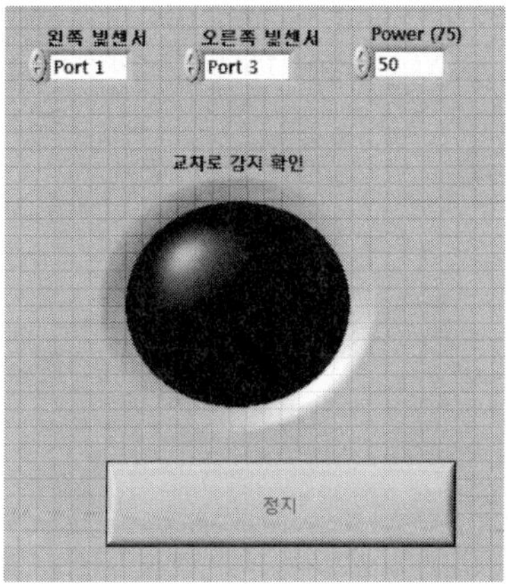

이 프로그램은 위의 프로그램과 마찬가지로 검정색 선의 한쪽 경계를 따라가는 프로그램이다. 1가지 더 추가된 것은 검정색이 교차하는 곳을 지나치면서 몇 개의 교차점을 지나쳤는지를 계수하는 프로그램이다. 지나친 교차점의 수를 EV3 p-Brick LCD 스크린에 표시되고 지나친 교차점의 수가 아홉 개가 되면 프런트패널의 LED 인디케이터가 켜진다. 프런트 패널의 정지버튼이 눌릴 때까지 동작하는 프로그램이다.

25. 빛 센서 모니터링 프로그램

이 프로그램은 컬러 센서의 측정값이 상한선보다 높거나 하한선 보다 낮으면 경고등이 켜지고 소리가 나게 한다. 그리고 그 측정값을 프런트패널의 인디케이터에 표시하는 프로그램이다. 동시에 프런트패널의 웨이브폼 차트에 그래프를 그린다. 프런트 패널의 정지 버튼이 눌릴 때까지 동작하는 프로그램이다.

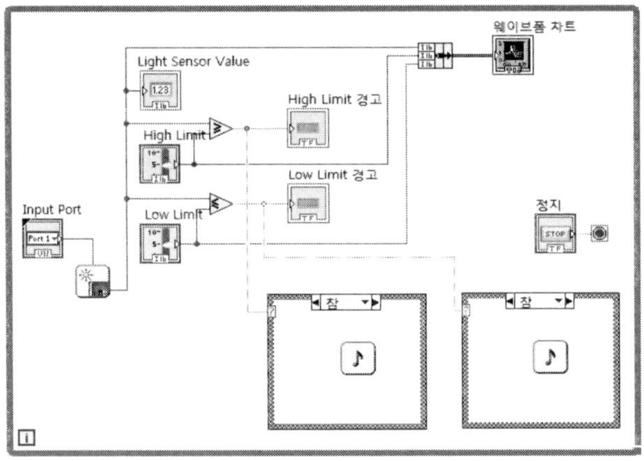

웨이브폼 차트
Light Sensor Value
High Limit 경고
High Limit
Low Limit 경고
Low Limit
Input Port
정지
참
참

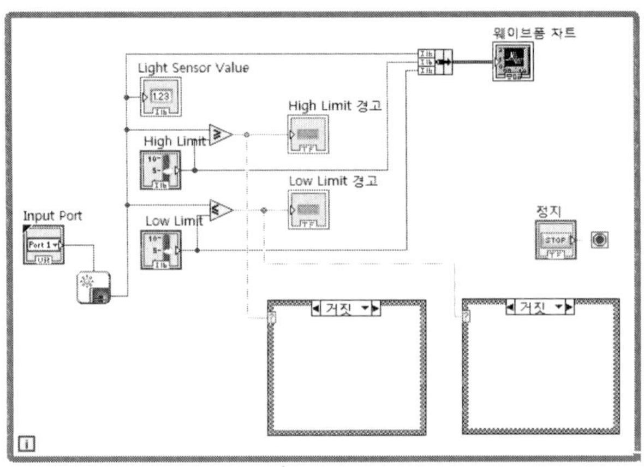

웨이브폼 차트
Light Sensor Value
High Limit 경고
High Limit
Low Limit 경고
Low Limit
Input Port
정지
거짓
거짓

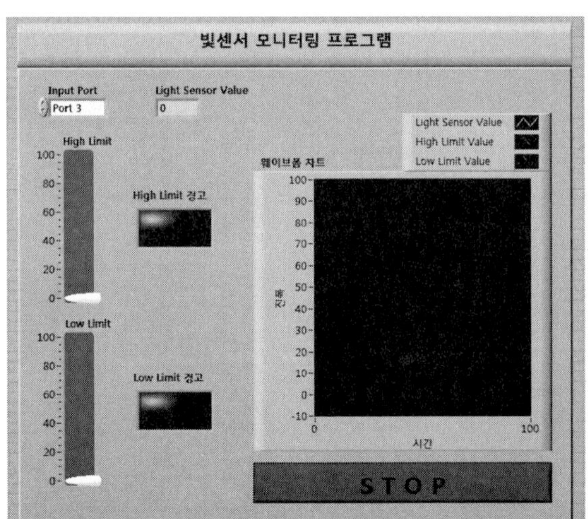

빛센서 모니터링 프로그램
Input Port
Port 3
Light Sensor Value
High Limit
Light Sensor Value
High Limit Value
Low Limit Value
웨이브폼 차트
High Limit 경고
Low Limit
Low Limit 경고
시간
STOP

26. 터치 버튼을 누르면 모터가 돌게 하고 모터의 회전수와 이동거리를 출력하기

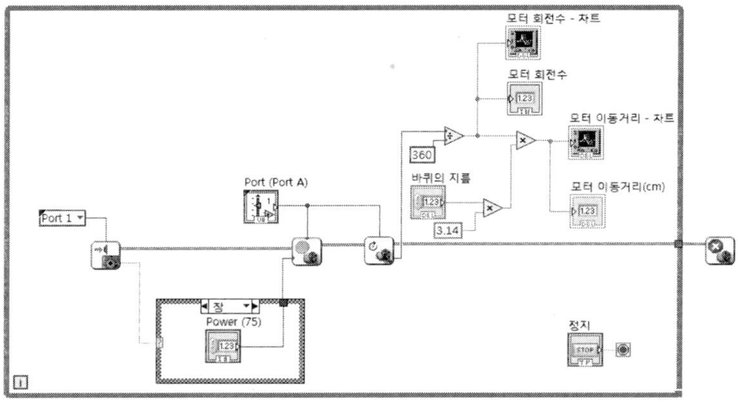

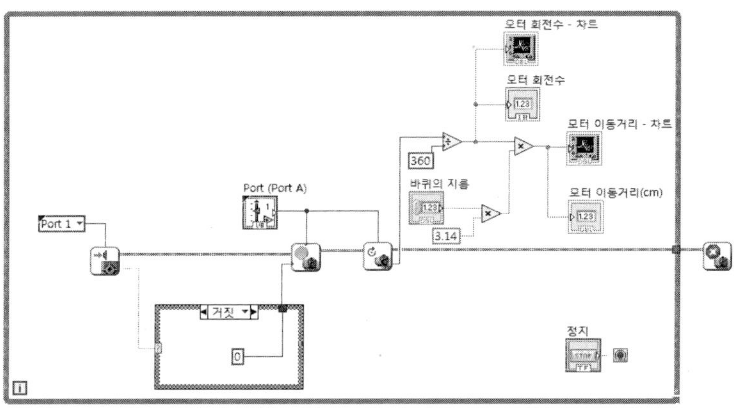

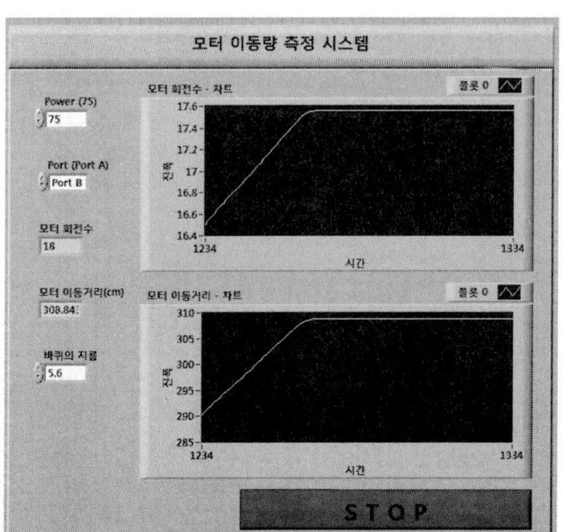

이 프로그램은 터치 센서를 누르면 모터가 돌고 모터의 회전 각도를 360°으로 나누어 회전 수를 계산하고 회전 수에 바퀴의 지름과 파이를 곱하여 모터의 이동거리를 계산한다. 계산한 값을 프런트패널에 인디케이터로 표시하고 웨이브폼 차트에 그래프로 표시하는 프로그램이다.

27. 2 센서로 라인 트레이싱 하기

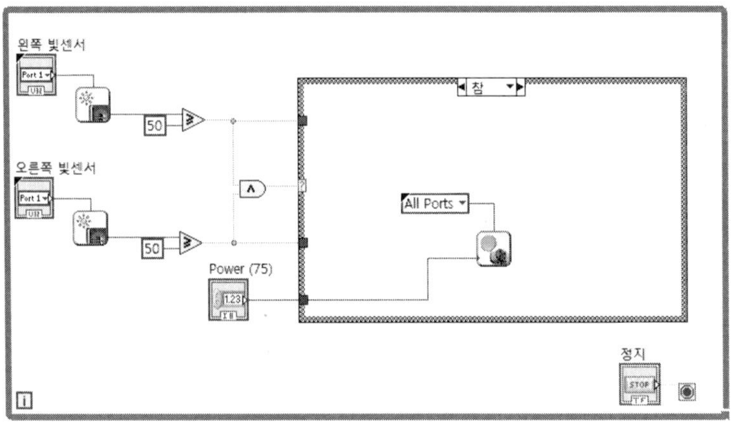

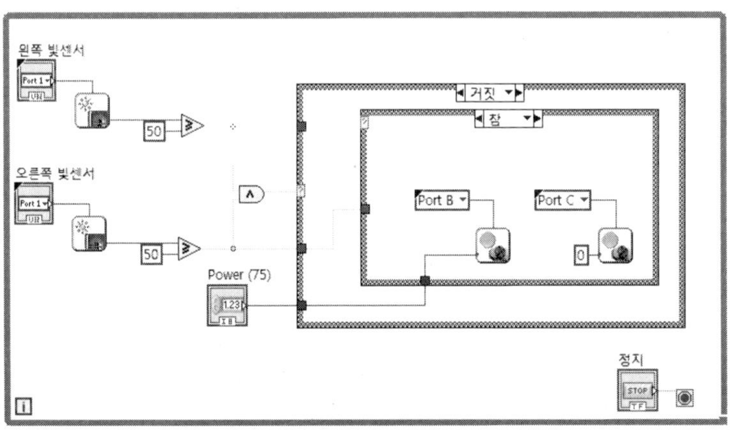

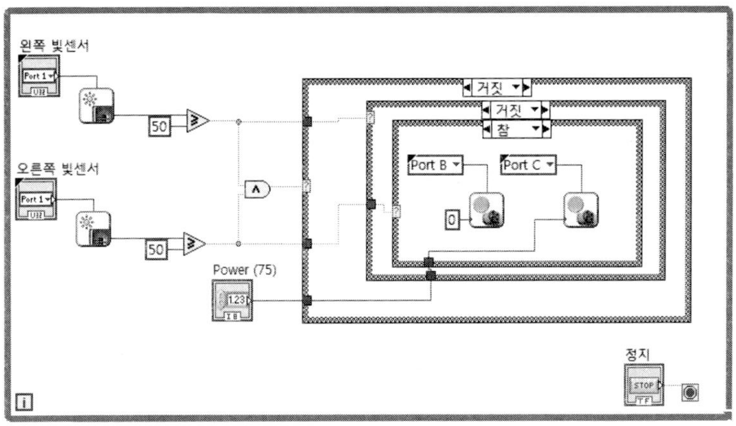

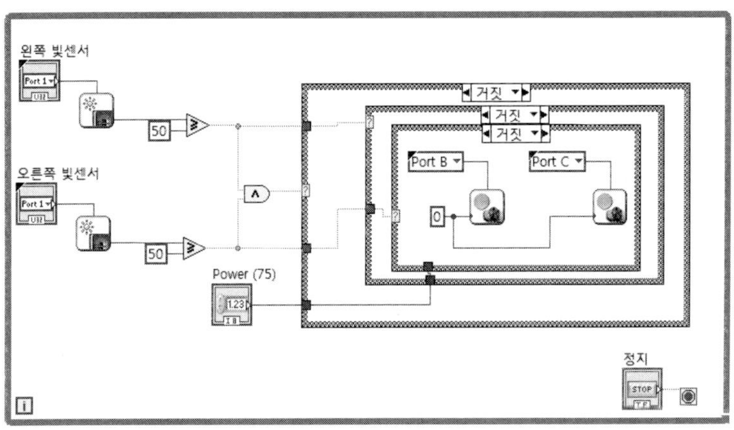

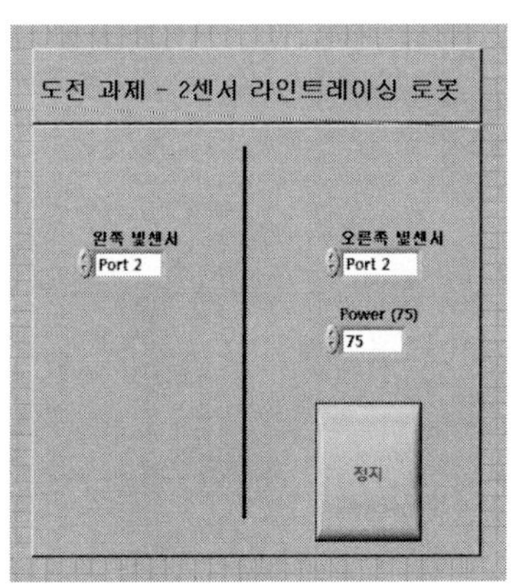

이 프로그램은 2개의 컬러 센서를 이용하여 검은색 선의 한쪽 가장자리를 지그재그 모션으로 따라 가는 프로그램이다. 프런트패널의 정지 버튼을 누를 때까지 동작하는 프로그램이다.

28. 일정 거리를 계속해서 유지하기

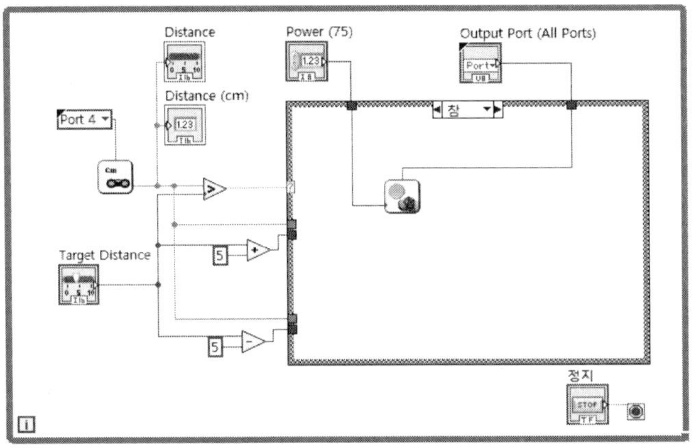

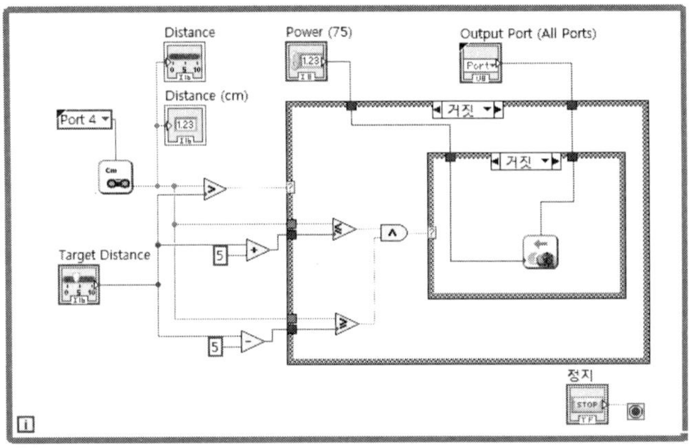

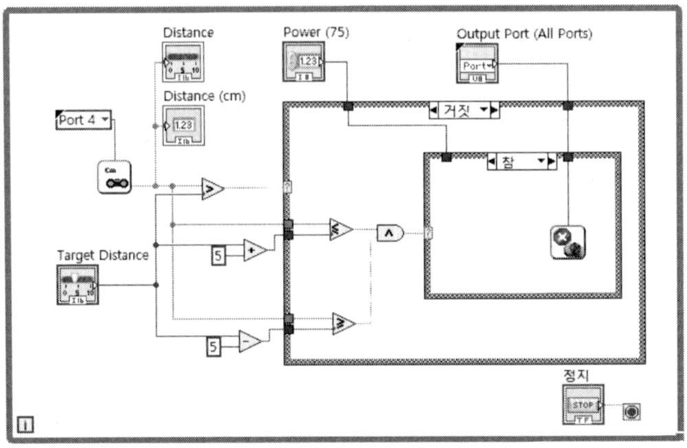

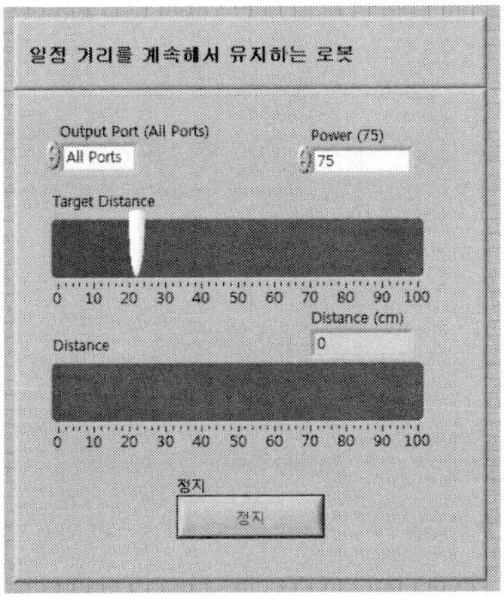

이 프로그램은 초음파 센서가 부착된 교육용 로봇이 어떤 물체에 가까워지면 물러나고 멀어지면 다시 전진하여 가까워지는 프로그램이다. 목표거리보다 5가 큰 거리보다 가깝고 목표거리보다 5가 작은 거리보다 멀면 정지하고 있는 프로그램이다. 프런트패널의 정지 버튼을 누르면 동작을 멈추는 프로그램이다.

29. 초음파센서를 이용해 물체를 회피하고 두 빛 센서로 라인 트레이싱 하기

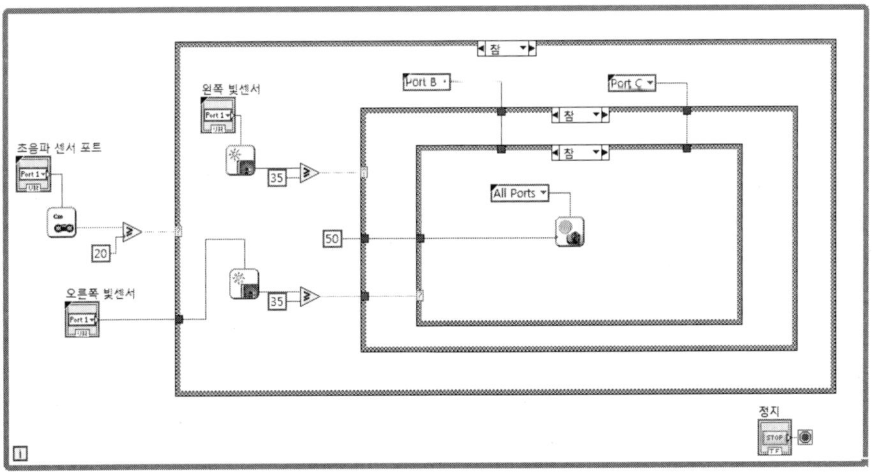

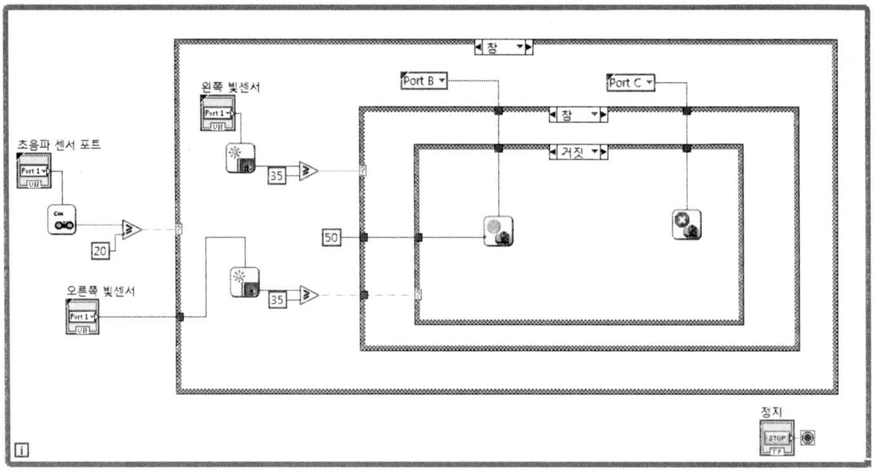
참
왼쪽 빛센서
Port B
Port C
참
거짓
초음파 센서 포트
35
20
50
오른쪽 빛센서
35
정지

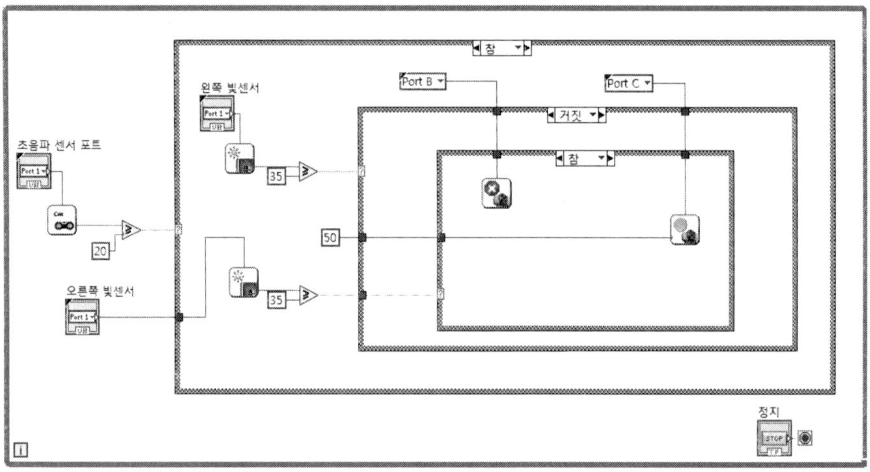
참
왼쪽 빛센서
Port B
Port C
거짓
참
초음파 센서 포트
35
20
50
오른쪽 빛센서
35
정지

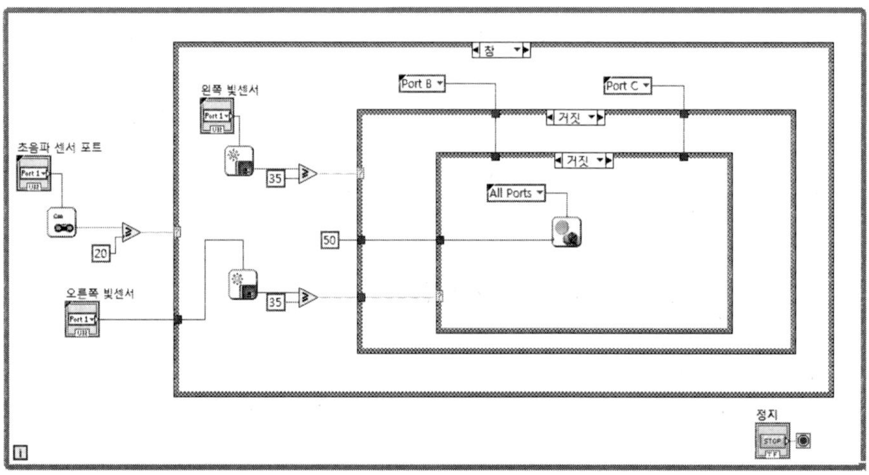
참
왼쪽 빛센서
Port B
Port C
거짓
거짓
초음파 센서 포트
35
All Ports
20
50
오른쪽 빛센서
35
정지

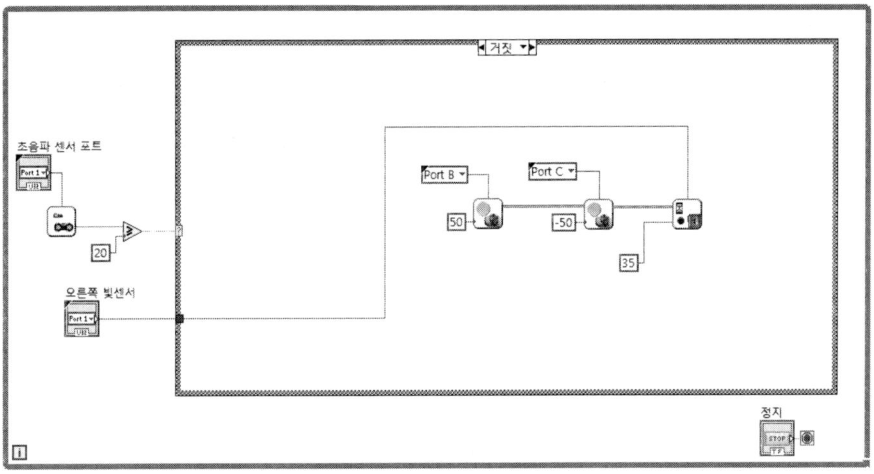

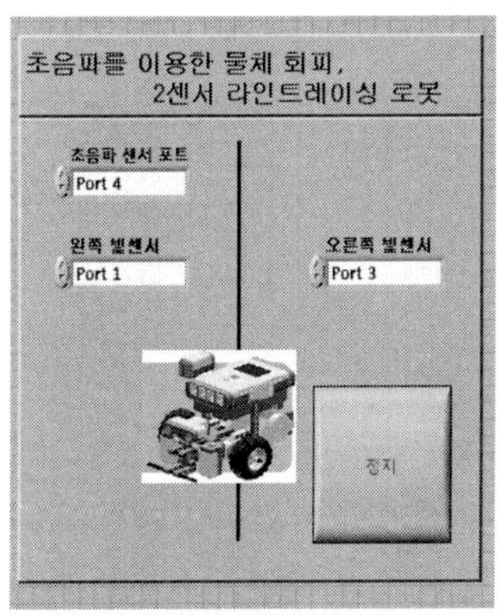

이 프로그램은 2개의 컬러 센서를 이용해 교육용 로봇이 검정색 선을 따라 가는 프로그램이다. 2개의 센서가 다 밝음을 인식하면 전진하고 하나의 센서가 어두움을 인식하면 따라서 로봇이 회전하게 된다. 센서 둘 다 어두움을 인식하면 그대로 전진한다. 만약 앞에 장애물이 있어 초음파 센서가 인식하면 교육용 로봇이 180° 돌아 다시 거꾸로 검정색 선을 따라가게 된다. 프런트패널에 정지 버튼이 눌리면 동작을 멈추는 프로그램이다.

30. 터치센서를 이용해 물체 회피하기

이 프로그램은 교육용 로봇이 터치 센서를 누르면 뒤로 약간 물러나서 우회전하고 다시 터치 센서를 놓으면 전진하는 프로그램이다. 터치 센서가 눌리면 프런트패널에 불리언 LED 인디케이터가 켜지게 된다. 프런트패널의 컨트롤로 후진하는 시간과 우회전 하는 시간이 조정된다. 그리고 프런트패널의 정지 버튼이 눌리면 프로그램이 정지한다.

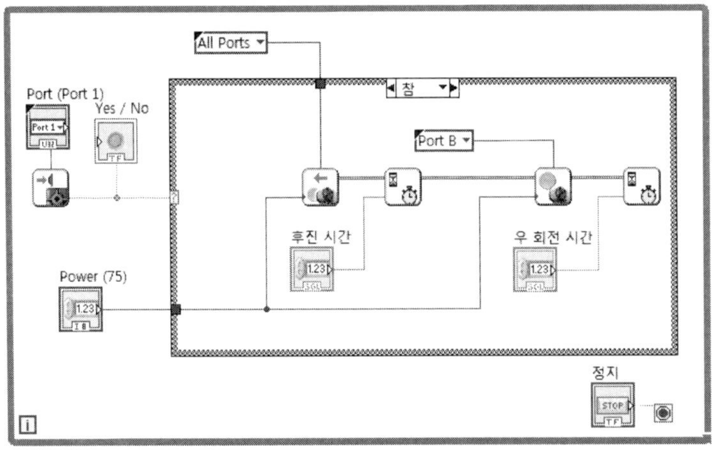
All Ports
참
Port (Port 1)
Yes / No
Port B
후진 시간
우 회전 시간
Power (75)
정지

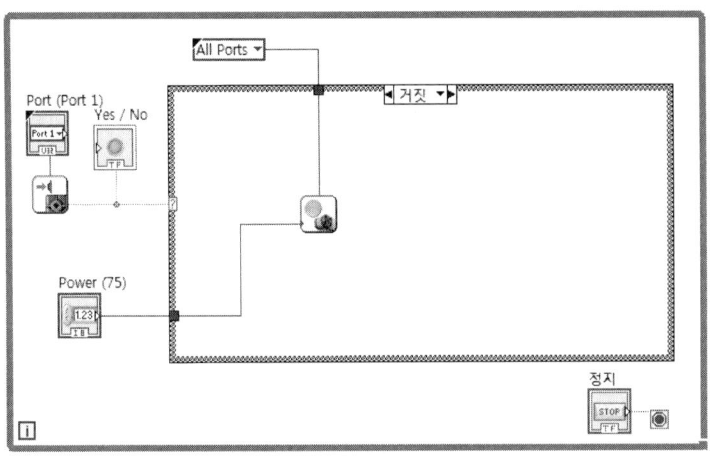
All Ports
거짓
Port (Port 1)
Yes / No
Power (75)
정지

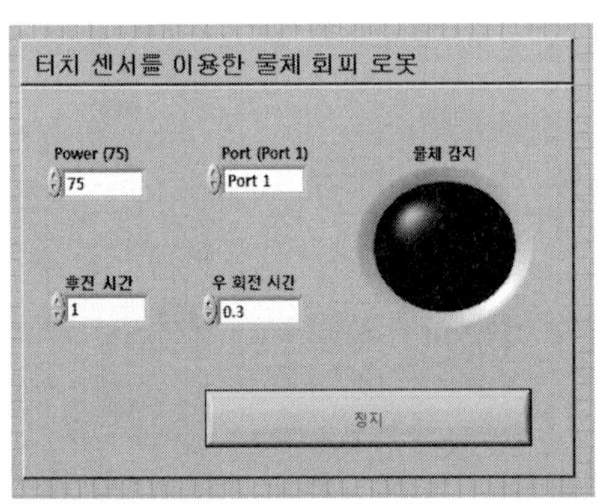
터치 센서를 이용한 물체 회피 로봇
Power (75)
75
Port (Port 1)
Port 1
물체 감지
후진 시간
1
우 회전 시간
0.3
정지

31. 터치 센서를 누르면 전진 후진을 반복하기

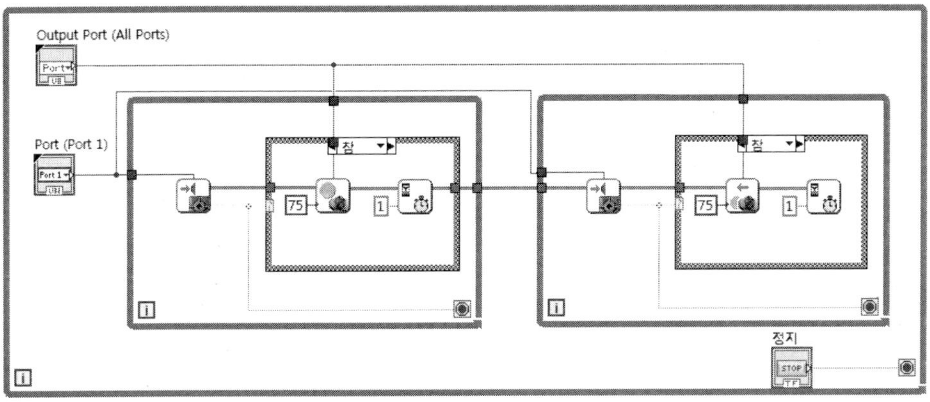

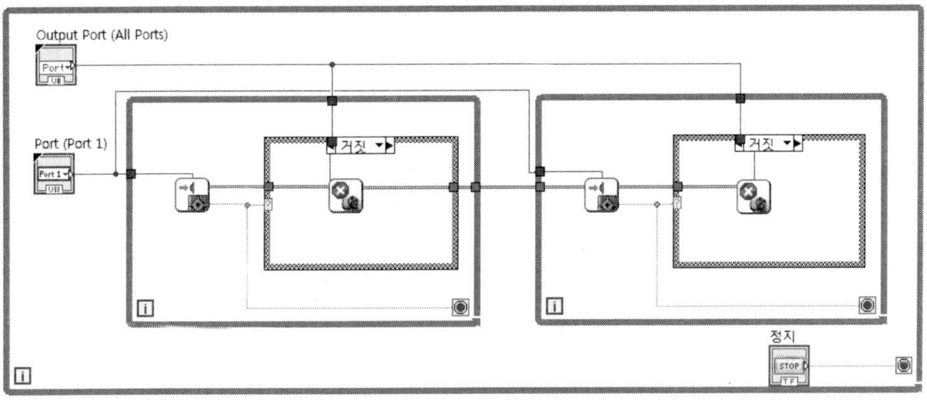

이 프로그램은 터치 센서가 눌리면 로봇용 로봇이 전진과 후진을 반복하는 프로그램이다. 터치 센서를 놓으면 정지한다. 프런트패널의 정지 버튼을 누르면 프로그램이 정지한다.

32. 일정거리 유지하기

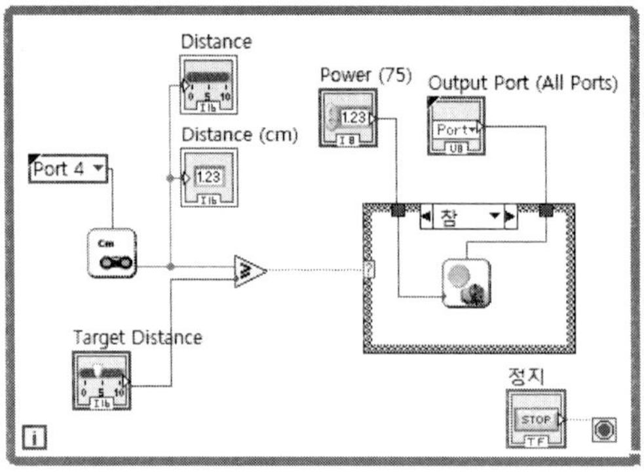

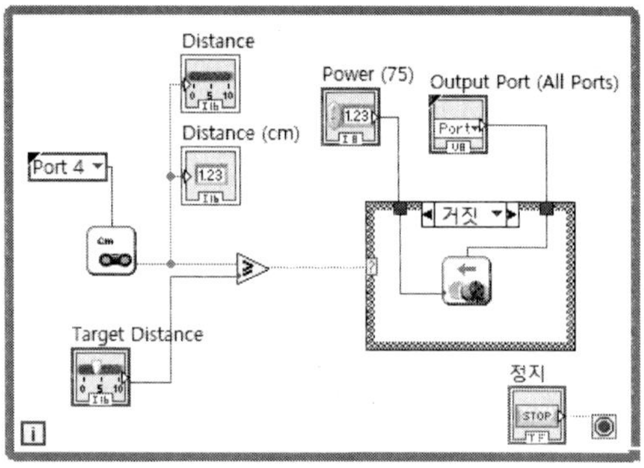

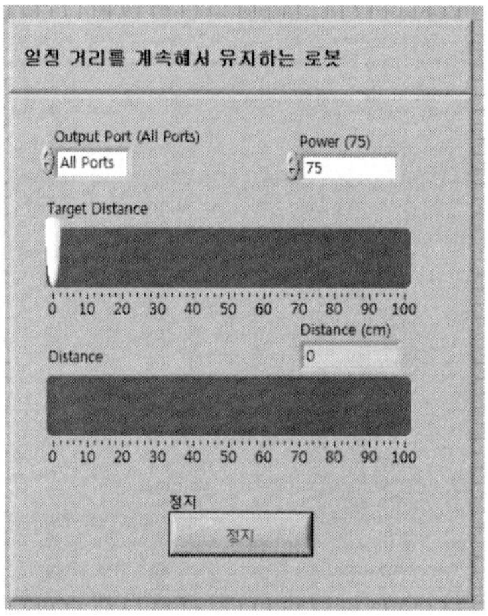

이 프로그램은 초음파 센서를 부착한 교육용 로봇이 목표거리보다 가까워지면 뒤로 물러나고 목표거리보다 더 멀어지면 앞으로 전진 하는 프로그램이다. 프런트패널에 목표거리와 실제거리가 계속표시 된다. 정지 버튼을 누르면 동작이 정지한다.

33. EV3 센서와 모터 모니터 하기

이 프로그램은 "Test를 실행하시겠습니까??"를 물어보는 것으로 시작한다. 아니라고 대답하면 "안녕히 가세요!!"라고 대답하고 프로그램이 정지된다. 그렇다고 하면 Select Sensor로 센서를 선택하게 하고 그 선택에 따라 그 센서들(모터, 라이트 센서, 터치 센서, 초음파 센서, 그리고 스피커)의 측정값이 웨이브폼 차트에 그래프로 나타나기도 하고 해당되는 문자열이 프런트패널 인디케이터에 나타나기도 하고 또는 소리가 나기도 한다. 프런트패널의 정지 버튼으로 프로그램의 동작이 멈춘다.

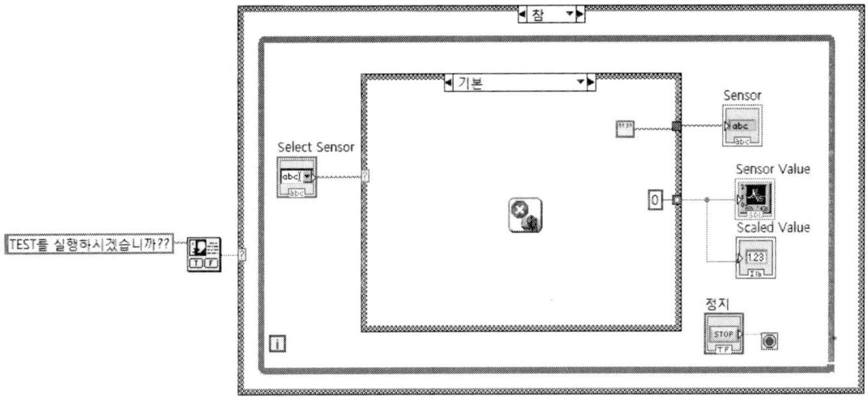
참
기본
Sensor
Select Sensor
Sensor Value
Scaled Value
0
TEST를 실행하시겠습니까??
정지

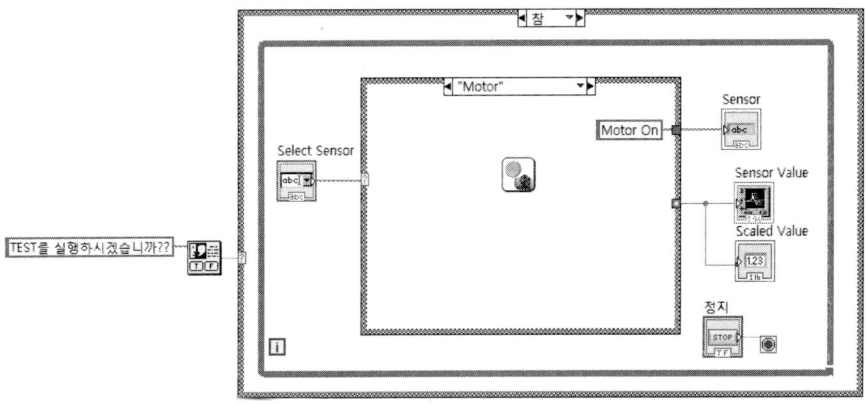
참
"Motor"
Sensor
Motor On
Select Sensor
Sensor Value
Scaled Value
TEST를 실행하시겠습니까??
정지

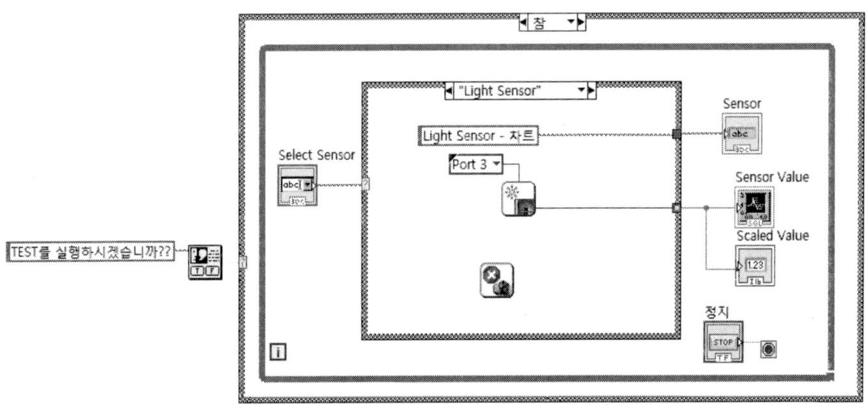
참
"Light Sensor"
Sensor
Light Sensor - 차트
Port 3
Select Sensor
Sensor Value
Scaled Value
TEST를 실행하시겠습니까??
정지

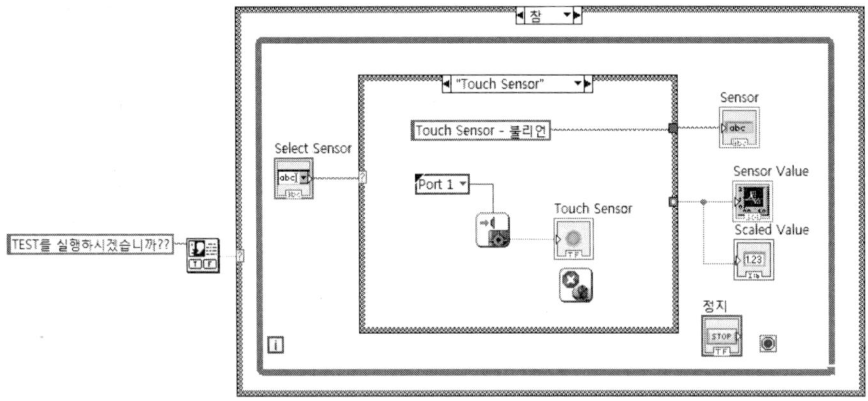
참
"Touch Sensor"
Touch Sensor - 불리언
Select Sensor
Port 1
Touch Sensor
Sensor
Sensor Value
Scaled Value
정지
TEST를 실행하시겠습니까??

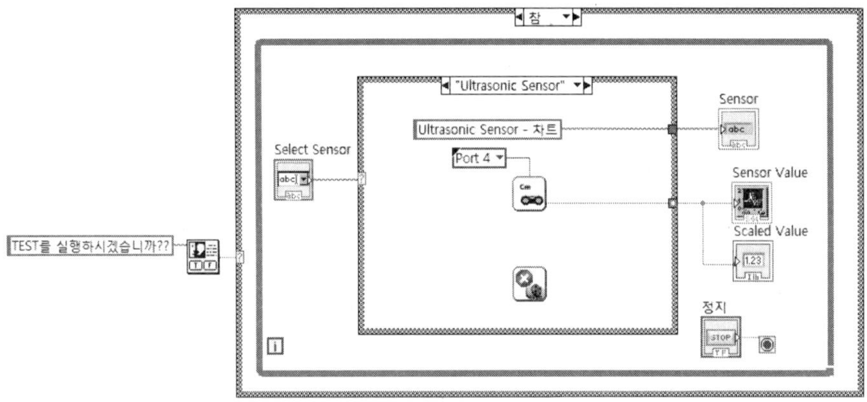
참
"Ultrasonic Sensor"
Ultrasonic Sensor - 차트
Select Sensor
Port 4
Sensor
Sensor Value
Scaled Value
정지
TEST를 실행하시겠습니까??

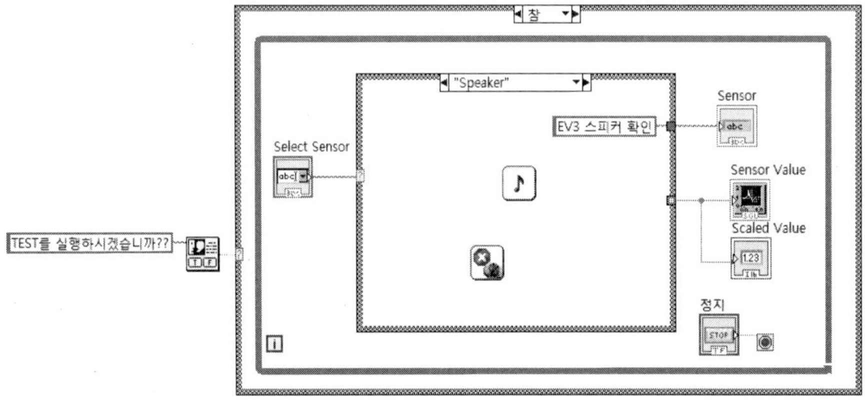
참
"Speaker"
EV3 스피커 확인
Select Sensor
Sensor
Sensor Value
Scaled Value
정지
TEST를 실행하시겠습니까??

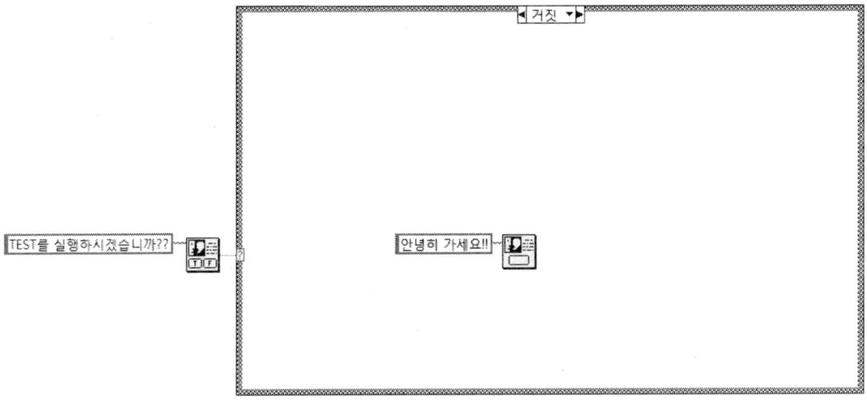

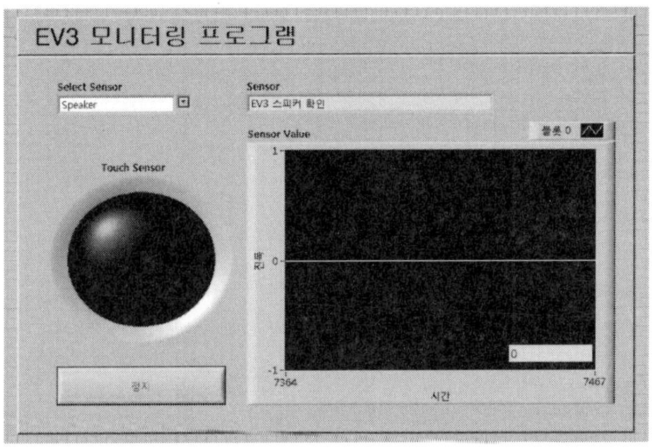

34. 초음파 센서 데이터 배열로 저장해 그 배열로 모터 돌리기

이 프로그램은 초음파 센서로 500ms에 1번씩 거리를 측정하여 배열에 저장한다. 그 데이터를 프런트패널에 웨이브폼 차트에 그래프로 나타낸다. 그리고 그 데이터에 따라 그 다음 For 루프에서 모터를 1초 돌리고 1초 정지시키기를 반복한다.

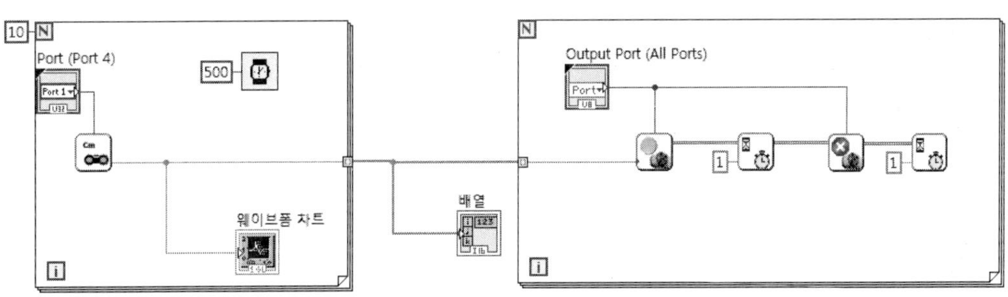

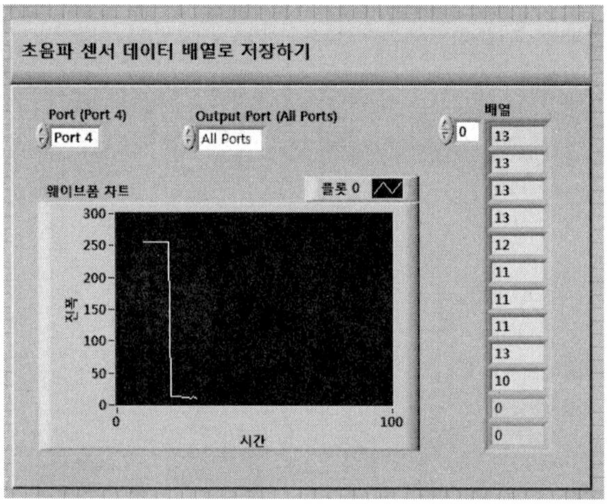

35. Lurch

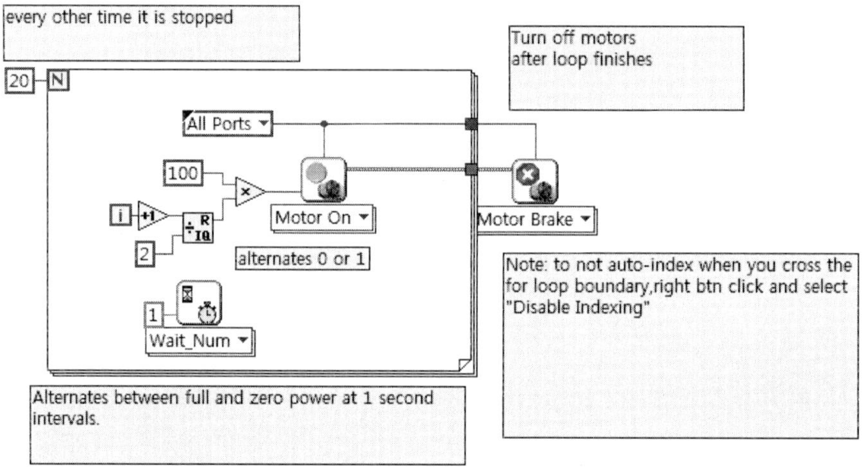

위의 프로그램은 각 모터가 최고 파워에서 최저 파워까지 1초 사이에 바뀌면서 같은 동작을 10번 반복한다. 그래서 교육용 로봇이 좌우로 지그재그 모션을 하는 프로그램이다.

36. Swerve

위의 프로그램은 바로 전의 프로그램과 유사하나 모터의 파워가 최대 최소가 아니고 50과 80으로 반복하여 움직이는 프로그램이다. 역시 교육용 로봇이 좌우로 지그재그 모션을 하나 그 동작이 조금 더 부드럽다. EV3 브릭의 가운데 버튼이 눌리면 프로그램이 정지한다.

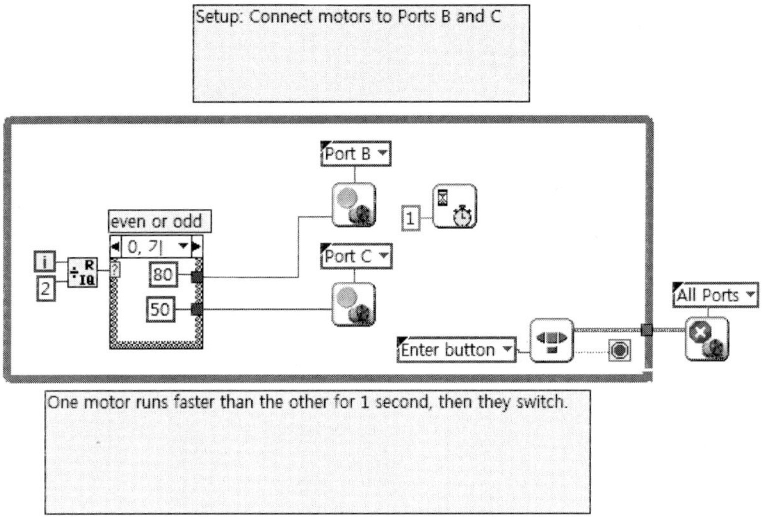

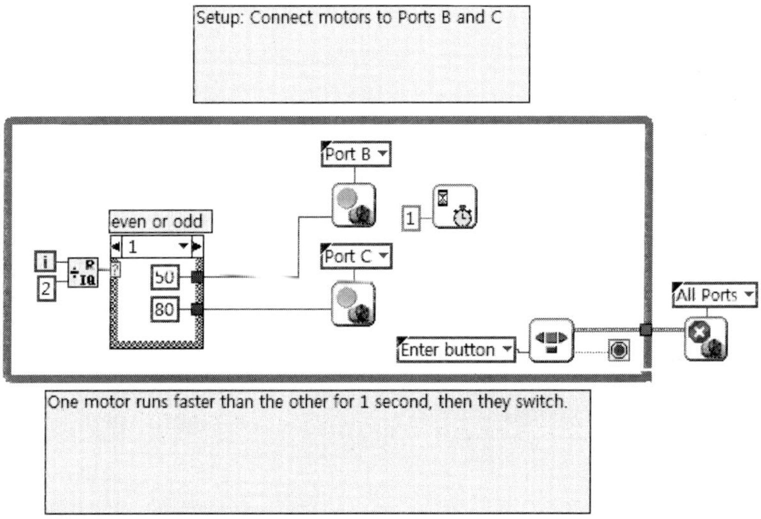

37. Snake

위의 프로그램은 1초에 10번씩 싸인 함수의 값을 취하여 모터의 회전 정도를 바꾸어 준다. 교육용 로봇이 마치 뱀처럼 움직이게 된다. EV3 브릭의 가운데 버튼이 눌리면 프로그램이 정지한다.

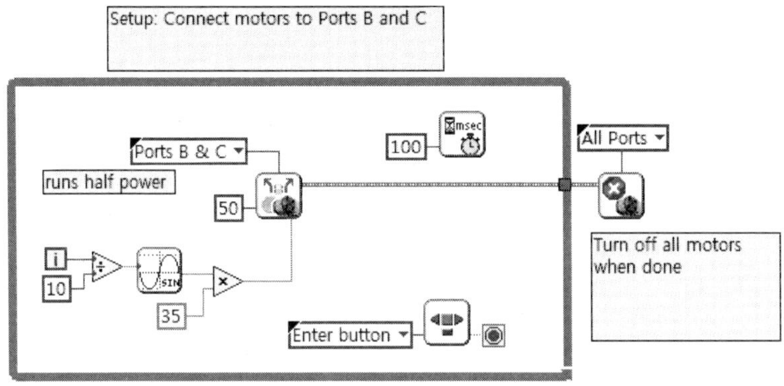

38. Move to Zero

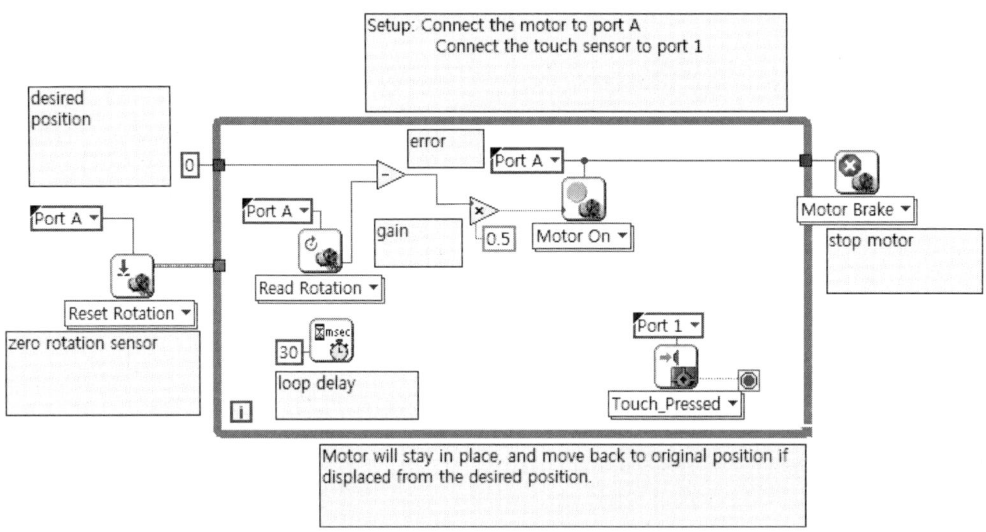

위의 프로그램은 30ms에 1번씩 While 루프가 도는데 A 모터가 움직이고 나면 움직인 만큼 다시 원상태로 돌아오는 프로그램이다. 프로포셔널 컨트롤러를 사용하고 게인은 0.5로 한다. 1번 포트에 연결되어 있는 터치 센서가 눌리면 프로그램이 정지한다.

39. Position Control

위의 프로그램은 PI 컨트롤러를 사용한다. Kp = 0.5 그리고 Ki = 0.05 이다. A 모터가 원하는 위치를 신속하게 찾아가게 하는 프로그램이다. 원하는 위치와 실제의 위치의 차가 에러이고 그 에러의 값에 Kp를 곱하고 누적된 에러에 Ki를 곱한 것을 더해서 그 값을 모터의 파워 값으로 집어넣는 방식이다.

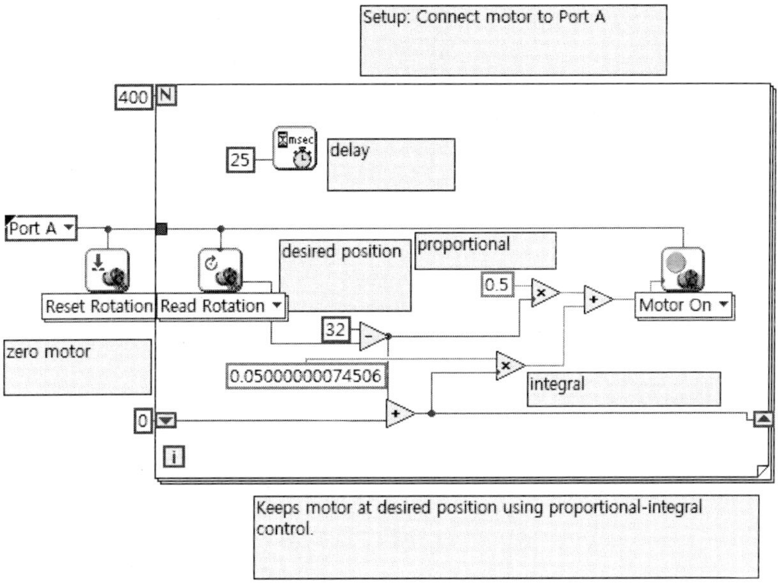

40. Follow a Line

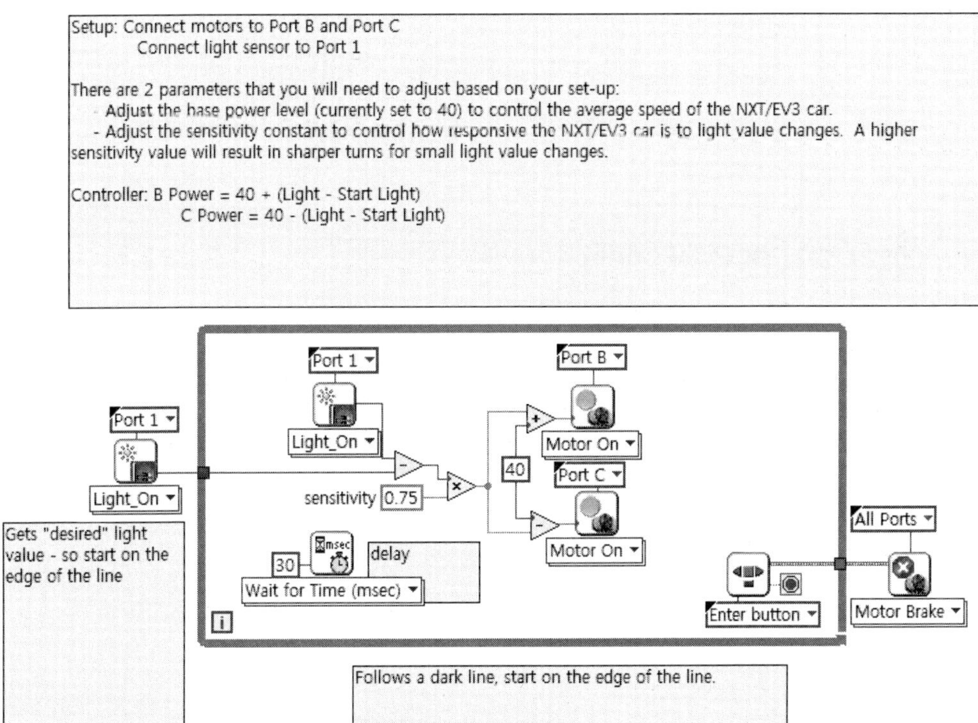

앞의 프로그램은 라인 트레이싱 프로그램이다. 30ms에 1번씩 While 루프가 돌면서 반사광 모드의 컬러 센서의 측정값이 어두울 때와 밝을 때 회전을 달리하여 검정색 선의 가장자리를 따라가게 할 수 있는 프로그램이다. EV3 브릭의 가운데 버튼이 눌리면 프로그램이 정지한다.

41. Save Light to File

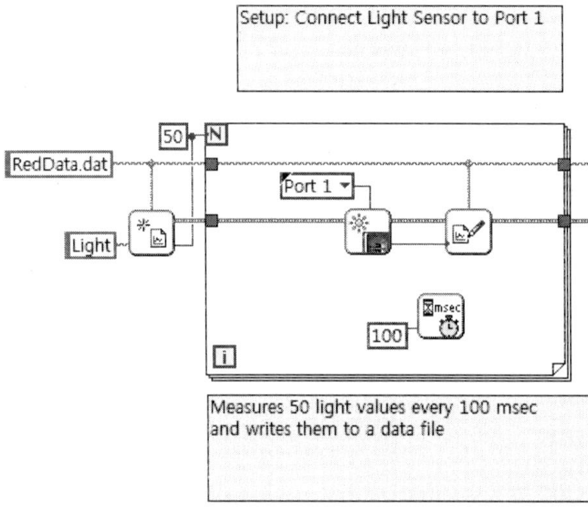

위의 프로그램은 100ms에 1번씩 5초 동안 반사광 모드의 컬러 센서의 값을 측정하여 RedData.dat에 기록하고 EV3 브릭에 저장한다. 그러면 Data Viewer를 이용하여 값을 읽고 분석할 수 있다.

42. Drive While Sampling Light

위의 프로그램은 200ms에 1번씩 10초 동안 B, C 모터의 파워가 랜덤하게 바뀌면서 진행을 한다. 동시에 3번 포트에 있는 반사광 모드의 컬러 센서의 측정값을 RedData.dat에 기록하고 EV3 브릭에 저장한다. 그러면 Data Viewer를 이용하여 값을 읽고 분석할 수 있다.

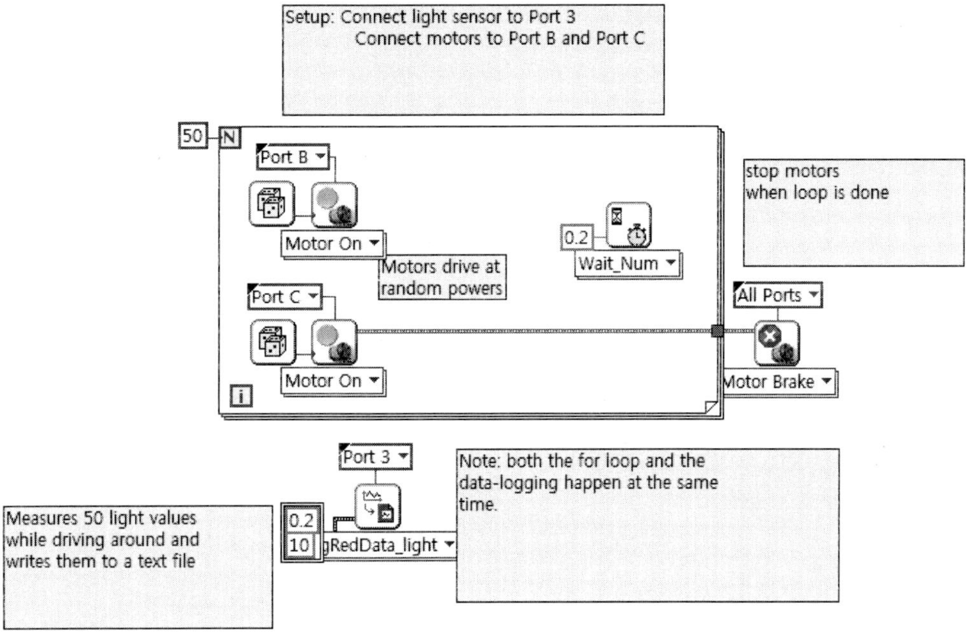
Setup: Connect light sensor to Port 3
Connect motors to Port B and Port C
50
Port B
Motor On
Motors drive at random powers
0.2
Wait_Num
Port C
Motor On
stop motors when loop is done
All Ports
Motor Brake
Port 3
Note: both the for loop and the data-logging happen at the same time.
Measures 50 light values while driving around and writes them to a text file
0.2
10
gRedData_light

저자약력

오 윤 식

1976년 2월: 서울대학교 문리대 물리학과 졸업(학사)

1976년 3월~1980년 8월: 공군사관학교 물리학 교관

1986년 6월: University of Pennsylvania(물리학 박사)

1988년 9월~1992년 8월: Northwestern University 연구원

1994년 6월~2000년 8월: 미국 Center for Naval Analyses(CNA) Research Analyst

2000년 8월~2006년 2월: 삼성 SDI 중앙연구소 연구위원

2010년 3월~현재: 한국기술교육대학교 메카트로닉스공학부 교수

정가 19,000원

기전시스템 기초설계

2015년 8월 1일 초판 인쇄
2015년 8월 10일 초판 발행
저 자 : 오윤식
발행자 : 우명찬·송 준
발행처 : 홍릉과학출판사
주 소 : 서울시 강북구 인수봉로 50길 10
01093
등 록 : 1976년 10월 21일 제5-66호
전 화 : (02) 999-2274~5, 903-7037
팩 스 : (02) 905-6729
e-mail: hongpub@hongpub.co.kr
http://www.hongpub.co.kr
ISBN: 979-11-5600-346-5

저자와의 협의하에 인지생략